"南北极环境综合考察与评估"专项

南极地区环境遥感考察

国家海洋局极地专项办公室　编

海洋出版社

2016年·北京

图书在版编目（CIP）数据

南极地区环境遥感考察 / 国家海洋局极地专项办公室编. — 北京 : 海洋出版社, 2016.5
ISBN 978-7-5027-9442-2

Ⅰ. ①南… Ⅱ. ①国… Ⅲ. ①南极－生态环境－环境遥感－科学考察 Ⅳ. ①N816.61

中国版本图书馆CIP数据核字(2016)第173355号

NANJI DIQU HUANJING YAOGAN KAOCHA

责任编辑：张　荣
责任印制：赵麟苏

海洋出版社 出版发行
http://www.oceanpress.com.cn
北京市海淀区大慧寺路 8 号　　邮编：100081
北京朝阳印刷厂有限责任公司印刷　　新华书店北京发行所经销
2016年6月第1版　　2016年6月第1次印刷
开本：889 mm × 1194 mm　　1 / 16　　印张：17
字数：450千字　　定价：108.00元
发行部：62132549　邮购部：68038093　总编室：62114335
海洋版图书印、装错误可随时退换

极地专项领导小组成员名单

组　长：陈连增　国家海洋局

副组长：李敬辉　财政部经济建设司

　　　　曲探宙　国家海洋局极地考察办公室

成　员：姚劲松　财政部经济建设司（2011—2012）

　　　　陈昶学　财政部经济建设司（2013—）

　　　　赵光磊　国家海洋局财务装备司

　　　　杨惠根　中国极地研究中心

　　　　吴　军　国家海洋局极地考察办公室

极地专项领导小组办公室成员名单

专项办主任：曲探宙　国家海洋局极地考察办公室

常务副主任：吴　军　国家海洋局极地考察办公室

副主任：刘顺林　中国极地研究中心（2011—2012）

　　　　李院生　中国极地研究中心（2012—）

　　　　王力然　国家海洋局财务装备司

成　员：王　勇　国家海洋局极地考察办公室

　　　　赵　萍　国家海洋局极地考察办公室

　　　　金　波　国家海洋局极地考察办公室

　　　　李红蕾　国家海洋局极地考察办公室

　　　　刘科峰　中国极地研究中心

　　　　徐　宁　中国极地研究中心

　　　　陈永祥　中国极地研究中心

极地专项成果集成责任专家组成员名单

组　长：潘增弟　国家海洋局东海分局

成　员：张海生　国家海洋局第二海洋研究所

余兴光　国家海洋局第三海洋研究所

乔方利　国家海洋局第一海洋研究所

石学法　国家海洋局第一海洋研究所

魏泽勋　国家海洋局第一海洋研究所

高金耀　国家海洋局第二海洋研究所

胡红桥　中国极地研究中心

何剑锋　中国极地研究中心

徐世杰　国家海洋局极地考察办公室

孙立广　中国科学技术大学

赵　越　中国地质科学院地质力学研究所

庞小平　武汉大学

“南极地区环境遥感考察”专题

承担单位：国家卫星海洋应用中心

参与单位：武汉大学

北京师范大学

国家海洋局第一海洋研究所

国家海洋环境预报中心

中国极地研究中心

同济大学

国家海洋局东海分局

黑龙江测绘地理信息局

《南极地区环境遥感考察》编写人员名单

编写人员：刘建强　邹　斌　曾　韬　郭茂华　石立坚　周春霞

万　雷　杨元德　邓方慧　艾松涛　程　晓　刘　岩

惠凤鸣　赵天成　康　婧　张媛媛　杨俊钢　张　婷

闫秋双　崔　伟　张　林　孙启振　李春花　杨清华

许　淙　孟　上　李　明　赵杰臣　刘富彬　田忠翔

刘　健　许惠平　曾　辰　秦　平　唐泽艳　吴文会

王连仲　韩惠军

序　言

“南北极环境综合考察与评估”专项（以下简称极地专项）是2010年9月14日经国务院批准，由财政部支持，国家海洋局负责组织实施，相关部委所属的36家单位参与，是我国自开展极地科学考察以来最大的一个专项，是我国极地事业又一个新的里程碑。

在2011年至2015年间，极地专项从国家战略需求出发，整合国内优势科研力量，充分利用“一船五站”(“雪龙”号、长城站、中山站、黄河站、昆仑站、泰山站）极地考察平台，有计划、分步骤地完成了南极周边重点海域、北极重点海域、南极大陆和北极站基周边地区的环境综合考察与评估，无论是在考察航次、考察任务和内容、考察人数、考察时间、考察航程、覆盖范围，还是在获取资料和样品等方面，均创造了我国近30年来南、北极考察的新纪录，促进了我国极地科技和事业的跨越式发展。

为落实财政部对极地专项的要求，极地专项办制定了包括极地专项“项目管理办法”和“项目经费管理办法”在内的4项管理办法和14项极地考察相关标准和规程，从制度上加强了组织领导和经费管理，用规范保证了专项实施进度和质量，以考核促进了成果产出。

本套极地专项成果集成丛书，涵盖了极地专项中的3个项目共17个专题的成果集成内容，涉及了南、北极海洋学的基础调查与评估，涉及了南极大陆和北极站基的生态环境考察与评估，涉及了从南极冰川学、大气科学、空间环境科学、天文学以及地质与地球物理学等考察与评估，到南极环境遥感等内容。专家认为，成果集成内容翔实，数据可信，评估可靠。

“十三五”期间，极地专项持续滚动实施，必将为贯彻落实习近平主席关于“认识南极、保护南极、利用南极”的重要指示精神，实现李克强总理提出的“推动极地科考向深度和广度进军，”的宏伟目标，完成全国海洋工作会议提出的极地工作业务化以及提高极地科学研究水平的任务，做出新的、更大的贡献。

希望全体极地人共同努力，推动我国极地事业从极地大国迈向极地强国之列！

陈连增

前 言

南极是地球系统的重要组成部分，在全球气候变化中具有重要地位和作用。世界各国利用多种手段加强对南极地区的观测和研究推动了南极科学事业的发展，我国自20世纪80年代以来先后在南极建立了长城站、中山站、昆仑站和泰山站，截止2016年5月，中国已成功组织了32次南极科学考察，考察围绕全球变化主题在极地冰川学、生态学、地质学、海洋学、高空大气物理学等领域取得了一批重要研究成果。卫星遥感作为一种高效的对地观测手段，自20世纪60年代以来，对南极大陆及周边海域进行了多种时空尺度、多手段、长期的周期性专题探测，为南极研究和考察提供了重要的技术支撑，加快了人们对南极地区环境特征变化及其与全球变化作用过程的认知。

2011年国家海洋局极地考察办公室启动了“南北极环境综合考察与评估”专项，“南极地区环境遥感考察”作为其中的课题之一，利用包括我国海洋一号卫星、海洋二号卫星在内的多种国内外卫星获取了大量南极圈的大陆、冰盖、冰架及海洋水色、动力环境、海洋气象等信息，首次全面获取了南极大陆及周边海洋环境多要素资料，并分析了其时空分布规律，为国家对南极资源开发、应对全球气候变化以及南极考察研究提供丰富的信息。

本课题围绕南极地区综合环境考察，以遥感技术为主要考察手段，设置了7个子课题，涉及：南极基础地理测绘、南极地貌、南极周边海域海冰、叶绿素浓度、海温、海面风场、海浪及南极绕极气旋环境等特征的遥感考察和南极遥感考察集成系统建设。全书成果包括两个部分：第一部分《南极环境遥感考察》，共分为7章，第1章为总论，介绍了本项目的背景、课题的设置情况、任务分工、考察获取的主要成果与总结；第2章介绍了南极环境遥感考察的意义与目标；第3章介绍了本次考察的主要任务；第4章详细介绍了考察过程中获取的数据及数据处理过程；第5章为南极环境遥感考察集成系统设计；第6章分别针对各考察要素进行了空间分布特征分析，展示了主要的考察成果；第7章是对本次考察的经验总结与建议。第二部分《南极环境遥感考察图集》依照不同的考察要素进行分门别类，对本次考察的主要成果图件进行了汇编。

本书的出版得到了“南北极环境综合考察与评估”专项、“南极地区环境遥感考察”课题（CHINARE-02-04）的支持。全书由刘建强组织编写并统稿，参加编写的人员有：邹斌、曾韬、郭茂华、石立坚、周春霞、万雷、杨元德、邓方慧、艾松涛、程晓、刘岩、惠凤鸣、赵天成、康婧、张媛媛、杨俊钢、张婷、闫秋双、崔伟、张林、孙启振、李春花、杨清华、许淙、孟上、李明、赵杰臣、刘富彬、田忠翔、刘健、许惠平、曾辰、秦平、唐泽艳、吴文会、王连仲、韩惠军等。本书的作者都是参加“南极环境遥感考察”各子专题的科研工作者，特此向他们表示衷心感谢，正是因为他们的支持，本书才得以如期出版。

编者的意图在于展示遥感在南极环境遥感考察方面的应用，为我国今后的南极遥感考察研究工作提供参考。然而，受制于作者的认知能力和掌握资料的有限，同时遥感技术也在不断地完善和发展，书中难免会存在一些错误和不足之处，恳请读者批评指正。

编者

2016年5月

目 次

第1章 总 论

本专题为“南北极环境综合考察与评估”专项中的项目2专题4“南极地区环境遥感考察”，专题由国家卫星海洋应用中心牵头，武汉大学、北京师范大学、国家海洋局第一海洋研究所、国家海洋环境预报中心、中国极地研究中心、同济大学、国家海洋局东海分局、黑龙江省测绘地理信息局9家单位共同完成。南极环境遥感考察旨在查明南极大陆、海冰、周边海域水体、气象环境等基本情况，建立与更新基础资料和图件，得到地理环境要素时空分布、变化规律。利用遥感手段对南极地区环境进行综合调查可得到南极地理、地貌、海冰、周边海域水色、海洋动力环境以及气象环境信息，包括南极大陆山脉、重点裸露陆地地貌、冰盖、冰架、海冰、气旋变化，以及周边海域温度、水色信息、海洋动力环境参数，同时可得到南极各考察站的有关地理信息，一方面可增加对南极各要素的认识，另一方面为全球变化研究提供连续变化信息；此外还可为南极考察提供技术保障。

依据本专题的目标，设置了7个子专题，包括：南极地理基础遥感测绘、南极地貌遥感考察、南极周边海域海冰遥感考察、南极周边海域水色、水温遥感考察、南极周边海洋动力环境遥感考察、南极气象环境遥感考察及南极环境遥感考察集成系统。其中，“南极地理基础遥感测绘”由武汉大学、黑龙江省测绘地理信息局完成；“南极地貌遥感考察”由北京师范大学完成;“南极海冰遥感考察”由国家卫星海洋应用中心、中国极地研究中心完成;“南极周边海域水色、水温遥感考察”由国家卫星海洋应用中心、同济大学完成；“南极周边海域动力环境遥感考察”由国家海洋局第一海洋研究所完成；“南极气象环境遥感考察”由国家海洋环境预报中心完成；“南极环境遥感考察集成系统”由国家卫星海洋应用中心、武汉大学、中国极地研究中心完成。

考察的范围主要有南极大陆及南大洋，重点考察区域包括：中山站附近及周边海域；长城站附近及周边海域；PANDA断面、埃默里冰架，南极半岛及罗斯海西岸等区域。

本专题涉及的遥感考察数据集以2010—2015年的数据为主，以保证考察结果的时效性，但为了更好地描述多年的动态变化、规律与趋势，某些考察要素也获取了更长时间序列的数据。

专题科学考察执行期间，共搜集整理了超过10 TB的基础数据集，处理并完成了全南极DEM制图及高程变化；PANDA断面的高分辨率影像图；DEM及冰盖高程变化；冰穹A地区共900 km^2的实测GPS数据和维多利亚地航摄影像；查尔斯王子山脉地区1∶50000比例尺的3D产品；重点考察区域的（包括极记录冰川、达尔克冰川、格罗夫山、PANDA断面、埃默里冰架）冰流速；全南极洲蓝冰遥感图；维多利亚地地貌；拉斯曼丘陵区地貌；南极半岛地貌；德里加尔斯基冰舌及埃默里前端动态变化图；南极海冰分布与变化；南极海域水色、水温分布与变化；南极海域动力环境分布与变化；南极气旋分布与变化；南极考察站点分布及南极环境遥感考察集成系统。发表论文40余篇。专项科学考察执行期间存在的主要问题有：①实地观测资料缺乏；②国产卫星数据质量有待进一步提高；③对科学问题的考察广度和深度有待扩宽和加强。

南极地区幅员辽阔，自然环境恶劣，距离我国路程遥远，尽管每年投入大量的人力和财力开展南极科学考察，但坚持这项工作有利于未来国家极地战略研究与发展；尽管本次考察已取得了较好的成效，但受到条件约束，有些结果也未尽如人意。未来南极地区环境遥感专项科学考察建议：①扩展重点考察区域；②开展极地环境特征变化的机理研究；③统筹协调极地地区卫星遥感探测计划，提高国产卫星数据的利用率。

第 2 章　南极环境遥感考察的意义和目标

2.1　背景和意义

人类生存与发展的环境分为自然环境和社会环境。自然环境包括大气环境、水环境、生物环境、地质和土壤环境以及其他自然环境；社会环境包括居住环境、生产环境、交通环境、文化环境和其他社会环境。对于南极这一特殊地区，人类关心的是它所处的地理位置及其地形、地貌、土壤、气候、水系、矿藏、生物以及其生态条件、各考察站条件等各方面，特别是其动态变化过程和规律，这些因素与人类未来生存和发展息息相关。

极地地区对全球气象、气候变化起着重要作用，冰雪圈与大气和海洋相互作用直接影响大气环流和气候的变化，在全球气候系统中举足轻重，特别是其反馈机制，对气候变化、大气和海洋环流有重要影响。由于南极海冰在地球圈层中所处的独特地位，各国南极考察都把海冰调查作为一项重要的考察内容，以此来支持研究海冰对全球气候变化的指示作用。

海冰是全球气候系统的重要因子，全球冰雪圈的作用区约占地球表面积的 18.5%。它是地球气候系统的冷区。南极冰雪区是地球系统的最大冷源和全球水气环流热力发动机的主要极冷之一。观测和模拟显示，南极冰雪范围、表面特征的年际变化对全球水气环流的强度、全球热平衡和气候变化都有明显的影响，海冰的高反照率，使地球吸收的能量减少，对气候系统和能量收支起着重要作用，是造成南极冷源的重要因子。海气界面间复杂的冰边界层的隔绝作用，海冰运动形成的南极热量和淡水的径向输送，影响全球的热盐环流，从而进一步对全球气候长期变化发生作用。海冰是南极最活跃易变的成分，自身的季节变化和年变化特征，特别是范围、密集度和厚度变化，直接影响到海洋和大气的能量交换和物质交换。有研究表明，海冰的异常对气候系统产生巨大影响，海冰边界变化，不仅能够对局地天气系统造成影响，同时也对全球范围的天气系统起到一定的作用。因此，海冰是全球大气和海洋环流异常变化的预警平台，准确采集和获取两极海冰变化信息，是预测全球气候变化的关键。

南极地区特别是南极大陆在全球气候环境变化过程中扮演着越来越重要的角色，极地气象环境变化及其与海洋和海冰之间的相互作用正越来越被科学家们所重视。

在南极地区，数字高程模型（DEM）是从事地学及环境变化研究重要的基础。DEM 数据可以用来确定分冰岭、冰流盆地的位置，计算冰流的大小及方向、平衡速度及底部剪应力等，也可以用来确定接地线的位置。DEM 与冰厚数据相结合，能够计算冰体变形的速率及应变（Bamber，1997）。冰面地形数据对于估计冰面温度、降水、下降风的大小和方向亦是重要的参数。精确的地形数据对于利用遥感方法进行南极测图研究也有着十分重要的意义。同时，精确的 DEM 也是构建南极冰下地形模型 BEDMAP 的基础（张胜凯，2007）。

南北“两极”作为冰冻圈最主要的组成部分，占据了世界 99% 的冰川，相当于全球淡水的 77%，如果格陵兰冰盖和南极冰盖全部融化，将使全球海平面分别上升 7 m 和 57 m。据实际观测资料——全球潮汐监测网数据表明，20 世纪全球海平面平均上升了 10 ~ 20 cm。从 1961 年到 1993 年，全球海平面上升的平均速率是 1.8 mm/a，而从 1993 年到现在，全球海平面上升的平均速率为 3.1 mm/a，且这种上升趋势仍在继续。在全球变暖情况下，导致海平面上升的因素包括由于南极冰盖、格陵兰冰盖、冰川与小冰帽融化而引起的海水总质量增加，以及由于海水温度升高和盐度变化而引起的海水密度变化。然而在这些因素中，南极冰盖对海平面变化的贡献存在最大的不确定性，南极冰盖物质平衡及其对海平面的贡献问题受到极地科学界的格外关注（IPCC，2007）。

南极冰雪物质总量的变化一般用物质平衡来衡量，即物质总收入与物质总支出之间是否维持平衡关系。一方面，冰盖由于降雪有冰物质的积累；另一方面，表面的热力融化和底部的压力融化以及边缘崩解又使其有物质损失。南极冰盖的物质平衡状态到底如何？南极对全球海平面的贡献究竟是多少？南极自身到底在经历一个怎样的变化？南极在全球环境变化中到底扮演一个什么样的角色？对于解决这些类似的大尺度科学问题，一个专业学科常常无法做出圆满的回答，而是多学科研究者共同研究的问题。通过多学科交叉、新技术应用，开展全球尺度的系统性研究已成为国际趋势。而定量监测南极冰盖质量、冰盖高程变化、冰流速及其变化特征等，是研究南极自身演变及南极对海平面变化贡献的重要线索和先决条件。

对于全南极的地貌调查我们已具备一定的工作基础，在国家“863”重点项目的支持下，2010 年我国已制作完成了一期全南极洲土地覆盖图，实现中国首次对南极地表信息的遍历，同时它也是世界上首幅全覆盖的地表景观图。南极地貌遥感调查将是其工作上的延伸和扩展，将考虑更多的地表要素，纳入更多的新技术和新手段，联合南极地理基础测绘和地质调查。另外，全南极洲的土地覆盖图制作采用的数据源是 Landsat-7 ETM+ 2000 年前后获取的数据，而近 10 年南极地表覆盖变化比较明显，非常有必要采用最新数据来进行新一轮的遍历，监测地表景观的变化，进而探究极区大陆变化与全球变化之间的关系。利用遥感手段对南极地区环境进行综合调查，可得到南极地貌，包括南极整个大陆山脉、重点裸露陆地地质、冰盖、冰架、海冰、冰裂隙分布以及变化信息，一方面可增加对南极各要素的认识，另一方面为全球气候环境变化研究提供连续变化信息，此外还可为南极考察提供技术保障，提升我国在国际南极事务中的地位和发言权。

迄今的研究结果表明，南北两极气候都具有一定程度上的年际和年代际的变化。目前，由于受观测资料时间序列的限制，这种变化的原因还不十分清楚。但是，大气环流、海洋和冰冻圈之间复杂的相互作用可导致一系列强化气候变化的正反馈作用。南极气候的变化与其他地区发生的某些现象存在着一定的关系，可以联想到的一个结果是，温室气体向大气的排放而导致的全球变暖将使南极气候出现怎样的改变？由于气候记录的时间序列很短，观测站的覆盖区域也十分有限，所以，对南极气候变化特征的了解还十分有限。

20 世纪 60 年代以来，随着卫星遥感的不断发展，给极区监测考察技术的改进带来了生机，极大地改善了人们对极地圈众多特征及其与其他圈层相互作用过程的认知，深化了极区若干领域的研究内容，并为监测全球动态变化奠定了不可替代的技术基础。

卫星遥感具有全天时、全天候、大面积、多尺度、同步、快速一致性、高频次、周期性、长期观测等优势，不受地理位置、人为条件、恶劣环境、政治敏感问题等因素限制，在极区的研究和监测中有着不可替代的优越性（曹梅盛等，2006）。

（1）宏观性

20世纪前数百年，历经数代冰川学家野外辛勤的实地考察过的冰川累计数据统计仍低于全球冰川总数的1%，而美国地质调查局（USGS）20世纪70年代利用陆地卫星影像，陆续编制出版了南北纬82°区间内的《世界冰川影像图集》11卷，生动形象而又宏观地描述了全球冰川分布、规模及形态，极大地改进了我们对全球冰川状况的认识。

（2）综合性

遥感资料实际记录的是某一时刻指定区域地面的综合信息，提供的是资源与环境的实况，全面客观地反映地物形状、结构、特征和空间关系。因此，遥感资料可同时获取监测区域的多种要素。

（3）周期性

卫星围绕地球周期运转，使对地重复观测得以实现。例如，美国国家海洋与大气管理局（NOAA）自1966年开始，每周按时发布一幅北半球冰雪分布图，尽管1972年以前精度较差，但由于30年左右长时间序列积累，使全球升温与积雪范围变动的关系及积雪对气候变化反馈作用等研究都取得了长足进展。

（4）快速

现代通信技术的支持，使得遥感信息得以迅速传输，满足某些生产活动时效性的需求。例如，加拿大众多航运河道和港湾，实时获取航道上的冰情特征及其发展趋势，是安全运输并延长有效作业时间的重要内容。

遥感监测手段与现场观测手段相结合，将取得过去单纯用现场手段无法替代的重大成果，更加深刻地改变和加深人们对冰雪圈的认识。

我国在南极长城站、中山站建立了气象卫星遥感接收系统，获得了南极NOAA、GOES卫星的气象环境数据，同时在长城站、中山站进行了大地测绘与现场观测，还利用SSM/I开展了研究，利用海洋一号卫星（HY-1）与FY-1卫星以及北京1号卫星对南极进行了有益的探索试验，取得了一定的科研成果。但尚未对南极整个大陆主要要素做系统的调查，南极大陆及其变化的成果还是很少，很不系统，南极总体的地貌、海冰最大与最小边界线、海冰面积、冰架与冰盖特征、海上冰山、积雪分布以及季节变化等这些影响气候变化的重要参数尚不清楚。我国现有的南极大陆地理环境时空基础资料难以系统反映南极大陆地理状态，不能满足国家资源开发以及应对气候变化研究的需要。因此，系统地开展南极地区综合环境遥感考察，全面认识极地环境基本特征，开发和利用极地资源，应对全球气候变化行动具有十分重要的意义。

随着我国遥感卫星技术的发展，国产卫星也逐渐具备了对极区的观测能力。虽然我国还没有卫星专门面向极区开展观测，但对极区具有监测能力的卫星有：海洋一号、海洋二号、北京1号、中巴资源卫星和环境监测小卫星HJ-1A/B等。我国目前的高分辨率极地遥感工作主要依赖于国外卫星遥感数据。我国国产卫星在南极制图方面还基本处于空白。“十一五”期间国家“863”计划重点项目支持的“面向全球气候变化的极区环境遥感监测系统关键技术”工作就是对利用国际卫星数据开展冰盖、冰架、海洋和海冰进行监测的一个尝试。利用国产卫星进行南极遥感制图，一方面可实现我国对南极的自主观测能力；另一方面，重复挖掘国产卫星的应用潜力，进而推进国产卫星的发展。

2.2 我国极地遥感简要历史回顾

从1960年美国发射第一颗气象卫星之后，人类进入了一个从空间观测地球的新时代。50多年来，对地观测技术已得到了长足发展。各种相互协同，互相弥补的全球对地观测系统，准确有效、快速及时地提供了多种空间分辨率、时间分辨率的对地观测数据。同时，这些新的科学技术和手段也不断填补一个又一个南极科学考察领域的空白，获取许多地面上无法得到的数据和信息，使人们对南极的了解更加全面和深入。

我国遥感技术发展虽然起步较晚，但从1978年云南腾冲航空遥感综合试验开始，经广大科技工作者多年来的奋力拼搏，我国航天航空及地面的多层次遥感技术体系已初步建成，充分发挥其在建设事业中的技术特色与优势，获取了最大社会与经济效益（曹梅盛等，2006）。在此期间，我国极地遥感事业也同步发展壮大。我国应用卫星遥感等空对地观测技术，在解决人类无法到达的南极大面积冰盖区地图制作以及研究冰雪环境动态变化过程等，取得长足的进展。

20世纪90年代初，我国在东南极建立中山站不久，为解决拉斯曼丘陵裸露区考察急需地形图，而我国无法花巨资在南极实现常规航摄成图时，创造性地采用直升机作为升空平台，利用普通非量测型120相机航拍，在国际上首次完成了拉斯曼丘陵急需1 : 10000比例尺精确影像地形图测绘，成功地探索出南极露岩区小像幅航测成图方法，这一成果被专家鉴定为创造出了符合国情并具中国特色的南极制图途径，并获得国家科技进步二等奖。2005年，采用普通数码相机加挂在直升机平台上首次获得了拉斯曼丘陵地区彩色数字影像，生产了1 : 1000、1 : 2000和1 : 5000比例尺DLG、DOM、DEM产品171幅，此后又陆续完成了菲尔德斯半岛、埃默里冰架前缘和维多利亚地建站区域航空摄影测量。目前，该项成图方法已成为我国南极露岩区大面积测图的主要途径。

80年代，为解决在南极人迹难近地区我国考察急需冰貌地图，突破了无地面控制点的卫星遥感影像数字制图难题，制作了大面积考察所需的地面影像地图。同时，利用多波段卫星遥感数据，研究并发现了卫星遥感冰雪表面红外辐射强度信息与海拔高度的相关规律，建立了高程反演模型，在室内测绘出南极无法到达地区的冰面地形，在国际相关研究中获得了首创性成果。

在1998年我国深入内陆冰盖和格罗夫山地区考察之前，开展冰盖区无地面控制点的数字卫星影像制图研究，为考察队提供平面定位精度优于200 m的格罗夫山地区考察路线设计和判读使用的彩色卫星影像地图。此外，利用高分辨率光学卫星影像和野外实测地面控制点，分别制作了西南极菲尔德斯半岛、东南极拉斯曼丘陵、东南极PANDA断面、北极新奥尔松黄河站等地区的高精度平面卫星影像。这些地图为野外考察和相关科学研究提供了重要资料和数据。

1998年就提出利用新技术InSAR获取南极地形，随后利用此技术实现格罗夫山地区DEM生成，并与实测数据进行比较分析（鄂栋臣，2004；周春霞，2004）；随后进一步联合利用光学立体像对、SAR影像对和卫星测高数据，为我国重点考察区域PANDA断面及格罗夫山地区提供大范围、高精度数字高程模型（鄂栋臣，2007，2009）。

大部分南极冰盖物质的排泄都是通过快速流动、具有高动态性的冰流进行的。定量化评估这些冰流随时间的变化和理解引起变化的原因，是估计南极冰盖对全球海平面贡献的先决条件。基于遥感技术的冰流速测定主要有特征跟踪、差分干涉测量、偏移量跟踪等方法。采用不同时期的卫星传感器影像，解决东南极人类无法到达的极记录等冰川长达17年的变化过程，在国际上第一次公布了其入海流量，为研究冰川物质平衡提供了依据（孙家抦，2001）。随后利用冰纹理作为匹配特征提取冰流速，选用Landsat7 ETM+及ASTER光学遥感资料确定了兰伯特冰川、埃默里冰架流域的冰流速。

2005年底，武汉大学和北京师范大学在格罗夫山架设了11台卫星地面角反射器系统，辅助冰流速监测。利用L/C双波段卫星雷达干涉组合，首次成功地获得了南极内陆格罗夫山地区的复杂冰流速形变条纹图（程晓，2006）。此后利用ERS-1/2、Envisat、ALOS等多源SAR数据，采用差分干涉测量，偏移量跟踪，单方向转换模型，基线组合等技术手段，提取了东南极格罗夫山、埃默里冰架、达尔克冰川、极记录冰川及PANDA断面高分辨率、高精度的冰流速；并对溢出冰川的季节和年际变化进行了分析，获得了极记录冰川流速的年际、季节特征及边缘时空变化（周春霞，2014）。提出多基线联合方法，获得格罗夫山地区冰流速图，并解决了无短基线数据获取高精度冰流速的难题（周宇，2014）。

我国已建立了南极大陆西南极、东南极大地测量原点、高程系统的测绘基准和重力基准；建立了有利于我国空间技术发展应用的西南极长城站、东南极中山站、冰穹A昆仑站和北极黄河站4个GPS卫星跟踪站；利用历年内陆考察GPS观测数据资料，测定中山站至冰穹A断面、埃默里冰架、达尔克冰川的流速；融合光学立体像对、雷达干涉测量和卫星测高技术，获得中山站至冰穹A断面的高精度地形；基于光学影像、SAR影像，提取格罗夫山等地区的冰貌特征，包括露岩、蓝冰和冰裂隙，另获得部分冰川、冰架和冰山的变化；利用ICESat测高卫星，监测东南极冰盖高程变化；利用GRACE卫星重力资料，开展全南极和格陵兰地区物质平衡研究；印刷和出版部分考察地区高分辨率平面卫星影像图、地形图、电子地图及我国第一本南北极地图集。

我国科学家利用LIMA计划所提供的1 000余景Landsat ETM+卫星影像，采用影像融合技术，得到了全南极15 m分辨率的多种彩色影像镶嵌图，在此基础上将进行地表覆盖的分类提取。在利用星载微波遥感数据监测冰雪方面，利用INSAR数据获取了格罗夫山地区的复杂冰流速场，利用微波散射计和辐射计开展了南极洲关键地区的连续变化探测工作。

在南极长城站、中山站建立了多套气象卫星遥感接收系统，获得了南极NOAA、GOES、TERRA、AQUA卫星的气象环境数据。利用海洋一号（HY-1）卫星、海洋二号（HY-2）卫星与FY-1卫星以及北京1号卫星对南极进行了有益的探索试验。利用SSM/I开展了海冰研究，利用时间序列ENVISAT ASAR遥感影像，开展了南极普里兹湾海冰类型和动态变化研究，得到了南极普里兹湾主要海冰类型特征和海冰形态的年际变化及微波响应特性。中国南极长城站和中山站分别拥有25年（1985—2009年）、20年（1990—2009年）的观测数据，从气候学角度讲，尽管这些数据的时间序列不够长，但还是提供了一定的气候变化信息。与卫星遥感资料进行对照，将有助于我们进一步加深对南极气象环境的认识。此外我国在采用车载或机载雷达对冰盖进行连续测量，获取冰下地质结构信息，如冰川和基岩交界面、冰下山脉走向等信息的研究上已有一定的基础。

2.3 区域概况

本专题的考察区域包括南极大陆和南大洋，重点考察区域包括中山站周边及普里兹湾海域；长城站周边及威德尔海海域；北起普里兹湾海域，南至南极冰盖最高点冰穹 A 的 PANDA 断面及新建考察站点预选址区域等。

南极位于地球 60ºS 以南的区域，包括海洋、冰架、岛屿和大陆。南极洲位于地球南端南极圈以内，由围绕南极的大陆、陆源冰和岛屿组成，面积约 $1\,400 \times 10^4\,km^2$。其中大陆面积为 $1\,239 \times 10^4\,km^2$，岛屿面积约 $7.6 \times 10^4\,km^2$，海岸线长达 $2.47 \times 10^4\,km$。因为它是最后被人们发现的一块陆地，故被称为“第七大陆”。南极洲平均海拔 2 350 m，是世界上最高的大陆，横贯南极的山脉将南极大陆分成东西两部分，这两部分在地理和地质上差别很大。

南极洲另有约 $158.2 \times 10^4\,km^2$ 的冰架。南极大陆 95% 的面积被冰盖覆盖，冰的平均厚度为 2 000 m 左右，最厚的地方达 4 800 m，形成了一个巨大的冰盖。这个大冰盖就像一顶巨大无比的帽子，把南极大陆大部分地方捂得严严实实。由于它的存在，把南极大陆的地壳压得下陷，以致许多冰下地表被压得低于海平面，如果这些冰全部融化，世界大洋水平面将会上升近 60 m。虽然南极是冰雪的宝库，但是单从降水量来看，南极大陆却是最干燥的大陆。南极大陆的空气异常干燥，沿海地区的年平均降水量只有 30 ~ 50 mm，内陆地区的年降水量甚至还不到 5 mm，南极点的年平均降水量仅有 3 mm。

南极大陆（包括冰架）约占地球陆地面积的 10%，南极大陆和周围海域蕴藏着丰富的矿产资源、生物资源和淡水资源。南极冰盖中不仅保留了大量的陨石，而且储存着过去数十万年地球与环境变化的记录。南大洋环绕南极大陆的四周，在这一冰冷的水域中形成了具有数千年历史的独特生态系统和大量的海洋生物。南极大陆周边重点海域作为海洋水产、油气、矿产等资源最集中、潜在开发效益最大的区域，自然条件恶劣，受全球气候变化与人类活动影响最大、最直接。同时，作为南极底层水形成的主要源区，南极大陆边缘海不仅直接影响到全球热盐环流，更是海洋动力过程、海洋—大气—海冰（冰架）相互作用最为复杂的海区。

因此，从太阳系的起源、大陆演变历史到气候变化和生态系统，南极大陆及周边海域都是自然科学研究的数据宝库和天然实验室，从而强烈地吸引着各国科学家前往南极进行考察与研究。南极研究不仅是为了解决人类面临的环境问题，而且与生命科学、遗传学等其他学科领域密切相关，这些均可能极大地影响着人类的未来。因此，南极研究的重大贡献就是通过科学考察与研究来保护人类赖以生存的自然环境和为人类社会创造更美好的未来。

我国目前在南极共建有 4 座科学考察站，包括两个常年性科学考察站长城站和中山站。站区是在南极开展科学考察的平台，站区及其周边也是考察的重点区域。国际极地年是全球科学家共同策划、联合开展的大规模极地科学考察活动，被誉为国际南北极科学考察的“奥林匹克”盛会。2007—2008 国际极地年（IPY）得到世界各国的认同和积极响应，到目前为止，有 31 个国家专门成立了 IPY 国家委员会，100 多个国家和国际组织提出了 1 200 多项极地考察与研究建议书。由我国科学家提出和领衔的普里兹湾—艾默里冰架—冰穹 A 断面科学考察与研究计划（熊猫 – PANDA 计划）成为第四次国际极地年核心研究计划之一的中国行动计划。PANDA 计划考察断面北起普里兹湾海域、南至南极冰盖最高点冰穹 A，沿断面涵盖了东南极冰盖最大的冰流系统、南极第三大冰架、南大洋冷水团的重要生成区等全球变化关键区域。PANDA 计划通过这条包含海洋、冰架、裸岩、冰盖、大气和近地空间等要素的综合考察断面，观测各圈层相互作用过程，在关键地点钻取冰芯样品，将现代过程研究与历史演化相结合，研究南极地区与全球变化的关联，预测未来变化。

南大洋是 60ºS 以南的太平洋、印度洋、大西洋的总称，在南极大陆边缘和周边海域中，生活着企鹅、海豹、海狮、海狗等哺乳动物和数量巨大的磷虾，同时这里还蕴藏着丰富的矿藏资源。

南极是驱动全球大气和大洋水体循环的冷源，由此影响着全球的气候。南极地区特别是南极大陆在全球气候环境变化过程中扮演着越来越重要的角色，极地气象环境变化及其与海洋和海冰之间的相互作用正越来越被科学家们所重视。利用遥感手段对南极地区环境进行综合调查可得到南极地理、地貌、海冰、周边海域水色、海洋动力环境以及气象环境信息，包括南极整个大陆山脉、重点裸露陆地地质、冰盖、冰架、海冰、冰裂隙、冰间水道分布、气象变化信息，以及周边海域温度、水色信息、海洋动力参数等，同时可得到南极各考察站的有关地理信息，一方面可形成南极地区环境遥感调查集成系统，取得过去单纯用现场手段无法替代的成果，更加深刻地改变和加深人们对南极的认识；另一方面为全球变化研究提供连续变化信息，此外还可为南极考察提供技术保障。

2.4 调查目标

南极地区环境遥感调查旨在查明南极大陆、海冰、周边海域水体、气象环境等基本情况，建立与更新基础资料和图件，得到地理环境要素时空分布、变化规律。本次调查的总体目标是以卫星遥感调查手段为主结合其他的调查手段，通过卫星遥感数据探测规划制定与数据获取、现场定标检验、算法研究、数据处理、专题制图和综合分析，获得南极地理基础测绘、地貌、海冰、周边海域水色和动力环境、气象环境等的基本情况，建立与更新基础资料和图件，得到南极地区环境要素时空分布、变化规律，为南极科学考察、全球变化及大气、冰川、地质、地理、海洋等多学科研究应用和国家战略服务。

第3章 考察主要任务

3.1 考察重大事件介绍

（1）项目组成员多次参与南极科学考察，其中武汉大学墙强博士参加了第30次南极科学考察，并参与了我国第4个南极科学考察站——泰山站的建站工作。

（2）“International Symposium on Polar Science and its Interaction with Global Environmental Change”国际会议于2014年11月10—12日在武汉举行，由武汉大学中国南极测绘研究中心承办。

（3）针对第30次“雪龙”船南极考察被困罗斯海冰区海域开展了应急保障工作，为“雪龙”船的成功突围提供了信息支撑。

3.2 调查内容与方法

3.2.1 南极地理基础遥感测绘

南极地理基础遥感测绘调查内容包括4个方面：①提取全南极地形；②重点考察研究区域测绘；③大地控制网布设与改造；④南极大陆质量变化和高程变化。每部分调查内容和采用的调查方法具体如下。

3.2.1.1 提取全南极地形信息

对于全南极地形，主要利用多源卫星测高数据融合实现，并与现有南极公开数字高程模型进行比较验证。对于高纬度数据密集区，分辨率为200 m；对于低纬度数据稀少地区，分辨率为500 m ~ 1 km。

主要基于ICESat激光测高卫星和ERS雷达测高卫星等多源卫星测高数据获取全南极地区地形。ERS-1/GM的空间分辨率高于ICESat。ERS-1测高误差中，由坡度引起的误差最大，坡度大于1°的区域误差达到100 m以上；ICESat则基本不受坡度影响，其高程精度可达15cm。ICESat与ERS-1/GM的空间分辨率和精度存在互补关系。为了综合ICESat在测高精度和ERS-1在空间分辨率上的优势，采用了一种数据联合的方法，联合两类数据构建南极冰盖综合DEM，图3-1为详细技术设计流程。

3.2.1.2 重点考察研究区域测绘

对于我国重点考察区域和特别感兴趣区域，其地形信息需要进一步提高精度，全南极地形信息往往无法满足需求。因此利用光学立体像对、InSAR像对，并结合卫星测高数据，融合生成高精度数字高程模型，高程精度达到30 m以内；对于我国重点考察区域、站区等局部区域需要大比例尺地形图和平面卫星影像图，可以利用航空摄影测量和卫星遥感手段与实地测量相结合。具体调查内容和方法如下。

1）ASTER 立体像对融合 ICESat 测高数据生成冰盖 DEM

利用 ASTER 的下视和后视像对来构成立体模型，生成南极冰盖 DEM。主要有以下几个步骤：①影像波段分离；②影像预处理；③立体模型建立；④连接点生成与控制点量测；⑤空间关系解算、三角测量；⑥ DEM 生成。ASTER 立体像对融合 ICESat 测高数据生成冰盖 DEM 的技术流程如图 3-2 所示。生成 DEM 后利用 GLAS 测高数据对 ASTER DEM 进一步进行改正，并利用顾及距离的加权平均法进行多景 DEM 拼接，最终利用二项式系数滤波对 DEM 进行滤波处理，抑制噪声的影响。

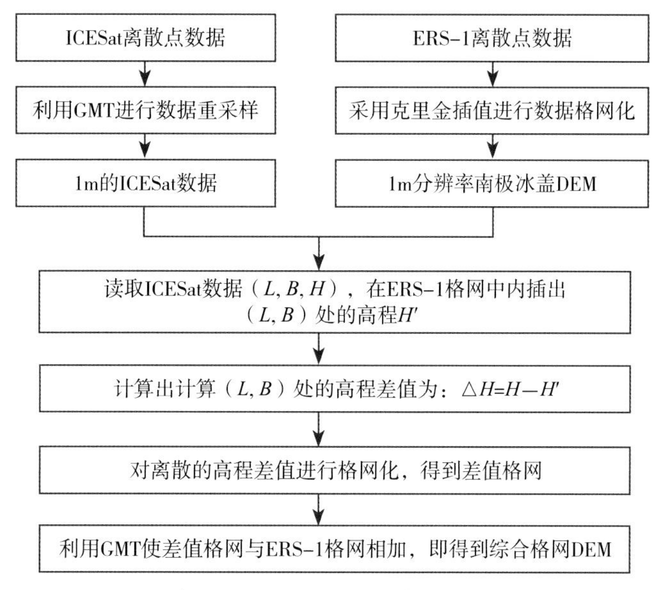

图3-1 联合ERS-1/GM与ICESat构建综合DEM技术流程

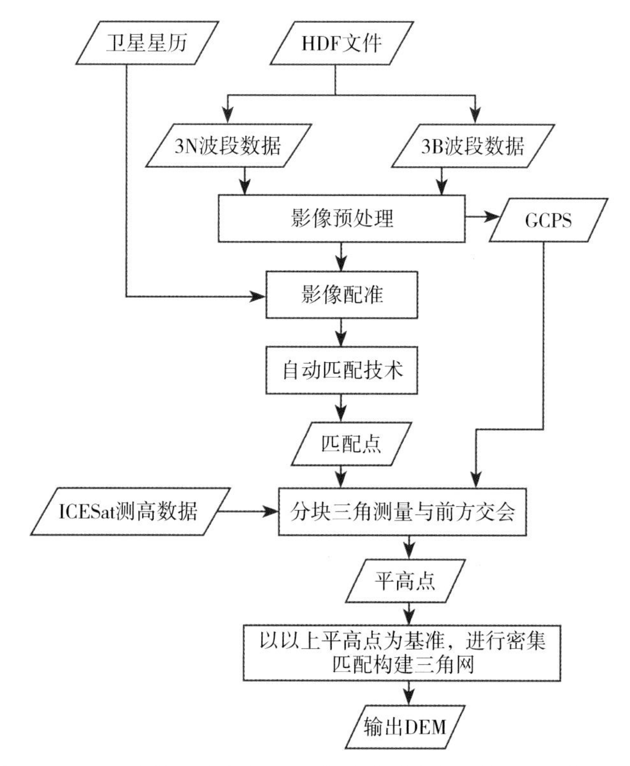

图3-2 ASTER立体像对融合ICESat测高数据生成冰盖DEM的技术流程

2）ALOS 立体像对生成 DEM

基于 ALOS 立体像对，采用全数字摄影测量流程进行作业。首先对处理好的卫星影像数据进行加密，然后对加密成果进行区域网平差，最后分析平差结果。

3）结合雷达干涉测量和卫星测高技术获取中山至冰穹 A 断面等重点考察区域的地形

以 InSAR 基本原理为基础，设计了利用 InSAR 技术生成南极格罗夫山及 PANDA 断面 DEM 的技术流程。考虑到南极地区无高精度可靠的地面控制点可用，由于基线的不精确估计和相位噪声的影响等会使 DEM 的精度下降，因此，设计了利用差分干涉相位图去拟合相位误差趋势面的方法，将相位误差趋势面从解缠相位中去除，再将相位值转换为高程，提高了 DEM 的精度。数据处理的技术流程如图 3–3 所示。基于相位误差趋势面去除的 InSAR DEM 生成数据的处理流程大致可分为以下几个步骤：① SAR 影像读取；②影像互配准；③辅影像重采样；④干涉图生成；⑤相位解缠；⑥外部 DEM 模拟地形相位；⑦基线误差引起的线性相位趋势去除；⑧拟合相位误差趋势面并去除；⑨相位到高程转换；⑩地理编码。分别利用多对 SAR 干涉像对提取冰面地形后，基于 InSAR 技术获取地形信息的特点，利用顾及相干性和垂直基线的加权平均法对重点考察区域多景 InSAR DEM 实施拼接，并利用二项式系数滤波进行滤波处理，改善 DEM 表面特性。

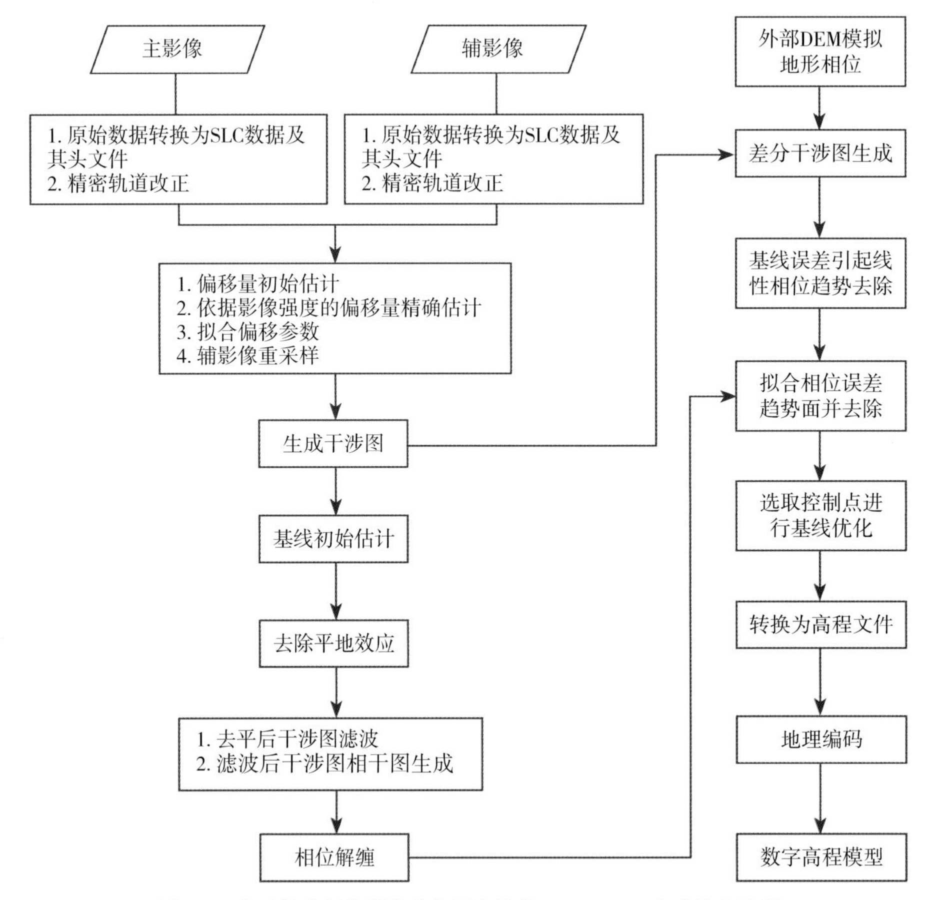

图3–3　基于差分相位误差趋势面去除的InSAR DEM生成技术流程

4）利用基线联合 InSAR 方法建立南极冰盖重点考察区域高精度数字高程模型

南极冰盖表面具有不间断流向海洋的冰流，靠近内陆的区域冰流速较小，在冰盖边缘地区，冰流速较大，甚至可以达到每天数米。在利用合成孔径雷达干涉测量（InSAR）提取冰盖 DEM 的过程中，冰流引起的形变相位若不移除，就会造成明显的高程误差。本研究中，设计利用两对干涉像对，采用基线联合的方法，在不直接求解形变相位的基础上消除冰流引起的形变相位对 DEM 提取精度的影响。数据处理的技术流程如图 3-4 所示。

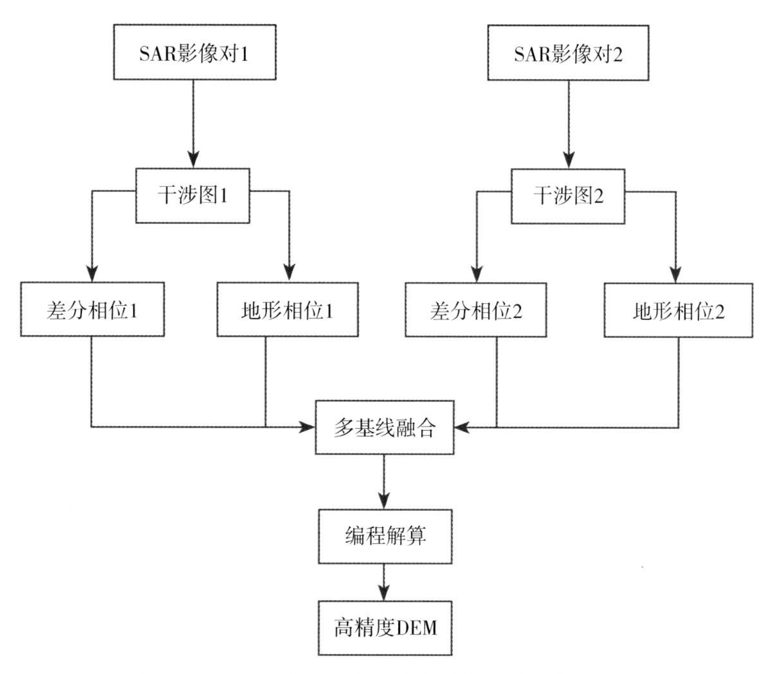

图3-4　基线联合方法建立数字高程模型技术流程图

5）基于实测 GPS 的南极内陆冰穹 A 地区 DEM 的生成

基于实测 GPS 获取南极内陆冰穹 A 区域 DEM。2012/2013 年利用高精度的 GPS RTK 技术，对南极内陆冰穹 A 区域 5 km 分辨率的 30 km × 30 km 范围内的 49 个竹竿进行了高精度 GPS 观测，获得了这 49 个点的空间信息，在此基础上内插获得了南极内陆冰穹 A 区域最新的 DEM（Yang，2014）。

6）基于航摄影像制作维多利亚地新站区域正射影像地形图

利用第 29 次中国南极科学考察队获取的航摄影像依照测量流程和规范制作维多利亚地新站选址区域的正射影像地形图。

7）基于 Landsat 和 HJ-1A/B 数据制作重点考察区域平面卫星影像图

分别利用 Landsat 卫星影像和 HJ-1A/B 卫星影像，经过预处理、彩色融合、几何校正等处理，建立长城站、中山站以及格罗夫山等重点考察区域的平面卫星影像图。

8）基于 ZY-3 数据制作埃默里冰架地区平面卫星影像图

利用资源三号正视全色和多光谱数据，经过影像预处理、配准、融合、正射校正等处理，建立埃默里冰架地区高分辨率平面卫星影像图。

9）基于 ZY-3 数据的查尔斯王子山脉地区 1 : 50000 3D 产品示范生产

（1）极地环境与资源数据继续收集、分析整理

收集 ZY-3 数据，分辨率 2.1 m 的全色影像正视、分辨率 3.5 m 的前后视和分辨率为 5.8 m 的多光谱影像及轨道参数。选择 3 景，获取时间为 2013 年 1 月 10—30 日。

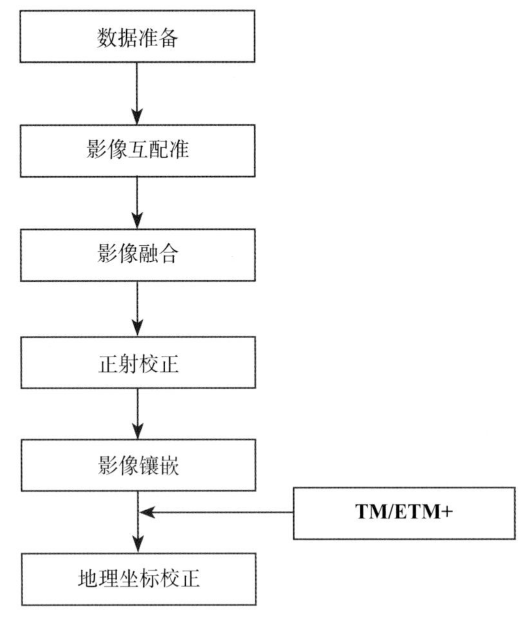

图3-5　ZY-3卫星影像成图处理流程

（2）实验性研究

基于国产测绘卫星在南极地区 3D 产品生产模式和工艺流程，示范生产南极地区 1 : 50000 的 3D 产品。

10）基于实测 GPS 获取南极内陆冰穹 A 区域冰流速和应变场

对冰穹 A 区域 2008 年与 2013 年两期获得的 GPS 数据，进行高精度的数据处理，利用两期 12 个点的 GPS 重复观测，获取了冰穹 A 区域的冰流速，并在此基础上，获得了该区域的应变场。

11）基于偏移量跟踪和差分干涉测量技术提取冰流速

基于 SAR 数据对的偏移量跟踪和差分干涉测量技术（DInSAR）是目前南极地区冰流速测量的主要手段。偏移量跟踪方法能获取距离向和方位向的冰流速，在相干性低的区域仍然适用，但结果精度和分辨率不如 DInSAR。DInSAR 只能获取距离向位移值，且对 SAR 影像对相干性要求高，但结果精度和分辨率明显优于偏移量跟踪方法。在数据合适的情况下，将偏移量跟踪方位向结果和 DInSAR 距离向结果进行融合，能获取高分辨率高精度的二维平面冰流速结果。数据处理流程如图 3-6 所示。

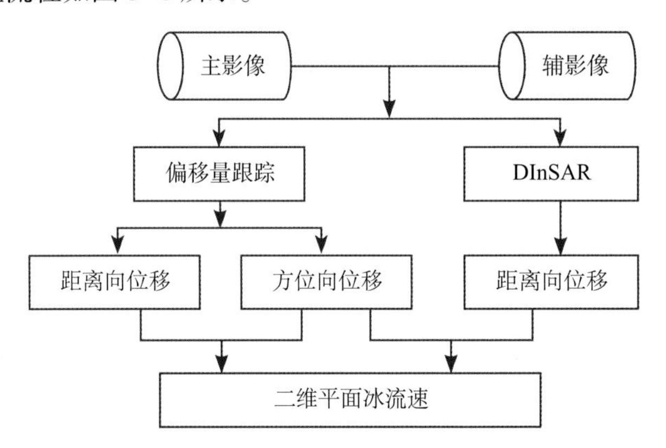

图3-6　偏移量跟踪和DInSAR方法提取冰流速流程

3.2.1.3 大地控制网布设与改造

各种地图的生产离不开大地控制点，它是测绘工作的基础，否则，一切测绘工作都无法进行。大地控制点具有永久确定的空间位置唯一性，地名命名有着明确的文化特征，是国家主权的直接体现。我国在南极开展科学考察活动已经有26年的历史了，期间我国测绘工作者陆续在长城站、中山站附近及周边地区布设了若干不同等级三角点、导线点和GPS控制点，主要用于地壳板块运动监测，以及为各种专题图测绘提供基础控制。

南极环境与内地差异较大，长城站及中山站周边已布设的测绘标志腐蚀严重，部分已埋设的大地点测量标志已经破损、松动，不适宜继续利用，而且这些大地点标志在制作规格上、标志上的文字等方面因布设时期的不同各不相同。中山站及附近地区大地控制网测量受当时的技术条件限制，采用了多种方法和不同的坐标系统，而且不统一，有的点只有直角坐标，更多的点大地坐标在不同坐标系中。

随着罗斯海、威德尔海、查尔斯王子山脉、南极半岛等区域成为我国南极考察的热点地区，有必要在南极重点区域布设大地控制点，同时为了体现国家主权意义和国家测量标志的规范性，对已有大地控制网进行改造，实现大地测量标志的统一、规范。

整理拉斯曼丘陵地区、菲尔德斯半岛地区、埃默里冰架露岩区以及冰穹A地区4个区域的大地控制点。包括控制点资料整理汇总、设计汇总表、整合所有控制点资料等，便于控制点的检索和使用。

3.2.1.4 南极大陆质量变化与高程变化

1）基于卫星重力GRACE的南极冰盖冰雪质量变化监测

在卫星重力GRACE出现之前，无法准确获取全球（尤其是陆地的）质量变化信息。而南极冰盖冰雪质量变化信息和冰后回弹信息无法从GRACE中直接分离，需要对冰后回弹模型选取和比较。此外GRACE数据自身的数据处理也是利用GRACE资料的基础。因此利用GRACE检测南极冰盖冰雪质量变化的主要流程包括：①滤波算法的研究，提高数据精度；②冰后回弹模型的比较和选取；③南极冰盖质量变化时间序列获取与分析；④南极冰盖冰雪质量变化分析及其对全球海平面变化的贡献分析。

2）基于卫星重力GRACE RL05的南极冰盖冰雪质量变化监测

冰盖物质平衡的特征及其时空变化规律与气候环境特征及其变化密切关系，而物质平衡又反过来影响气候环境。目前常用的卫星大地测量手段监测物质平衡的手段主要包括：利用卫星重力GRACE直接估算冰盖物质平衡，其精度在几百千米为厘米级（Tapley，2004）；采用卫星测高监测冰盖高程变化，其线性项精度在1 cm/a（Yang，2014），然后由密度转化为物质平衡。GRACE RL05为GRACE最新的重力产品，利用其进行冰盖质量变化研究具有更高的精度和现势性。

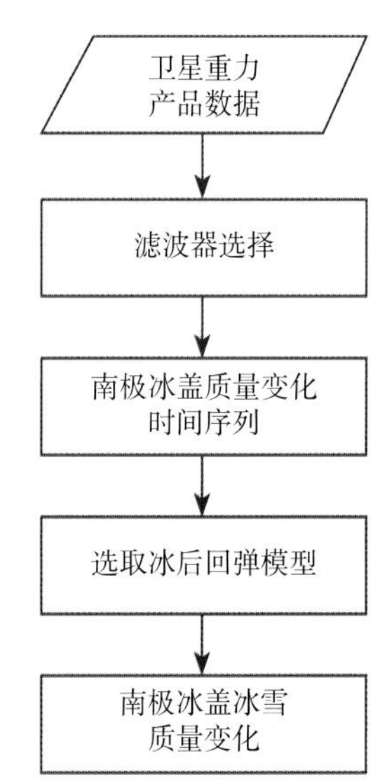

图3-7 南极冰盖冰雪质量变化产品生产技术路线

3）基于ICESat与ENVISAT卫星测高的冰盖冰面高程变化监测

ICESat是目前为止测高精度最高的测高卫星，其地面斑点最小，使得测距精度基本不受表面坡度的影响，但其工作时间仅为 2003 年至 2009 年。ENVISAT 的空间分辨率稍高于 ICESat，其精度受表面坡度影响，采用交叉点分析可以消除该因素的影响，其工作时间为 2002 年至 2012 年。

若直接用每期卫星测高数据生成的 DEM 进行比较，精度偏低。通常利用重复轨道分析和交叉点分析进行冰盖高程变化监测。利用 ICESat 与 ENVISAT 卫星测高监测冰盖冰面高程变化的数据处理流程大致可分为：①数据预处理；②交叉点分析或重复轨道分析；③形成冰盖高程变化时间序列；④冰盖高程变化时间序列分析。

4）基于新的交叉点分析算法 FFM（Fixed Full Method）提取冰盖高程变化

交叉点分析和重复轨道分析是两种常用的冰盖高程变化监测方法。相对于重复轨道分析算法，交叉点分析算法能够消除一些系统误差，该算法通常用于冰盖高程变化监测。本研究基于 ENVISAT 卫星测高数据，提出了新的交叉点分析算法 FFM（Fixed Full Method），可以提取更多的交叉点个数，从而获得的高程变化精度更高（Yang，2014）。

采用交叉点分析算法监测冰盖冰面高程变化时，通常采用的数据处理流程大致可分为：①数据预处理；②交叉点求解；③形成冰盖高程变化和反射能量变化时间序列；④反射能量改正；⑤冰盖高程变化时间序列分析与精度评估。技术流程图如图 3-8 和图 3-9 所示。

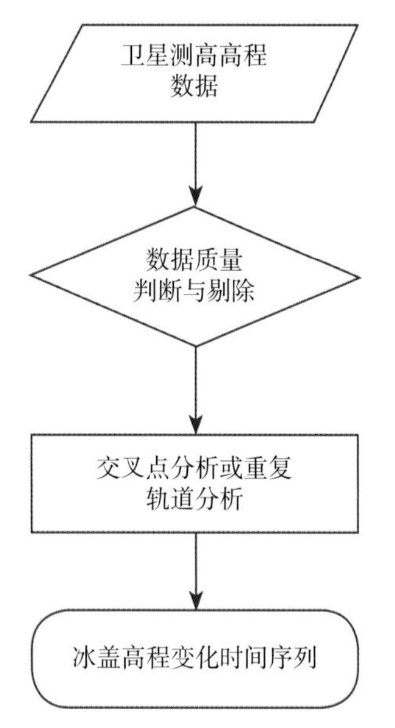

图3-8　冰盖表面高程变化时间序列技术路线

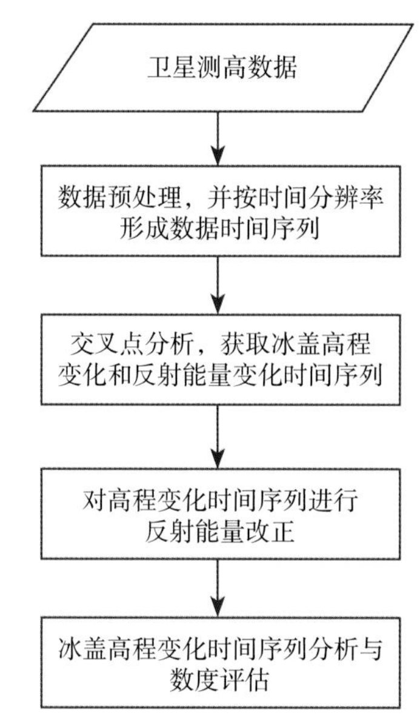

图3-9　冰盖表面高程变化时间序列技术路线

3.2.2　南极地貌遥感

3.2.2.1　调查内容

南极洲主要地貌特征包括冰架、冰川、冰隆、海岛、蓝冰、粒雪、冰碛、裸岩、山脉、冰裂隙、湖泊（冰上湖、岩上湖、冰下湖）和植被等，全南极洲遥感地貌调查的主要研究内容包括：

①空间分辨率为 30 m，比例尺为 1 : 10 万的全南极洲卫星遥感镶嵌图制作；

②全南极洲地貌图制作和南极地貌变化特征分析；

③探测 2003—2012 年埃默里冰架前端重点地区的冰貌剧烈变化并制作动态变化图；

④获取 2009—2013 年的南极半岛和罗斯海西岸重点地区 30 m 分辨率遥感数据，制作卫

星影像镶嵌图并提取地貌信息，制作上述两个区域的地貌遥感图；

⑤利用遥感卫星数据对 1973—2014 年的德里加尔斯基冰舌变化进行调查；

⑥南极洲蓝冰制图，以 Landsat-7 南极洲高分辨率遥感制图时间为准，选用 2000 年前后南极洲 ETM+ 制图结果数据进行蓝冰制图；

⑦运用雷达卫星观测资料获取冰架、冰川的运动速度以及冰下湖的变化情况。

3.2.2.2 调查方法

全南极洲地貌调查采用总体和局部、内业和外业相结合的方式进行，在全局上采用卫星遥感技术对海量的南极卫星遥感数据进行综合分析，并在我国极地考察的关键地区选取实验区进行精密测量，结合航拍验证方式制作高精度的南极卫星遥感地貌图，在制作镶嵌图、提取地貌信息过程中需要注意数据源选择、异源数据匹配和信息提取方式等问题。

在卫星遥感数据源的选择上，主要以中高分辨率光学卫星数据为主，包括北京 1 号小卫星、环境减灾小卫星、中巴资源卫星、测绘卫星、Landsat-5 TM、ASTER 和 SPOT5 等。环境减灾小卫星等遥感光学数据对于蓝冰、裸岩、冰碛、冰隆等地貌的分类和区分十分有效，然而对于冰架边缘、接地线、海陆分界线等的区分效果则较差，此时侧视观测的合成孔径雷达数据则能很好地区分这些区域，同时对于冰盖冰架表面的起伏纹理特别敏感，能够提供非常好的冰流信息，应用欧洲空间局 ENVISAT ASAR 等数据可以满足这样的要求。制作镶嵌图之前，需要根据南极地貌状况，选择典型区域测评上述几种卫星数据源的光谱特征和对各种地貌的辨识能力。根据测评结果按照辨识能力高低建立应用于镶嵌图的遥感数据先后选择方案，优先应用辨识能力高的数据，覆盖不到的区域按照优先等级依次递补。

遥感图像预处理。对中高分辨率光学卫星遥感数据进行几何校正、辐射校正及地理编码等数据处理，并对 SAR 影像进行辐射校正、去噪、滤波和几何配准。

异源数据匹配处理研究。南极地区全覆盖遥感制图采用了多种异源遥感数据，需要以某种主要遥感数据为基础，研究其他数据与之进行光谱、纹理等匹配的方法，制作均一、一致的全覆盖镶嵌图。

地貌分类方法研究。借鉴 2000 基准年南极洲地貌图制作办法，应用各种最近极地信息提取技术从大范围提取冰架、冰川、冰隆、海岛、蓝冰、粒雪、冰碛、裸岩、山脉、冰裂隙、湖泊（冰上湖、岩上湖、冰下湖）和植被等地貌信息。在信息提取后期处理过程中，采用人工解译的方式，充分利用解译人员在制作 2000 基准年南极洲地貌图时积累的丰富经验，实现对各类地貌的准确、快速判读。

针对重点、典型地区，如格罗夫山、查尔斯王子山脉等地区需要结合可获取的高分辨率的遥感数据建立高精度的镶嵌图，实现重点、典型地区地貌的高精度制图。

对南极大陆冰盖、冰川运动速度的监测，主要利用 GPS 实地测量获得点信息，利用卫星影像匹配获得部分点线信息，利用差分干涉测量获得大范围面信息，并进一步分析其运动机制和变化规律。

3.2.3 南极周边海域海冰遥感

本专题的主要考察内容包括：①全南极海域的海冰分布变化及密集度变化，绘制全南极海冰密集度月平均分布专题图；②中山站及长城站周边海域海冰分布变化及密集度变化，并分别绘制重点区域的海冰密集度月平均分布专题图；③基于 2008—2013 年的海冰分布调查结果，开展南极周边海域海冰时空变化特征综合分析。

（1）利用微波辐射计 DMSP-SSMI（SSMIS）数据开展全南极周边海域海冰密集度分布与变化调查。

（2）利用 Terra/Aqua-MODIS 数据结合 Radarsat-SAR 资料，开展南极中山站及长城站周边海域海冰密集度分布与变化调查。

（3）利用 GIS 系统，导入经 DMSP-SSMI（SSMIS）及 MODIS 数据反演所获取的海冰密集度数据，并叠加地理基础信息地图，经图幅整饰后，制作并输出南极周边海域、中山站周边海域及长城站周边海域的海冰密集度分布与变化专题图。

3.2.4 南极周边海域水色、水温遥感

本专题的主要考察内容包括：①南极周边海域叶绿素 a 浓度分布变化，并绘制叶绿素 a 浓度月平均分布专题图；②南极周边海域海温分布变化，并绘制海温月平均分布专题图；③基于多年的叶绿素 a 浓度及海温分布调查结果，开展南极周边海域叶绿素 a 浓度和海温的时空变化特征综合分析。

（1）以 Terra/Aqua-MODIS 为主，结合 HY-1B-COCTS 可见光通道数据，提取海洋叶绿素 a 浓度信息，开展南极周边海洋叶绿素 a 浓度分布调查。

（2）以 Terra/Aqua-MODIS 为主，结合 HY-1B-COCTS 红外通道数据，提取海洋海温信息，开展南极周边海洋海温分布特征调查。

（3）利用 GIS 系统，导入经卫星数据反演所获取的海洋叶绿素浓度、水温专题数据，并叠加地理基础信息地图，经图幅整饰后，制作并输出全南极周边海域海洋叶绿素浓度、海温分布与变化专题图。

3.2.5 南极周边海洋动力环境遥感

3.2.5.1 调查内容

南极周边海域海洋动力环境遥感调查是利用多源散射计和高度计数据，开展南极周边海域海面风场和海浪的遥感调查，即综合利用 ASCAT 散射计、OceanSAT-2 散射计和 HY-2A 散射计数据，开展南极周边海洋海面风场遥感调查，提取调查区域风速风向信息，绘制海面风场时空分布图；以 HY-2A 高度计、Jason-1/2、Envisat RA-2 和 Cryosat-2 有效波高数据为主，开展南极周边海洋海浪遥感调查，提取海浪波高等信息，绘制海浪时空分布图。基于 2011—2013 年南极周边海洋海面风场和海浪调查结果，开展南极周边海面风场与海浪时空变化特征综合分析。

3.2.5.2 调查方法

海面风场遥感调查以 ASCAT 散射计、Oceansat-2 散射计、HY-2A 散射计数据为主，散射计数据首先基于数据编辑准则进行海面风矢量数据质量控制。结合实测数据，对散射计海面风场数据进行检验与修正。将经修正后的不同散射计的海面风场利用最优插值方法进行数据融合，得到调查区域的海面风场数据。在此基础上，利用统计分析方法得到海面风场月平

均和季平均数据。具体技术流程如图 3-10 所示。

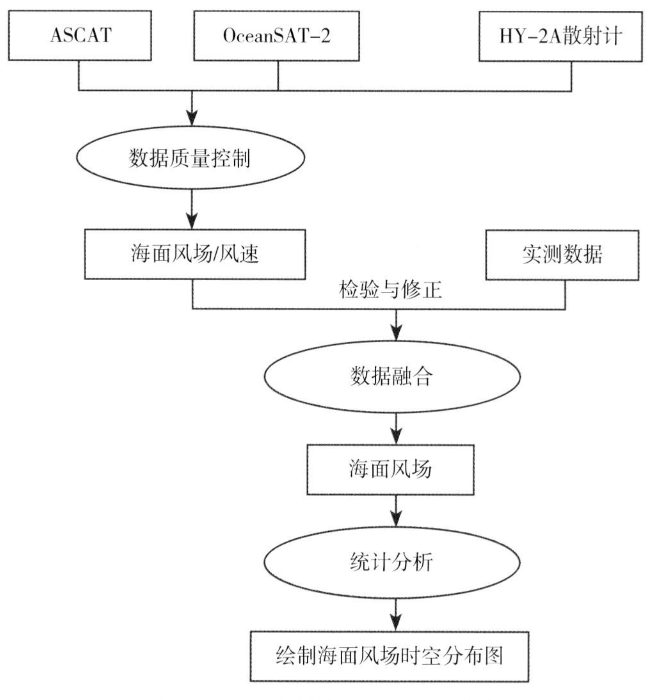

图3-10 海面风场遥感调查技术流程

海浪遥感调查以 HY-2A 高度计、Jason-1/2 高度计、Envisat RA-2 和 Cryosat-2 数据为主。高度计数据首先基于高度计数据编辑准则进行高度计有效波高数据质量控制。结合实测数据，对高度计有效波高数据进行检验与修正。将经修正后的数据利用最优插值方法进行数据融合，得到调查区域的海浪参数。在此基础上，利用统计分析方法得到海浪特征月平均和季平均数据。具体技术流程如图 3-11 所示。

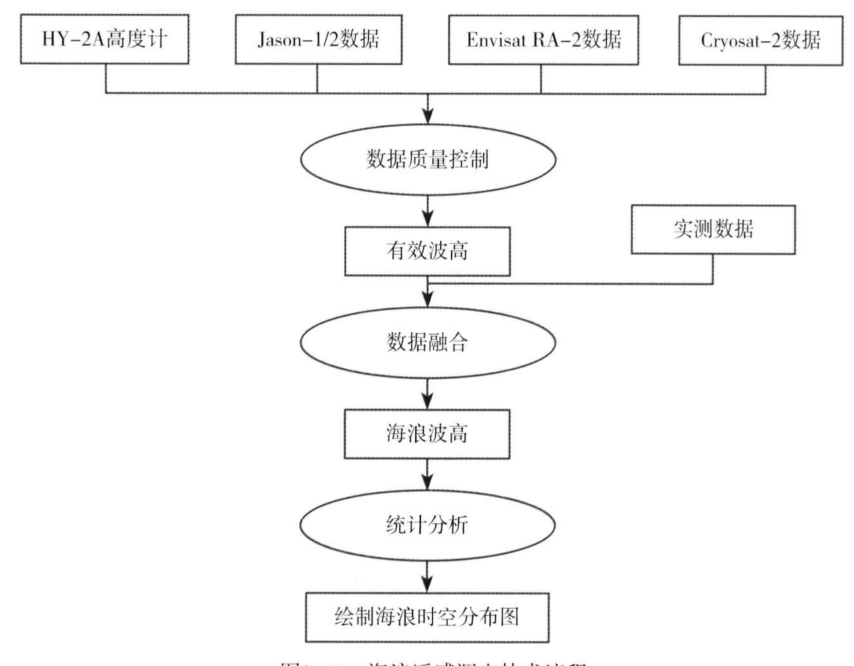

图3-11 海浪遥感调查技术流程

3.2.6 南极气象环境遥感调查

南极地区环境遥感调查气象环境调查子专题，是以卫星遥感调查手段为主，结合其他的调查手段，通过制定卫星遥感数据探测计划、数据获取、现场定标检验、算法研究、数据处理、专题制图和综合分析，获得南极沿岸周边海域气象环境等的基本情况，建立与更新基础资料和图件，得到南极地区气象环境要素时空分布、变化规律。

该子专题调查对象为国际上少有人研究的南极周边海域的、尤其是普里兹湾海域和威德尔海域的气旋，调查目标为其活动特征和路径图，具有显著的创新点。本项目将卫星遥感资料与数值模式相结合，综合利用多种分析资料开展普里兹湾和威德尔海域气旋的研究，探寻其活动特征，具有一定的开创性。本项目涉及海洋和大气两个科学领域，并采用卫星遥感技术及数值模拟方法，来深入地研究南极气旋，充分体现了多学科、多技术手段的交叉与融合。

利用卫星遥感资料对绕极气旋进行监测分析。将卫星数据进行处理，利用连续卫星数据，分析极地气旋的强度、中心位置及其移动规律、气旋消亡地点及影响范围，给出不同时间尺度的平均状态下的绕极气旋移动路径图。分析气旋活动与海洋要素场的关系，给出南极绕极气旋的活动规律。

国内外气旋的追踪与识别有两种主流的算法：一种基本思想属于欧拉方法；另一种属于拉格朗日方法。欧拉方法的主要思路是，通过计算过滤后的能代表一定系统尺度特征（2.5 ~ 8 d）的平均海平面气压场或者高度场的方差或者协方差，以此来判断气旋的发展过程。这类方法可以给出气旋的强度和活动的特征。

该子专题采用的客观气旋自动识别算法来自雷丁大学的气旋追踪算法。该算法被广泛地应用于温带气旋、热带气旋以及特定气旋类似极地低压的研究当中。该方案可从海平面气压场中找出气压场中的极值或者 850 hPa 涡度场中的涡度极值并以此追踪气旋。整个计算的过程主要分为 3 个步骤：滤波、气旋中心定位以及追踪。

雷丁大学的算法主要的思路是拉格朗日方法，按时间的间隔追踪气旋中心，其主要的算法如下：滤波是在气旋中心识别之前进行，目的是消除大尺度环流背景场的影响以挑选出感兴趣尺度的气旋，尤其是中尺度的气旋。滤波采用的计算方法是离散余弦变换（DCT），这是基于在对称过程下的不连续傅里叶变换的计算方法。在滤波后的场域进行气压低值中心的定位，定位方法首先采用多运动目标的连通域标记方法建立空间索引，这是为后面追踪特征点做出的重要铺垫，空间索引是指依据空间对象的位置和形状或空间对象之间的某种空间关系按一定的顺序排列的一种数据结构，其中包含空间对象的概要信息，如对象的标识、外接矩形及指向空间对象实体的指针。作为一种辅助性的空间数据结构，空间索引介于空间操作算法和空间对象之间，它通过设定阈值达到筛选作用，使大量与特定空间操作无关的空间对象被排除，缩小目标对象查找区域，从而提高空间操作的速度和效率。气旋的极值点确定之前就采用了这种方法。在大规模的区域和点中将这些对象按照一定的规律分成一小块一小块有组织的集合，下一步查找只要遍历小区域就可以查找特征点。

3.2.7 南极环境遥感考察集成系统概要设计

南极环境遥感考察集成系统依托南极地区环境遥感考察专题，汇集、整合、开发、保存南极地区环境遥感考察数据，为基于遥感手段的科学研究提供综合性的研究服务平台和成果展示服务平台，通过地理信息可视化方式全面展示南极地理基础遥感测绘考察，南极地貌遥感考察，南极周边海域海冰遥感调查，南极周边海域水色、水温调查，南极周边海域动力环境遥感调查，南极气象遥感调查成果。

3.2.7.1 数据的收集整理

数据是集成系统的基础，主要开展了南极站点信息和遥感专题成果数据的收集整理。

3.2.7.2 数据库设计

基于不同的数据类型，将数据存储在不同的数据库中：①站点信息存储在关系数据库中；②具有地理投影和地理坐标的数据存储在空间数据库中；③专题成果图片数据以文件形式存储。

3.2.7.3 系统设计

系统设计以成果可视化和管理为目标，实现不同研究方向成果数据的分类管理，通过运用 GIS 技术构建基于地理空间框架的可视化检索系统。

3.3 考察主要数据源介绍

3.3.1 光学卫星数据源

3.3.1.1 IKONOS 卫星影像

IKONOS 是第一颗成功发射的高分辨率商业遥感卫星，于 1999 年 9 月 24 日，美国空间成像公司（Space Image）在美国范登堡空军基地发射升空。卫星由洛克希德－马丁公司（Lockheed Marti）建造，是一颗太阳同步卫星，通过赤道的时间是当地上午 10 点 30 分，卫星轨道与赤道倾角为 98.1°，平均飞行高度约 681 km，飞行速度 6.79 km/s，98.3 min 绕地球一周，重复周期 1 ～ 3 d。IKONOS 采用的是三线阵扫描（three-line scanner）技术，三排 CCD 分为向前、向下和向后扫描，扫描方式类似于 SPOT 的推扫式（push-broom）。其全色波段的空间分辨率达 1 m，还有 4 个分辨率为 4 m 的多光谱波段。其数据的量化等级达到 11 bits，使得影像比普通的 8 bits 量化具有更丰富的层次，更能增加阴影区与明亮区域的辨别能力。

3.3.1.2 资源三号（ZY-3）卫星影像

ZY-3 卫星是中国第一颗民用高分辨率光学传输型测绘卫星，卫星于 2012 年 1 月 9 日发射，它搭载了 4 台光学相机，包括 1 台地面分辨率 2.1 m 的正视全色 TDI CCD 相机；2 台地面分辨率 3.6 m 的前视和后视全色 TDI CCD 相机；1 台地面分辨率 5.8 m 的正视多光谱相机。其数据主要用于地形图制图、高程建模以及资源调查等。卫星设置寿命 5 年，可长期、连续、稳定地获取立体全色影像、多光谱影像以及辅助数据，可对地球南北纬 84° 以内的地区实现无缝影像覆盖。ZY-3 号卫星载荷主要参数如表 3-1 所示。

表3-1 ZY-3卫星载荷主要参数

有效载荷	波段号	光谱范围（μm）	空间分辨率（m）	幅宽（km）	侧摆能力（°）	重访时间（d）
前视相机	–	0.50 ~ 0.80	3.5	52	±32	3 ~ 5
后视相机	–	0.50 ~ 0.80	3.5	52	±32	3 ~ 5
正视相机	–	0.50 ~ 0.80	2.1	51	±32	3 ~ 5
多光谱相机	1	0.45 ~ 0.52	5.8	51	±32	5
	2	0.52 ~ 0.59				
	3	0.63 ~ 0.69				
	4	0.77 ~ 0.89				

3.3.1.3 环境一号卫星影像

我国环境与灾害监测预报小卫星星座 A、B 星 (HJ–1A /1B 卫星) 于 2008 年 9 月 6 日上午 11 点 25 分成功发射，HJ–1–A 卫星搭载了 CCD 相机和超光谱成像仪（HSI），HJ–1–B 卫星搭载了 CCD 相机和红外相机（IRS）。在 HJ–1–A 卫星和 HJ–1–B 卫星上均装载的两台 CCD 相机设计原理完全相同，以星下点对称放置，平分视场、并行观测，联合完成对地刈幅宽度为 700 km、地面像元分辨率为 30 m、4 个谱段的推扫成像。此外，在 HJ–1–A 卫星装载有一台超光谱成像仪，完成对地刈宽为 50 km、地面像元分辨率为 100 m、110 ~ 128 个光谱谱段的推扫成像，具有 ±30° 侧视能力和星上定标功能。在 HJ–1–B 卫星上还装载有一台红外相机，完成对地幅宽为 720 km、地面像元分辨率为 150 m/ 300 m、近短中长 4 个光谱谱段的成像。

3.3.1.4 中巴资源卫星影像

中巴资源卫星 CBERS–02B 搭载 CCD 相机 (CCD)，高分辨率相机（HR），宽视场成像仪（WFI）三种传感器，空间分辨率可达 19.5 m，但成像幅宽较小，仅为 113 km。

3.3.1.5 北京 1 号卫星影像

北京 1 号小卫星分辨率为 32 m，幅宽最大可达 600 km。北京 1 号的另一个特点是可以侧摆，这样可以很好地实现对靠近极点区域的拍摄，减小极轨卫星在南极地区拍摄时的盲区面积。经过初步的技术设计，北京 1 号小卫星最少 17 轨即可实现南极洲除极点区域的全覆盖。

3.3.1.6 Landsat 卫星影像

NASA 的陆地卫星（Landsat）计划，自 1972 年 7 月 23 日以来，已发射了共 7 颗卫星 (第 6 颗发射失败)。目前 Landsat1–4 均相继失效，Landsat–5 仍在超期运行（从 1984 年 3 月 1 日发射至今）。最新的 Landsat–7 卫星于 1999 年 4 月 15 日发射升空，其携带的主要传感器为增强型主题成像仪 (ETM+)。Landsat–7 除了在空间分辨率和光谱特性等方面保持了与 Landsat–5 的基本一致外，又增加了许多新的特性，为用户提供了大量高质量的图像数据。Landsat 卫星的轨道设计为与太阳同步的近极地圆形轨道，以确保北半球中纬度地区获得中等太阳高度角（25° ~ 30°）的成像，而且该卫星以同一地方时、同一方向通过同一地点，保证遥感观测条件的一致性。

3.3.1.7 Terra-ASTER 卫星影像

ASTER（Advanced Spaceborn Thermal Emission and Reflection Radiometer）是搭载在 Terra

卫星上的高级星载热辐射和反射探测仪，由日本国际贸易和工业部制造，于1999年12月18日发射升空。一个日美技术合作小组负责该仪器的校准确认和数据处理。ASTER有14个光谱通道，所覆盖的波谱范围从可见光到热红外。从技术的角度上讲，ASTER包括3个子系统：可见光近红外、短波红外、热红外。其中可见光近红外子系统是由推扫式扫描仪获取，包括绿色通道、红色通道和近红外通道，其在天底方向的空间分辨率为15 m。另外在后视点方向有一个通道——近红外通道。因此，该传感器可以由天底方向的近红外通道（Band 3n）和后视方向的近红外通道（Band 3b）获取同一地区的立体像对，可以用来生成DEM。每景影像的地面刈幅带宽为60 km。

ASTER传感器的主要性能有：①在可见光区，图像数据的分辨率高达15 m；②在沿飞行轨迹方向上具有立体覆盖能力，能够形成近实时的立体像对；③在短波红外具有较高的光谱和空间分辨率，达30m；④在热红外具有较高的空间分辨率，达90 m。

3.3.1.8 ALOS卫星影像

ALOS卫星是日本的对地观测卫星，发射于2006年，载有3个传感器：全色遥感立体测绘仪（PRISM），主要用于数字高程测绘；先进可见光与近红外辐射计-2（AVNIR-2），用于精确陆地观测；相控阵型L波段合成孔径雷达（PALSAR），用于全天时全天候陆地观测。先进对地观测卫星ALOS是JERS-1与ADEOS的后继星，采用了先进的陆地观测技术，能够获取全球高分辨率陆地观测数据，主要应用目标为测绘、区域环境观测、灾害监测、资源调查等领域。PRISM具有独立的3个观测相机，分别用于星下点、前视和后视观测，沿轨道方向获取立体影像，星下点空间分辨率为2.5 m。其数据主要用于建立高精度数字高程模型。PRISM观测区域在82° N—82° S之间。全色波段范围：520 ~ 770 nm；分辨率：2.5 m；幅宽：70 km，（星下点）35 km（联合成像）。

3.3.1.9 Terra/Aqua-MODIS数据

EOS-Terra和EOS-Aqua分别于1999年12月18日、2002年5月4日发射升空。这两颗卫星上搭载的MODIS（moderate resolution imaging spectroratiometer）传感器能对大气、海洋和陆地进行综合观测，获取有关海洋、陆地和冰雪圈等信息。MODIS数据为中分辨率成像光谱仪（Moderate Resolution Imaging Spectroradiometer）的简称。MODIS是一个带有490个探测器、36个光谱波段的被动成像光谱辐射计。覆盖了可见光—热红外（400 ~ 1 400 nm）波谱范围，其数据具有很高的信噪比，量化等级为12 bits。

MODIS传感器观测地面幅宽为2 330 km，垂直轨迹视场为 ±55°，在36个相互配准的光谱波段上以中等分辨率水平（0.25 ~ 1 km）每1 ~ 2 d观测地面一次，提供全球所有表面的太阳反射和地表昼夜热辐射的较高辐射度分辨率图像，数据空间分辨率包括了250 m（波段1 ~ 2）、500 m（波段3 ~ 7）和1 000 m（波段8 ~ 36）三个尺度，其中第1、第3、第4、第8 ~ 14通道（413 ~ 678 nm）属于可见光波段；第2、第15 ~ 19（743 ~ 940 nm）通道属于近红外波段；第5 ~ 7、第23通道（1.25 ~ 2.155 μm）属于短波红外波段；第20 ~ 36通道（除第26通道3.66 ~ 14.385 μm外）属于热红外波段。MODIS可以获取陆地和海洋温度、初级生产力、陆地表面覆盖、云、汽溶胶、水汽和火情等目标的图像，表3-2列举了MODIS传感器的波段设置和主要用途。

表3-2 MODIS仪器波段设置和主要用途

通道	光谱范围 通道1～19(nm)，通道20～36(μm)	信噪比 NEΔT	主要用途	分辨率/m
1	620～670	128	陆地、云边界	250
2	841～876	201		250
3	459～479	243	陆地、云特性	500
4	545～565	228		500
5	1 230～1 250	74		500
6	1 628～1 652	275		500
7	2 105～2 135	110		500
8	405～420	880	海洋水色、浮游植物、生物地理、化学	1 000
9	438～448	8 380		1 000
10	483～493	802		1 000
11	526～536	754		1 000
12	546～556	750		1 000
13	662～672	910		1 000
14	673～683	1 087		1 000
15	743～753	586		1 000
16	862～877	516		1 000
17	890～920	167	大气水汽	1 000
18	931～941	57		1 000
19	915～965	250		1 000
20	3.660～3.840	0.05	表面、云温度	1 000
21	3.929～3.989	2.00		1 000
22	3.929～3.989	0.07		1 000
23	4.020～4.080	0.07		1 000
24	4.433～4.498	0.25	大气温度	1 000
25	4.482～4.549	0.25		1 000
26	1.360～1.390	1504	卷云、水汽	1 000
27	6.535～6.895	0.25		1 000
28	7.175～7.475	0.25		1 000
29	8.400～8.700	0.05		1 000
30	9.580～9.880	0.25	臭氧	1 000
31	10.780～11.280	0.05	表面、云温度	1 000
32	11.770～12.270	0.05		1 000
33	13.185～13.485	0.25	云顶高度	1 000
34	13.485～13.785	0.25		1 000
35	13.785～14.085	0.25		1 000
36	14.085～14.385	0.35		1 000

3.3.1.10 HY-1B/COCTS 数据

"海洋一号"（HY-1B）卫星是中国第一颗海洋卫星（HY-1A）的后续星，它于 2007 年 4 月 11 日发射升空，星上搭载有一台 10 波段的海洋水色扫描仪（COCTS）和一台 4 波段的海岸带成像仪（CZI），用于获取我国近海和全球海洋水色、水温及海岸带动态变化信息。十波段的海洋水色扫描仪（COCTS）主要用于观测海水光学特性、叶绿素浓度、海表温度、可溶有机物、悬浮泥沙含量、污染物等；兼顾观测海冰冰情、浅海地形、海流特征、海面上大气汽溶胶等。HY-1B 卫星星下点地面分辨率 1.1 km；扫描刈幅宽 1 830 km；每行像元数 1 024；量化级数 10 bits；辐射精度可见光 10%。实时观测中国沿海区域（渤海、黄海、东海、南海及海岸带区域等）；延时观测全球。其波段特征数据见表 3-3。

表3-3 HY-1B（COCTS）波段特征

编号	波段 (μm)	星下点分辨率	扫描刈幅	应用对象
1	0.402 ~ 0.422			黄色物质、水体污染
2	0.433 ~ 0.453			叶绿素吸收
3	0.480 ~ 0.500			叶绿素、海水光学、海冰、污染、浅海地形
4	0.510 ~ 0.530			叶绿素、水深、污染、低含量泥沙
5	0.555 ~ 0.575	1 100 m	1 830 km	叶绿素、低含量泥沙
6	0.660 ~ 0.680			荧光峰、高含量泥沙、大气校正、污染、气溶胶
7	0.730 ~ 0.770			大气校正、高含量泥沙
8	0.845 ~ 0.885			大气校正、水汽总量
9	10.30 ~ 11.40			水温、海冰

3.3.1.11 ICESat/GLAS 激光测高数据

ICESat（Ice, cloud and land Elevation Satellite）于 2003 年 1 月 13 日由加利福尼亚范登堡空军基地发射，沿近圆的近极轨道飞行。高度大约为 600 km，激光测高系统 GLAS 由美国航天局的戈达德宇航中心（NASA/ GSFC）研制。GLAS 每秒 40 次发射红外（1 064 nm）和绿（532 nm）脉冲，前者用于地面测高，后者用于大气后向散射测量。反射脉冲的特征可确定表面的粗糙度。ICESat 的主要目的是监测两极冰盖的物质平衡以及理解地球大气和气候的变化是如何影响极地冰盖物质平衡和全球海平面变化，同时 ICESat 观测全球格点的陆地高程、全球气溶胶和云的垂直分布情况。

ICESat 卫星平台上搭载的唯一有效载荷——地学激光测高系统（GLAS）是第一颗卫星激光雷达测量仪器。卫星激光测量的优势在于其地面激光光斑较小，分辨率较高。地面垂直精度可达 ±13.8 cm，其地理定位精度也优于 20 cm，能精确测量冰面特征、冰层厚度，因此可制作较大比例尺的冰盖地形图。但由于其固定的轨道间距，使得 ICESat 的测高数据在轨道通过的地区非常密集，而在轨道和轨道之间却没有数据。尤其是在低纬度地区，ICESat 在赤道附近两条重复轨道之间存在 15 km 的间距，即使是在 80°S 处，重复轨道之间也存在 2.5 km 的间距。这些条件限制了直接利用该数据提取 DEM 的分辨率，尤其是在低纬度地区。

3.3.2 微波卫星数据源

3.3.2.1 ERS-1 卫星雷达测高数据

欧洲空间局（ESA）经过 10 年的准备，在 1991 年发射了欧洲第一颗遥感卫星 ERS–1。卫星携带多种有效载荷，包括合成孔径雷达和雷达测高计等。主要用于全球范围的重复性环境监测。在其执行任务期间分别采用了 3 天、35 天和 168 天为周期的运行模式，其中以执行周期为 168 天的大地测量任务（GM）期间获得的观测数据具有最高的空间分辨率。本项目使用的数据为该任务所采集的测高数据。ERS–1/GM 的任务执行为期 1 年，即 1994 年 4 月—1995 年 3 月，分为 Phase E 和 Phase F 两个阶段，总时间长约 336 天，采样频率为 20 Hz。ERS–1 各任务时间段如表 3–4 所示。

表3-4 ERS-1任务时间段表

任务阶段	开始时间	周期（d）	SAR 任务目的
发射	1991 年 7 月 17 日	/	/
A 试运行	1991 年 7 月 25 日	3	所有仪器；至 1991 年 12 月 10 日
B 冰	1991 年 12 月 28 日	3	冰和污染；干涉可能性
R 转动倾斜（试验）	1992 年 4 月 2 日	35	不同的 SAR 入射角 (35°)
C 多学科	1992 年 4 月 14 日	35	AO；地面和冰制图；持续设置规律的间隔
D 第二阶段冰	1993 年 12 月 23 日	3	同阶段 B
E 大地	1994 年 4 月 10 日	168	雷达测高任务；SAR 同阶段 C
F 大地偏移	1994 年 9 月 28 日	168	8 km 偏移以及阶段 E 绘制密集网格
G 第二阶段多学科	1995 年 3 月 21 日	35	同阶段 C
G Tandem	1995 年 8 月 17 日	35	干涉和制图
G 备份	1996 年 6 月 2 日	35	/
任务结束	2000 年 3 月 10 日	/	/

3.3.2.2 GRACE 卫星重力数据

2002 年 3 月发射的 GRACE 提供高精度的月全球重力模型解，它不同于以往传统的点测量或格网数据，给出的是重力位球谐展开系数（以下简称球谐系数）。GRACE 由两颗相距 200 km 的低轨卫星组成，其轨道高度约 500 km。GRACE 通过卫星上的 GPS 接收机、加速度计和星载 K 波段星间测距仪等确定重力加速度，进而确定重力场。它通过每个月的观测数据，反演确定每个月的重力场球谐系数。目前 GRACE 已广泛用于水文、陆地冰川、海洋、极地、地震等各方面的研究。不用于质量平衡法和高程变化测量法，GRACE 直接获得南极冰盖质量的变化，然而 GRACE 只能测量不同地球物理过程引起的总质量变化，如大气、海洋、陆地冰、极地冰变化和冰后回弹等，并不能区分不同过程的变化。目前给出的 GRACE 产品已考虑了潮汐和大气的影响。GRACE 计划工作 5 年，目前仍然在工作。GRACE 的产品精度，逐步得到提高，最新版本为 RL05。

3.3.2.3 ERS-1/2 雷达影像

欧洲遥感卫星 ERS 包括欧洲空间局分别于 1991 年和 1995 年发射的 ERS–1 和 ERS–2，

携带有多种有效负荷，包括侧视合成孔径雷达（SAR）和风向散射计等装置，由于ERS-1/2采用了先进的微波遥感技术来获取全天候与全天时的影像，比起传统的光学遥感卫星有着独特的优点。ERS-1卫星有可变的重复周期，而ERS-2的重复周期固定为35天，它沿用了ERS-1的飞行轨迹，与其保持1天的延迟。因此利用ERS-1/2卫星可以获取南极部分地区1天、35天、70天等时间间隔的数据。ERS-1和ERS-2相隔1天时间间隔的数据称之为Tandem组合。两颗星观测同一区域仅隔24小时，频率和级别增加的数据为学者们研究短时间内的变化提供了一个独特的机会。特别是对于极区，SAR数据的时间基线太长，会造成影像失相干，不利于DEM的生成。本研究采用时间基线为1天，空间基线为100 ~ 200 m之间的ERS Tandem数据进行DEM的生成。

3.3.2.4 Envisat卫星数据

Envisat卫星是欧洲空间局的对地观测卫星系列之一，于2002年3月1日发射升空。该卫星是欧洲迄今建造的最大的环境卫星。载有10种探测设备，其中4种是ERS-1/2所载设备的改进型，所载最大设备是先进的合成孔径雷达（ASAR），可生成海洋、海岸、极地冰冠和陆地的高质量高分辨率图像，用于研究海洋的变化。其他设备提供更高精度数据，用于研究地球大气层及大气密度。作为ERS-1/2合成孔径雷达卫星的延续，Envisat主要用于监视环境，对地球表面和大气层进行连续的观测，供制图、资源勘查、气象及灾害判断之用。2012年4月8日后，该卫星与地球失去联系。

在ENVISAT卫星上载有多个传感器，分别对陆地、海洋、大气进行观测，其中ASAR（Advanced Synthetic Aperture Radar）为合成孔径雷达传感器，能全天时全天候地对地面进行成像，先进的雷达高度计（RA-2），可确定风速和海浪信息。

3.3.2.5 DMSP-SSMI/SSMIS数据

DMSP（Defense Meteorological Satellite Program）是美国国防部的极轨卫星计划，运行高度约830 km的太阳同步轨道，周期为101分钟，该计划自1965年1月19日发射第一颗卫星，至今共发射7代共40多颗卫星。2009年10月18日发射的是DMSP-F18 Block 5D-3，后续将发射2颗，即DMSP 5D-3 F19和DMSP 5D-3 F20。

表3-5 目前已发射过的DMSP

卫星划分	卫星型号	发射时间	状况
第1代	DMSP 4A F1 ~ F10	1965年1月19日—1967年10月11日	退役
第2代	DMSP 5A F1 ~ F6	1968年5月23日—1971年2月17日	退役
第3代	DMSP 5B F1 ~ F6	1971年10月14日—1974年8月9日	退役
第4代	DMSP 5C F1 ~ F2	1975年5月24日—1976年2月19日	退役
第5代	DMSP 5D-1 F1 ~ F5	1976年9月11日—1999年12月12日	退役
第6代	DMSP 5D-2 F6 ~ F14	1982年12月21日—1997年4月4日	部分在轨
第7代	DMSP 5D-3 F15	1999年12月12日	在轨
	DMSP 5D-3 F16	2001年1月19日	在轨
	DMSP 5D-3 F17	2006年11月4日	在轨
	DMSP 5D-3 F18	2009年10月18日	在轨

SSMI（Special Sensor Microwave Imager）搭载于 DMSP 5D–2 F13/14、DMSP 5D–3 F15，能用于测量大气、海洋和陆地微波亮温，从而解译得到大气水汽含量、液态水、降水、海面风速、海冰覆盖和陆地湿度等。

SSMIS（Special Sensor Microwave Imager/Sounder）搭载于 DMSP 5D–3 F16/17/18，相对于比 SSMI，SSMIS 具备更多的接收频段。它能提供低层大气温度廓线和湿度廓线、高层大气温度廓线，以及其他环境参数，包括海洋风速、降雨率、海冰和陆地类型等。

3.3.2.6 Radarsat-2 卫星数据

Radarsat–2 是一颗搭载 C 波段传感器的高分辨率商用合成孔径雷达（SAR）卫星，由加拿大太空署与 MDA 公司合作，于 2007 年 12 月 14 日在哈萨克斯坦拜科努尔基地发射升空。它具有 3 m 高分辨率成像能力，多种极化方式使用户选择更为灵活，根据指令进行左右视切换获取图像缩短了卫星的重访周期，增加了立体数据的获取能力。另外，卫星具有强大的数据存储功能和高精度姿态测量及控制能力，其主要产品模式如表 3–6 所示。目前主要应用于防灾减灾、农业、制图、林业、水文、海洋和地质等行业。

表3-6　Radarsat-2卫星产品模式及指标

波束模式	极化方式	入射角	标称分辨率		景大小
			距离向	方位向	
超精细	可选单极化（HH、VV、HV、VH）	30° ~ 0°	3 m	3 m	20 km × 20 km
多视精细		30° ~ 50°	8 m	8 m	50 km × 50 km
精　细	可选单、双极化（HH、VV、HV、VH）（HH & HV、VV & VH）	30° ~ 50°	8 m	8 m	50 km × 50 km
标　准		20° ~ 49°	25 m	26 m	100 km × 100 km
宽模式		20° ~ 45°	30 m	26 m	150 km × 150 km
四极化精细	四极化（HH & VV & HV & VH）	20° ~ 41°	12 m	8 m	25 km × 25 km
四极化标准		20° ~ 41°	25 m	8 m	25 km × 25 km
高入射角	单极化（HH）	49° ~ 60°	18 m	26 m	75 km × 75 km
窄幅扫描	可选单、双极化（HH、VV、HV、VH）（HH & HV、VV & VH）	20° ~ 46°	50 m	50 m	300 km × 300 km
宽幅扫描		20° ~ 49°	100 m	100 m	500 km × 500 km

3.3.2.7 ASCAT/Metop 数据

ASCAT（先进散射计）搭载于 METOP 卫星，METOP 是欧洲气象卫星组织（EUMETSAT）极地轨道卫星系统（EPS）的基础，EPS 是欧洲第一个极轨运行气象卫星系统。METOP 系列卫星搭载多台传感仪，为天气预报和气候环境监测提供地球极地气象数据。

3.3.2.8 OSCAT/OceanSat-2 数据

OceanSat–2 的主要目的是研究海洋表面风、叶绿素浓度、浮游植物、气溶胶和悬浮泥沙观测，OSCAT 搭载于 OceanSat–2 卫星，是微波扫描散射计，目的是监测海洋表面风的速度和方向，工作波段为 Ku 波段，分辨率为 25 km，提供全球海洋观测，重访时间为 2 天。

3.3.2.9 Jason-2 数据

Jason–2 于 2008 年 6 月 20 日在美国加利福尼亚州的范登堡空军基地被成功发射升空。该星的轨道高度、轨道倾角、重访周期等基本特征与 Jason-1 相同，其中轨道高度为 1 336 km，轨道倾角 66.039°，重访周期约为 10 d。另外，该星也被称作“大洋表面形态任务”（Ocean Surface Topography Mission，OSTM）星，为法国航天局（CNES）、美国国家航空航天局（NASA）、欧洲气象卫星组织（EUMETSAT）和美国国家海洋与大气管理局（NOAA）的一项联合任务。当前，Jason-2 和 Jason-1 同时在轨运行，能有效获取海面高度，测高精度可达 2.5 ~ 3.4 cm。

3.3.2.10 CryoSat-2 数据

2010 年 4 月 8 日，欧洲空间局极地冰层探测卫星（CryoSat-2）由俄罗斯“第聂伯”运载火箭，从哈萨克斯坦境内的拜科努尔发射场成功升空，顺利进入预定轨道。CryoSat-2 卫星运行于极地轨道上空 720 km 处，卫星所携带的全天候微波雷达测高仪工作于 Ku 波段，垂直测量精度能达到 1 ~ 3 cm。

3.3.2.11 HY-2A 数据

海洋动力环境（海洋二号，HY-2A）卫星于 2011 年 8 月 16 日发射升空，搭载微波散射计、雷达高度计和微波辐射计等，用于全天时、全天候获取我国近海和全球范围的海面风场、海面高度、有效波高与海面温度等海洋动力环境信息。

3.3.3 其他数据

3.3.3.1 南大洋国际航次叶绿素数据介绍

该数据由 NASA OBPG（Ocean Biology Processing Group）提供，旨在共享实测的海洋及大气数据，希望能够为高精度的卫星数据产品的校正，算法的发展提供帮助，并应对一些气候相关的需求。该数据集主要依托于 SIMBIOS 项目，提供海洋测量中获得的光学参数，浮游植物浓度以及其他相关的海洋及大气数据，诸如水温、盐度及气溶胶厚度等。数据采集的方式多样，剖面、船测、浮标皆有。

本研究在该网站中获取了南大洋测量的叶绿素数据，测量方法为 HPLC，时间为 2002 年 10 月至 2012 年 3 月，资料覆盖区域包括南大洋 -180°—180°E，-60°—-90°N。

3.3.3.2 AVISO 网格化海浪数据

AVISO 网站分发 TOPEX/Posedion、ERS、Jason-1、Envisat 等卫星的高度计数据，利用该网站获取 1°×1° 网格化的有效波高数据。

3.3.3.3 ETOPO1 数据介绍

美国国家地球物理数据中心（National Geophysical Data Center）以及美国国家海洋与大气管理局（NOAA,National Oceanic and Atmosphere Administration）提供了全球地形水深数据库，实现了全球地表高度和海洋水深地形 -ETOPO1。该数据融合了许多数据，形成 1′ 空间分辨率。

本研究使用 ETOPO1，产品空间分辨率为 1′× 1′，资料覆盖区域包括南大洋 -180° — 180°E，-60° — -90°N。

3.3.3.4 南极冰穹 A 地区实测 GPS 数据

武汉大学中国南极测绘研究中心在中国南极内陆考察第 29 次科学考察队到达内陆后，于

2013 年 1 月在以冰穹 A 昆仑站为中心的 30 km × 30 km 的范围内进行了 GPS 观测（图 3–12）。此次观测采用 GPS RTK+ 静态相结合的方式进行。对于 GPS 参考站发出的广播信号，当流动站接收到时，采用 RTK 模式，反之，则采用静态模式。静态模式的观测时间在 25 min 以上。经过观测，最终获得了 49 个标杆的精确 GPS 信息，高程精度优于 10 cm（Yang，2014）。

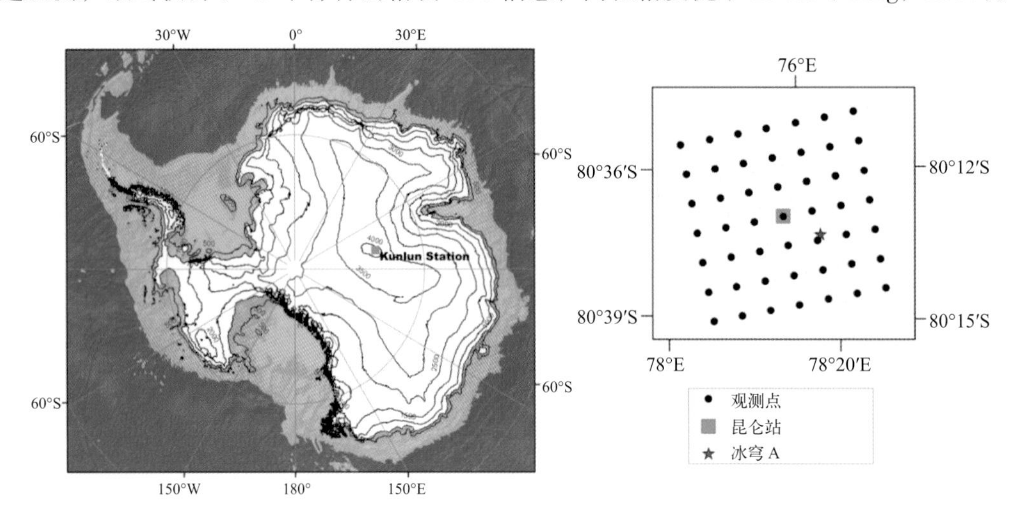

图3–12　昆仑站区位置分布及GPS观测的点位分布

3.3.3.5　维多利亚地新站区航摄影像

维多利亚地新站区域位于东南极罗斯海（Ross Sea）西侧恩科斯堡岛（Inexpressible Island），中心位置为 163°42′00″E、74°54′00″S，测区平均海拔高度约 20 m。属寒带海洋性气候特征，11 月至翌年 2 月为夏季，夏季平均温度 –2.8 ～ 0℃，气候寒冷。

第 29 次南极考察队将新建站选址工作放在首位，对维多利亚地新站区域进行考察，根据事先对该区域的卫星遥感影像图分析确定的两个重点建站位置进行实地踏勘，基本确定了建站的重点位置（以 163°42′00″E、74°54′00″S 为中心的约 2 km^2 的区域）。2012 年 12 月 31 日，工作组成员以租用的“海豚”直升机为载体，利用苏哈 H4D 数码照相机进行航空摄影，工作相机采用外挂式。“海豚”直升机无自动导航设备，作业时机长采用手持 GPS 领航，航摄人员使用秒表控制曝光时间，手动快门摄影。直升机飞行时受气流的影响，很难保证水平方向和航高的稳定性，加之受人工手动误差等因素影响，不可能完全满足航摄技术指标，因此，航摄以满足不出现绝对漏洞为准。

3.3.3.6　南极大地控制点数据

我国于 1985 年在西南极菲尔德斯半岛上建立了长城站，1989 年在东南极拉斯曼丘陵地区的协和半岛上建立了中山站。20 多年来，在两站周边地区测绘了大量的 GPS 控制点，这些 GPS 控制点坐标系统不统一，标志不统一，点的精度不高，有些点标志已经破损，无法继续使用。根据国家测绘地理信息局 2011—2013 年极地基础测绘项目计划和《极地重点区域基础测绘工程项目设计书》的安排，于 2010 年 10 月至 2013 年 12 月（任务下达时间）完成南极重点区域 GPS 网改造任务。近年来历次南极科学考察不仅对以前的 GPS 控制点进行改造，而且在空白区域加密 GPS 控制点，进行 GPS 网改造实现了统一坐标系统，为在南极地区开展测绘工作打下基础。进行 GPS 网改造获得的 GPS 控制点就是本项目控制点成果整理的主要数据源。

3.4 考察人员及分工

本专题是一个基于遥感手段的综合考察项目，考察内容涉及地理测绘、地貌、海冰、海洋水色、海温、海浪、海面风场及气象等多种要素。专题牵头单位为国家卫星海洋应用中心，参与单位包括武汉大学、北京师范大学、国家海洋局第一海洋研究所、国家海洋环境预报中心、中国极地研究中心、同济大学、国家海洋局东海分局、黑龙江省测绘地理信息局共9家单位。本专题共设7个子专题，各单位任务分工及参与人员见附件3。

专题参与人员分别来自以上9家单位，人员名单及分工见附件3。

3.5 考察完成的工作量

3.5.1 地理基础测绘工作量

（1）处理完成了覆盖全南极冰盖的ICESat和ENVISAT测高数据，获取了全南极冰盖地形。

（2）处理完成了PANDA断面9景ASTER数据和18对ERS-1/2和ENVISAT雷达影像对，中山站地区4景ALOS数据，获取了重点考察地区PANDA断面高分辨率影像和高精度地形。

（3）处理了冰穹A地区共900 km^2 的实测GPS数据和维多利亚地航摄影像。

（4）处理多景Landsat、HJ-1A/B、IKONOS、ZY-3等数据，制作考察站区以及其他重点考察区域平面卫星影像图等多幅。

（5）基于ZY-3和其他辅助数据生产了查尔斯王子山脉地区3D产品，并编写了专业技术设计书《南极1:50000比例尺DLG、DOM和DEM成图专业技术设计书》。

（6）处理了ERS-1/2、ENVISAT雷达影像数十对，获取了极记录冰川、达尔克冰川、格罗夫山以及PANDA断面等重点考察地区的冰流速。

（7）搜集整理中山站、长城站、埃默里冰架和冰穹A地区大地控制点共62个，其中重复观测点6个。

（8）共处理了2003—2009年覆盖全南极的ICESat测高数据，提取全南极冰盖高程变化，处理了2002—2012年PANDA断面条带区域的ENVISAT测高数据，提取该区域冰盖高程变化。

（9）处理完成全南极地区GRACE RL05及早期版本数据，获取了南极冰盖高程变化。

3.5.2 地貌调查工作量

（1）重点考察区域HJ-1A/B卫星等30 m分辨率遥感数据的收集、处理与信息提取。获取HJ-1A/B卫星2009年10月到2011年4月间获得研究区影像共139景，其中2009年10月到2010年4月影像59景，2010年10月到2011年4月影像80景。收集国内外东南极地区2010基准年卫星数据100多景。

（2）重点考察区域ENVISAT ASAR等数据的收集、处理与分析。获取ENVISAT-ASAR-WSM卫星影像2010年1月数据共32景；ENVISAT-ASAR-SLC卫星影像共6景。获取中山站至埃默里冰架地区重点区域的Radarsat-2卫星影像1景（分辨率3 m×3 m，范围50 km×50 km）。

（3）完成了 1973—2004 年期间德里加尔斯基冰舌长时间序列遥感数据收集、处理和分析，获取了德里加尔斯基冰舌的动态变化。

（4）以 2000 年南极洲高分辨率遥感制图结果为数据源，开展全南极的蓝冰分布制图。

3.5.3 南极周边海冰遥感考察工作量

（1）基于 DMSP-SSMIS 数据开展了全南极海冰分布调查，共获取 2008—2013 年间的调查数据 2 192 个，完成了对应年份海冰变化分布与特征分析，并制作了全南极海冰密集度月平均分布专题图。

（2）基于 MODIS 数据的中山站及长城站周边海域海冰分布调查，共获取了考察期间的数据共计 2 万余景，完成了重点考察海区的海冰变化分布与特征分析，并制作了相应区域的海冰密集度月平均分布专题图。

3.5.4 南极周边海域水色、水温遥感考察工作量

（1）研究处理后获得 MODIS 叶绿素 a 以及海表温度月分辨率数据 156 个文件，原始数据近 1T。南大洋国际航次叶绿素 a 实测数据共计 1 729 个，海表温度走航有效数据 3 055 个。

（2）利用所获取的数据开展水色、水温反演图件制作，共计获得图件 156 件。在此基础上，进行海温时空分布规律的分析。

（3）南大洋现场实测光谱反射率 9 个点位，光谱数据测量数据共 730 个，按照筛选和归并原则共获得 9 个点位 18 条光谱数据。

3.5.5 南极周边海洋动力环境遥感考察工作量

基于调查时间 2011—2013 年全部可用的 ASCAT 散射计、HY-2A 散射计、Oceansat-2 散射计海面风场数据和 HY-2A 高度计、Jason-1/2 高度计、Envisat RA-2 高度计、Cryosat-2 高度计海浪波高数据，开展了 2011—2013 年南极周边海域海面风场和海浪遥感调查，得到了 2011—2013 年逐日、月平均、季平均的海面风场和海浪数据与分布特征专题图，完成了南极周边海域海面风场和海浪时空分布特征统计和变化规律分析总结。

3.5.6 南极气象环境遥感考察工作量

基于 2012—2014 年的部分遥感数据和 PMSL 数据，开展了不同月份、旬的南极绕极气旋移动路径制作和绘制，结合 NECP 再分析数据进行分析和统计，得到了南极绕极气旋的生成、移动、消亡规律，并完成了普里兹湾和威德尔海的气旋活动特征的研究。

第 4 章　主要数据获取及处理情况

4.1　数据获取情况

4.1.1　南极地理基础遥感测绘数据获取情况

（1）获取了全南极的 ICESat/GLAS 测高数据和 ERS-1/GM 数据，数据覆盖样例如图 4-1 所示。

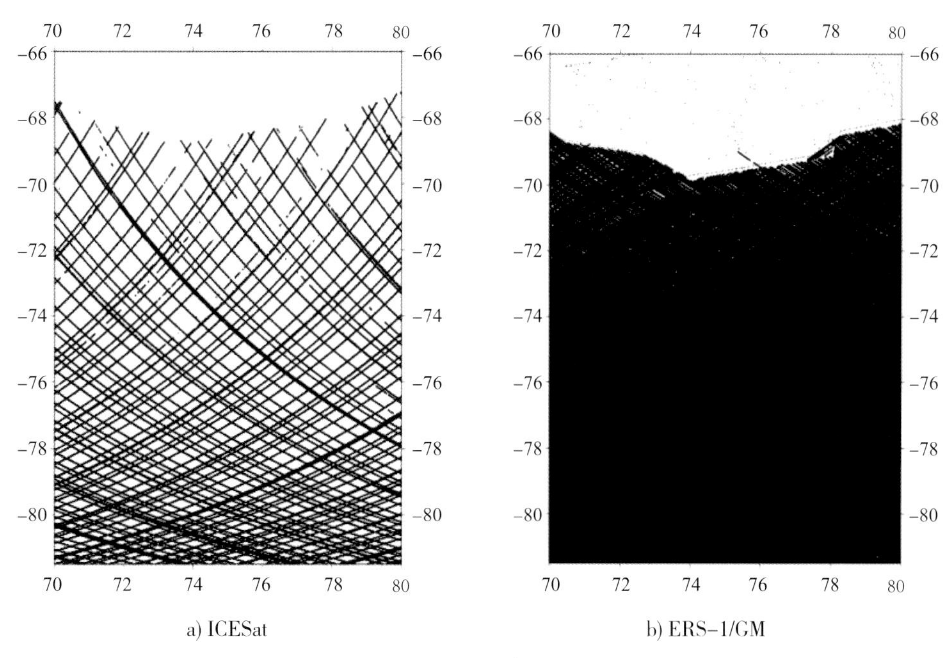

a) ICESat　　b) ERS-1/GM

图4-1　卫星测高轨迹图

（2）获取了覆盖格罗夫山和 PANDA 断面部分区域的 ASTER 立体像对，共 8 景影像，数据分布如图 4-2 所示。

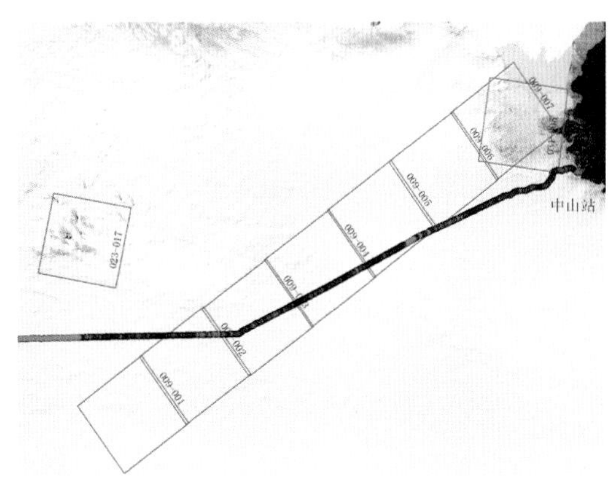

图4-2　ASTER数据覆盖范围

（3）获取了 4 景 ALOS 光学影像，其两两可以构成立体像对，2.5 m 分辨率，获取时间为 2011 年，数据覆盖范围如图 4-3 所示。

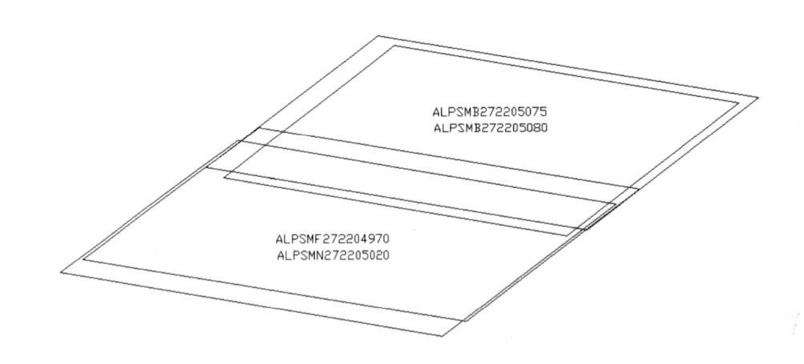

图4-3　ALOS影像覆盖情况

（4）获取了覆盖格罗夫山和 PANDA 断面的 ERS Tandem 干涉数据对，共 12 对干涉像对，数据覆盖范围如图 4-4 所示。

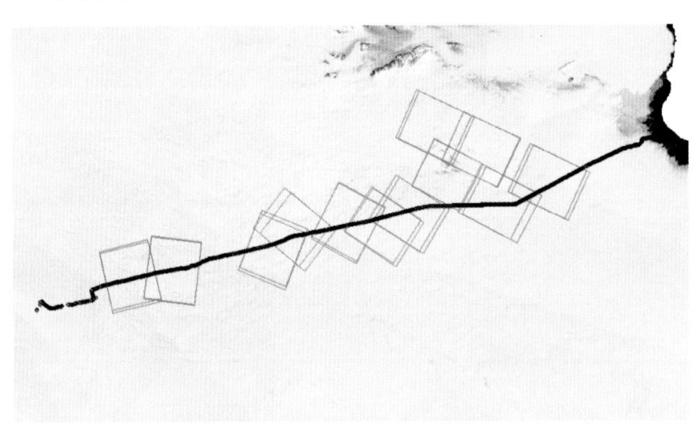

图4-4　ERS Tandem干涉像对覆盖范围

（5）获取了格罗夫山（实验区 A）和 PANDA 断面上另一实验区 B 各两对 ENVISAT ASAR 数据以及 PANDA 断面低纬区一实验区 C 两对 ERS tandem 数据。利用各组数据，基于基线联合的方法进行重点考察区高精度 InSAR DEM 提取研究。数据覆盖情况如图 4-5 所示。

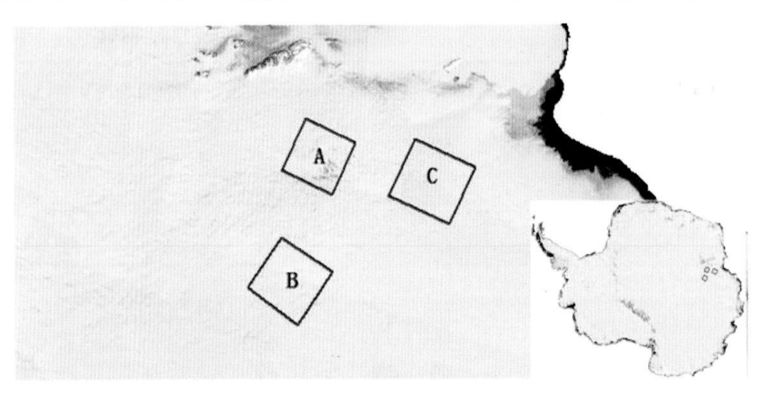

图4-5　实验区及SAR数据覆盖示意图

（6）获取了中山站区域、格罗夫山地区的 IKONOS 光学卫星影像。

（7）获取了 1990 年、2009 年、2010 年、2013 年等多个年份的覆盖长城站地区、中山站地区和格罗夫山等重点考察区域的 Landsat 和 HJ-1A/B 卫星影像。

（8）获取了2013年的4对ZY-3号全色和多光谱数据，轨道号均为5893，景path-row分别为27-410、27-411、27-412、27-413。4景数据相邻并有部分重叠，覆盖埃默里冰架部分地区，如图4-6所示。

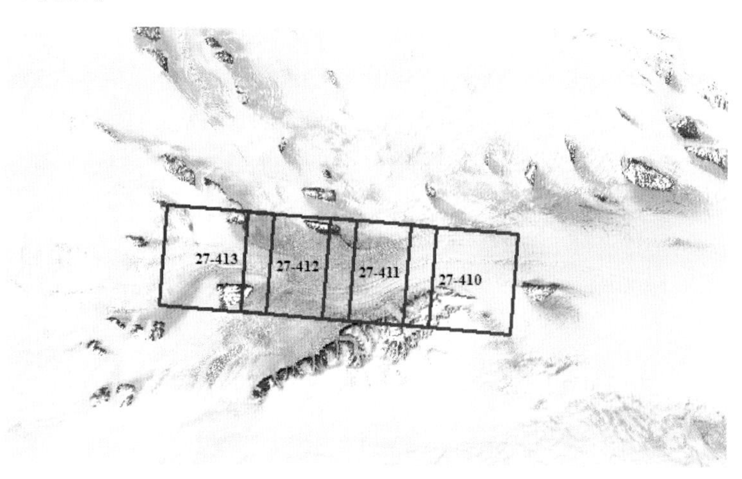

图4-6 ZY-3号影像覆盖情况

（9）获取查尔斯王子山脉地区ZY-3卫星影像。收集南极地区ZY-3数据，分辨率2.1 m的全色影像正视、分辨率3.5m的前后视和分辨率为5.8m的多光谱影像，多光谱影像包含蓝、绿、红、红外4个波段。共有4景，获取时间为2013年1月10日—1月30日，是南极查尔斯王子山区域，影像覆盖情况详见图4-7。南极大部分为白雪覆盖区域，地物不明显，进行影像区域网加密时较为困难。前、后视立体影像可用于1∶50000立体测图、DEM制作，正视影像和多光谱影像可用于正射影像制作。此外还搜集了LIMA（Landsat Image Mosaic of Antarctica）产品、ASTER GDEM 2、RAMP DEM、RADARSAT-1影像等辅助资料。

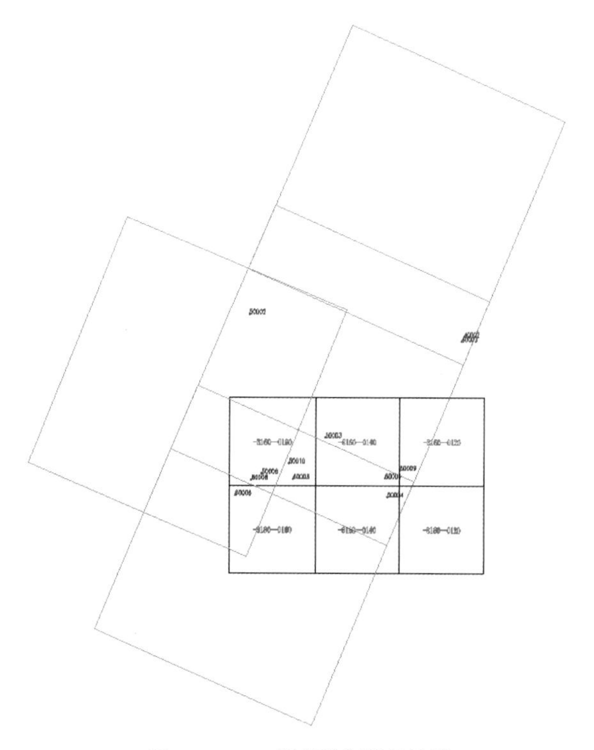

图4-7 ZY-3影像数据覆盖情况

（10）获取了覆盖极记录冰川和达尔克冰川的两对 ERS-1/2 Tandem 数据，利用该数据采用 DInSAR 方法提取距离向冰流速。

（11）获取了覆盖格罗夫山的一对短基线 ENVISAT ASAR 数据，采用偏移量跟踪方位向和 DInSAR 距离向结果融合的方法，提取该区域二维平面冰流速。

（12）获取了 2013 年观测的冰穹 A 地区 49 个 GPS 点，收集了 2008 年的 12 个 GPS 点。

（13）第 29 次中国南极科学考察队在 2012 年获取了维多利亚地新站区域的航摄影像。

（14）针对大地控制点整理的任务，获取了历年南极测绘的大地控制点，包括中山站所在的拉斯曼丘陵地区、长城站所在菲尔德斯半岛、南极冰穹 A 地区昆仑站和埃默里冰架地区。这些大地控制点（包括重复测量的控制点）共 62 个，统一于 WGS84 大地坐标系，共同构建了南极重点区域 GPS 网。

（15）获取了 2002 年 9 月—2012 年的 ENVISAT 雷达测高数据。

（16）获取了 2003 年—2013 年 5 月的 GRACE 卫星数据。

（17）获取了 2002 年 4 月—2014 年 6 月 GRACE RL05 数据。

4.1.2 南极地貌遥感考察数据获取情况

4.1.2.1 我国南极新站选址工作的地貌考察数据获取情况

考察范围包括罗斯海西岸维多利亚重点地区和南极半岛南部 Fallieres Coast 地区；获取了 2009—2013 年间该区域的 30 m 分辨率的遥感数据，选取了能够完整覆盖预选站区及周边区域的四景国产 HJ-1A/B 卫星 CCD 数据（用于维多利亚地区），辅以 Landsat7 ETM+ 地区，（用于南极半岛地区，由于该地区环境星数据云覆盖严重无法获得可用数据）；用以制作卫星影像镶嵌图并提取地貌信息。

4.1.2.2 全南极洲蓝冰制图数据获取情况

以 2000 年期南极洲高分辨率遥感制图结果为数据源，完成全南极洲蓝冰制图；该数据是 1999—2003 年南极夏季 Landsat-7 EMT+ 覆盖南极的无云数据，数据质量良好。全部数据 1 073 景。南极洲高分辨遥感制图成果数据已经进行了辐射校正、地形校正，可以直接用于蓝冰制图研究。

4.1.2.3 德里加尔斯基冰舌长时间序列遥感调查数据获取情况

获取覆盖德里加尔斯基冰舌的 Landsat 系列卫星（时间 1973—2004 年），ENVISAT ASAR（每年 1 月或 2 月选一景）进行长时间序列遥感调查。

我们这里使用的是 Landsat 数据（1972—2002 年，2013—2014 年）和 ENVISAT ASAR 数据（2003—2012 年）。受南极地区气候及地理位置的影响，光学遥感应用受到很大的局限，南极圈内大部分地区由于极夜、低太阳照射高度角和气候多变的影响使得多数时间无法获取光学影像，因此我们采用雷达数据和光学数据相结合的方法来对德里加尔斯基冰舌进行变化监测，数据列表如表 4-1和表 4-2 所示。我们采用的是工作在 C 波段的宽幅扫描模式（Wide Swath Mode，简称 WSM）的 ASAR 数据，雷达传感器波长为 5.6 cm。图 4-8 是德里加尔斯基冰舌卫星影像图（HJ-1 卫星合成）。

表4-1 Landsat数据列表

卫星	传感器	服务时间	波段	分辨率
Landsat-1	RBV, MSS	1972—07—1978	MSS: Band 4-7	60 m
Landsat-2		1975—01—1982		
Landsat-3		1978—03—1983		
Landsat-4	MSS, TM	1982—07—1992	MSS: Band 1-4 TM: Band 1-7	MSS: 60 m TM: 30 m
Landsat-5		1984—01 至今		
Landsat-7	TM, ETM+	1999—04 至今	Band 1-8	30 m
Landsat-8	OLI, TIRS	2013—02 至今	Band 1-11	30 m

表4-2 ENVISAT ASAR数据列表

获取时间	数据名
2004—02—25	ASA_WSM_1PNUPA20040225_023945_000000732024_00318_10392_1996
2005—02—15	ASA_WSM_1PNUPA20050215_194607_000000732034_00414_15498_0986
2006—02—16	ASA_WSM_1PNUPA20060216_194312_000000732045_00142_20737_0984
2007—02—20	ASA_WSM_1PNUPA20070220_194604_000000732055_00414_26019_0982
2008—02—21	ASA_WSM_1PNUPA20080221_194311_000000732066_00142_31258_0983
2009—02—11	ASA_WSM_1PNUPA20090211_025908_000000732076_00218_36344_0987
2010—02—09	ASA_WSM_1PNPDE20100209_194617_000001712086_00414_41550_0328
2011—02—11	ASA_WSM_1PNPDE20110211_193428_000002143099_00243_46809_8556
2012—02—17	ASA_WSM_1PNPDE20120217_193521_000002693111_00401_52139_2523

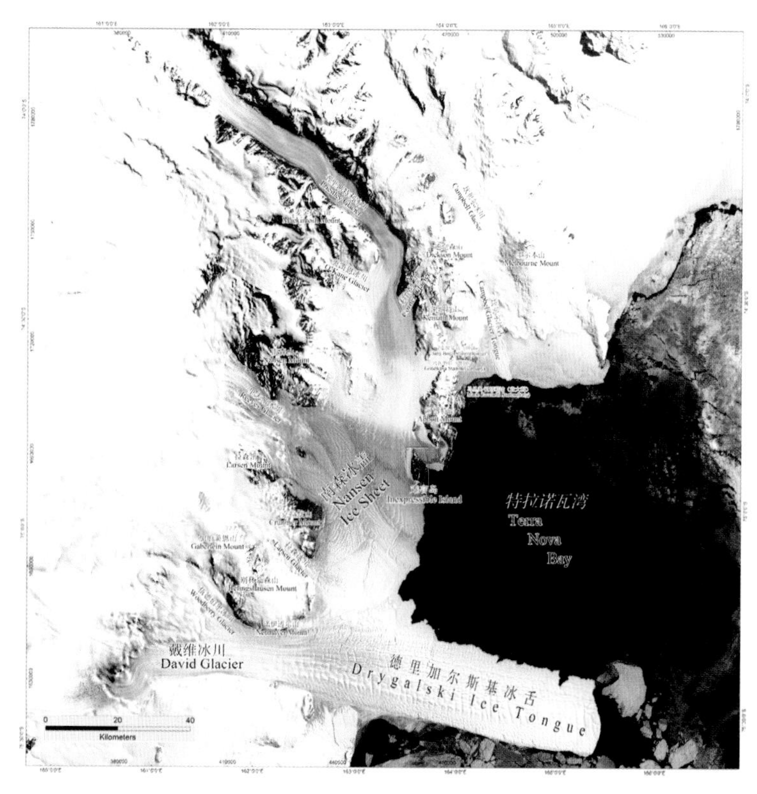

图4-8 德里加尔斯基冰舌位置

数据来源：2011年11月22日的HJ-1A卫星，戴维、里夫斯和普里斯特利冰川构成了该区域的主要支出冰川

4.1.2.4 埃默里冰架动态变化监测

获取覆盖埃默里冰架区域的雷达数据 ERS–2，ENVISAT ASAR，进行埃默里冰架动态变化监测，用于埃默里冰架精细地貌制图，获取了 GLAS 数据用于验证。

埃默里冰架动态监测：考虑到南极海冰覆盖量每年 2—3 月最低，因此从 2004—2012 年的 ENVISAT ASAR 数据中每年 2 月选取一景数据，采用宽幅模式 (WSM) 的 ASAR 数据，波长为 5.6 cm，分辨率为 75 m，数据列表如表 4–3 ~ 表 4–5 所示。

用于埃默里冰架精细地貌制图的 ERS SAR 和 ENVISAT ASAR 数据对，于 2010 年 4 月 7 日获取。如图 4–9 所示干涉条带分为 6 个图幅，因此有 6 对 ENVISAT ASAR 和 ERS–2 SAR 雷达干涉对。

表4-3 ERS的SAR和ENVISAT的ASAR传感器参数

传感器	SAR	ASAR
搭载卫星	ERS–2	ENVISAT
获取时间	2010–4–7 3:30 am	2010–4–7 3:00 am
轨道号	78228–218	42356–218
中心频率 (Hz)	5.4	5.331
方位向分辨率 (m)	3.979	4.045
距离向分辨率 (m)	7.904	7.804
入射角 (°)	23	IS2:19.2–26.7
极化方式	VV	VV/HH VH/HV
方位向带宽 (Hz)	1 378	1 316
距离向带宽 (Hz)	15.55	16
轨道倾角 (°)	98.5	98.55
轨道高度 (km)	785	799.8

表4-4 ENVISAT ASAR数据列表

图幅	ASAR 数据名
Frame 1	ASA_IMS_1PNUPA20100407_025927_000000162088_00218_42356_1582
Frame 2	ASA_IMS_1PNIPA20100407_025942_000000162088_00218_42356_4507
Frame 3	ASA_IMS_1PNIPA20100407_025957_000000162088_00218_42356_0067
Frame 4	ASA_IMS_1PNIPA20100407_030012_000000162088_00218_42356_0070
Frame 5	ASA_IMS_1PNIPA20100407_030027_000000162088_00218_42356_0069
Frame 6	ASA_IMS_1PNIPA20100407_030042_000000162088_00218_42356_0068

表4-5 ERS-2 SAR数据列表

图幅	ERS–2 SAR 数据名
Frame 1	SAR_IMS_1PXDLR20100407_033012_00000016A156_00218_78228_5429

续表

图幅	ERS-2 SAR 数据名
Frame 2	SAR_IMS_1PXDLR20100407_033026_00000017A156_00218_78228_5431
Frame 3	SAR_IMS_1PXDLR20100407_033041_00000017A156_00218_78228_5493
Frame 4	SAR_IMS_1PXDLR20100407_033057_00000017A156_00218_78228_5492
Frame 5	SAR_IMS_1PXDLR20100407_033112_00000017A156_00218_78228_5494
Frame 6	SAR_IMS_1PXDLR20100407_033127_00000017A156_00218_78228_5495

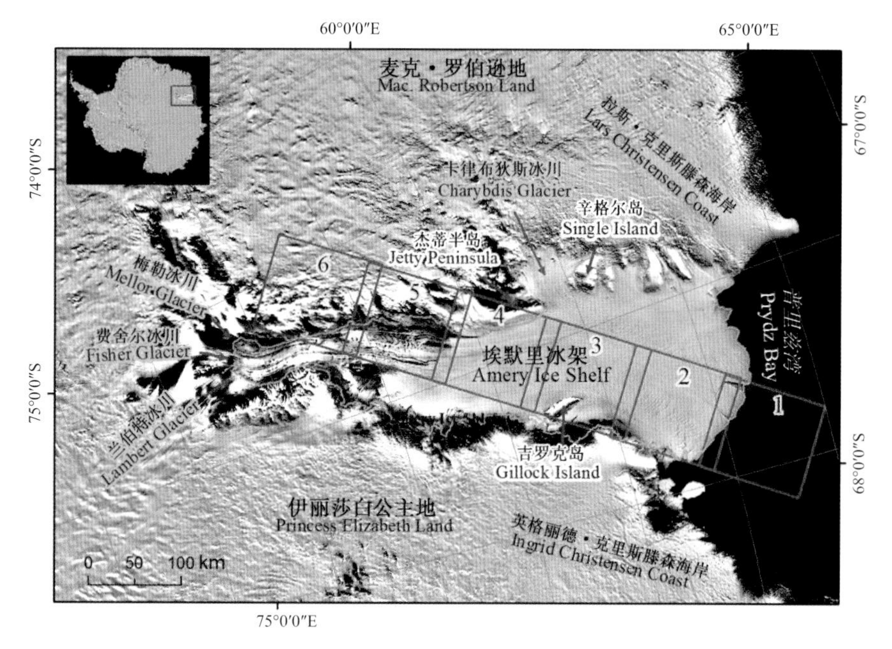

图4-9 埃默里冰架精细地貌制图数据分布

4.1.2.5 中山站和昆仑站高分辨率遥感影像

除了任务书规定的任务外，还额外考察了中山站和昆仑站，用于我国南极科考事业服务，考虑到对站区地物细部特征解译的特殊要求，分别获取了 Worldview-2 高分辨率遥感影像用于中山站（2012 年 10 月 20 日）和昆仑站（2012 年 2 月 1 日），分辨率为 0.5m。

4.1.3 南极周边海冰遥感考察数据获取情况

本次考察主要获取了南极周边海域 2008—2013 年的相关调查数据，用于海冰考察的卫星数据主要包括 DMSP-F17/SSMIS 数据和 Terra/Modis 数据，此外还获取了部分 Radarsat-2 卫星数据，用于海冰密集度结果比对验证。

图 4-10 和图 4-11 分别为 DMSP-SSMIS 和 MODIS 获取的南极海冰数据示例图，其中，SSMIS 数据每天覆盖一次全南极，分辨率为 25 km，考察期间共探测南极 2 192 次，主要用于全南极周边海域的海冰分布与变化考察，Modis 数据为可见光数据，分辨率为 1km，获取 2008 年数据 7 008 景、获取 2009 年数据 8 203 景、获取 2013 年数据 7 774 景，主要用于重点考察区域（长城站和中山站周边海域）海冰分布考察，另外，还获取了 Radarsat-2 数据共计 32 景，具体情况见表 4-6。

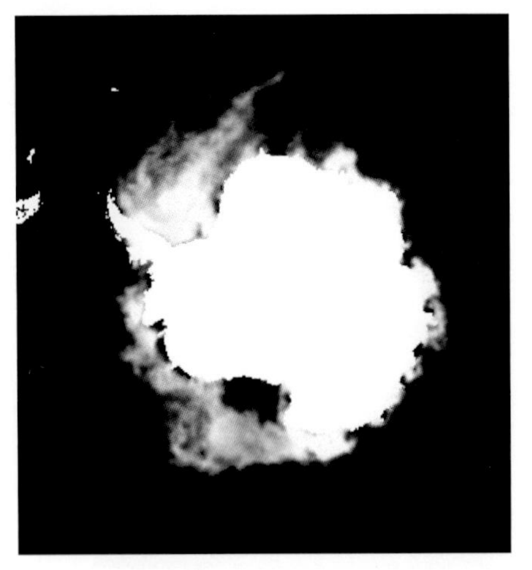

（2009年01月03日） （2009年07月25日）

图4-10 DMSP-SSMIS南极海冰密集度数据

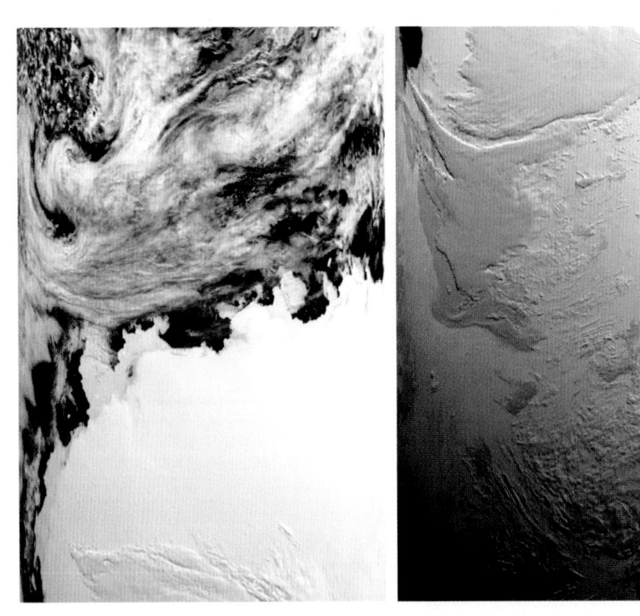

图4-11 MODIS南极海冰影像数据（2009年02月01日）

表4-6 海冰遥感考察数据获取情况

数据名称	时间范围	空间范围	数据量
DMSP-F17/SSMIS	2008—2013 年	全南极海域	3.5 GB
Terra/Modis	2008 年、2009 年、2013 年	中山站外海	>1.5 TB
Terra/Modis	2008 年、2009 年、2013 年	长城站周边海域	>1.5 TB
Radarsat-2	2008 年、2009 年、2013 年	中山站、长城站附近海域	14 GB

4.1.4 南极周边海域水色、水温遥感考察数据获取情况

4.1.4.1 遥感数据获取与收集

本专题研究的海洋水色数据的主要来源包括，南极两站实时接收和 NASA 网站上下载南

极地区 MODIS 的历史数据，NASA MEaSUREs 项目提供的 L2 级 MOIDS AQUA 产品（http://oceancolor.gsfc.nasa.gov）。

南极周边海域水色、水温遥感研究的 MODIS 数据，来自于 MEaSUREs 水色项目（MEaSUREs Ocean Color Project），该项目由 NASA 支持，提供不同时间尺度、空间尺度的卫星海洋产品。其中 L2 级产品空间分辨率为 1.1 km，时间分辨率为天，具有较高的空间及时间完整性，对于大尺度、宏观地把握南大洋水色分布具有十分重要的作用，也为进一步开展南极周边海域水色、水温图件研究提供了基础。

因此，研究主要使用的是 MODIS 的 L2 Daily 反射率产品，研究区域为南大洋 -180°—180°E，-60°—-90°N，时间分辨率为天，空间分辨率为 1.1 km，时间跨度为 2002 年 10 月 1 日—2015 年 3 月 31 日，由于水色遥感受到日照影响较大，对于光学遥感的时间范围需要考虑太阳高度角影响。研究区域内的南大洋南半球冬季处于极夜，无有效数据，因此只能利用南半球夏季时期，即 10 月—翌年 3 月的数据。

4.1.4.2 分区方式研究

前人研究经常使用区域性的经度划分方法，按照经度范围将南大洋分成 5 大区，其中，60°W—20°E 为威德尔海，20°—90°E 为南印度洋，90°—160°E 为西南太平洋，160°E—130°W 为罗斯海，130°—60°W 为别林斯豪森 - 阿蒙得森海（Arrigo et al., 2008）。但是，本研究认为纬度上的划分较经度上的划分更优，尽管经度划分从地理上能够说明一个区域，但是纬度划分更能反映不同的区域的总体特征。因为南极点的特殊位置位于球状地球的顶点，以纬度划分的气候情况，对南大洋造成相对均衡的环境影响。为了更好地表示上述推论，本文对不同的分布方法进行了比较，并通过数学统计的方法获取其参数如表 4-7 所示。

表4-7 不同分区方法数据统计（叶绿素a数值）

区域	均值	方差	标准方差	协方差	均值	方差	标准方差	协方差
	MODIS (AQUA)				实测数据			
60°—65° S	0.150	0.004	0.046	0.064	0.091	0.000	0.017	0.022
65°—70° S	0.099	0.012	0.076	0.112	0.286	0.065	0.177	0.255
>70° S	0.017	0.006	0.030	0.076	0.344	0.106	0.253	0.325
罗斯海	0.094	0.017	0.093	0.130	0.319	0.065	0.198	0.255
阿蒙森海	0.064	0.010	0.078	0.101	0.605	0.909	0.590	0.953
威德尔海	0.050	0.007	0.065	0.086	0.706	0.502	0.541	0.709
南印度洋	0.039	0.007	0.055	0.086	0.381	0.165	0.272	0.406
西南太平洋	0.035	0.006	0.055	0.075		–	–	–

表 4-7 中罗列了使用卫星遥感数据以及实测数据的不同分类方法的数据特征。从表 4-7 上可以发现，从平均值来看，纬度分区方法的差异性更大，不论在实测数据还是卫星数据都能体现出了这个特征。而标准方差，斜方差等参数都示出纬度分区差异性更小，表明纬度分区法的分类效果更好，其得到的总体趋势更为集中，数据间的粘连性和相关性更小，更能从

子分区的离散数据统计特征来表明此分区数据的总体特征，而不会因为取平均值等操作抵消了原本的值的幅度而使得值的代表特征变差，因此本文之后的研究方式主要选用纬度分区的办法来了解不同研究对象的分布趋势及分布情况。

4.1.4.3 现场历史数据收集整理

历史数据的收集主要收集调查研究海域内水体光谱、海表温度、水色要素等现场观测资料。并对收集到的观测数据进行质量控制，剔除由于多种可能的主客观原因导致的数据异常，有针对性地进行数据的后处理使其满足质量要求。

1）水色要素现场资料

国际航次叶绿素 a 资料由 NASA OBPG（Ocean Biology Processing Group）提供（http://seabass.gsfc.nasa.gov/）。这些数据采用多种方式采集，包括剖面测量、走航测量以及浮标资料等。研究所获取的南大洋实测叶绿素 a 数据，是通过高效液相色谱法测量的。

除此之外，我们也从 Palmer 长期生态研究项目（http://pal.lternet.edu/data）数据集下载并获取了叶绿素 a 实测值。

我国极地数据中心（http://www.chinare.org.cn/index/）提供了第 24 次、第 25 次航次的南大洋叶绿素 a 数据测量结果，数据集使用荧光方法测定叶绿素 a 值。除此之外，极地数据中心同时提供了第 26 次南大洋航次的 SBE21 走航叶绿素 a 的测量原始数据。根据前人（Dierssen and Smith, 2000; Wozniak and Stramski, 2004; Szeto, et al., 2011; Reynolds, et al., 2001; Marrari, et al., 2006）对南大洋 SeaWiFs 反演 OC 算法的研究表明，荧光法所测得的叶绿素 a 与一类水体反演算法所得误差达 60%，因此不作为主要参考依据。

3 个实测数据集为了匹配卫星数据的测量时间，我们将其时间筛选至 2002 年 10 月至 2015 年 3 月 31 日，资料覆盖区域包括南大洋 -180° — 180°E，-60° — -90°N，测量水深为 1 m，获取了共计 1 729 个叶绿素 a 实测数据（图 4-12）。

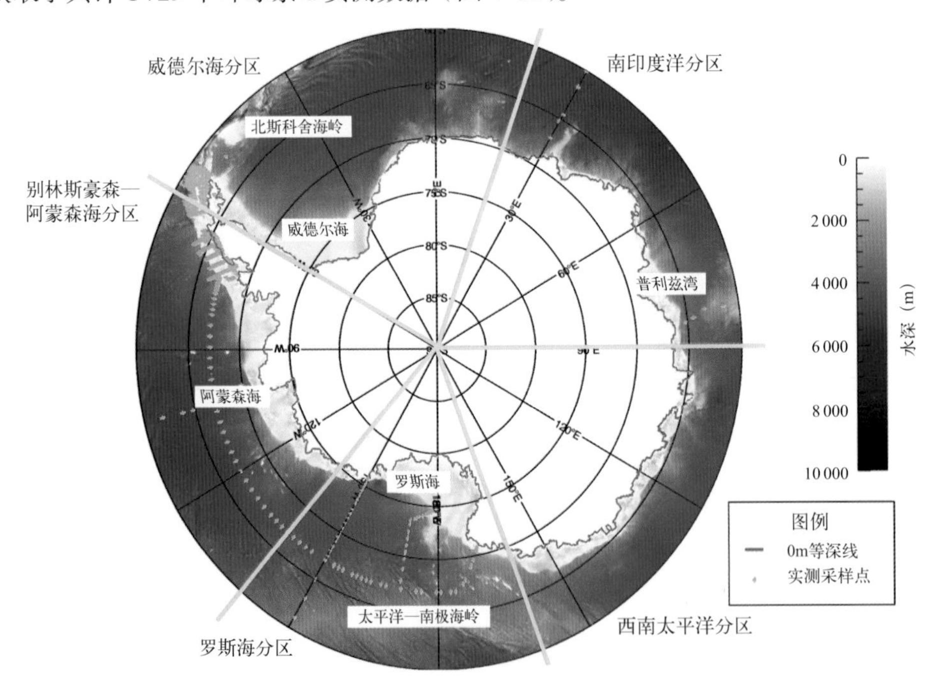

图4-12 南大洋实测叶绿素a数据分布及地形图

2）水温要素现场资料

我国极地数据中心（http://www.chinare.org.cn/index/）提供了第27、第29、第30次航次的海表温度走航数据，走航数据来自SBE21传感器，数据本身时间分辨率极高，10 s一个样本值，水深为1 m。由于走航数据本身时间精度太高，造成其各点之间地理距离差异不大，无法匹配卫星数据1.1 km分辨率的经纬网格。我们将其时间频率进行筛选，每小时提取一个采样点。资料覆盖区域包括南大洋-180°—180°E，-60°—-90°N，共计获取3 055个海表温度走航实测数据（图4-13）。

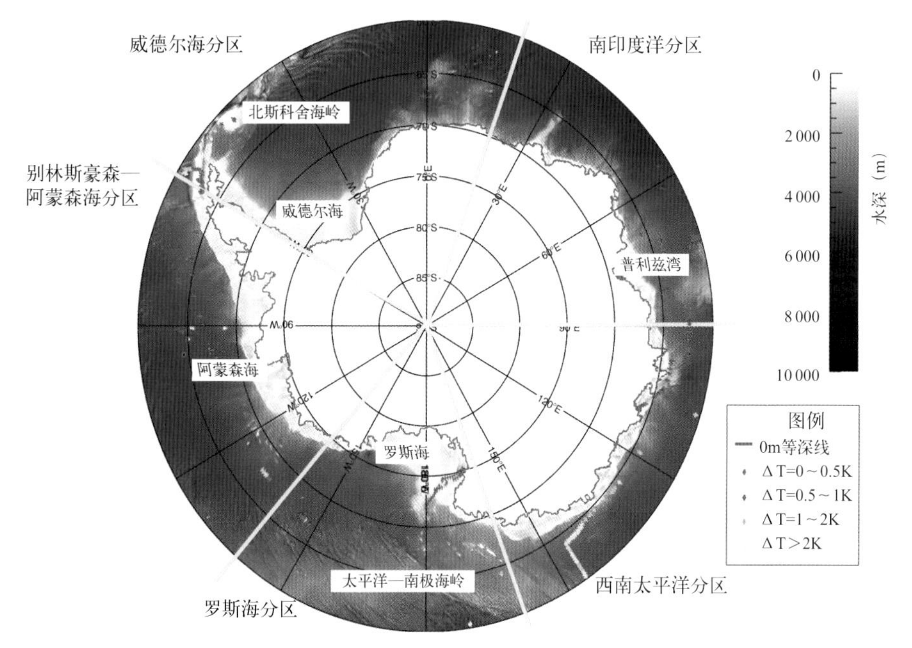

图4-13 南大洋实测走航海表温度数据分布及误差示意图

4.1.4.4 现场观测实验数据

我国第30次南极科考，研究委托海洋地质课题组的一名队员携带仪器进行随航次测量，考虑极端天气及船体的影响。测量选用了ASD HH2手持式光谱仪，并配备了长光纤。为了长光纤的合理利用，选择了轻便的鱼竿作为支架。在使用中考虑到船上测量环境复杂，需要快速测量及固定，我们使用两个夹子，设计成45°的测量角度固定光纤头的办法（见图4-14）。鱼竿长度为3m，在太阳高度角合适的区域，既可以大部分消除船体阴影的影响，又能在一定风速下保持光纤的稳定。

图4-14 南大洋实测光线头固定方法

考虑到南极的极端天气环境（低温、海冰、大风及太阳高度角低等）可能对测量光谱结果造成的影响，我们尽量选择测量时海面不受到远处海冰影响，在天气晴朗，风速较小（低于10 m/s），太阳高度角大于50° 时候的水面进行测量。图4-15为测量时周围海面情况及远处冰山。

图4-15 测量时天气及周围环境情况

表 4-8 中表明第 30 次南极科考航次的天气环境并不是十分适合现场的光谱数据测量。但是由于同步卫星数据的采集与现场光谱数据的测量环境情况是一致的，因此还是能够为研究卫星数据与现场水体光谱特性的对应关系提供参考依据。

表4-8 光谱属性表

站位	光谱编号	时间	纬度 (S)	经度 (W)	水深 (m)	水温 (℃)	盐度	气温 (℃)	气压 (hPa)	云量	海冰	风速 (m/s)
D2-10	40-100	2014-2-19 18:40	62°57′44″	52°16′05″	951	0.05	34.06	-1.63	965	阴天，天空为云全部遮盖	船体周围无，远处少	3.51
D2-06	100-160	2014-2-10 9:20	61°49′04″	53°40′47″	569	0.03	33.8	-4.80	975	阴天，天空为云全部遮盖	船体周围无，远处少	8.02
D2-05	160-220	2014-2-10 13:31	61°34′57″	54°08′09″	453	-0.18	34.03	-4.30	980	阴天，天空为云全部遮盖	船体周围无，远处多	7.74
D2-04	220-280	2014-2-10 17:00	61°25′26″	54°20′11″	776.87	0.8	33.96	-4.20	978	阴天，天空为云全部遮盖	船体周围无，远处少	9.01
D2-03	310-370	2014-2-10 23:30	60°46′32″	54°41′30″	2 505	0.888	34.01	-2.30	991	少	无	5.07
D3-2	390-450	2014-2-11 13:24	60°42′41″	51°07′40″	1 029	-0.06	34.07	-2.30	991	阴天，天空为云全部遮盖	无	7.76
D3-04	500-560	2014-2-11 22:04	61°33′31″	54°30′58″	3 079	-0.06	33.4	-3.60	999	阴天，天空为云全部遮盖	船体周围无，远处少	8.82
D4-05	570-600	-	62°13′3″	47°05′31″	2 966	-	-	-4.00	1 002	阴天，天空为云全部遮盖	船体周围无，远处少	11
D5-08	640-730	-	62°22′38″	44°39′04″	1 549	-	-	-2.80	1 000	多云，傍晚偶见阳光	无	13

注：- 为无数据。

现场使用 ASD FieldSpec HandHeld 2 测量得到水体反射率光谱，其测量精度为 1nm，光谱范围 345 ~ 1 150 nm，包含了可见光及近红外区域。仪器同时配有 99% 反射率的标准板一块。仪器测量时进行了波峰漂移校正、对标准板反射率定标和仪器探头的幅亮度定标。

研究同步获取了测量时刻的天气情况及风速。水体光谱测量时，云层覆盖情况较严重，大部分时间为阴天。研究显示，由于阴天时各个方向上的光源比较一致，因此能够得到更加均匀的天空光测量结果（Toole et al., 2000）。并且由于研究中未出现太阳直射的现象，因此测量中未考虑单独测量天空漫反射辐照度（Ediff）。

现场测量方法参照遥感水色传感器定标制定的海洋光学协议（第四版）中制定的水面以上测量法，选用（40°，135°）几何角测量方式，并且选择船体上部建筑影响较小的区域进行测量。测量时，通过长杆将测量点伸出船舷 3 m 以外，分别测量水体、天空光及标准版（99%）各 10 条，为 1 组。每个点位采集两次做平行样品，确保精度。所有测量结果在消除异常值以后，取平均以降低噪声的影响。标准版的幅亮度测量用以获取海洋入射总辐照度 Ed（0+），学者认为标准版使用 99% 的全反射率标准版，能够获得较高信噪比的数据（Toole et al., 2000）。

4.1.4.5 多要素水体水温影响分析资料

研究为分析南大洋水色、水温的时空分布规律及可能的影响因素，收集了 2002—2015 年来国内外资料，重点关注海冰及地形对其空间分布的影响，并开展综合解释。

1）海冰数据

海冰数据来源于 Nimbus-7（Scanning Multichannel Microwave Radiometer，SMMR）,DMSP（Defense Meteorological Satellite Program）的 F8，F11 和 F13 的 SSM/Is（Special Sensor Microwave/Imagers）以及 DMSP-F17 的 SSMIS（Special Sensor Microwave Imager/Sounder）。该产品通过多种被动微波探测仪扫描并提供一个长期连续的海冰密集度（大洋表层海冰覆盖百分比）。海冰算法系数通过估算 SSMR 和 SSM/I 的比较来降低海冰面积的差异,并使用 NASA GSFC（Goddard Space Flight Center）提供的算法生成海冰密集度产品。产品提供了南极以及北极每天和每月的平均网格化数据。

研究使用海冰 F13、F17 的密集度数据，时间分辨率为月，时间为 2012 年 1 月—2013 年 12 月，产品空间分辨率为 25 km × 25 km。产品采用 Polar Stereographic 投影，资料覆盖区域包括南大洋 -180°—180°E，-60°—-90°N。

2）地形数据

美国国家地球物理数据中心（National Geophysical Data Center）以及美国国家海洋与大气管理局提供了全球地形水深数据库，实现了全球地表高度和海洋水深地形 -ETOPO1。该数据融合了许多数据，形成 1′ 空间分辨率（Amante et al., 2009）。

本研究使用 ETOPO1，产品空间分辨率为 1′ × 1′，资料覆盖区域包括南大洋 -180°—180°E，-60°—-90°N。

4.1.5 南极周边海洋动力环境遥感考察数据获取情况

南极周边海洋海洋动力环境遥感调查主要获取了 ASCAT 散射计、HY-2A 散射计、Oceansat-2 散射计海面风场数据和 HY-2A 高度计、Jason-1/2 高度计、Envisat RA-2 高度计、Cryosat-2 高度计有效波高数据等，具体使用数据情况见表 4-9。

表4-9 遥感数据基本情况

数据名称	时间范围	空间范围	数据量
ASCAT-A/B 散射计	2011.01.01—2013.12.31	全球	17.8G
HY-2A 散射计	2011.10.01—2013.12.31	全球	69.4G
Oceansat-2 散射计	2011.01.01—2013.12.31	全球	120G

续表

数据名称	时间范围	空间范围	数据量
HY-2A 高度计	2011.10.01—2013.12.31	全球	70.1G
Jason-1 高度计	2011.01.01—2013.06.21	全球	19.8G
Jason-2 高度计	2011.01.01—2013.12.31	全球	150G
Cryosat-2 高度计	2011.01.01—2013.12.31	全球	56.8G
Envsiat RA-2 高度计	2011.01.01—2012.04.08	全球	86G

4.1.6 南极气象环境遥感考察数据获取情况

4.1.6.1 光学卫星影像数据

利用我国2009年底至2010年初在南极两站安装的X/L波段高分辨极轨气象卫星接收系统，持续接收到了安装之后至2013年的卫星遥感数据。其中L波段可以接收NOAA系列卫星的NOAA15至NOAA19的数据；X波段可以接收地球观测系统（Earth Observing System，EOS）系列卫星Terra和Aqua的数据。由于每年数据量较大，无法实时传输至国内，只能由南极越冬人员回国时用移动硬盘带回。因此本项目当年执行时分析用的是前一年的卫星遥感数据。

该卫星接收系统可以生成的图像产品有：可见光云图（仅白天）、红外云图、真彩图（仅白天）、云的属性（包括云顶高度、云顶温度、云顶气压、云量、云型）、表层气压、海表和陆表温度、水汽和温度廓线、对流层高度等（见图4-16）。此外，此卫星接收系统在海冰监测和叶绿素监测中也有重要作用，可以用于物理海洋学、海洋生物学、气候和全球变化等方面的研究。

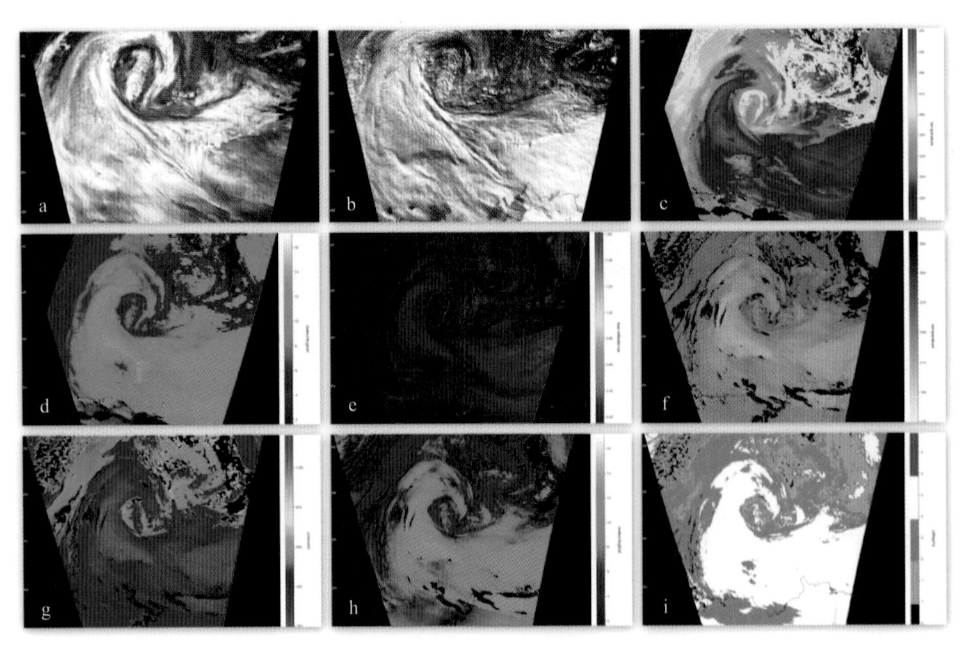

图4-16 中山站L和X波段卫星接收系统制作的卫星云图

a～e分别为TERRA卫星的MODIS产品红外云图、可见光云图、云顶温度、云顶高度、卷云反射率；f～i为NOAA17卫星的AVHRR产品云顶温度、云顶气压、云顶高度、云型

4.1.6.2 NCEP 数据

另外从美国 NASA 网站下载了一些补充数据，从 NCEP 网站下载了部分 FNL 再分析数据，共计 1.8GB。选用 NCEP FNL 全球客观分析数据作为卫星遥感资料的补充。FNL 数据来源于全球数据同化系统 GDAS，与 NCEP GFS 所用的全球谱模式相同。与 GFS 相比，FNL 数据增加了对 GTS 观测资料、探空资料、卫星遥感资料等数据源的同化过程，因此是较为可靠的模式输入数据源，也常被用来作为再分析数据进行气候研究。本调查项目所采用的 FNL 数据的空间分辨率为 1°×1°，包含了 26 个标准等压层（1 000 ~ 10 hPa）、地表边界层、某些 sigma 层以及对流层的信息，数据的时间间隔为 6 小时（00、06、12、18 UTC）。

4.1.6.3 PMSL 数据

本研究任务是编绘南极绕极气旋移动路径图，对遥感影像数据的基本要求如表 4-10 所示。

表4-10 气旋路径分析数据选用要求

处理需要	影像要求
气旋移动路径经度跨度大 影响范围大	图幅覆盖范围大（＞45°S）
	影像空间分辨率适合南极高纬度地区整体范围成图
数据时效性高	数据日更新频次高
	近时数据共享延后时间短
预处理便捷	影像数据纠正镶嵌等预处理完成程度高
气旋信息提取适用	气旋遥感影像可判读性高，信息表达明晰
地理定标	完成几何纠正或带有坐标系等制图要素

综合比较目前开源数据的情况，兼顾研究持续性的考虑，仍然采用南极地区 PMSL 遥感数据图作为项目绕极气旋任务的遥感数据源，如图 4-17、图 4-18 所示。

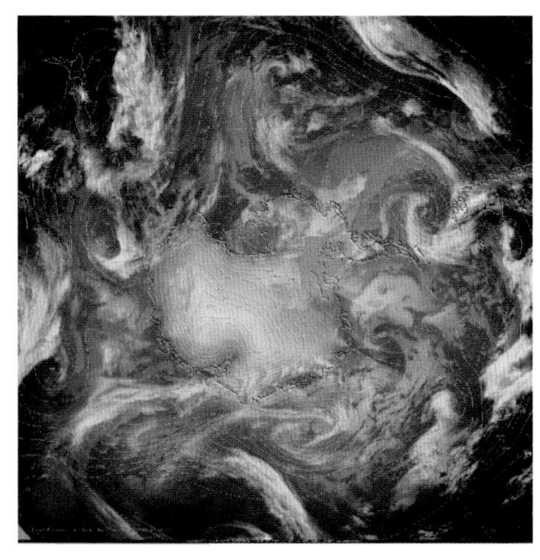

图4-17 2013年12月01日00 UTC PMSL影像图（整幅）

图4-18 2013年12月01日00 UTC PMSL影像图（局部）

1）PMSL 可用性分析

（1）数据处理便捷性

PMSL 遥感影像图是镶嵌影像图，影像预处理程度高，可以直接对南极及邻近区域进行整体观察和气旋直观判读。

（2）数据覆盖范围和分辨率适用性

整幅 PMSL 遥感影像图基本覆盖 40°S 以南区域，满足任务需求。

PMSL 遥感影像图数据更新频率为每天 3 次。

（3）数据地理定标

PMSL 遥感影像图数据无附加地理定标数据，只附带有南极洲大陆陆域边界轮廓。无法判读经纬度等地理坐标信息，对于遥感影像专题图件的编绘以及后续可能开展的南极绕极气旋移动路径数据信息 GIS 管理等对地理定标要求较严格的工作带来由于基础信息缺失所造成的处理嵌顿或困难。

（4）气旋信息提取适用性

PMSL 遥感影像图具有遥感影像信息，对气旋系统的云系形态表达较清晰，适用于气旋中心的直观判读；同时，其兼具的 PMSL 气压场数据直接叠加显示在遥感信息基面上，气象信息辅助判读便捷有效。

对比上述 3 种可选数据源，列表比测，见表 4–11。

表4-11　数据源比测表

比测项	可选数据源		
	MODIS 影像	合成云图和气压文件	PMSL 遥感影像图
下载数据量	10 GB/d	1.87 GB/d	2.6 MB/d
数据处理便捷性	需先进行镶嵌处理	需先进行云图和 NC 气压数据叠加处理	直接用于判读
影像范围适用性	未全覆盖——适用性弱	全覆盖——适用	全覆盖——适用
影像分辨率适用性	适用	适用	适用
数据地理定标	自带地理定标信息	无地理定标信息；可另外叠加同幅经纬度网格	无地理定标信息；可另外叠加同幅经纬度网格
气旋信息表达和提取	多类别产品均对气旋形态表达清晰度不足	遥感影像气旋云系表达明晰；NC 气压场数据对低压中心表达明晰；但需配准处理	同时表达气旋云系形态和气压场低压中心信息，表达明晰
结论	项目适用性差	项目适用性差	项目适用性优

2）数据获取时次

根据 AMSC 网站共享的遥感影像数据的更新频次。通过布署 Wget 网络定制下载软件，设置定时抓取动作，定时自动获取共享遥感影像数据。设置值班检查机制，将项目数据自动下载检查列入东海预报中心遥感室日常业务化遥感值班工作。

设置自动抓取时间为每日 00 时至 24 时每间隔 2 小时抓取一次，即世界时每日 00 时、02 时、04 时、06 时、08 时、10 时、12 时、14 时、16 时、18 时、20 时、22 时，共获取当日 12 个时次的数据。

依照每日 12 时次自动抓取获得的南极地区遥感影像数据包，需要进行 PMSL 数据拣选，PMSL 数据不仅具有遥感要素便于可视化判读，且兼具气压场等值线要素，是作为气旋中心判读的有力辅助参考数据。因此将此类数据作为本任务的原始数据。

数据包整包抓取，是为当 PMSL 影像数据缺失或者有损的时候，便于提供同时次的遥感影像以供判读。

由于网站共享的镶嵌图像更新频率为3次/d，每日12时次的高频次抓取可以保障获得尽可能多时次的PMSL影像数据，提高PMSL影像数据的有效获取率。

2012年获取数据为MODIS气象卫星遥感图像共82张，东南极气象信息图集共630张，包括500 hPa高空场实况资料和气象地面场实况资料。

2013年共获取卫星遥感数据2.9 TB。其中，中山站1.4 TB，长城站1.5 TB。另外从美国NCEP网站下载了部分再分析数据，共计1.8 GB。

2014年共获取卫星遥感数据1.2 TB。其中，中山站0.2 TB（中山站卫星系统接收系统出现故障，仅接收到少量数据），长城站1.0 TB。

共获取2012—2014年PMSL数据8 004个。

4.2 数据处理与图件制作

4.2.1 南极地理基础遥感测绘数据处理与图件制作

4.2.1.1 数据预处理

（1）ERS-1雷达测高数据是由欧洲空间局（ESA）网站提供的数据产品。其数据采集时间为ERS-1在Phase E和Phase F工作段采集，总共4 507条轨迹数据。这些轨迹数据中包含了海洋部分数据，因此必须先进行数据预处理，将海洋部分数据剔除掉。

（2）ICESat/GLAS数据产品为二进制格式，文件中包含激光斑点的位置和高程信息以及测地学、设备和大气改正参数。为了获得ASCII格式的参考点信息，使用NSIDC GLAS测高信息提取工具（NGAT）进行提取，提取信息为文本文件组织形式，文件包含4列数据，分别为纬度、经度、高程和大地水准面差距。此外，由于所有的ICESat/GLAS高程数据都使用TOPEX/Poseidon参考椭球作为参考基准，而ASTER数据是以WGS-84作为参考基准。因此，需要先把ICESat/GLAS测高数据从TOPEX/Poseidon参考椭球转换到WGS-84参考系，才可引入数据处理流程中作为控制点。使用小组开发的批处理程序进行参考基准的转换工作。

（3）ENVISAT雷达测高数据产品也是二进制格式，其数据是由欧洲太空局网站申请获得。文件中包括了回波波形、潮汐、设备和地球物理改正参数等。为了获得ASCII格式的参考点信息，根据其结构信息编程进行提取，提取信息为文本文件组织形式，文件包含4列数据，分别为纬度、经度、高程、回波波形。ENVISAT轨迹数据为全球数据，因此必须先进行数据预处理，只将南极冰盖数据提取出来。

（4）ASTER光学数据以HDF格式存储，本研究内容主要利用它的下视3N波段数据和后视3B波段数据形成立体像对进行立体测图。ASTER具有相对精确的星历参数，可以用来恢复卫星在获取地面影像时的姿态。此外，ASTER L1A层数据的头文件中包含了大量高精度的地面控制点信息，在波段分离的同时，可以输出这些高精度的地面控制点。这些控制点不包含高程信息，在后续的处理步骤中，可以引入这些控制点作为平面控制点。由于ASTER立体影像存在比较严重的条带噪声，需要对影像进行条带处理。处理模型采用ERDAS IMAGINE软件自带的ASTER条带处理模式进行处理，由于影像自带了辐射纠正系数，在预处理阶段应用这些系数，拟合多项式对影像进行辐射纠正，从而得到天顶辐照度影像。如图4-19所示。

图 4–19（a）为处理前影像；图 4–19（b）为去条带和辐射处理后影像。

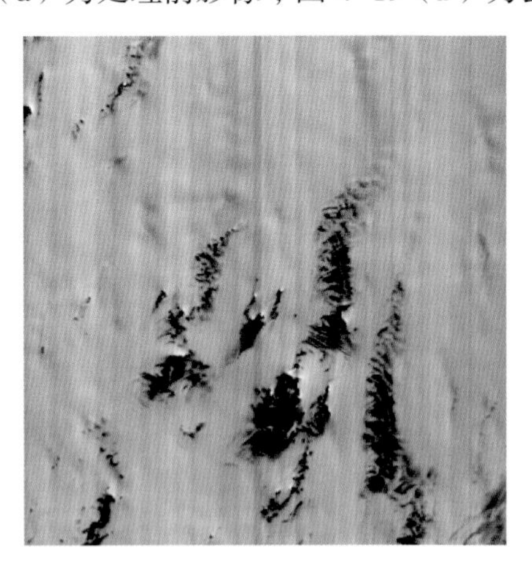

(a) 预处理前

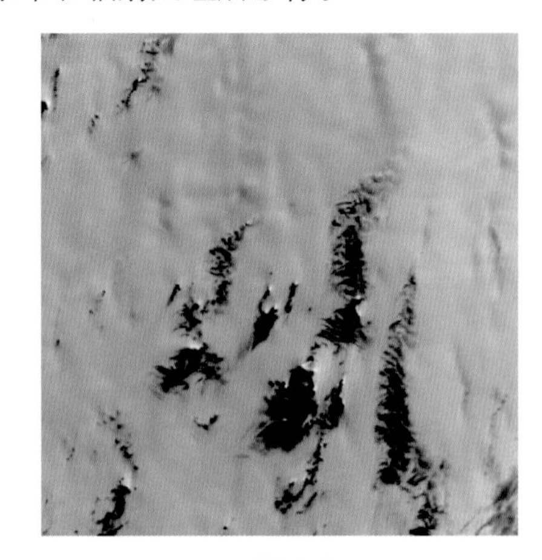

(b) 预处理后

图4–19　ASTER 3N影像

（5）从欧洲空间局得到的 ERS–1/2 和 ENVISAT ASAR 数据，实部和虚部是 2 B 的整型格式，数据存在图像文件里面，每个记录对应一个单程距离行，元数据存放在头文件里面。利用 GAMMA 软件进行处理，首先采用程序 par_ESA_ERS 从影像数据文件（DAT*）和 SAR 头文件（LEA*）获得 SLC 文件以及它的参数头文件，再利用戴尔夫特大学提供的 ERS 精密轨道数据进行轨道状态向量的修正。

（6）GPS 数据采用 Leica GS15 双频接收机采集。Leica 接收机的观测文件不是标准格式，首先将格式转换为统一格式 renix。同时下载 2008 年和 2013 年观测时段的精密星历，下载周边常年观测站如 MAW1、CAS1、DAV1、DUM1、MCM4、OHI2 和 SYOG 的观测数据。

（7）GRACE 数据为文本文件，根据球谐系数的阶和次进行排序。首先对文件名进行重新命名，然后设置最高阶次，编程提取出每个月的球谐系数。由于 GRACE 自身并不包含一阶项，二阶项精度不高，需要采用其他手段结果替代。

4.2.1.2　结合 ERS-1 和 ICESat 测高数据提取全南极地形

本研究首先在南极选择了 3 个具有典型地形特征和科学研究意义的实验区域：横断山脉、南极半岛、中山站至冰穹 A 进行比较研究。结果评估指标则采用了采样点计算的 RMSPE 和源数据计算的残差均方根。其中 RMSPE 越小，说明插值结果就越接近其真实值；源数据残差均方根则用来评价网格数据与源数据的一致性。选用的算法则包括了反距离加权、克里金、最小曲率、局部多项式、最近临点和线性插值三网等算法。具体计算时，采用 Surfer 软件对实验区进行随机均匀采样，在每个实验区均匀随机取约占总点数 5% 的采样点。

计算结果表明克里金插值和最小曲率插值的插值效果较好，而最小曲率插值格网绘制的等高线上方可能出现错误，因此克里金插值优于其他算法。此外，结果表明，坡度会影响 DEM 精度，地形比较平坦、坡度变化较缓的南极山脉 – 冰穹 A 地区插值精度明显高于地形复杂、地势陡峭的横断山脉和南极半岛。

基于以上研究结果，采用合适的插值方法，依照第 3 章图 3–1 所示的详细数据处理流程，生成覆盖全南极冰盖范围的 DEM。如图 4–20 所示，为综合两种测高数据生成的综合 DEM 绘制的全南极等高线图，等高距为 200m（王泽民，2013）。

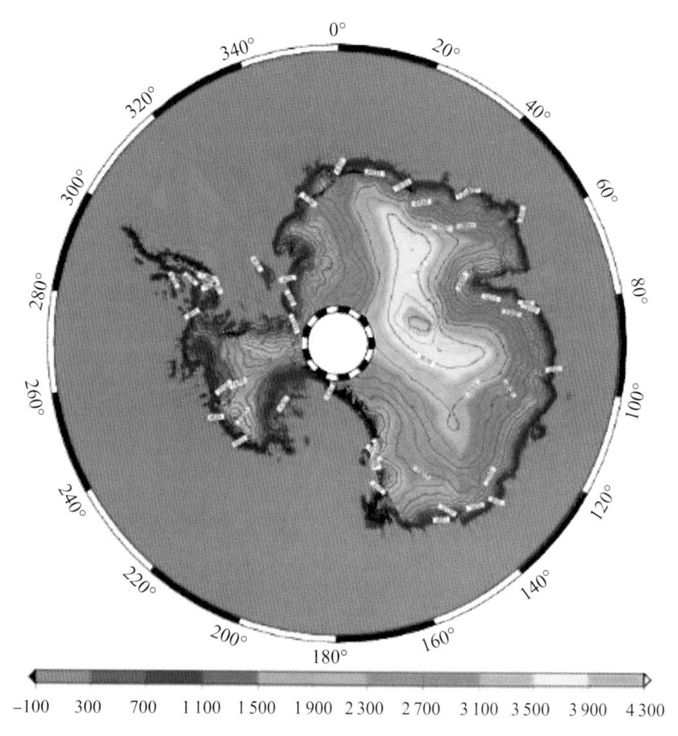

图4-20 基于综合DEM绘制的等高线图（等高距200 m）

4.2.1.3 ASTER 立体像对融合 ICESat 测高数据生成冰盖 DEM

1）立体模型的建立

由于 ASTER 采用推扫成像方式，处理中需要借助卫星的星历参数恢复卫星在获取影像时的姿态，因此采用推扫式轨道模型建立像对立体模型，进行量测。该模型能很好地针对每个 CCD 传感器进行处理，提高精度，而且可以自动提取影像自带的辅助数据，如平台的位置、离散点的外方位元素、传感器的几何和光学参数等。

2）控制点量测与连接点生成

由于南极考察区域的特殊性，气候、环境条件极其恶劣，缺乏实测控制点，地面点也不易辨认，因此没有在影像上直接量测控制点。本研究借助于 ASTER L1A 层数据的头文件中包含的大量高精度的地面点作为平面控制点。本研究中，融合外部高精度的 ICESat 测高数据，将其作为高程控制点。使用这些控制点的目的是控制在匹配过程中产生错误和粗差的几率。设定了为了求解其他扫描线星历参数而设定的多项式拟合阶次后，为了求解更加理想的外方位元素的拟合值，将立体像对配准到相同地面区域，在两幅影像中查找同名点作为连接点，采用处理平台的自动生成连接点功能，设置参数进行连接点生成。连接点的选取要求尽量在影像对中分布均匀。连接点生成的质量对后续三角测量的精度至关重要。待控制点与连接点生成完成后，执行空间关系解算、三角测量，同时拟合外方位元素的值以及解算连接点的三维坐标，为下一步生成 DEM 提供参考基准点。

3）空间关系解算和三角测量

建立好立体模型，准备好连接点和控制点，接下来需要进行模型空间关系解算。以星历自带参数为初值，结合连接点，执行三角测量，拟合出更加理想的外方位元素值，同时利用空间前方交会，解算出连接点的物方坐标，作为下一步 DEM 提取的种子点。

4）DEM 的生成

（1）同名点获取

利用处理平台的自动匹配功能实现同名像点的收集。先使用兴趣点算子（如 Moravec 算子等）分别对两幅影像进行处理，提取兴趣点。再从兴趣点中寻找对应相同地物点的兴趣点作为同名像点。通常利用互相关系数判断两兴趣点的相关程度。首先在左影像上以某一兴趣点为中心开一个目标窗口，再在右影像的重叠区域开一个搜索窗口。分别以搜索窗口内兴趣点为中心开一个与目标窗口相同大小的窗口，计算兴趣点间的相关性，找到相关性最大且大于一定阈值的两个兴趣点认为是同名像点。

（2）空间前交，确定同名点对应地物的空间三维坐标

利用摄影测量的空间前方交会原理，由左右影像上的像平面坐标可以确定地面点所对应的物方空间坐标。得到生成 DEM 所必需的大量地面点。

（3）不规则三角网（TIN）的构建，以及 DEM 的生成

利用步骤（2）中生成的大量地面点构建 TIN，并利用构建的 TIN，通过内插和重采样的方式生成 DEM。

依照上述数据处理流程，依次对各景数据进行处理。其中，09007 影像有一部分受厚云层遮盖严重，地表信息缺失。如图 4-21 所示，椭圆周围亮色部分经比较验证为厚云层遮盖严重部分。这一部分数据将不被用来提取 DEM。

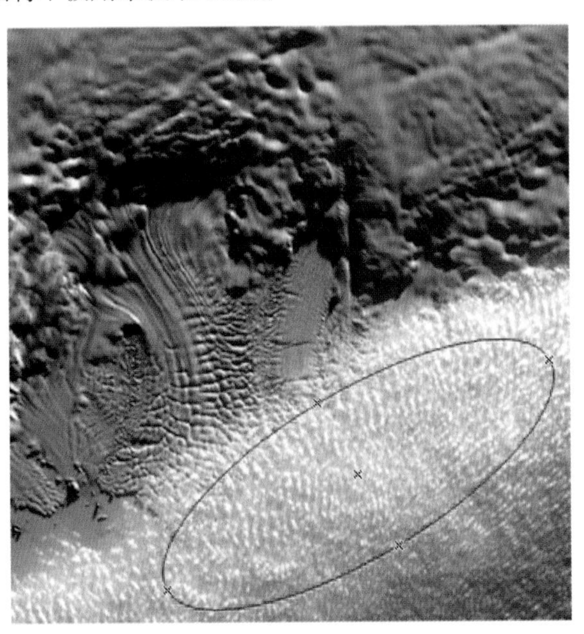

图4-21　09007影像

由于实验区域的特殊性，影像质量较差，信息贫乏，在 DEM 生成的过程中会遇到一些问题，默认的参数不能满足 DEM 提取的要求。要得到满意的结果，在自动匹配生成连接点和 DEM 提取的过程中都需要反复调整各类参数的大小，包括搜索窗口大小、相关窗口大小、相关系数阈值大小和滤波函数等。不同的影像需要设置不同参数以提取出质量较好的 DEM。由于无清晰可辨认的地面实测控制点，因此采用推扫式轨道模型进行立体测图。利用卫星影像自带的星历参数（卫星位置、速度）和姿态参数（phi，omega，kappa）来拟合每条扫描线的方位元素。

由于ICESat/GLAS测高数据和ASTER立体数据具有融合的可行性，因此，引入ICESat测高数据作为高程控制，减少错误匹配。

5）ASTER DEM改正

比较ASTER DEM相对GLAS测高数据的高程精度，提取对应DEM脚点处高程值，画剖面线比较它们之间的差值。分析发现在部分区域，DEM与测高数据之间存在一个高差趋势面，如图4-22所示，左纵轴表示ASTER DEM和GLAS测高数据在采样线上的高程值，右纵轴表示ASTER DEM减去GLAS测高数据的高差，用d_z表示，横轴为采样间距。

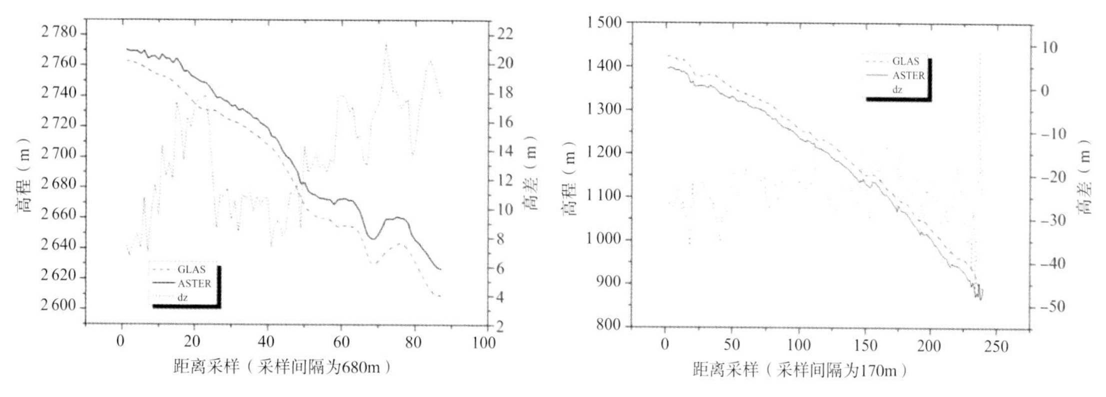

图4-22 沿剖面线高程比较

图4-22中可以发现，DEM与测高数据高程变化趋势非常一致，但高程值之间存在大小不一的差异，经过实验，利用二次曲面可以较好拟合这种差异。建立高程差值与采样点经纬度之间的二次曲面关系，利用最小二乘求解变换系数，建立对DEM进行改正的变换关系式，然后逐像素对DEM实施改正。

6）ASTER DEM拼接和滤波

PANDA断面雪面特征比较一致，地势比较平缓，相邻影像对获取的DEM重叠部分高程值差异不大，主要分布在±30m范围内。考虑到影像靠近边缘的部分，畸变可能比较大，相邻DEM拼接的过程中，重叠区域像素点的高程值采用像素距重叠区域两影像边界的距离和占像素点距4条边界总距离之和的比例进行加权平均获得。图4-23中，1、2分别为相邻两景DEM，P点距重叠区域边界x_1, y_1的距离分别为d_x^1, d_y^1，距重叠区域边界x_2, y_2的距离分别为d_x^2, d_y^2，P点在两DEM中的高程分别为h_1, h_2，拼接后P点处高程h可以由式（4-1）计算得到：

$$h=\frac{d_x^1+d_y^1}{d_x^1+d_y^1+d_x^2+d_y^2}h_1+\frac{d_x^2+d_y^2}{d_x^1+d_y^1+d_x^2+d_y^2}h_2 \tag{4-1}$$

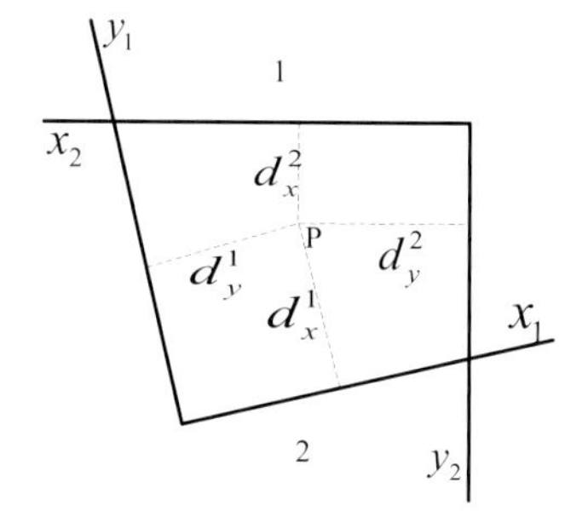

图4-23 相邻DEM重叠区示意图

二项式系数滤波是一种既能保持趋势，又能压缩噪声的数字滤波器，实验表明其性能优于中值滤波、均值滤波。本研究采用二项式滤波对 ASTER DEM 进行滤波处理，抑制噪声的影响。如图 4–24(a) 所示，对于 3 × 3 的滤波格网，以待滤波点为中心取 9 个点，二项式系数滤波权分布如图 4–24 (b)，滤波公式见式（4–2）。

$$\hat{x}_{i,j}=[4x_{i,j}+2(x_{i,j-1}+x_{i,j+1}+x_{i-1,j}+x_{i+1,j})+(x_{i-1,j-1}+x_{i-1,j+1}+x_{i+1,j-1}+x_{i+1,j+1})]/16 \qquad (4\text{–}2)$$

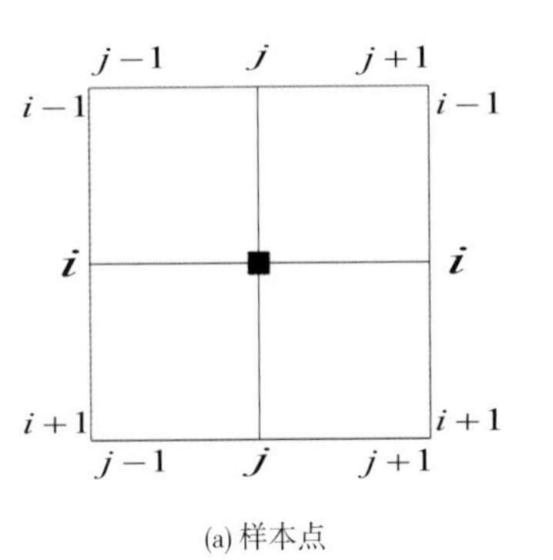

(a) 样本点

(b) 二项式滤波权分布

图4–24　3 × 3格网

滤波窗口越大，滤波效果也越强，但滤除噪声的同时也会压缩真实的高程信息，需要选择合适的窗口来平衡两方面影像。经过试验比较，这里采用 9 × 9 的滤波窗口对 ASTER DEM 进行滤波，处理后 DEM 三维显示如图 4–25 所示。

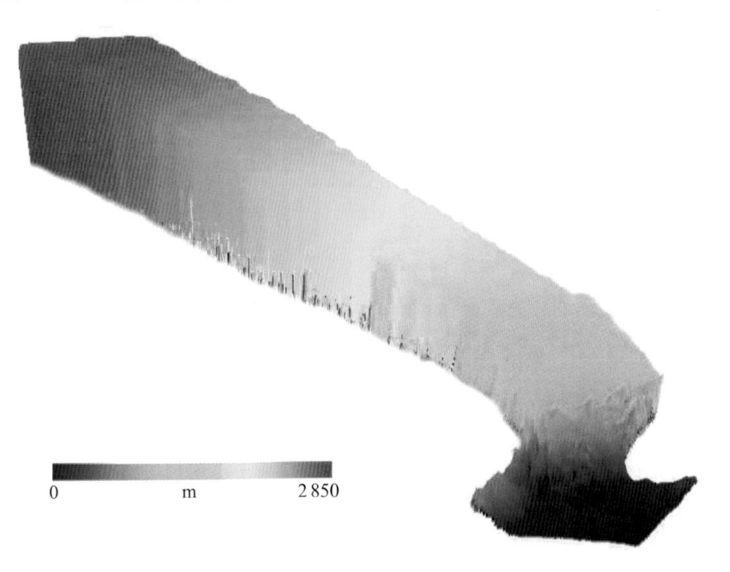

图4–25　ASTER DEM三维显示效果

4.2.1.4　ALOS 立体像对生成冰盖 DEM

使用 ERDAS2011+LPS 软件进行试验。主要步骤如下。

（1）建立测区

建立测区时需要选择合适的几何模型和投影系统。

（2）无控制点区域网平差

在无控制点的情况下，分别对无连接点和加入连接点的 ALOS 影像进行区域网平差解算，并导入卫星测高数据进行比较，结果证明两种方式的精度基本相同，控制点所在模型高程精度为 100 ~ 200 m，另外一个模型的高程精度为 300 m 左右。

（3）稀少控制点区域网平差

由于控制点点位不易确定，为排除加控制点时人为因素造成的误差，首先加入多个控制点对控制点精度进行验证，这里尽可能多地增加控制点的控制范围。

4.2.1.5 基于差分相位误差趋势面去除的 InSAR DEM 生成

本研究按照上文所述的基于差分相位误差趋势面去除的 InSAR DEM 生成方法，生成格罗夫山和 PANDA 断面 InSAR DEM。与传统的雷达干涉测量的处理流程相比，本研究对基线残留的相位误差以及其他一些相位噪声存在的情况，采用了一种拟合相位误差趋势面并去除的方法，一定程度上消除了相位误差，提高了 DEM 提取的精度。具体的 DEM 生成步骤如下。

1）影像互配准

两幅 SAR 影像来自空间两个比较接近的位置，是在不同的时刻、不同的轨道位置所获取的。它们虽然是对同一地区成像，但是由于其成像时 SAR 系统的位置不同、微波入射角的不同，使两幅影像存在微小的差别。配准就是将两幅雷达影像通过运算建立严格的一一对应关系，使两幅影像对应的像点为地面的同一目标点。由 SAR 图像的散射统计特性知，如果配准误差大于一个分辨单元，两幅图像对应像素的回波信号就会完全不相干，干涉相位没有任何意义，也无法得到正确高程信息。有学者实验证明，配准误差在 1/8 个像元以下时才对干涉纹图的质量没有明显的影响，因此，影像的配准精度要求达到 1/10 个像素级。

配准一般有两种方法。一种是基于精密卫星星历和相干系数的配准，不需要人工参与，完全实现自动精确配准。要求数据具有精密轨道和较好的相干性。处理步骤主要分为三步：①基于卫星轨道的粗配准；②基于幅度影像的像元级配准；③基于幅度影像的亚像元级配准。

另一种方法是基于地面控制点的配准，要求具有高精度的地面控制点，利用地面控制点的坐标来配准两景影像。这些地面控制点可以是易辨认的特征点或角反射器。在南极区域，由于其特殊的气候地形地貌环境，难以找到易辨认的地面特征点，角反射器的固定、安装也很困难，而且容易被冰雪覆盖。因此，南极区域雷达测量一般采用第一种方法进行配准。

2）辅影像重采样

获得了主辅影像间的配准参数后，需要对辅影像参照主影像进行重采样，使辅影像上的每一个像元精确对应于主影像上的每一个像元。常用的插值方法有：最近邻法、分段线性内插法、四点立方体卷积差值法、六点立方体卷积差值法、有限长 sinc 函数法等。

3）干涉图生成

干涉图的处理主要包括生成干涉图、去除平地效应、基线估计、干涉图滤波等。

（1）生成干涉图

将主影像和经过配准重采样后的辅影像进行复共轭相乘，即把影像对上每个像素对应的幅度作平均处理，把相位作差处理，得到复数干涉影像。干涉图包含 SAR 影像的幅度和相位信息。相位差可以用色度条来显示。在用 GAMMA 软件的处理中，首先对两幅 SLC 影像在距离和方位向进行滤波（公共滤波），接着主影像和重采样后的辅影像作共轭复数相乘并规则化。由于 SAR 影像在距离向和方位向的分辨率不同，一般需要将方位向像元做多视处理，使得干涉图符合实际的纵横比例。ERS 数据一般采用距离向和方位向的多视因子为 1 : 5 生成干涉图。

（2）去除平地效应

由于雷达干涉系统的空间几何关系，无高程变化的平坦地面也会产生线性变化的干涉相位，称为“平地效应”，通常会造成干涉条纹过密，给解缠带来困难。根据卫星的精密轨道星历和 SAR 图像中心的概略经纬度坐标，可以求得参考椭球体平面与垂直基线之间的几何关系。从而求得每一个像元所对应的相位变化，从上一步获得的干涉图中减去该值，可消除平地的影像，即去除平地效应。

（3）干涉基线的估计

由于基线是干涉系统中非常重要的参数，也是 InSAR 数据处理过程中必不可少的。基线估计的方法较多，具体方法的选择有赖于具体应用和所处理的精度要求，有赖于是否有所处理数据的 DEM 图或地面控制点（GCP）等，还有赖于城乡区域地形的变化等。常用估算干涉基线的方法有：依据卫星星历数据的基线估算，基于地面控制点的基线参数估算和 JPL 基线估算方法等，本研究使用基于星历和外部 DEM 控制的基线估计。

（4）干涉图滤波

在进行 SAR 干涉测量最重要的处理步骤即相位解缠的时候，所有干涉图有两个核心问题需要注意：一是相位噪声；二是干涉相位的不连续。这些都会对相位解缠造成较大影响。对于相位噪声，可以采用滤波进行改善。GAMMA 的 ISP 模块包含许多对于干涉图滤波的方法，从简单的带通滤波到复杂的和局部坡度适应的滤波。此外，多视是另一种滤波方法，它的优点是像元的数目急剧减少，当然最大的缺点是采样的减少。对于地形相位梯度小的区域是可以采用多视处理的，但对于大相位梯度的地方使用多视处理会有很大问题。因此需要根据不同的地形、影像特征等选择合适的滤波算法。本文采用的是依据数据功率谱的非线性滤波方法（adf），滤波后估计局部条纹质量对相位解缠是非常必要的。滤波后 adf 估计局部相位的标准偏差，并把它转换为有效的相干值。

4）相位解缠

由于从干涉图中得到的相位差实际上只是相位的主值，其取值范围在 $(-\pi, +\pi)$ 之间，要得到真实的相位差必须在这个值的基础上加上或减去 2π 的整数倍，将相位由主值或相位差值恢复为真实值的过程统称为相位解缠。相位解缠需要兼顾一致性和精确性。一致性是指在解缠后的相位数据矩阵中任意两个点之间的相位差与这两个点之间的路径是无关的。精确性是指解缠后的相位数据要能真实地恢复原始的相位信息。目前所有的相位解缠可分为两个步骤：①基于缠绕相位计算解缠相位的相位梯度估算值；②积分。根据所采用的积分方法，相位解缠主要分为两大类：路径跟踪法相位解缠算法和最小范数法相位解缠算法。

路径跟踪的相位解缠方法主要包括枝切法（切割线法）、掩膜割线法（Mask-cut 法）、像元排序或像元扩散法、最小生成树法、加权的最小不连续法和区域生长法等。最小范数法主要包括 FFT/DCT 法、PCG 法、多级网格法和最小 Lp-norm 法等，其他的方法还有条纹检测、网格自动化和知识介入等。虽然相位解缠的方法有很多，但是目前没有哪一种方法是最优的，适合所有情况的。需要根据实际地形起伏程度，干涉图的相干性强弱、干涉相位的连续性等因素选择合适的相位解缠算法。

5）外部 DEM 模拟地形相位

由以上处理得到的解缠后相位值除了包括地形相位外，还含有基线的线性趋势和相位噪声等引起的误差信息，采用外部精度较高的 DEM，结合基线，偏移量等参数，可以模拟地形相位值。需要注意的是研究范围内的 DEM 必须从地图结构转换到雷达结构。

6）去除线性相位趋势

由于基线模型中存在小的误差，差分干涉图中可能出现一些条纹。为了去除基线误差引起的线性相位趋势，可以采用以下几个步骤进行处理：①由条纹变化率估计残差基线；②采用残差基线的估计值纠正基线；③由新的基线值模拟相位；④从原始干涉图提取新的相位——新的差分干涉图。

7）拟合相位误差趋势面

将新的差分干涉图进行滤波解缠等处理，得到解缠后的差分干涉相位图，将其提取出来，利用编写的程序进行相位误差趋势面拟合。根据比较和分析，选择合适的拟合模型。将拟合后相位误差趋势面从得到的解缠后相位中减去，得到更加真实反映地形信息的相位值。

8）相位到高程转换

经过相位解缠和误差去除等处理，就可以得到一幅真正反映地面目标至两天线之间的斜距差信息的二维绝对相位图像。这时利用天线和地面目标之间的几何关系，就可推算出 InSAR 相位图像上每个像素点所对应的地面目标高程值。但是通过卫星轨道参数得到基线 B 和 α 的精确度往往达不到所需的要求，在计算高程之前必须求出 B、α 等参数的精确值。因此，基线的正确估计非常重要。

9）地理编码

相位解缠及转换后得到的高程值是在斜距 / 零多普勒坐标系中。要得到真正的数字高程模型就需要将其转换到实际应用的地形图坐标系统中。地理编码就是实现这一过程的。地理编码时依据地面的情况，我们可以把地理编码分为椭球纠正地理编码和地形纠正地理编码。相应地从 SAR 到地图坐标系的结果称为椭球纠正地理编码产品（GEC）和地形纠正地理编码产品（GTC）。生成 GEC 产品时不需要 DEM，但是对于 GTC 产品它是必需的。这个 DEM 要么是地图坐标系，要么是雷达坐标系。GAMMA 软件的 GEO 模块中的 GEO 功能主要是完成斜距 / 零多普勒坐标系与地图投影之间的转换；可以生成地图投影坐标系下的 SAR 强度影像；还可以提供 SAR 坐标系下的 DEM，用于后续的差分干涉处理。

利用 InSAR 技术结合差分相位误差趋势面去除的方法，利用各对干涉像对依次生成沿 PANDA 断面和格罗夫山的较高精度的数字高程模型，DEM 水平分辨率为 20 m。

10）InSAR DEM 拼接

本研究利用 ERS tandem 数据生成了覆盖格罗夫山和 PANDA 断面的 InSAR DEM，共用到 13 对干涉像对，各相邻像对间有不同大小重叠区域，为了获得整个区域 DEM，需要将相邻像对获取的 DEM 进行拼接处理，为了抑制噪声的影响，采用加权平均的方法来获取重叠区 DEM 高程值。考虑到在一定基线范围内，干涉像对垂直基线越大，能够抵抗相位噪声的能力越强，而相干性越强，相位值越可靠。因此采样点处相应 DEM 的权值由相干像对垂直基线 $B_{\perp}^{k}$ 和采样点在去平滤波后干涉图中的相干性 $cc_{i,j}^{k}$ 给出。这里直接采用线性模型赋予权值，采样点处高程值 $h_{i,j}$ 由式（4–3）计算得到。

$$h_{i,j}=\frac{B_{\perp}^{1}cc_{i,j}^{1}h_{i,j}^{1}+B_{\perp}^{2}cc_{i,j}^{2}h_{i,j}^{2}}{B_{\perp}^{1}cc_{i,j}^{1}+B_{\perp}^{2}cc_{i,j}^{2}} \tag{4–3}$$

按照上述方法，依次拼接所有独立像对生成的 DEM，最终得到格罗夫山和 PANDA 断面连续区域的 20 m 分辨率 InSAR DEM。

11）InSAR DEM 滤波

拼接处理后 InSAR DEM 也会存在一些相位噪声引起的高程噪声，滤波可以在一定程度上抑制噪声的影响，提高信噪比。这里也采用二项式系数滤波进行处理，最终选用 7 × 7 的滤波窗口对 InSAR DEM 进行滤波，处理后的结果三维显示效果如图 4-26 所示。

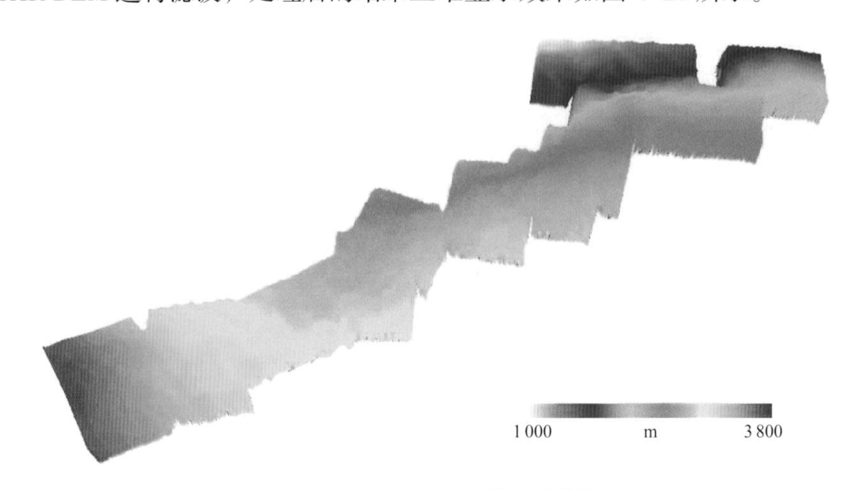

图4-26 InSAR DEM三维显示效果

4.2.1.6 基线联合方法建立南极冰盖重点考察区域高精度数字高程模型

在南极地区，光学遥感技术受环境、云等的影响较大，应用非常有限。合成孔径雷达干涉测量（InSAR）具有全天时、全天候的优势，不受云雨和白昼的限制，为南极冰盖地形获取提供了一个全新的技术手段。而南极冰盖存在连续流动的冰流，传统的单基线 InSAR 技术不能克服冰流引起的形变相位的影响，容易引入 DEM 误差。为了克服冰流的影响，将形变相位对地形的影响移除，本研究中设计了利用两组干涉像对基线联合的方法来提取高精度冰盖 DEM。

经过推导，某地面点的精确高程 h 可用关系式（4-4）求得：

$$h = h' + \frac{-\dfrac{\lambda}{4\pi}\cdot(\phi'_{def,1} - \phi'_{def,2}) + \left(\dfrac{B^0_{\perp 1,P}}{R_{1,1P}\sin\theta_{0,1P}} - \dfrac{B^0_{\perp 2,P}}{R_{1,2P}\sin\theta_{0,2P}}\right)(h_P - h'_P)}{\dfrac{B^0_{\perp 1}}{R_{1,1}\sin\theta_{0,1}} - \dfrac{B^0_{\perp 2}}{R_{1,2}\sin\theta_{0,2}}} \tag{4-4}$$

其中，h 为外部 DEM 提供的粗略高程值；$\phi'_{def,i}$ 为差分干涉相位；$B^0_{\perp i}$ 为对应的垂直基线；$R_{1,i}$ 为斜距；$\theta_{0,i}$ 为侧视角（$i = 1,2$）；P 为对应的相位解缠起点。这样利用差分干涉相位和对应的影像对的参数可以求得地面点的精确高程值。在数据处理中，分别对每对主辅影像经过配准、干涉、差分和滤波等处理得到差分干涉相位。而式中的 $B^0_{\perp i} / R_{1,i}\sin\theta_{0,i}$ 可以作为一个整体进行求解，通过在 GAMMA 软件平台中利用外部 DEM 模拟的相位与对应的高程作商求得。

利用基线联合的方法提取南极冰盖 DEM 的高程误差大小与两像对的垂直基线差的大小直接相关，经过误差传递公式推导得到高程误差的近似表达式如式（4-5）所示。式中 $\delta_{\phi_1-\phi_2}$ 为不均匀变化的流速和大气引起的相位误差，$B^0_{\perp 1} - B^0_{\perp 2}$ 为垂直基线差，垂直基线差越大，由相同相位误差引起的高程误差越小，相反垂直基线差越小，相同相位误差引起的高程误差越大，可见选择较大的垂直基线差影像对进行基线联合可以有效限制相位误差带来的高程误差。例如

400 m 的垂直基线差，对于 ASAR 数据而言，大小为 π 的相位误差引起的高程误差约为 12 m。

$$\delta_h \approx \frac{\lambda}{4\pi} \cdot \frac{R_1 \sin\theta_0}{B_{\perp 1}^0 - B_{\perp 2}^0} \cdot \delta_{\phi_1 - \phi_2} \tag{4-5}$$

本研究中所用 3 个实验区数据获取时间和垂直基线信息如表 4-12 所示。可以看到 A、B 实验区两组时间基线均为 35 天的 ASAR 数据对的垂直基线差均大于 400 m，非常有利于抑制相位误差引起的高程误差，而 C 实验区的两对时间基线为 1 天的 Tandem 数据对的垂直基线差仅为 92 m，较小的垂直基线差使相位误差在转换为高程误差的过程中体现得非常明显。

表4-12 SAR数据基本信息

实验区	获取时间	时间基线 (d)	垂直基线 (m)	垂直基线差 (m)
A	2007-05-02—06-06	35	-302	416
	2006-05-17—06-21	35	114	
B	2008-05-19—06-23	35	-290	695
	2010-06-28—08-02	35	405	
C	1996-02-16—02-17	1	-165	92
	1996-03-22—03-23	1	-73	

图 4-27 为 A、B 实验区利用多基线联合方法获取的冰盖 DEM，图层上箭头长短表示冰流速大小，箭头方向指向冰流的流动方向。DEM 分辨率很高，可以清晰体现冰丘、雪坝起伏的细节信息。ICESat 测高数据在南极冰盖地区高程精度在 13.8 cm 以内，为了评定多基线 InSAR DEM 的精度，以 ICESat 测高数据为标准，比较统计 InSAR DEM 与 ICESat 测高数据的高程差值，并与 Bamber DEM 和 RAMP DEM 进行对比。A、B 实验区多基线 DEM 精度信息分别如图 4-28、图 4-29 所示。A 实验区（格罗夫山地区）地形较复杂，流速大小变化明显，相比于 B 实验区，其 DEM 精度稍低，但其多基线 InSAR DEM 的精度仍可达到 6.7 m，与 Bamber DEM 高程精度相当，而且其分辨率达到 20 m 远远高于 Bamber DEM 的 1 km，可以体现丰富的地形细节，还能满足许多冰川、地质等应用研究的需要。B 实验区地形和冰流速变化平缓，DEM 精度更高，可以达到 2.3 m。

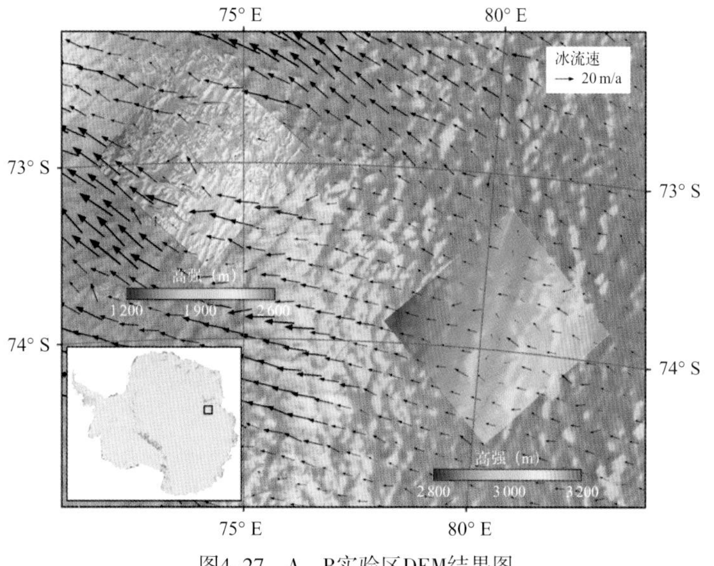

图4-27 A、B实验区DEM结果图

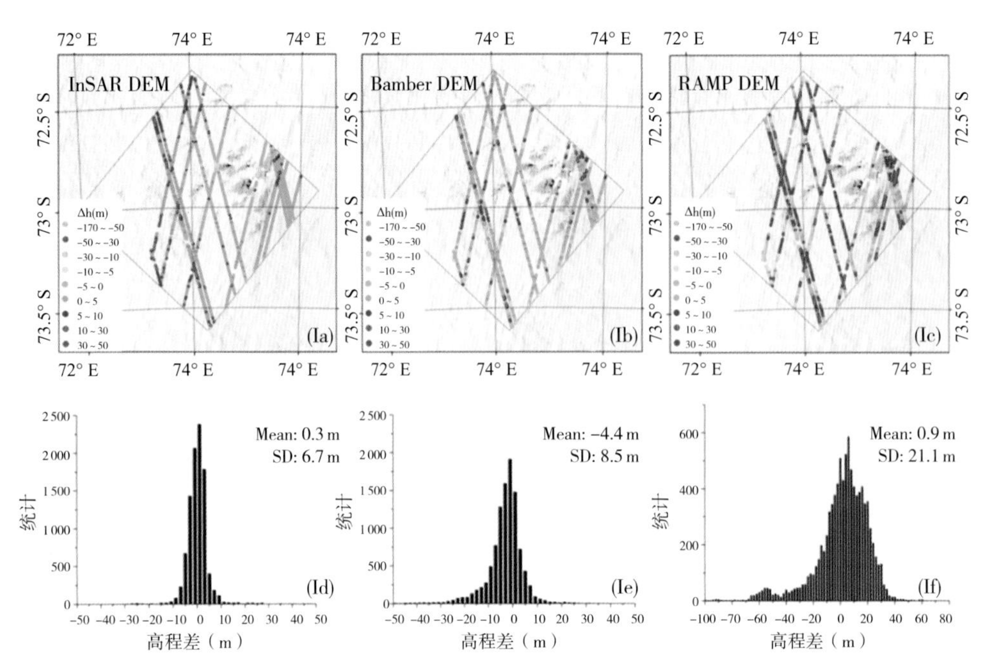

图4-28 实验区InSAR DEM精度统计及其与Bamber DEM、RAMP DEM比较

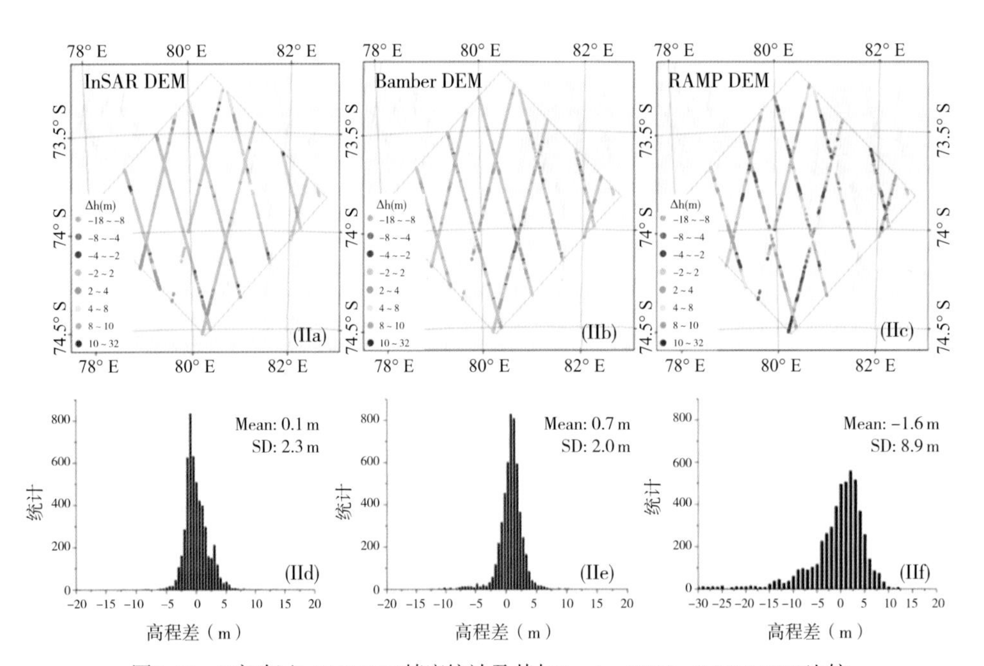

图4-29 B实验区InSAR DEM精度统计及其与Bamber DEM、RAMP DEM比较

对于C实验区，两对Tandem数据对的空间基线差仅为92 m，经过实验，虽然两对数据相干性很高，但在基线联合相位误差转换为高程误差时误差容易被放大，导致DEM精度较低。通过对4景SAR影像进行分析，发现将1996年02月16日和1996年03月23日的影像组合成36天时间基线的干涉像对，而将1996年02月17日和1996年03月22日的影像组合成34天时间基线的干涉像对，两对干涉像对的空间基线差可以扩大为238 m，这样组合后相位误差转换为高程误差时，相比两Tandem组合可以缩小1倍多，有利于提高DEM精度。经实验验证，即使34天和36天的时间基线也能保持较好的相干性，在冰流速为一个常量的假设下，联合两对干涉相位时，乘以对应的时间比例权重以移除流速引入的形变相位。以同样

的 ICESat 测高数据作为两种组合方式 DEM 精度评定的参考，分别对两 InSAR DEM 进行高程精度评定与比较，结果见图 4-30。从图 4-30 中可以看到，基线差为 238 m 的组合方式获得的 DEM 精度比仅为 92 m 的组合方式获得的 DEM 精度高出几倍。这也通过实验证明了上文中所分析基线差越大的组合方式越有利于抑制相位误差向高程误差的转换。

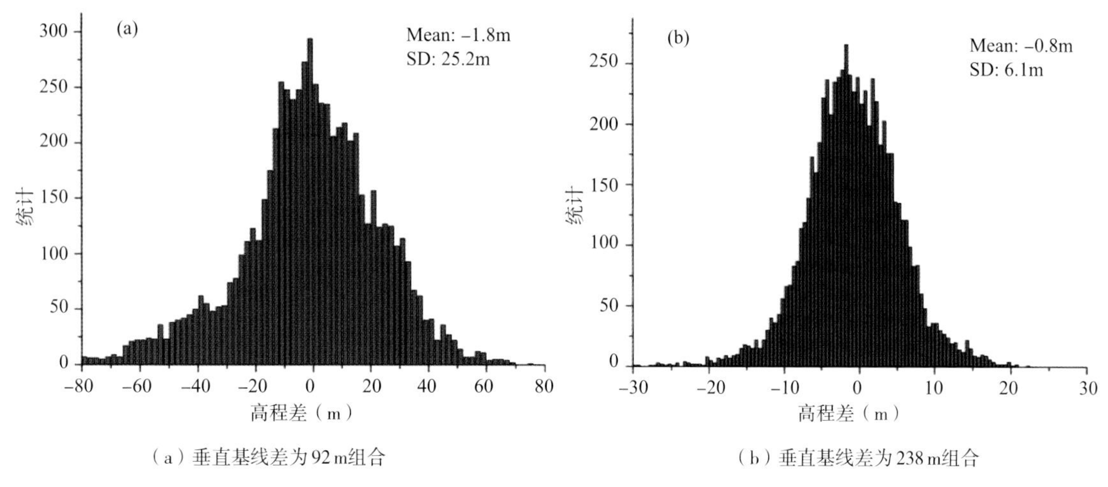

（a）垂直基线差为 92 m组合　（b）垂直基线差为 238 m组合

图4-30　C实验区两种基线组合方式DEM精度统计与比较

4.2.1.7　基于实测 GPS 的南极内陆冰穹 A 地区 DEM 的生成

根据过去利用卫星测高获取 DEM 研究的经验，几种插值算法中克里金插值算法表现最好，因此采用该算法，对 49 个高精度 GPS 点进行内插，获得了冰穹 A 地区的 DEM（Yang，2014），见图 4-31。

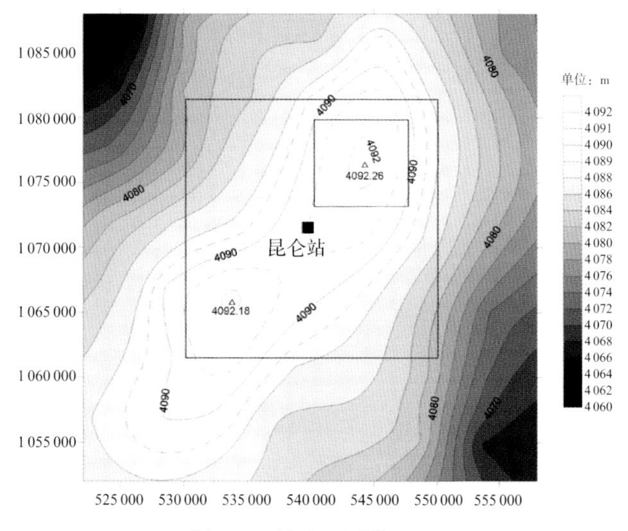

图4-31　冰穹 A区域DEM

图 4-31 中给出了该区域的 DEM，整体为 2 m 等高线；在 4 088 ～ 4 092 m 的局部区域，采用 1m 等高线以更好地刻画细节信息。从该图看出，整个区域非常平坦。图 4-31 中，大方框为 Cheng 等（2009）的测量区域，小方框为 Zhang 等（2007）的测量区域。这次的测量范围更广，获得了 1 296 km^2 的 DEM。图上也表明，该区域存在两个高点，即南高点和北高点。Cheng 等（2009）研究表明南高点要比北高点高 0.3 m，而这次测量结果表明北高点更高，比南高点高约

0.08 m，而 0.08 m 是在误差范围内的，因此我们可以认为这两个高点具有类似的高程。

4.2.1.8 基于航摄影像制作维多利亚地新站区域正射影像地形图

在航飞获取相片后进行内业处理，处理航摄数据、打印像片、在像片上选取控制点等。对约有 100 个点架设全站仪进行野外测量。通过对航摄像片的内业处理与像片控制点和地形控制点的野外测绘，制作影像地面分辨率优于 0.2 m 的正射影像图（DOM）和比例尺为 1 : 2000 的数字地形图。并叠加处理生成正射影像地形图。

4.2.1.9 基于 Landsat 和 HJ-1A/B 数据制作重点考察区域平面卫星影像图

光学卫星数据受云层的影响比较大，尝试获取了多年的 Landsat 卫星数据，在长城站地区，Landsat–8 卫星影像云覆盖比较大，不能用来制作平面卫星影像图，选取了 1990 年获取的 Landsat–4 卫星影像；而中山站地区选取了云覆盖相对较小的 Landsat–8 卫星影像来制作平面卫星影像图。HJ–1A/B 影像受云层的影响也较大，在本研究中长城站地区的影像中还能看到少量的云覆盖，获取的其他两个区域的影像云覆盖相对较少。

分别将单波段影像进行多波段彩色融合，再利用已用控制点纠正好的影像对 Landsat 和 HJ 星影像进行几何校正。在自动几何校正的过程中，匹配点都集中在岩石区域，雪面或海面几乎没有控制点，若采用三次多项式校正，由于控制点分布不均匀，影像会出现比较大的畸变，因此选用二次多项式进行几何校正，控制点残差在 1.5 个像素以内。几何校正后影像经过调色、添加地理要素、图幅整饰等处理输出成图。

4.2.1.10 基于 IKONOS 卫星影像制作平面卫星影像图

利用格罗夫山地区 IKONOS 卫星影像，将全色和多光谱进行融合，利用岩石区控制点进行正射纠正，再通过匀色、添加图幅等处理，制作平面卫星影像图。

4.2.1.11 基于 ZY-3 号数据制作平面卫星影像图

1）数据准备

获取的资源三号数据为经过相对辐射校正和传感器校正的产品，数据为 tif 格式存储，提供一个对应的 RPC 文件，全色和多光谱影像为独立的文件。分别打开影像，查看影像质量，包括云量、清晰度、噪声等，选择质量相对较好的影像来进行平面影像图制作。

2）影像互配准

虽然全色和多光谱为同源影像，但实验证明配准后可以得到更好的融合效果。以分辨率较高的全色影像作为参考影像，对分辨率较低的多光谱影像进行校正并重采样使之与全色影像匹配。而影像互配准的关键就是精确同名点的生成，本研究采用最小二乘匹配进行同名的查找。由于雪面纹理比较缺乏，匹配的点较少，而裸露岩石区域匹配点比较密集，对同名点进行筛选，选取全局范围内相对均匀分布的同名点进行二次多项式变换系数的解算，可以达到亚像素级的配准精度。

3）影像融合

影像融合就是为了保持多光谱影像的辐射信息的同时提高影像的分辨率，针对高分辨率影像可以采用高保真的 Gram–Schmidt Spectral Sharping 融合方法。本研究中使用该方法对 ZY–3 号全色和多光谱影像进行融合后，会出现一些虚假的辐射信息。经试验比较，最终选用

PCA 变换的方法进行影像融合。

4）正射纠正

ZY-3 号数据没有提供严格的几何成像模型，采用有理函数模型（RFM）进行替代，提供了影像对应的 RPC 模型。配准融合后的影像具有全色影像的几何特征，采用全色影像对应的 RPC 文件对融合后影像进行几何校正，DEM 采用 200 m 分辨率的全南极 RAMP DEM。但由于没有地面控制点存在，这不是严格的正射校正。图 4-32 为 27-413 校正前后的影像。

(a) 校正前影像

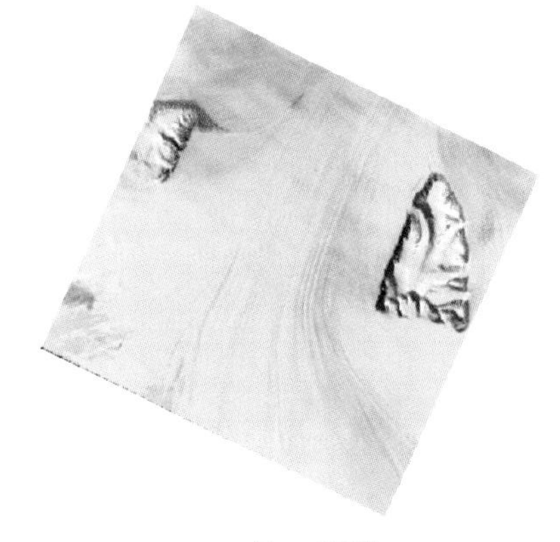

(b) 校正后影像

图4-32　27-413校正前后影像

5）影像镶嵌

4 景影像为同轨道，同 path 相邻 row 数据，具有一定重叠率，可以将 4 景影像进行镶嵌处理。由于影像未经过严格的正射校正，为了保证重叠区域的一致性，需要对相邻影像进行配准处理后实施拼接。而拼接时相邻影像间都要进行直方图匹配，接边平滑处理等，这样最后得到的影像才能保证目视效果较好，没有明显的接边存在。

6）地理坐标校正

以上处理得到的平面卫星影像未经过地面控制点的严格校正，会存在一定的定位误差。由于缺乏实测地面控制点，计划采用已完成的 ETM+ 15m 分辨率全南极卫星影像作为参照进行校正。经比较发现，ZY-3 号数据的无控定位可以达到较高精度，与 Landsat TM/ETM+ 影像相差不大，只存在微小偏差。在全局范围内选取岩石点作为控制，利用二维仿射变换对 ZY-3 影像进行地理坐标校正，校正后影像与 Landsat TM/ETM+ 更加符合。图 4-33 为以上处理得到的卫星影像图。

图4-33　ZY-3号假彩色卫星影像图

4.2.1.12 基于 ZY-3 数据的查尔斯王子山脉地区 1 : 50000 3D 产品示范生产

1）ZY–3 数据质量检验与辅助数据比较分析

根据收集到的南极 ZY–3 数据资料，对卫星像片进行精度和影像质量分析，资料中部分区域存在被白雪覆盖、前后影像不一致等情况。从影像质量评价报告信息中可以了解，同一景影像的前后视质量相差较大，在两个影像上找同名点相对来说较为困难，这是无法通过连接点加密成立体模型，此种影像仅能通过 RPC 进行自动无控定向。

对于 ZY–3 立体影像中裸露出部分选取 59 个检测点，与 ICESat/GLAS 卫星测高数据进行相对精度比较，相对中误差为 6.589 m，最大的相对误差为 13.777 m。

经分析 ZY–3 资料主要是应用所覆盖范围内的 DLG、DEM、DOM 生产，是地图数据生产的主要数据源。

分别在 ZY–3 和 LIMA DOM 影像上没有被积雪覆盖地方适当选取了 76 个点，进行平面坐标坐标较差比较，解算出平面相对精度的中误差为 26.178 m。

应用已有 LIMA DOM 资料，可以补充没有被 ZY–3 影像数据资料覆盖的区域范围，并且 DOM 影像可进行 DLG 采集，主要是水系、地貌要素，同时本资料应用于 1 : 50000 DOM 生产。

测区内，分别在 ZY–3 和 ASTER GDEM 2 的 DEM 上没有被积雪覆盖地方选取了 243 个点，进行高程较差比较，解算出高程相对精度的中误差为 18.287 m，最大相对误差为 28.881 m。

应用 ASTER GDEM 2 的 DEM 资料可为无 ZY–3 资料的区域提供制作 DEM 的数据资料，以及由 DEM 对矢量数据中的高程点、等高线等地貌要素进行补充，与 DOM 采集的地物信息进行整合处理，生成最终的 DLG 数据成果。

测区内，分别在 ZY–3 和 RAMP/DEM 的 DEM 上没有被积雪覆盖地方选取了 217 个点，进行高程较差比较，有 78 个检测点误差超过了 100 m，解算出高程相对精度的中误差为 95.267 m，最大相对误差为 186.594 m。

RAMP/DEM 数据资料在本试验中用于对 ASTER GDEM（全球数字高程模型）资料异常区域进行补充。

本研究搜集到的 ICESat/GLAS 卫星测高数据资料的现势性为 2008 年 12 月至 2009 年 10 月，由于 ICESat/GLAS 卫星测高数据资料高程精度较好，在本试验中主要用于 DEM 高程精度的检测。

2）基于 ZY–3 数据的 3D 产品生产和专题图件制作

以收集到的资源三号卫星的影像立体像对为主要数据源，量测连接点，进行无控制区域网平差，建立立体模型，进行立体判译、采集形成初级数字线划图，辅以收集到的国内、国外相关资料对内业判译数据进行检查，根据收集的相关资料，内业编辑，生成 1 : 50000 全要素数字线划图；在初级数字线划图的基础上，在立体下采集地形变换处及地貌特征点、线，构 TIN 生成 1 : 50000 DEM；对全色和多光谱卫星影像纠正、融合、镶嵌等工作生成 1 : 50000 DOM。

应用收集到的已有 DOM 资料分别对 ZY–3 资料所相覆盖不到的区域中的 DOM 成果进行补充，经过坐标转换、接边处理、镶嵌等工作生成 1 : 50000 DOM。

应用收集 ASTER GDEM 2 的 DEM 资料对 ZY–3 资料所相覆盖不到的区域中的 DEM 成果进行补充，经过坐标转换、接边、镶嵌等工作生成 1 : 50000 DEM。

资料数据应用以 ZY-3 立体像对作为优先选用资料，其他数据资料为辅助，在两种资料出现矛盾时，以 ZY-3 资料为准。

3D 产品制作总体流程如图 4-34 所示。

3D 产品生产的具体流程和技术规范要求参见《南极 1 : 50000 比例尺 DLG、DOM 和 DEM 成图专业技术设计书》。

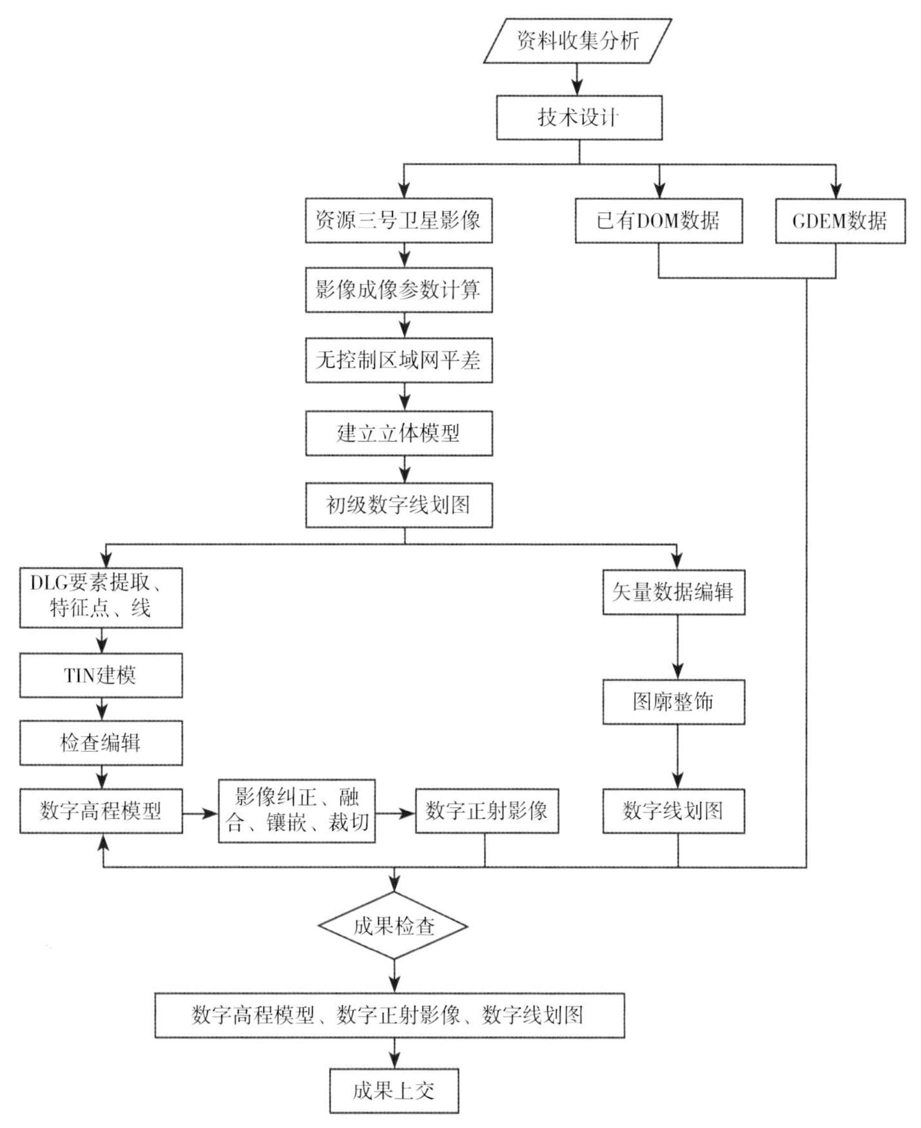

图4-34 3D产品制作总流程图

4.2.1.13 基于 GPS 和 SAR 数据的南极冰盖冰流速提取

1）基于实测 GPS 的南极内陆冰穹 A 地区速度场和应变场

对 2013 年的 49 个 GPS 点进行解算，获得了冰穹 A 核心区高精度的点位信息，内插得到了该区域最新的 DEM，如图 4-35 所示。从图 4-35 中看出，整个区域非常平坦。与 Cheng 等（2009）和 Zhang 等（2007）的测量范围相比，此次范围更广，共获得了 1 296 km^2 的 DEM。结果也表明，该区域存在南、北两个高点，其中北高点比南高点高约 0.08 m，与 Cheng 等（2009）研究的结论南高点要比北高点高 0.3 m 有所差别。

对 2008 年的 12 个 GPS 点进行重新解算，得到了高精度的位置，然后综合利用 2008 年和 2013 年的 12 个重复点位观测，获得了该区域的速度场，该区域的速度变化范围为 3.1 cm/a ± 2.6 cm/a 到 29.4 cm/a ± 1.2 cm/a。从图 4-35 中看出，冰流速与坡度相关。在此基础上，利用该速度场，计算得到了该区域的应变场（Yang，2014）。

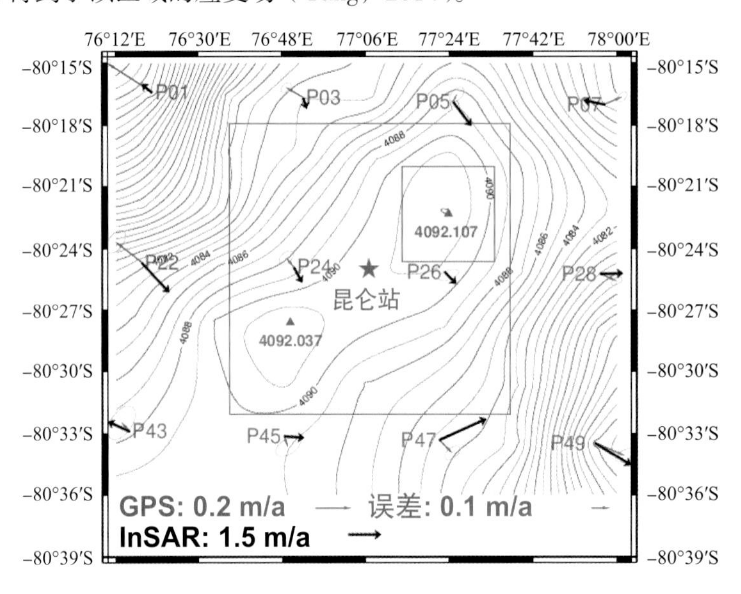

图4-35　冰穹 A区域DEM与冰流速

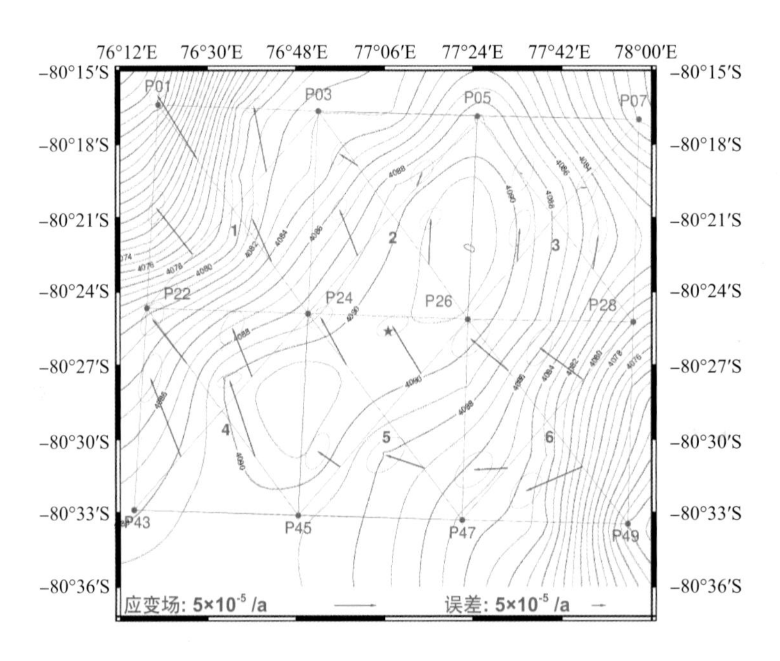

图4-36　冰穹 A区域应变场

2）DInSAR 方法提取极记录和达尔克冰川冰流速

采用两轨差分的方法提取冰流速时，将辅影像配准到主影像，主影像和配准后的辅影像生成干涉图，利用基线信息和外部 DEM 生成包含参考相位和地形相位的干涉图。两幅干涉图相减就得到只包含形变相位的差分干涉图。对差分干涉图进行滤波以减小噪声，根据相干性设置阈值，相干性低于 0.3 的区域不参与解缠，并将海水海冰部分也掩盖不参与解缠。相位解缠后将相位转换到距离向的位移，并对结果进行地理编码。图 4-37 是该区域冰流速图，分辨率为 20 m。

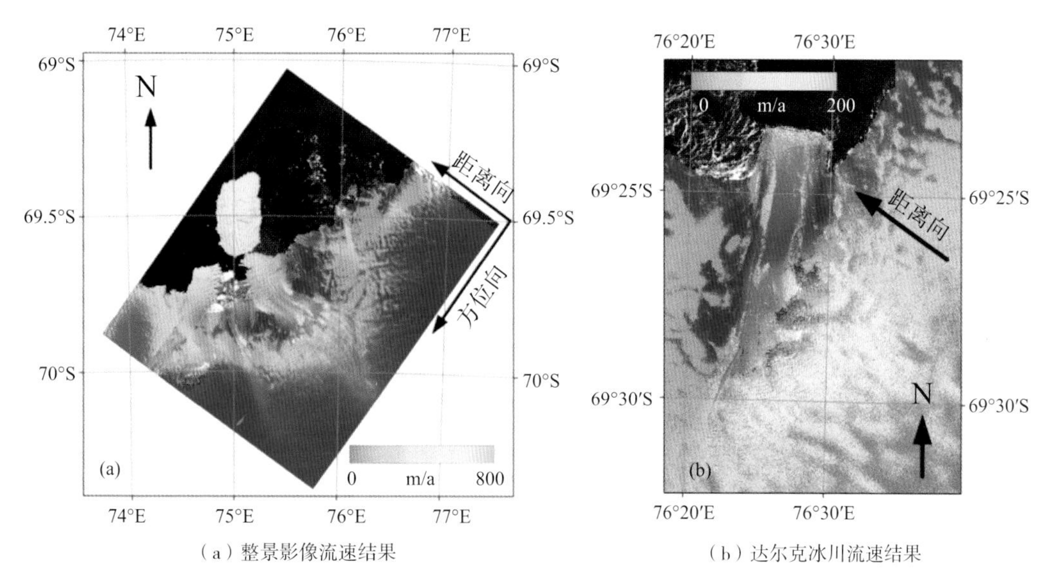

（a）整景影像流速结果

（b）达尔克冰川流速结果

图4-37 极记录和达尔克冰川冰流速图

极记录冰川冰流运动方向和雷达距离向夹角较小，因此 DInSAR 结果能较好地反映该地区整体冰流速情况。极记录冰川冰流速明显大于其他区域，最大冰流速约 800 m/a。图 4-38 为该区域的冰流速实测结果，LGB72 为澳大利亚考察队分别于 1993—1994 年和 1994—1995 年的南极夏季在兰伯特冰川流域的实地观测点，D04、D11 和 D12 是中国考察队员在 2009—2011 年在达尔克冰川比较完整的观测点。利用单方向转换模型，将 DInSAR 提取的结果转换为二维平面冰流速，并与实测值进行比较，结果如表 4-13 所示。

DInSAR 结果与实测值非常接近，说明了 DInSAR 流速结果的准确性。而达尔克冰川区域，DInSAR 推算的平面冰流速小于实测值，这可能是冰流速年季变化或海洋潮汐引起的。实测结果为 2009—2010 年的年平均流速，而 DInSAR 推算结果为 1996 年 5 月即冬季流速。对于南极冰盖边缘的溢出型冰川，其冰流速存在着季节变化，夏季流速一般大于冬季流速，而年际间变化因受多种因素的影响，有的增大，有的减小（周春霞，2014）。

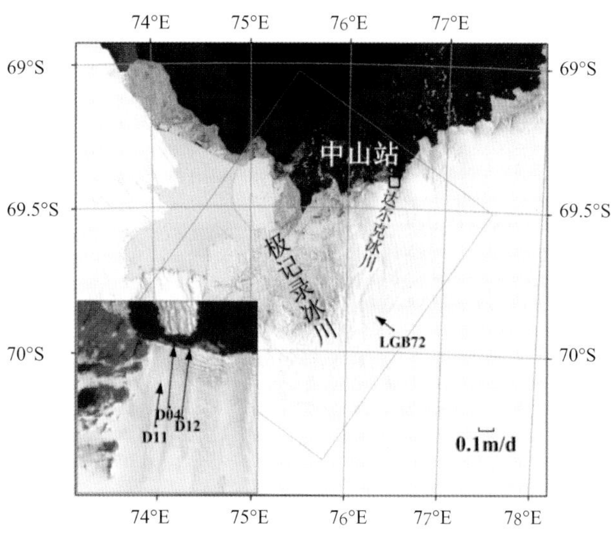

图4-38 达尔克冰川实测GPS流速点分布

表4-13 达尔克冰川流速与实测值比较

ID	冰流向（°）	实测流速值（m/d）	距离向流速值（m/d）	模型转换值（m/d）	模型转换与实测差值（m/d）
D04	5.5	0.398	0.163	0.330	−0.068
D11	7.7	0.285	0.087	0.190	−0.095
D12	7.0	0.450	0.153	0.326	−0.124
LGB72	306	0.145	0.148	0.148	0.003

3）偏移量跟踪和 DInSAR 方法提取格罗夫山冰流速

偏移量跟踪方法通常先将两景 SAR 影像进行精确配准，获取距离向和方位向的总偏移量，利用控制点拟合轨道偏移量，通过总偏移量减去轨道偏移量得到位移量。格罗夫山地区分布有一定数据量的岩石点，可以用作控制点拟合轨道偏移量，即岩石地区位移量为零。图 4–39(a) 是偏移量跟踪方法提取的二维平面冰流速，分辨率为 200 m。

对上述数据采用 DInSAR 方法提取距离向位移量，并与偏移量跟踪提取的方位向结果进行融合，同样得到二维平面冰流速，并提取了冰流运动方向，如图 4–39(b)，其分辨率和精度明显优于图 4–39(a)。格罗夫山地区角峰散落，受山体阻挡，冰流减速或流向改变，冰流运动错综复杂。在无角峰阻挡的地区冰流速度大且面积广，局部地区最大流速可达 40 m/a（周春霞，2015）。

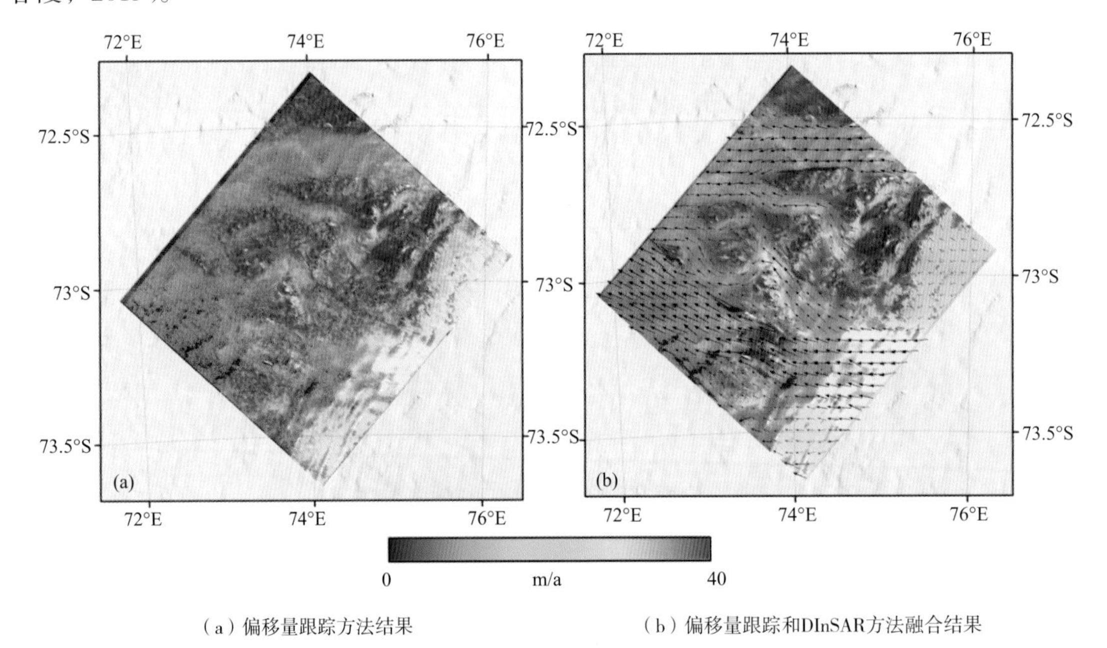

（a）偏移量跟踪方法结果　　（b）偏移量跟踪和DInSAR方法融合结果

图4–39　格罗夫山地区冰流速图

通过与 GPS 实测值和美国冰雪数据中心发布的 450 m 分辨率的全南极 MEaSUREs 冰流速进行比较来说明结果精度。第 22 次（2005—2006 年）和第 26 次（2009—2010 年）中国南极科学考察期间，考察队员对阵风悬崖（北）西南角的蓝冰区的标杆进行了 GPS 观测，获取了该地区实测冰流速。将 DInSAR 和偏移量跟踪融合得到的平面流速结果与 GPS 实测冰流速进行比较，结果列于表 4–14。融合后的冰流速与实测结果吻合较好，与 MEaSUREs 相比甚至更接近实测值，可能因为 MEaSUREs 结果分辨率为 450 m，低于本研究 200 m 的分辨率。

表4-14 格罗夫二维冰流速与GPS实测流速以及MEaSUREs冰流速比较

点名	纬度（S）	经度（E）	冰流速（m/a）			流速差值 ΔV（m/a）	
			GPS	MEaSUREs	本研究	本研究−GPS	MEaSUREs−GPS
PLE1	72°51′02″	75°11′29″	3.54	2.63	2.82	−0.72	−0.91
PLE2	72°52′41″	75°12′45″	1.11	2.18	1.39	0.28	1.07
PLE3	72°51′42″	75°12′08″	0.52	1.32	1.43	0.91	0.80
PLE4	72°51′10″	75°13′14″	5.98	3.83	7.09	1.11	−2.15
PLE5	72°50′43″	75°14′31″	7.32	6.42	9.19	1.87	−0.90
PLE6	72°50′28″	75°11′05″	5.40	3.91	5.60	0.20	−1.49
PLE7	72°51′16″	75°15′02″	12.34	5.54	10.84	−1.50	−6.80

4.2.1.14 基于SAR数据的南极冰盖PANDA断面冰流速提取

基于SAR数据对的差分干涉和偏移量跟踪方法是测量南极地区冰流速的主要手段。DInSAR只能获取距离向的位移值，且只有当研究区域的SAR影像对有较高的相干性，解算结果才可靠。偏移量跟踪方法测量精度和结果分辨率不如DInSAR方法，但其不仅能测量距离向位移值，还能测量方位向位移值，对低相干性的区域仍然适用。综合利用两种技术，基于ERS、ENVISAT等数据提取南极PANDA断面的冰流速。其中关键技术是在无稳固控制点情况下的轨道偏移量的移除及传递控制模型研究。图4-40为PANDA断面二维冰流速图，与MEaSUREs流速符合较好。

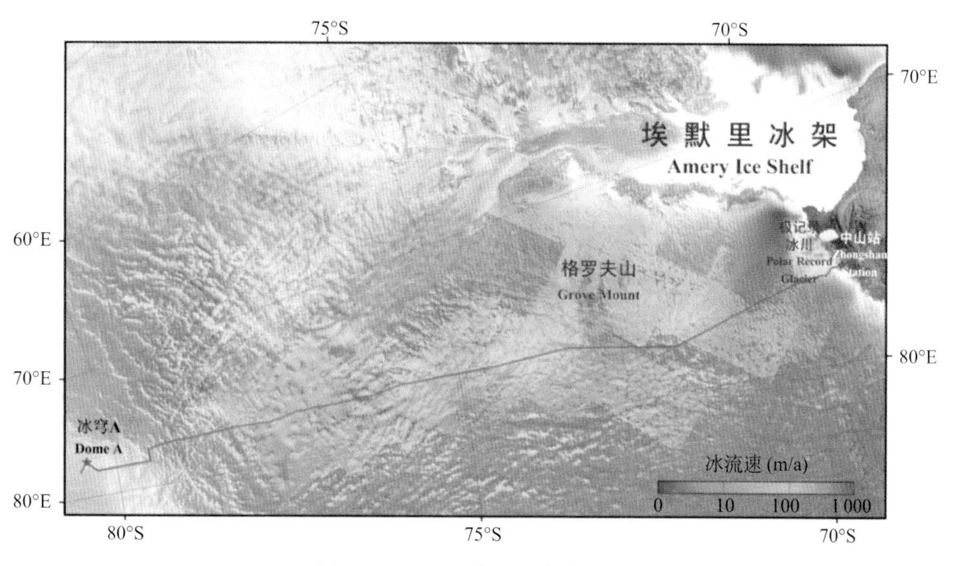

图4-40 PANDA断面二维冰流速图

4.2.1.15 南极大地控制点的整理及大地控制网的统一和规范

GPS网改造在南极4个重点区域，测区之一位于中山站所在的拉斯曼丘陵地区，中心点坐标为69°21′—69°25′S，76°11′—76°25′E，测区之二位于长城站所在菲尔德斯半岛，中心点坐标为62°10′—62°20′S，58°40′—59°00′W，测区之三位于南极冰穹A地区昆仑站，中心点坐标为80°22′00″S，77°21′11″E，测区之四位于埃默里冰架地区，中心点坐标为70°01′59″—70°10′46″S，72°33′46″—72°50′12″E。针对这4个重点区域进行整理，将控制点按照序号、测区、点号、点名、WGS-84 大地坐标、平面坐标及高程、坐标系、投影、高程基准、观测时间、控制点等级、具有的详细资料列表说明。对这些控制点的详细资料进行整理，包括控制点成果表、GPS 连测略图、点之记等。

中山站所在的拉斯曼丘陵地区采用高斯投影中央子午线为 76° E，历年累积控制点共 28 个，重复观测点 1 个，2009 年、2010 年、2012 年、2013 年在 WGS-84 坐标系下都有测控控制点；长城站所在菲尔德斯半岛采用高斯投影中央子午线 301° W，历年累积控制点共 25 个，重复观测点 5 个，2006 年、2008 年、2012 年都有测控控制点；南极冰穹 A 地区昆仑站 2012 年控制点共 7 个；埃默里冰架地区采用高斯投影中央子午线 72° E，2009 年测得控制点 2 个。

4.2.1.16 基于 ICESat 和 ENVISAT 的冰盖高程变化研究

由于南极考察区域的特殊性，气候、环境条件极其恶劣，利用标杆进行实测，获得冰盖高程变化仅可在部分区域进行，此外冰盖的流动使得其观测无法在同一点上进行，导致无法精确确定南极冰盖的高程变化。卫星测高的出现，对传统实测进行了颠覆。

卫星测高在运行过程中，根据其设定的运行方式，地面轨迹通常设计成重复轨道，而轨道之间又会形成交叉点。利用重复轨道进行分析和交叉点分析来监测南极冰盖的冰面高程变化。

1）基于 ICESat 激光测高数据提取全南极冰盖高程变化

基于 ICESat 数据，重复轨道分析时，考虑到冰面坡度影响，获得了整个南极冰盖的冰面高程变化，如图 4-41 所示。结果表明，在阿蒙森区域存在明显的高程减少现象，南极半岛也存在高程减少，而东南极的恩德比地区高程有所增加（鄂栋臣，2014）。

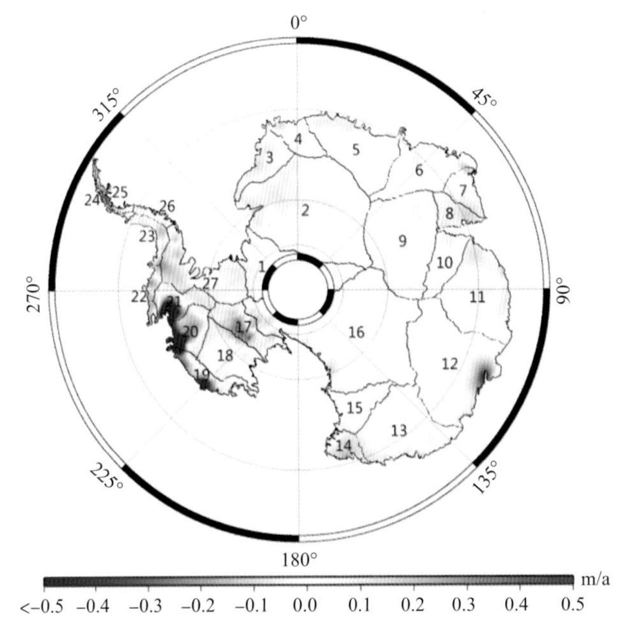

图4-41 基于ICESAT重复轨道分析的南极冰盖冰面高程变化空间分布

2）基于 ENVISAT 卫星测高数据提取南极冰盖高程变化

基于 ENVISAT 卫星测高数据，采用交叉点分析，首先获得了冰盖高程变化的时间序列，该时间序列会受到反射能量的影响，需要进行反射能量改正，经过该项改正后，获得了改正后的冰盖高程变化时间序列。对改正后的冰盖高程变化时间序列进行线性和周期项的拟合，即获得了冰盖高程的长期变化趋势项。图 4-42 给出了基于 ENVISAT 的两个不同区域的冰盖高程长期变化趋势项。结果表明，在埃默里冰架两侧，冰盖高程表现出相反的变化趋势，西侧存在明显的冰盖高程正增长，而东侧冰盖高程存在下降的趋势。南极冰盖恩德比地区存在明显的高程变化，突出表现为高程正增长，最大的地方可达 60 mm/a。

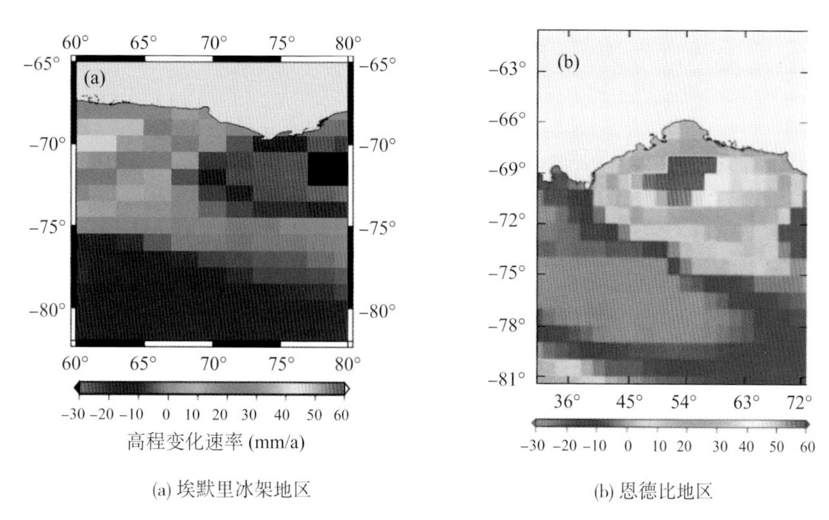

(a) 埃默里冰架地区　　(b) 恩德比地区

图4-42　基于ENVISAT交叉点分析的南极冰盖冰面高程变化空间分布

3）基于新的交叉点分析算法 FFM（Fixed Full Method）提取冰盖高程变化

基于 ENVISAT 卫星测高数据，提出了新的交叉点分析算法 FFM（Fixed Full Method）。在进行交叉点分析时，首先对数据预处理，并获取原始的高程变化时间序列；其次对该时间序列进行反射能量改正，获得了改正后的冰盖高程变化时间序列；最后对该高程变化时间序列进行线性和周期项的拟合，获得了冰盖高程的长期变化趋势项。

对 ORM（One-Row Method）、FHM（Fixed Half Method）和 FFM 进行比较，首先进行理想情况的对比，结果如图 4-43 所示。结果表明，与 ORM 和 FHM 相比，FFM 具有更多的交叉点个数，从而获得的精度更高。

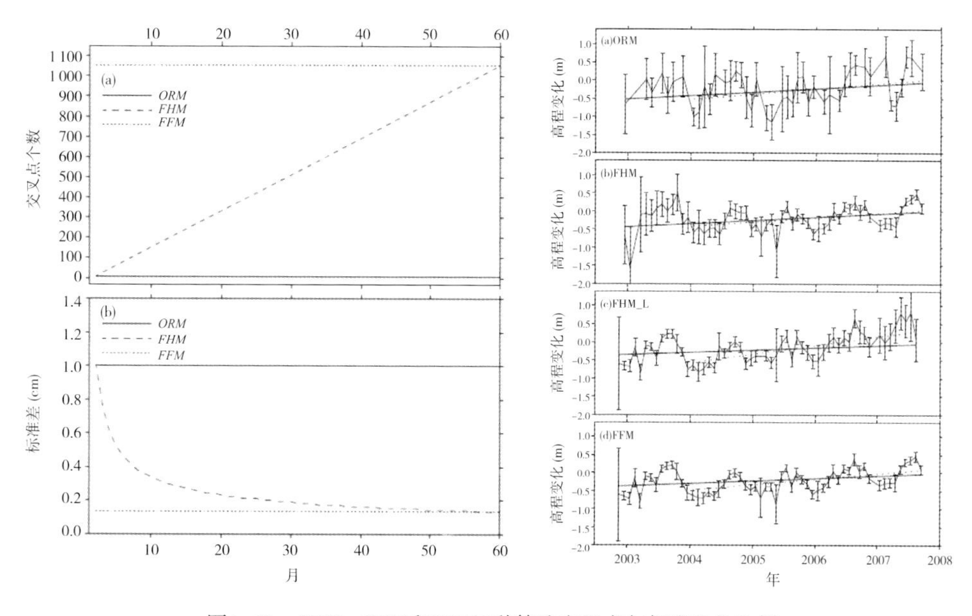

图4-43　ORM、FHM和FFM三种算法交叉点与标准差的比较

基于 FFM 算法和 ENVISAT 数据，计算出了 2002 年 10 月到 2007 年 9 月东南极中山站至冰穹 A 冰盖高程长期变化趋势项。结果表明，在埃默里冰架两侧，冰盖高程表现出相反的变化趋势，南极冰盖恩德比地区存在明显的高程变化（Yang，2014）。

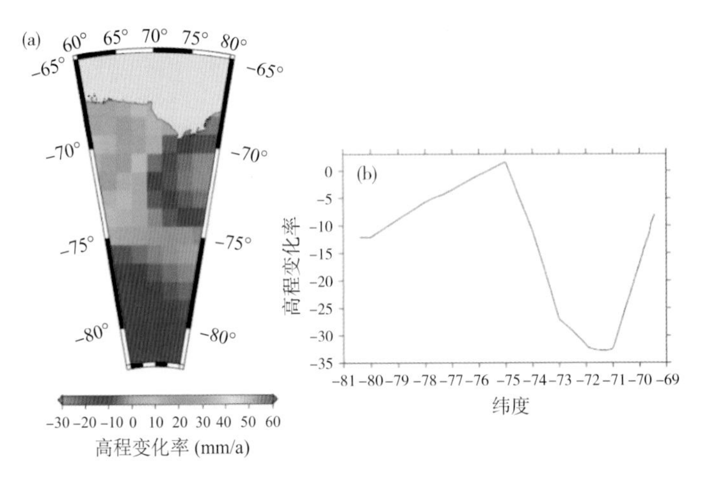

图4–44 基于ENVISAT交叉点分析的南极冰盖冰面高程变化空间分布

4.2.1.17 基于卫星重力 GRACE 的冰盖冰雪质量变化

GRACE 球谐系数之间存在着相关性，使得重力场相关物理量的空间分布存在着明显的条带现象。对球谐系数之间进行多项式拟合，消除该系统项影响，即为去条带滤波。本研究对不同滤波算法进行比较，结果如图 4–45 所示。结果表明，去条带滤波与高斯滤波相结合是一种有效方法，能有效解决条带现象，提高 GRACE 球谐系数的精度。

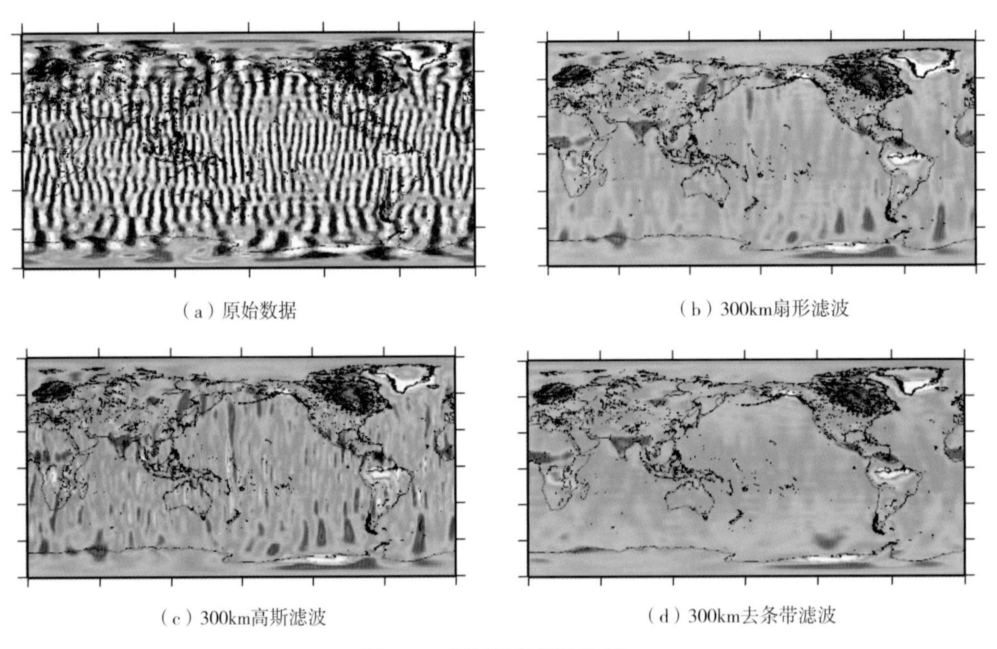

（a）原始数据 （b）300km扇形滤波

（c）300km高斯滤波 （d）300km去条带滤波

图4–45 不同滤波算法比较

由于 GRACE 获得的冰盖质量变化无法自身从冰盖冰雪质量变化中分离出其他地球物理量，如冰后回弹。对于这些地球物理量，需要采用额外的模型进行改正。图 4–46 是几种冰盖回弹模型的空间分布，从图 4–46 中可以看出不同模型之间差别较大，这主要是由于不同模型采取了不同的假设，而目前南极地区缺乏 GPS 等控制数据，对各个模型进行验证比较研究，本研究中选取的是国际通用的 IJ05 模型（鄂栋臣，2009）。

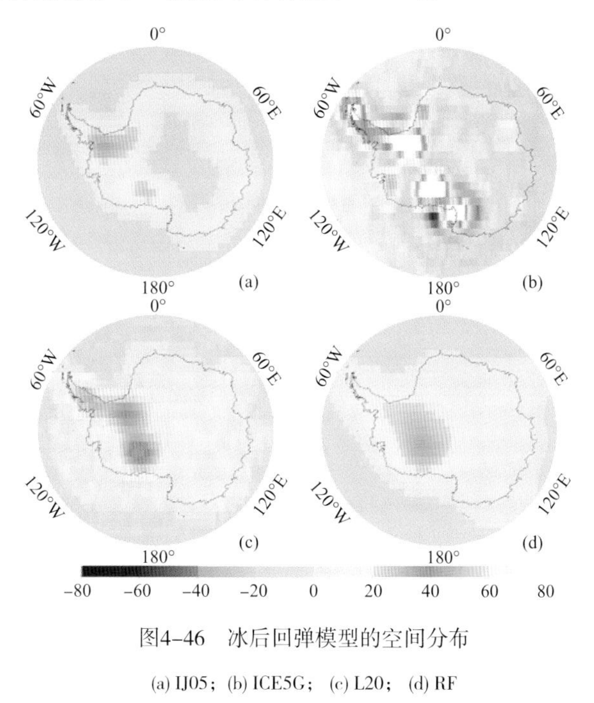

图4-46 冰后回弹模型的空间分布

(a) IJ05；(b) ICE5G；(c) L20；(d) RF

对 GRACE 球谐系数进行去条带滤波后，利用滤波后的球谐系数变化量，通过球谐系数变化量和质量变化的关系，计算得到了 1° 分辨率的南极冰盖质量变化的时间序列，对每个格网点的冰盖质量变化的时间序列进行拟合，获得了冰盖质量变化的长期变化量，考虑冰后回弹改正，即得到了冰盖冰雪质量变化（用等效水位表示，单位 mm），结果如图 4-47。图中 A、B、C 三点分别代表质量变化明显的阿蒙森区域、南极半岛和恩德比地区，图 4-48 给出了 3 个地区对应的质量变化的时间序列。

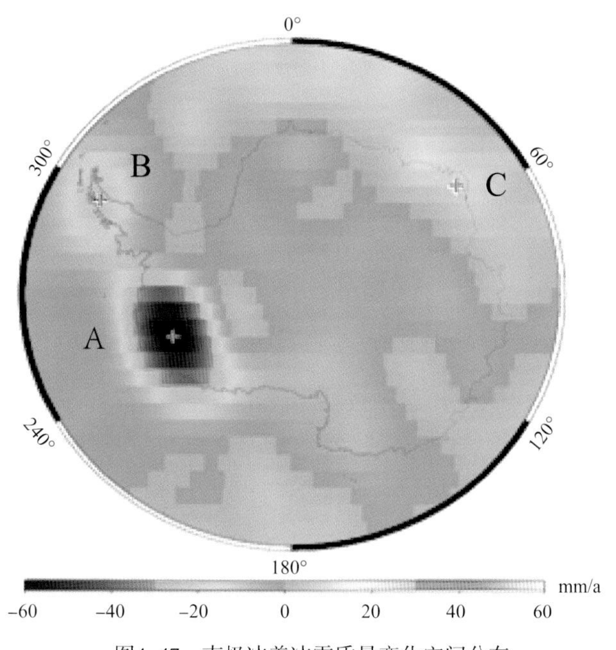

图4-47 南极冰盖冰雪质量变化空间分布

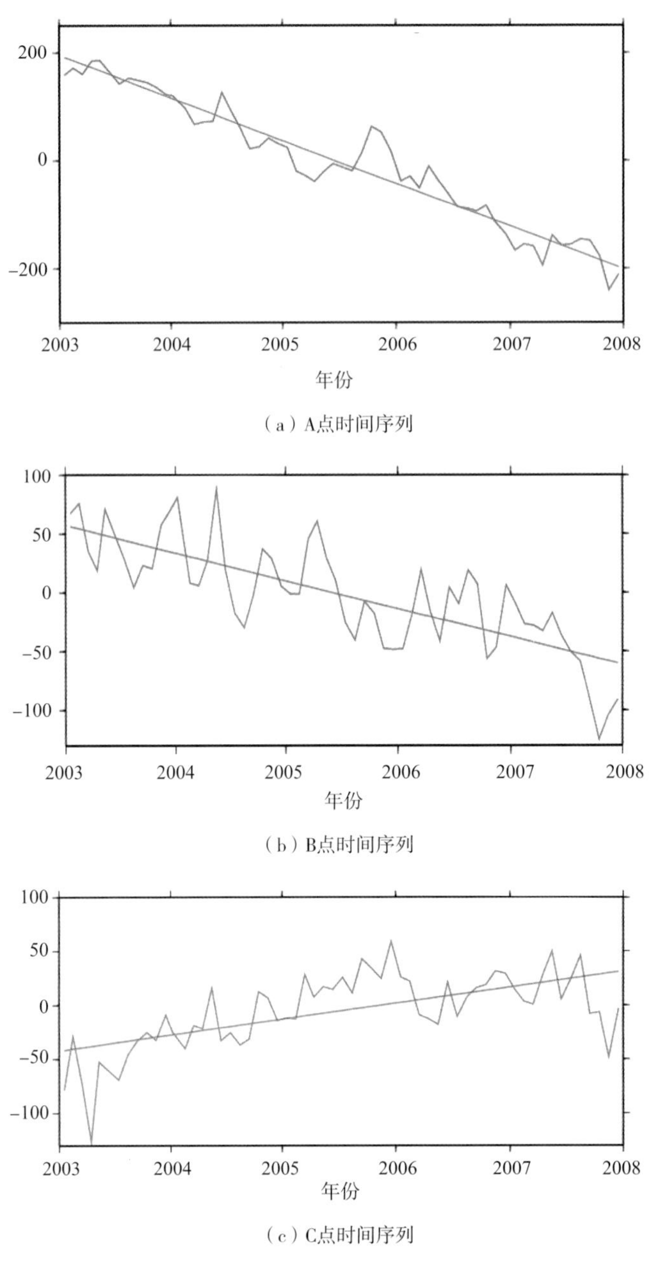

（a）A点时间序列

（b）B点时间序列

（c）C点时间序列

图4–48　标记点质量变化时间序列

阿蒙森地区和南极半岛地区冰雪质量都存在明显的下降趋势，阿蒙森地区下降得更为明显，年平均质量亏损约 80 mm，而南极半岛地区年平均质量亏损约 24 mm；东南极恩德比地区冰雪质量呈正增长的趋势，年均增长量约为 14 mm，与国外相关研究结果相比，表现出非常一致的趋势。

对 GRACE RL05 球谐系数进行去条带滤波后，利用滤波后的球谐系数变化量，通过球谐系数变化量和质量变化的关系，计算得到了 1° 分辨率的南极冰盖质量变化的时间序列，对每个格网点的冰盖质量变化的时间序列进行拟合，获得了冰盖质量变化的长期变化量，结果如图 4–49 所示。

西南极阿蒙森地区和南极半岛地区冰盖质量存在明显亏损，阿蒙森地区质量亏损得更为明显；东南极恩德比地区冰雪质量呈正增长的趋势，年均增长量约 24 mm，与国外相关研究结果相比，表现出非常一致的趋势，其精度在几百千米为厘米级。

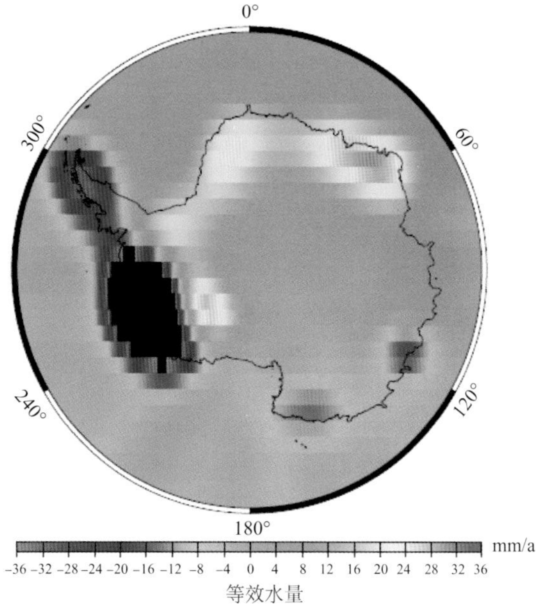

0°
300°
60°
240°
120°
180°
mm/a
-36 -32 -28 -24 -20 -16 -12 -8 -4 0 4 8 12 16 20 24 28 32 36
等效水量

图4-49 南极冰盖冰雪质量变化空间分布

4.2.1.18 数据精度验证

（1）ICESat激光测高数据在冰盖区域高程精度优于13.8 cm，在利用测高数据提取全南极地形以及光学和SAR数据提取局部地区高分辨率地形的过程中，均以ICESat测高数据作为高程控制或检查数据，充分利用ICESat高程精度高的优势，保证DEM结果的高程精度，在有少量实测GPS点的地区，同时利用GPS点位进行控制和DEM精度验证。

（2）在制作平面卫星影像图或地形图的过程中，利用实测GPS点对影像进行正射纠正或根据已纠正的高分影像对低分影像进行纠正。

（3）将提取的冰流速结果与少量GPS实测结果与国外发布的权威结果进行比较，确保本研究中提取的流速结果的精度和可靠性。

（4）将ICESat和ENVISAT提取的冰盖高程变化趋势进行相互比较和分析，并与国外其他学者发表的结果进行比较验证，证明研究结果的精度和可信性。

（5）随着卫星数据发布产品的更新和优化，利用GRACE最新的以及早期版本进行南极冰盖质量变化研究，为了提高研究结果的精度，对不同的滤波算法和冰后回弹模型进行比较研究，选取最优的方法和模型，提高结果可靠性，并与国内外相关研究成果进行比较分析，保证研究结果质量。

4.2.2 南极地貌遥感考察数据处理与图件制作

4.2.2.1 我国南极新站选址工作的地貌考察

1）环境卫星数据处理步骤

（1）波段变换

由于HJ卫星的CCD图像数据各像素显示的是DN值，因此在进行相关运算之前，需要先进行波段运算，将 DN 值转化为反射率值。

HJ 卫星的相关变换分两步进行，公式和参数设置如下。

第一步，用绝对定标系数将 CCD 图像 DN 值转换为辐亮度：

$$L = \frac{DN}{A} + L_0 \tag{4-6}$$

式中，A 为绝对定标系数增益；L_0 为绝对定标系数偏移量，转换后辐亮度单位为 $Wm^{-2}sr^{-1}m^{-1}$。

对于选用的 4 景遥感影像，根据资源卫星应用中心公布的 2010 年 HJ-1A/B 绝对辐射定标系数，相关系数设定如表 4-15 所示。

第二步：将辐亮度转换为地面相对反射率，公式为：

$$\rho = \pi \times D^2 \times L/(ESUNI \times \cos(SZ)) \tag{4-7}$$

其中，ρ 为地面相对反射率；D 为日地天文单位距离；L 为第一步得到的辐亮度值；$ESUNI$ 为大气顶层的太阳平均光谱辐射，即大气顶层太阳辐照度（权威机构公布）；SZ 为太阳天顶角（单位为弧度）。

表4-15 2010年HJ-1A/B绝对辐射定标系数（资源卫星应用中心）

卫星	参量	波段			
		Band1 (480nm)	Band2 (565nm)	Band3 (660nm)	Band4 (830nm)
HJ-1A-CCD1	A [DN($Wm^{-2}sr^{-1}m^{-1}$)]	0.776 8	0.779 6	1.031 2	1.004 9
	L_0	7.325 0	6.073 7	3.612 3	1.902 8
HJ-1A-CCD2	A [DN($Wm^{-2}sr^{-1}m^{-1}$)]	0.789 2	0.783 1	1.163 5	1.199 5
	L_0	4.634 4	4.098 2	3.736 0	0.738 5

对于选用的 4 景遥感图像，各项参数设置如下。

日地天文单位距离 D：$D = 1 + 0.0167 \times \sin(2 \times \pi \times (days-93.5)/360)$；

days 是成像日期在那一年的天数，即 2010 年 11 月 22 日，换算为 2010 年的第 326 天；

太阳天顶角 SZ：$SZ = \pi/2$ − 太阳高度角（单位为弧度）；

从 4 景图像的头文件中分别提取太阳高度角数据（SUN ELEVATION），解算之后各景图像的太阳天顶角分别为 1.071、1.025、1.050、1.096。

大气层顶太阳辐照度 ESUNI。根据资源卫星应用中心公布的数据，HJ-1A 星的 CCD1 和 CCD2 的 4 个波段的 ESUNI 值如下 4-16 所示。

表4-16 HJ-1A星的CCD1、CCD2的ESUNI值

传感器	Band1	Band2	Band3	Band4
CCD1	1 914.324	1 825.419	1 542.664	1 073.826
CCD2	1 929.810	1 831. 144	1 549.824	1 078.317

经过两步处理后，图像像素点的值由 DN 值转换为地面反射率。

（2）彩色合成与颜色调整

经过波段变换后的图像仍是灰度图像，为了制作彩色遥感影像图，制图时选择进行彩色合成的波段为 HJ-1A 星的 Band3、Band2 和 Band1 三个波段，分别对应 R、G、B 三种彩色值。

经过彩色合成的图像显示的颜色与真实地物颜色基本相同，可直观反映目标区域地理环境情况。由于 CCD 成像过程中的一些问题，合成的影像颜色有一定失真，因此对合成后的影像进行了匀光处理，得到最终图。

2）LANDSAT 7 ETM+ 数据处理

首先利用 SLC 条带去除软件，去除图像中的条带；然后参照 Landsat7 ETM+ 数据的 DN 值转换公式，将各波段 DN 值转换为地表反射率，之后进行真彩色合成。在制图前进行匀光处理，使图像更加美观。

4.2.2.2 全南极洲蓝冰制图

南极洲高分辨率遥感制图成果数据是使用 1073 景 Landsat7-ETM+ 数据经过波段溢出调整、行星反射率计算、太阳高度角计算、非朗伯体反射率计算、影像融合，最后镶嵌制作得到的。试验证明该数据在目视效果、信息熵、分类精度等方面具有优势。

冰雪的光谱随着粒径大小而变化，蓝冰与雪的光谱差异较大。图 4-50 是我国专题参与人员于 2009 年 12 月在中山站附近测量的蓝冰、积雪、岩石的光谱。在可见光近红外波段积雪具有最高的反射光谱，在短波红外具有两个反射高峰。蓝冰在红光近红外波段反射率大大降低，在短波红外波段反射率比积雪更低。岩石的光谱特征与雪、蓝冰差别较大，在可见光部分强烈吸收太阳光，但在近红外至短波红外波段，反射率要大大高于雪与蓝冰。蓝冰的光谱特征是区分蓝冰与其他地物的重要特征。蓝冰在 ETM+ 第四波段反射率的斜率要大大高于雪的反射率，而在第 7 波段，蓝冰与雪反射率较低，可以近似认为是常数。因此，选用波段 4 和波段 7 作为区分蓝冰的波段。本研究采用 ETM+4、7 波段比值方法识别蓝冰。R_{47} 在原理上要比其他比值在理论与雪粒径更接近。

$$R_{47}=\frac{\rho_4-\rho_7}{\rho_4+\rho_7} \tag{4-8}$$

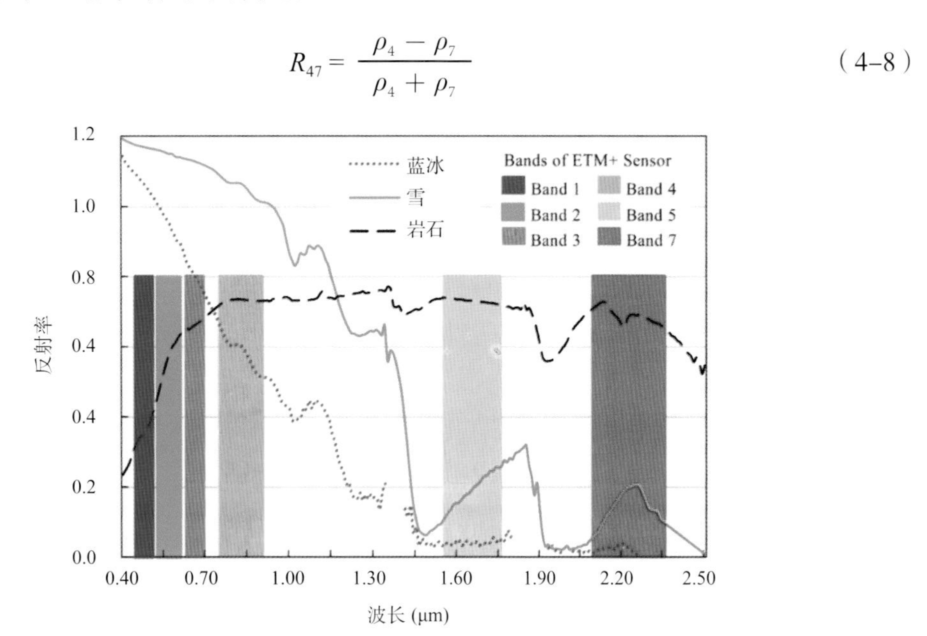

图4-50 蓝冰、雪与岩石光谱特性

通过选取南极 14 景包含蓝冰、积雪、岩石的 ETM+ 影像，进行这些地物特征的反射率特征统计。通过分析不同地物的反射率、R_{47} 的值，可以发现，当 R_{47} 的值大于 0.9 时山体阴影下的雪可能会被误分为蓝冰。因此需要添加另外的识别条件。

表4-17　不同地物特征的反射率的R_{47}统计值

波段	平滑雪冰		粗糙雪冰		雪		岩石		阴影下的岩石		阴影下的雪成蓝冰	
	ρ	SD	ρ	SD	ρ	SD	ρ	SD	ρ	SD	ρ	SD
1	0.842	0.042	0.862	0.331	0.955	0.023	0.226	0.100	0.170	0.023	0.390	0.100
2	0.786	0.060	0.812	0.312	0.920	0.039	0.202	0.091	0.102	0.016	0.273	0.101
3	0.686	0.084	0.752	0.293	0.904	0.032	0.199	0.092	0.064	0.013	0.203	0.109
4	0.482	0.138	0.635	0.255	0.865	0.027	0.201	0.094	0.037	0.014	0.148	0.112
5	0.019	0.014	0.034	0.017	0.082	0.014	0.179	0.083	0.011	0.008	0.013	0.013
7	0.014	0.010	0.024	0.012	0.061	0.011	0.152	0.073	0.011	0.005	0.010	0.009
像元素	725 602		1 043 039		4 759 091		476 304		64 886		64 217	

表4-18　14景影像中不同地物特征的统计值

ETM＋影像编号	获取时间	平滑雪冰	粗糙雪冰	雪	岩石	阴影下的岩石	阴影下的雪成蓝冰
LE7023114000131850	2001–11–14	0.981	0.922	00.886	0.310	0.480	0.863
LE7051117000001650	2000–01–16	0.961	0.925	0.853	–0.084	0.449	0.964
LE7068110000132950	2001–11–20	0.946	0.907	0.870	–0.002	0.781	0.973
LE7094107000235550	2002–12–21	0.904	0.934	0.847			
LE7110107000001450	2000–01–14	0.969		0.889	0.103		
LE7124108000101850	2001–01–18	0.974	0.972	0.859	–0.215		
LE7130112000235151	2002–12–18	0.955	0.935	0.876	0.028	0.305	0.876
LE7138107000232750	2002–11–23	0.928	0.908	0.821	0.349		
LE7151110000131950	2001–11–15	0.958		0.868	–0.021	0.535	0.863
LE7160122000131851	2001–11–14	0.976	0.901	0.894	0.167	0.751	
LE7174110000133650	2001–12–02	0.933	0.912	0.891	0.417		0.914
LE7173117000234850	2002–12–14	0.909	0.917	0.875	0.414	0.429	
LE7218109000100451	2001–01–04	0.932	0.937	0.855	0.267	0.715	0.853
LE7231114000302150	2003–01–21	0.964	0.969	0.881			
R_{47}的均值和标准差		0.949 ± 0.024	0.928 ± 0.022	0.869 ± 0.020	0.144 ± 0.199	0.556 ± 0.162	0.901 ± 0.047

研究表明，蓝冰具有较低的反照率，约为0.5 ~ 0.7，雪的反照率可以达到0.8 ~ 0.9。通过分析发现，不同地物在不同波段的反照率差别很大。图4–51清晰地展示了不同地物ETM+反射率特征值。在第4波段，蓝冰的反射率的最大值低于雪的最小值，但是高于其他地物特征。因此可以选择第四波段反射率0.3 ~ 0.7的值为蓝冰。综上所述，蓝冰的识别可以通过R_{47}值大于0.9同时第四波段的反照率值在0.3 ~ 0.7的条件确定。为了减少噪声，最后的结果进行了5 × 5的中值滤波。

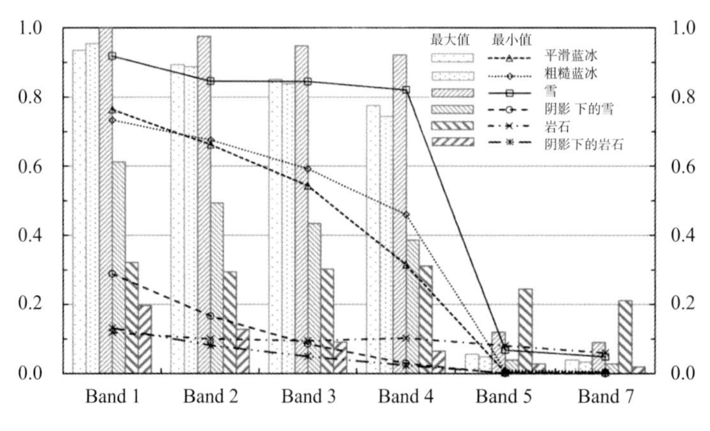

图4–51　不同地物特征最大最小反射率曲线

4.2.2.3 德里加尔斯基冰舌长时间序列遥感调查

数据处理分为如下步骤。

1）Landsat 卫星数据处理

（1）波段合成

在 ENVI 软件中用“Basic Tools——Layer Stacking”将 Landsat 遥感数据的多个波段数据进行波段合成，并转成 Tiff 格式。

（2）几何校正

在 ENVI 软件中将 Landsat 影像进行几何校正，投影为极方位立体投影。

（3）轮廓线手工提取

在 ArcGIS 软件中，通过目视解译的方法对冰舌轮廓线进行手工提取。

2）ENVISAT ASAR 数据处理

（1）加载精密轨道

采用 ENVI4.8 的 SARscape 功能模块，对原始 ENVISAT-1 ASAR WSM 数据加载精密轨道数据。

（2）进行几何校正

利用 ENVI 提供的 SARscape 功能模块，对加载精密轨道后的 ASAR 数据添加极方位立体投影信息，进行几何校正，图 4-52 分别为几何校正前和校正后的结果。

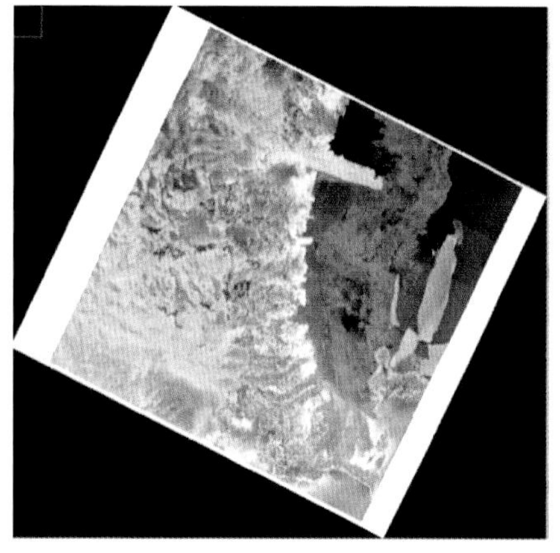

图4-52 2005年2月15日ASAR数据：处理前（左），处理后（右）

（3）图像裁剪

在 ENVI 软件中建立研究区域的 ROI（如图 4-53 图中无显示），利用 ENVI 软件的“subset data via ROIs”对影像进行裁剪。

（4）轮廓线自动提取

采取改进后的分水岭分割算法，将影像进行二值化，然后在 ENVI 软件中将二值化图像转化为矢量图层，从而提取德里加尔斯基冰舌的前缘线，对提取结果再辅以人工修正，结果如图 4-54 所示。

（5）轮廓线矢量数据投影转换

在 ArcGIS 中将从 Landsat 数据和 ENVISAT ASAR 数据中提取的冰舌轮廓线进行投影转换，变为 WGS 84 / UTM zone 58S 投影。

图4-53 图像裁剪区域

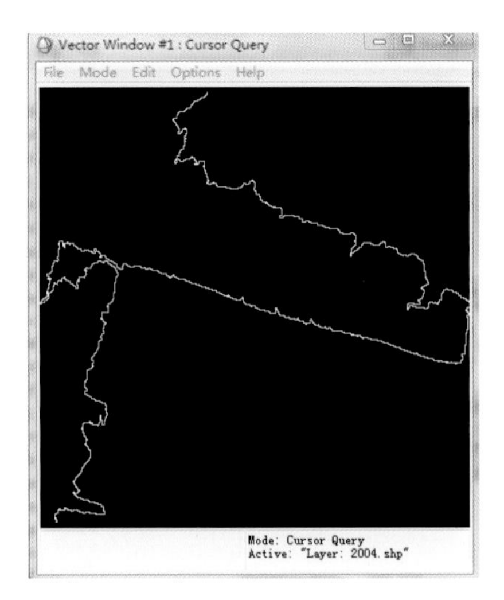

图4-54 2004年1月3日德里加尔斯基冰舌轮廓线

4.2.2.4 埃默里冰架动态变化监测

数据处理采用的软件主要有ENVI，其SARScape功能模块负责进行干涉处理；ArcGIS软件主要负责结果验证和专题图制作。

1）ENVISAT ASAR数据的处理

（1）加载精密轨道

用ENVI的SARscape功能模块，对原始ENVISAT-1 ASAR WSM数据加载精密轨道数据。

（2）进行几何校正

利用ENVI提供的SARscape功能模块，对加载精密轨道后的ASAR数据添加极方位立体投影信息进行几何校正，图4-55分别是校正前和校正后的结果。

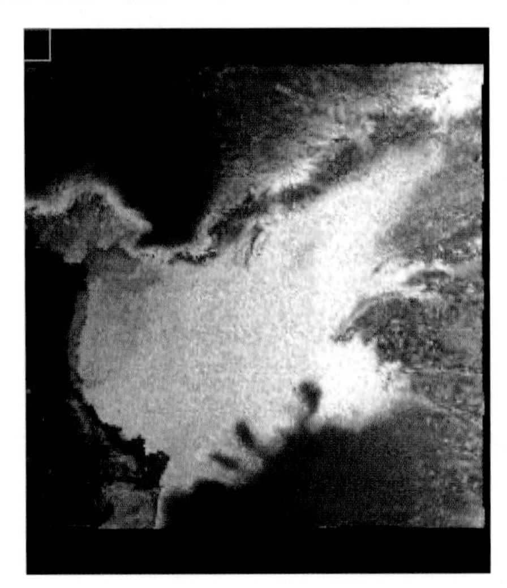

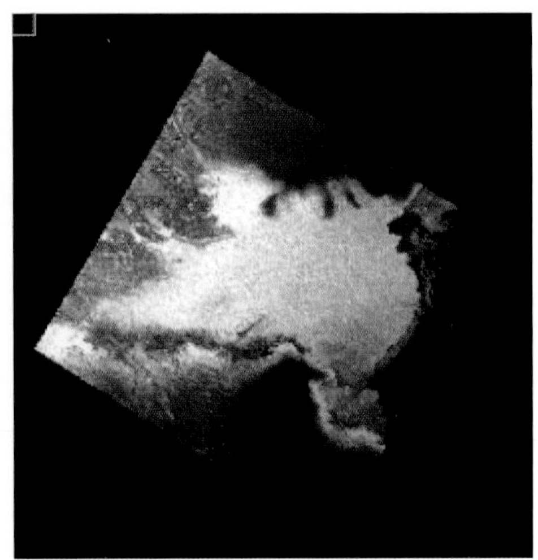

图4-55 2005年2月15日ASAR数据：处理前（左）和处理后（右）

（3）图像裁剪

在ENVI软件中建立研究区域的ROI（如图4-56红色区域所示），利用ENVI软件的“bset data via ROIs”对影像进行裁剪。

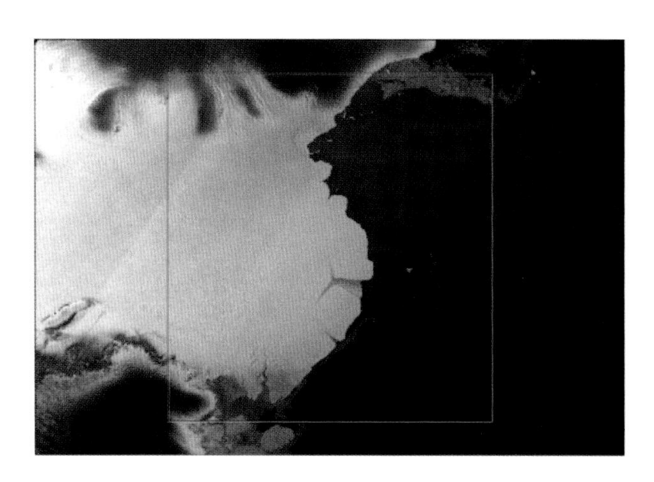

图4-56 图像裁剪区域

（4）图像滤波

根据 Zhang L 等（2010）提出的 “Two-stage image denoising by principal component analysis with local pixel grouping” 算法，我们对 ASAR 影像进行了去噪处理，滤波流程图如图 4-57 所示。滤波前后的对比如图 4-58 所示。

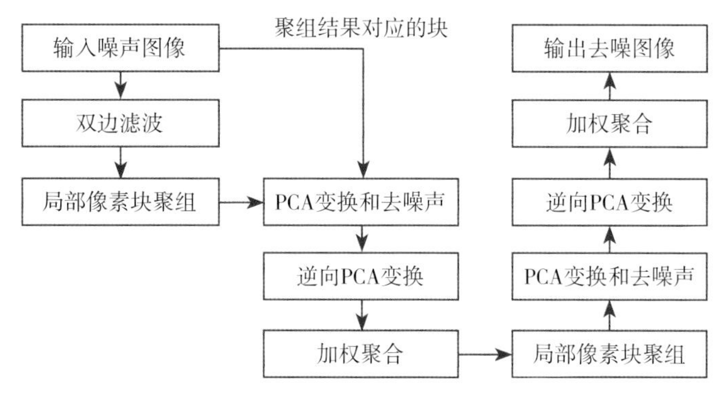

图4-57 ASAR图像滤波流程图

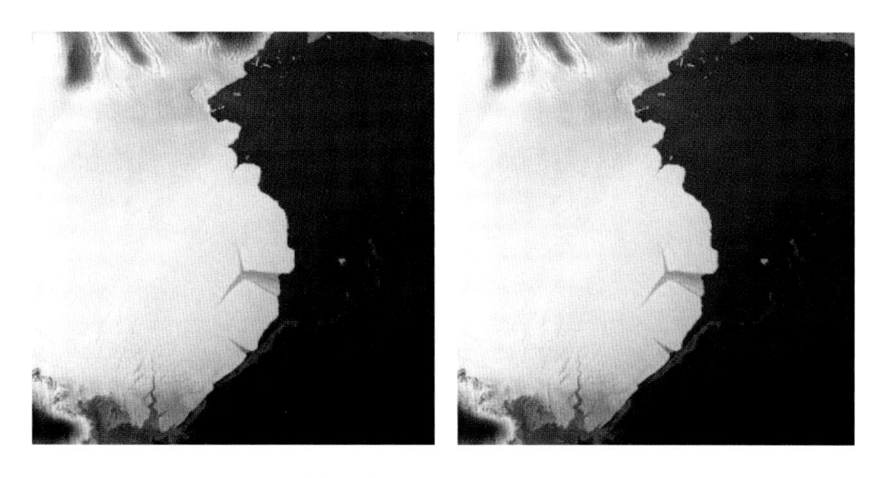

图4-58 滤波前后效果图（左为滤波前，右为滤波后）

（5）海岸线自动提取

我们采取改进后的分水岭分割算法，提取了埃默里冰架的前缘线，对提取结果再辅以人工修正。

2）雷达干涉数据预处理（以 Frame5 的 ERS-ENVISAT 干涉对数据为例，进行干涉处理）

（1）ERS-2 SAR 雷达数据导入

在 ENVI 软件中按照菜单“SARscape—Basic—Import Data—Standard Formats—ERS SAR”导入数据。

（2）ENVISAT ASAR 雷达数据导入

在 ENVI 软件按照菜单“SARscape—Basic—Import Data—Standard Formats—ENVISAT ASAR”导入数据。

（3）DEM 数据导入

在 ENVI 软件中按照菜单“SARscape—Basic—Import Data—ENVI—ENVI Original”导入 Bamber 等利用 ICESat/GLAS 和 ERS-1 RA 数据所获取的全南极 1km 高程模型数据。

（4）估算干涉基线与多普勒偏移量

在 ENVI 软件中，以获取时间早的 ASAR 数据为主影像，以获取时间晚一些的 SAR 数据为辅影像。估算这 6 对干涉对的空间基线和多普勒偏移量，6 对的两个参数均符合 ENVISAT 与 ERS 干涉要求（表 4-19）。

表4-19　ERS和ENVISAT雷达数据干涉参数

序号	多普勒中心频率差异 (Hz)	空间基线 (m)
1	−226	2 006
2	−289	2 009
3	−292	2 015
4	−286	2 020
5	−240	2 051
6	−195	2 056

3）雷达数据干涉处理

首先设置软件干涉参数，“SARScape—Default list”选择 ERS-ASAR_Interferometry。

（1）雷达干涉处理

选用“SARscape—Interferometry—Interferogram Generation With DEM”模块进行干涉处理。

（2）相干值估算与干涉图滤波

对上一步获取的结果中的 *_dint 差分干涉图进行滤波，SARscape 里提供了 3 种滤波方法，这里我们选用 Goldstein 滤波方法，并采用 5 × 5 大小的滤波窗口。

（3）干涉相位解缠

在 ENVI 中对滤波后的相位值进行解缠。

（4）轨道精炼和重去平

第一步，在强度影像平坦区域中选取控制点，保存为 .evf 文件。然后使用“SARScape—Tools—Generate Ground Control Point File”模块将 .evf 控制点文件转为 gcp。

第二步，使用“SARscape—Interferometry—Refinement and Re-flattening”进行轨道精化和重去平处理。

（5）相位转化高程值与地理编码

利用 ENVI 提供的 SARscape 相位转换与地理编码模块，对解缠的干涉相位数据进行转换高程值，最后采用极方位投影系统，投影参数如图 4-59 所示。

EPSG:3031 WGS 84 / Antarctic Polar Stereographic

Projection:	Polar Stereographic
Latitude of the origin:	-90°
Longitude of the origin (central meridian):	0°
Standard parallel:	-71°
Scaling factor:	1
False eastings:	0
False northings:	0
Ellipsoid:	WGS84
Datum:	WGS84
Units:	meters
Southern Hemisphere extent (minx, miny, maxy, maxy):	-12400000,-12400000, 12400000,12400000

图4-59　极方位立体投影参数

4）结果图

处理后的结果图如图 4-60 所示。

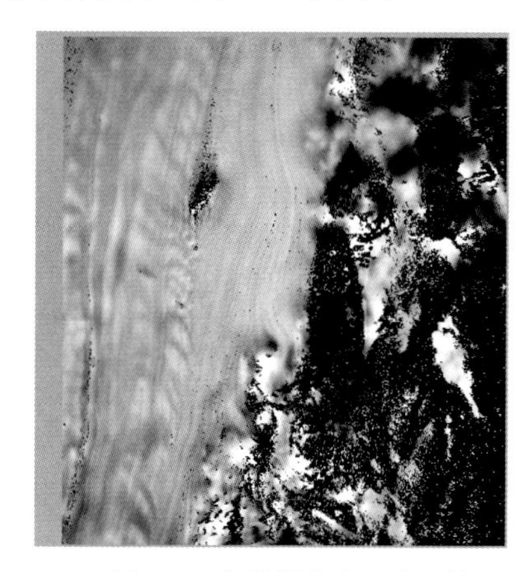

图4-60　相位转换高程处理前（左）相位转换与地理编码处理后（右）

4.2.2.5　中山站和昆仑站

两个区域采用的都是 Worldview-2 影像，中山站地区的数据处理较容易，而昆仑站的数据处理相对复杂，主要是由于昆仑站位于 80.5°S 的高纬度地区，太阳高度角极低且雪面的反射极强，导致原始图片偏色极为严重，如图 4-61 所示。从图中可以看出，原始影像的视觉效果极差，基本上不能真实反映实地的地貌场景。

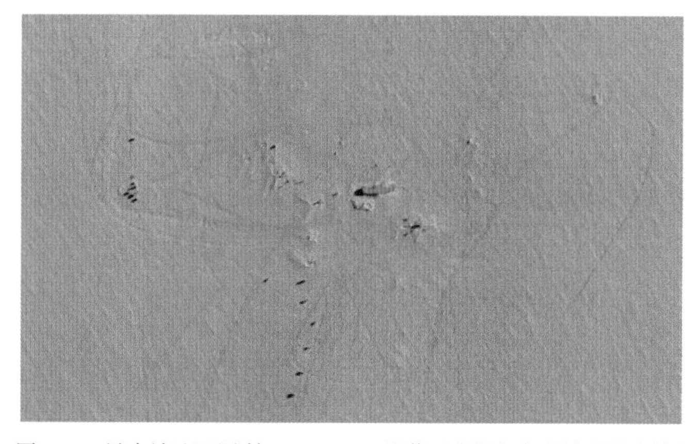

图4-61　昆仑站地区原 始Worldview-2影像（中间红色为昆仑站主楼）

为得到接近真实的影像效果，我们做了如下处理：首先是根据太阳高度角将图像灰度值转换为地表反射率，但效果仍然不太理想；然后是根据现场拍摄的照片对雪面色调进行纠正；最终得到与真实雪面最为接近的主体色调，如图 4-62 所示。

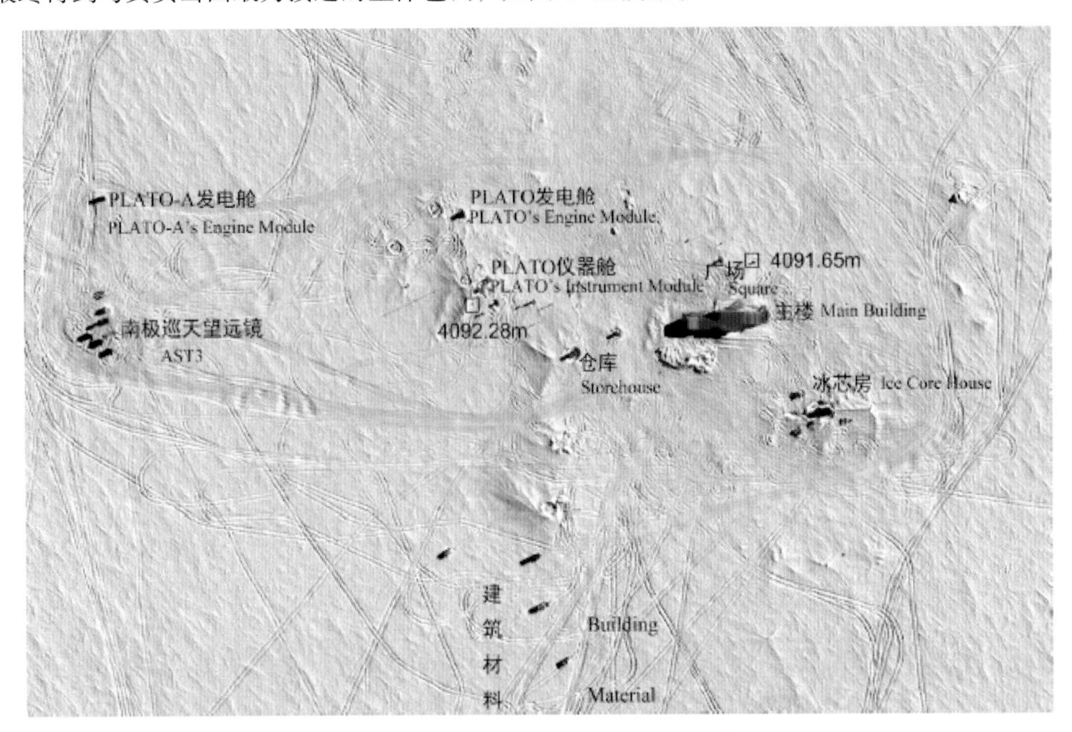

图4-62 经过各种纠正后的昆仑站地区影像图

4.2.2.6 专题图制作

（1）地物标注

选取南极地形地貌数据，经过判读解译，将目标区域内主要地物的中英文名称标注在影像图的对应位置上，被标注的地物主要包括山脉、冰川、岛屿和海湾等。地名数据来源为 SCAR 地名数据库和南极地名词典。

（2）图幅整饰

影像图信息核对无误后，按照出图规范和项目计划书要求，给影像图添加比例尺、指北针、图例及坐标网格等内容，并添加外图框。

（3）专题图制作

利用 ArcGIS 制图软件，对埃默里冰架前缘过去 9 年的海岸线进行人工修正和配色，得到最终的连续变化专题图。

4.2.2.7 数据精度检验

选中的用于维多利亚地区的 HJ-1A/B 的 4 景影像分别由 HJ-1A 星的 CCD1 和 CCD2 拍摄于 2010 年 11 月 22 日，成像时云量较少，地物清晰可辨，成像质量较高，4 景图像覆盖了以预选站区为中心的 600 km × 600 km 的范围，足以完成该区域的地图绘制工作。由于南极半岛预选站地区的 HJ 卫星过饱和且受到云的影响，经数据处理仍无法使用，因此选择美国 LANDSAT-7 ETM+ 数据，拍摄时间为 2012 年 11 月 25 日，成像时云量较少，地物清晰可辨，成像质量较高，虽然有黑色条带，但后期使用程序进行了去除。

ICESat/GLAS 数据为厘米级别精度的卫星高度计数据，以 GLAS 数据为参考，查看结果精度。选取了 2007 年至 2009 年间，在埃默里冰架获取的 GLAS 高度计数据，GLAS 点均匀地分布在研究区内。由于 GLAS 获取时间与 EET 雷达数据获取时间不一致，在进行对比验证前，要先统一时间。结合 Eric（2011）的全南极流速数据，我们在 ArcGIS 中，求算每一个 GLAS 点在 2010 年 4 月 7 日的新坐标，然后进行对比验证（表 4-20，图 4-64、图 4-65）。

表4-20 EET高程与GLAS高程对比结果

区域	GLAS 点数据	均值（m）	均方根误差（m）
冰架与山地区域	7 286	−10.5	±21.96
冰架区域	4 538	−1.1	±5.2

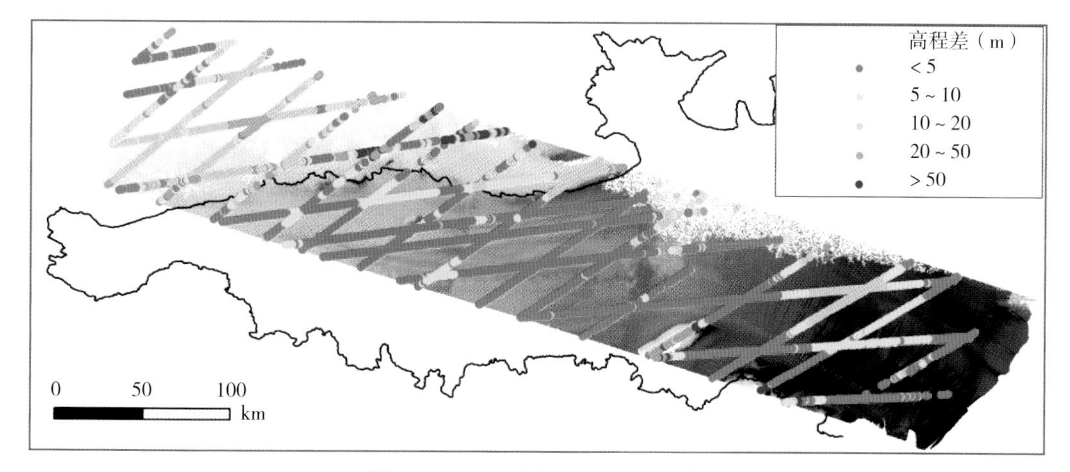

图4-63 GLAS点与EET DEM对比图

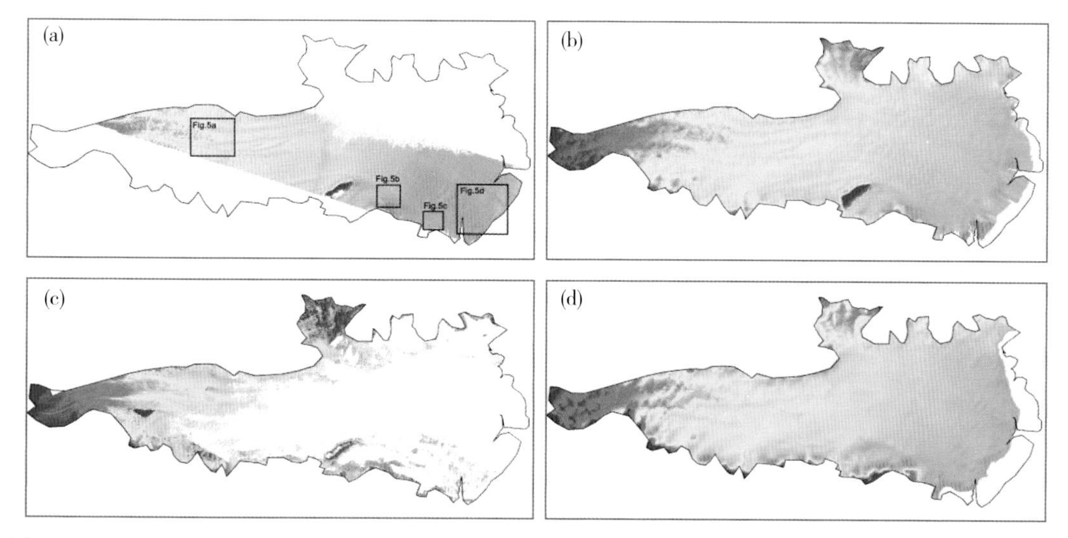

图4-64 EET DEM（a）与1km Bamber DEM（b）、75-m ASTER DEM（c）和200-m RAMP DEM v2（d）的对比 EET DEM的优势非常明显

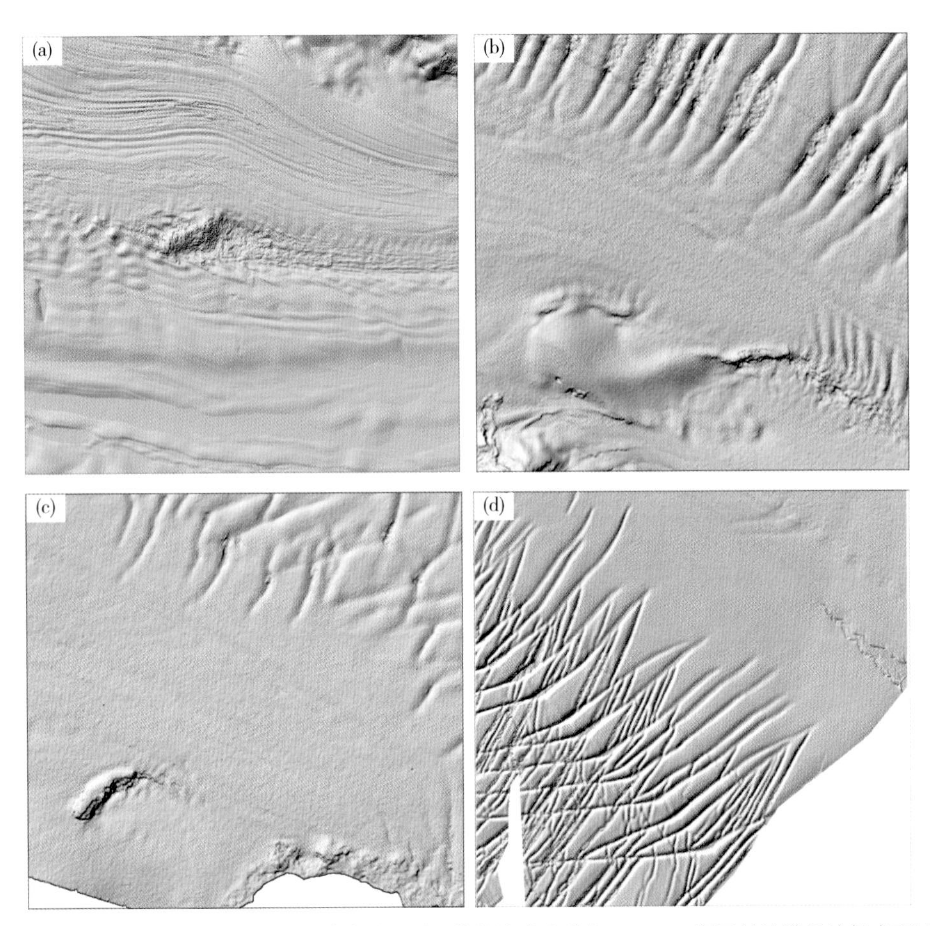

图4-65　对应图4-64中的4个区域的DEM放大图，可以非常清晰地看出EET DEM揭示的埃默里冰架表面地形信息

4.2.3　南极周边海冰遥感考察数据处理与图件制作

4.2.3.1　遥感数据预处理

该部分主要包括光学卫星数据的预处理，如几何校正、辐射校正等。

（1）几何校正

遥感数字影像的几何校正的目的在于改变原始影像的几何变形，生成一幅符合某种地图投影或图形表达要求的新的图像，几何校正的一般步骤见图 4-66。

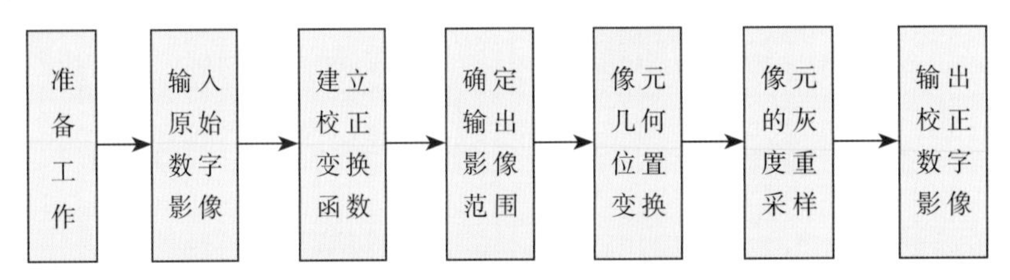

图4-66　影像数据几何校正流程

项目采用的国外卫星数据 MODIS 卫星的定轨精度较高，利用卫星数据头文件中的 GPS 定位参数或 GCP 文件就能实现较为精确的配准（图 4-67）。

由于本次调查任务的区域位于南极区域，因此在坐标系的投影方式中选择了极立体的（Polar Stereographic）投影。

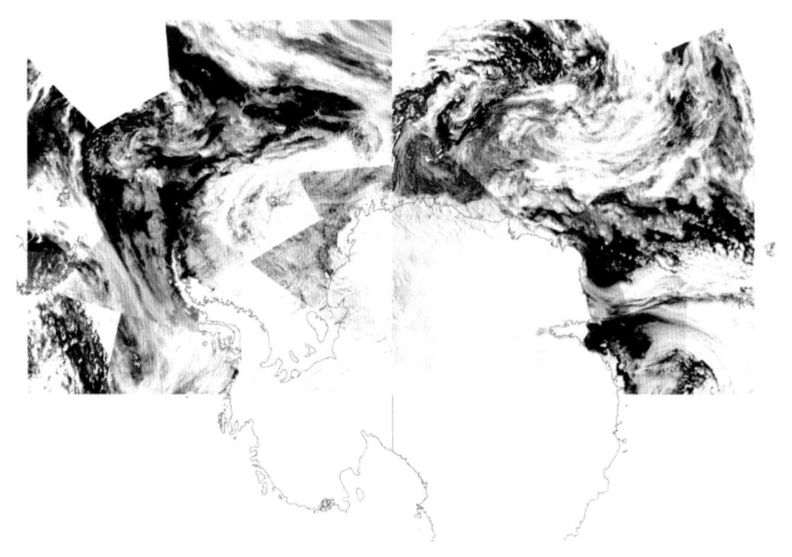

图4-67 经几何校正后的Modis影像与底图叠加

（2）辐射校正

光学数据主要进行了遥感器校准和太阳高度角校准，从而消除由于遥感器灵敏度特征和太阳高度角引起的辐射亮度变化。

遥感器的校准一般是通过定期的地面测定，根据测量值进行校准。对于 Modis 数据预先测出了各波段的辐射值（*Lb*）和记录值（*DNb*）之间的校正增量系数（Cal-gainb，用 *A* 表示）和校正偏差量（Cal-offsetb，用 *B* 表示），其校正公式为：$Lb = A \cdot DNb + B$。

利用数据文件中自带的校正增量、校正偏差量和太阳高度角信息进行相应的辐射量校正。

4.2.3.2 辐射计海冰密集度反演

利用辐射计亮温数据反演海冰密集度产品，实现多年冰和一年冰的密集度反演，流程图如图 4-68 所示。

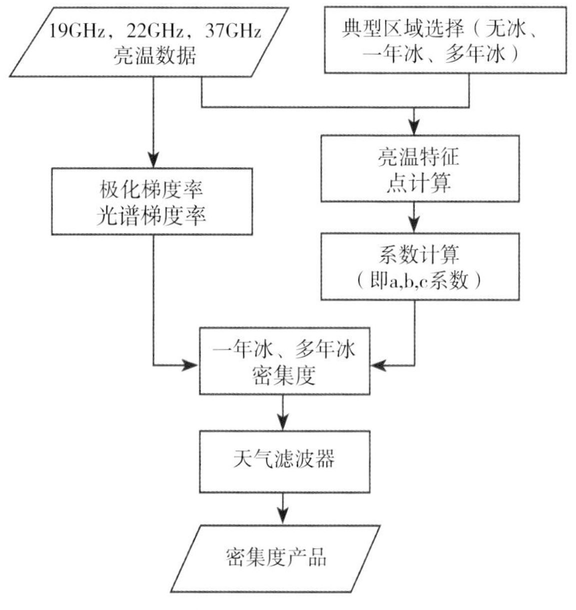

图4-68 辐射计数据反演海冰密集度流程图

首先选取已知表面类型的一年冰、多年冰和开阔海面区域；其次计算不同区域的特征值；然后根据确定的特征值，计算海冰密集度；最后利用天气滤波器滤除云层液态水和水蒸气对结果的影响。

（1）海冰密集度计算

根据 19 GHz 和 37 GHz 两个频段的亮温数据，得到两个独立变量：极化梯度率（Polarization Gradient Ratio）和光谱梯度率（Spectral Gradient Ratio），具体定义如下：

$$PR(19)=(T_{b,19V}-T_{b,19H})/(T_{b,19V}+T_{b,19H}) \tag{4-9}$$

$$GR(37/19)=(T_{b,37V}-T_{b,19V})/(T_{b,37V}+T_{b,19V}) \tag{4-10}$$

其中，T_b 是指在特定频率和极化方向观测到的亮温；V 和 H 分别代表垂直极化和水平极化。

基于极化梯度率和光谱梯度率，计算出一年冰密集度 C_{FY} 和多年冰密集度 C_{MY}，进而得到整体海冰密集度 C_T：

$$C_{MY}=\frac{M_0+M_1\cdot PR+M_2\cdot PR+M_3\cdot PR\cdot GR}{D} \tag{4-11}$$

$$C_{FY}=\frac{F_0+F_1\cdot PR+F_2\cdot PR+F_3\cdot PR\cdot GR}{D} \tag{4-12}$$

$$C_T=C_{FY}+C_{MY} \tag{4-13}$$

其中，$D=D_0+D_1\cdot PR+D_2\cdot GR+D_3\cdot PR\cdot GR$，$M_i$、$F_i$ 和 D_i（$i=0\sim3$）这 12 个系数是关于 9 个亮温数值的函数。具体表达式如下：

$$\begin{array}{lll} M_0=A_4B_0-A_0B_4 & F_0=A_0B_2-A_2B_0 & D_0=A_4B_2-A_2B_4 \\ M_1=A_5B_0-A_1B_4 & F_1=A_1B_2-A_3B_0 & D_1=A_5B_2-A_3B_4 \\ M_2=A_4B_1-A_0B_5 & F_2=A_0B_3-A_2B_1 & D_2=A_4B_3-A_2B_5 \\ M_3=A_5B_1-A_1B_5 & F_3=A_1B_3-A_3B_1 & D_3=A_5B_3-A_3B_5 \end{array} \tag{4-14}$$

其中

$$\begin{array}{ll} A_0=-T_{b,OW,19V}+T_{b,OW,19H} & B_0=-T_{b,OW,37V}+T_{b,OW,19V} \\ A_1=T_{b,OW,19V}+T_{b,OW,19H} & B_1=T_{b,OW,37V}+T_{b,OW,19V} \\ A_2=T_{b,MY,19V}-T_{b,MY,19H}+A_0 & B_2=T_{b,MY,37V}-T_{b,MY,19V}+B_0 \\ A_3=-T_{b,MY,19V}-T_{b,MY,19H}+A_1 & B_3=-T_{b,MY,37V}-T_{b,MY,19V}+B_1 \\ A_4=T_{b,FY,19V}-T_{b,FY,19H}+A_0 & B_4=T_{b,FY,37V}-T_{b,FY,19V}+B_0 \\ A_5=-T_{b,FY,19V}-T_{b,FY,19H}+A_1 & B_5=-T_{b,FY,37V}-T_{b,FY,19V}+B_1 \end{array} \tag{4-15}$$

这 9 个亮温是指在 19 V，19 H 和 37 V 下观测到的无冰海面（Open water, OW）、一年冰（First year, FY）和多年冰（Multi-year, MY）上的亮温特征值（tie point）。

（2）天气滤波器

通过上述步骤获取的海冰密集度初步结果中，常会出现错误的计算结果，即在开阔海域会计算出低密集度的海冰，这主要是由于大气中水蒸气、云中液态水、降雨等现象引起的。

Cavalieri 等（1991）利用辐射传输模型模拟的 271 K 时（ice edge）不同大气水汽含量、降雨、云中液态水等参数下极化梯度率和光谱梯度率的变化，仅用 GR（37/19）可以将云中液态水含量较高情况引起的误判去处；结合 GR（22/19）可以将较高的大气水汽含量、降雨去除。另外在陆地边缘，受陆地比辐射率较高影响，亮温较高，引起海冰密集度反演结果在陆地边缘区域也有错误的结果，利用 GR（22/19）将这一现象也滤除掉了。沿用上述光谱梯度率来滤除天气影响，主要包括以下两步。

第一步，利用 37 GHz 和 19 GHz 的光谱梯度率过滤掉云中液态水和云层中冰晶的影响，如果 GR（37/19）≥ 0.13，则 $C_T = 0$；

第二步，利用 22 GHz 和 19 GHz 的光谱梯度率去除水面上大量的水蒸气的影响，如果 GR（22/19）≥ 0.085，则 $C_T = 0$；其中 GR（22/19）定义类似 GR（37/19），利用 22 GHz 和 19 GHz 的垂直极化方式的亮温计算光谱梯度率。

图 4–69 为利用 2013 年 9 月 20 日扫描微波辐射计亮温数据计算的北极区域海冰密集度初步结果和经过 GR(37/19) 与 GR(22/19) 两个光谱梯度率滤除的结果。从图 4–69(b) 中可以看出，利用两个光谱梯度率可以有效滤除因大气中水蒸气含量和降水而引起的错误结果。

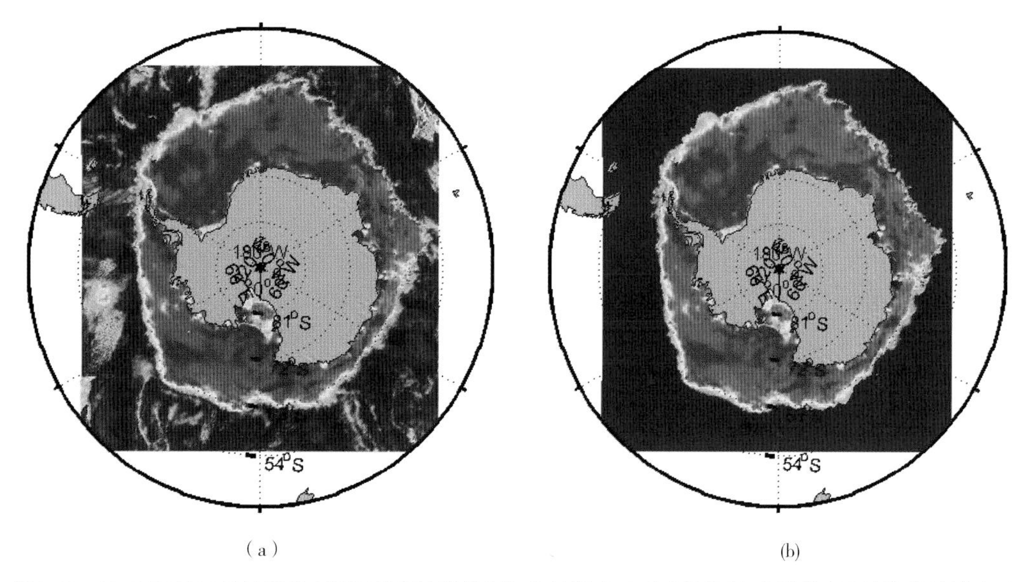

（a）　　　　(b)

图4–69　2013年9月20日计算的南极区域海冰密集度初步结果（a）和经过两个光谱梯度率滤除的结果（b）

4.2.3.3　光学卫星海冰信息反演

利用可见光和红外通道数据，结合海冰、海水、云在可见光及红外通道的光谱特征，进行云处理和海冰信息提取；获取海冰分布范围、密集度等信息。

（1）云检测方法

云检测首先需要对云与冰进行识别，需要分成两种情况处理：一种是自动判别；另一种是人机交互。采用热红外通道数据检验和比较各可见光通道的辐射值的方法，通过人机交互建立判据。主要方法有可见光反照率阈值法、热红外通道亮温均匀性检验法、多年海面温度截断法、时间序列分析法等，我们将对这些云检测方法具体参数化，使之能适用于海冰监测。

（2）冰水识别算法

由于冰水在不同光谱区域内存在着反射率差异。海水在蓝光（0.4 ~ 0.5 μm）波段反射率稍高，约 10%；在 0.75 μm 以后的近红外波段，水体成了全吸收体。冰在可见光（0.4 ~ 0.7 um）内的反射率为 30% ~ 60% 左右，在近红外波段的反射率明显降低，但仍与海水有较大差别。

（3）海冰密集度

对于经过冰水判别后识别为冰的区域（实际上包括冰水混合区域），对其进行冰密集度反演。冰密集度是指一定区域内海冰覆盖面积和整个区域面积的比值，是海冰的一项重要指标。

设某个冰水混合区域像元所对应区域的密集度为，则这个像元的反照率为：

$$A = cA_i + (1-c)A_w \quad (4\text{–}16)$$

其中，A_i 是冰水混合区域中冰的反照率值，A_w 是冰水混合区域中水的反照率值。

海冰信息反演主要流程如图 4–70 所示。

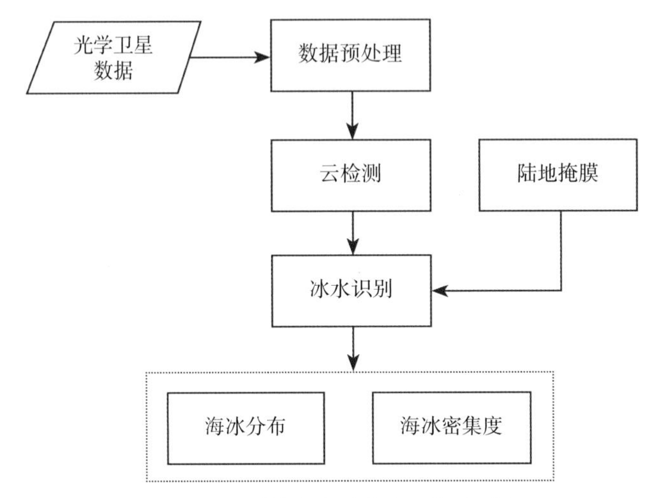

图4–70　光学数据海冰信息反演流程图

通过上述理论对卫星影像数据开展海冰密集度反演，图 4–71 分别为单景影像的海冰密集度反演结果（左）及多景海冰密集度经平均后的结果图（右）。

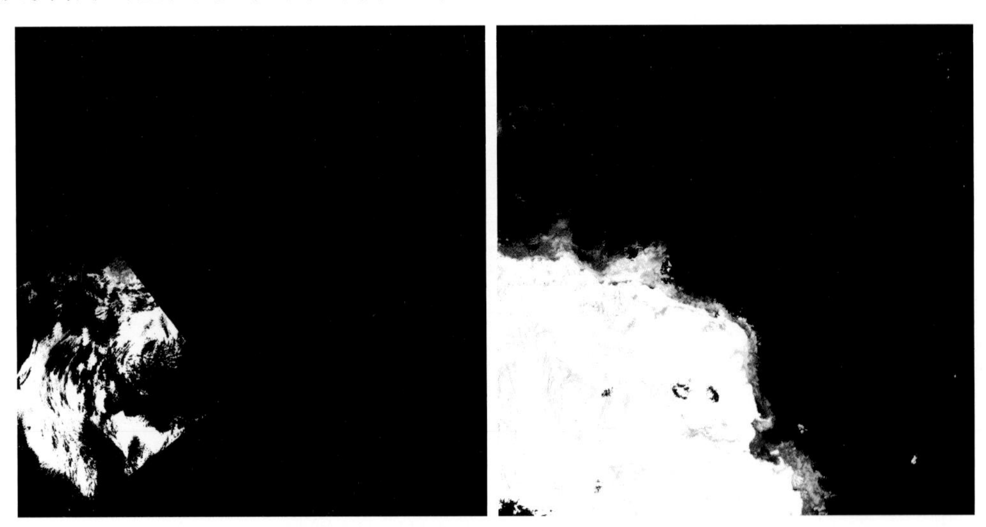

图4–71　光学数据海冰密集度反演结果

4.2.3.4　反演精度检验

1）基于 SAR 数据的辐射计海冰密集度产品检验

以高分辨率的 SAR 数据为标准，对辐射计海冰密集度产品进行比对与检验，在时间上

SAR 数据的成像时间与辐射计海冰产品的时间为同一天。首先通过分类算法将 SAR 数据进行冰水区分；然后将 SAR 数据与辐射计资料在空间上进行匹配，以辐射计的分辨单元为基础，统计对应的分辨单元中 SAR 数据中的海冰像元个数，利用海冰的像元数除以分辨单元中的总像元数得到真实的海冰密集度（图 4-72）。

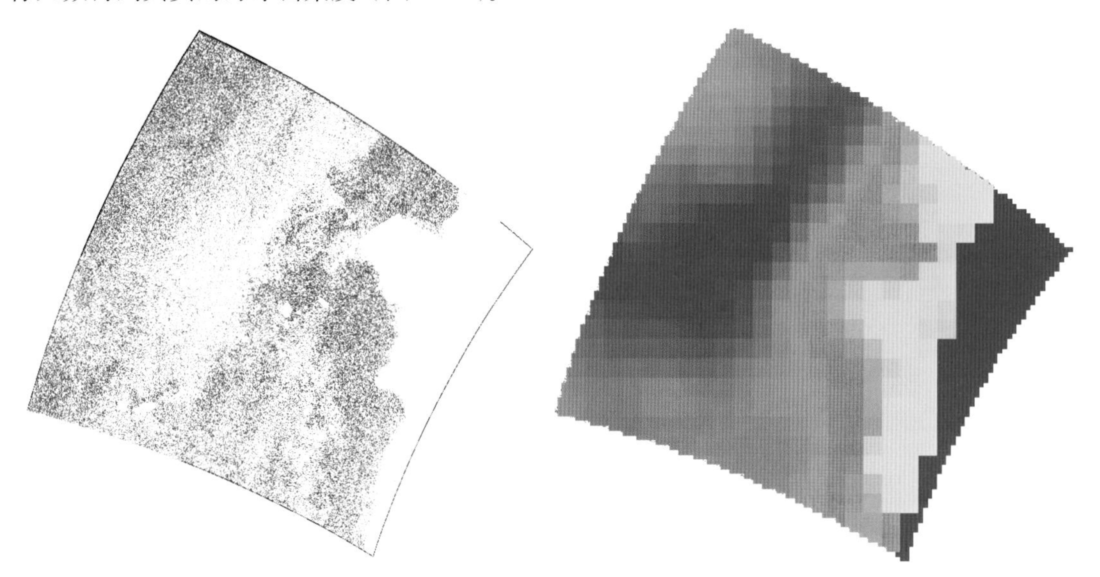

图4-72 经冰水分离后的SAR分类结果（左），对应区域的辐射计海冰密集度（右）

图 4-73 中所示的 9 个区域为用于密集度检验的统计区域，对该区域中的海冰像素个数分别进行统计，并与对应区域的辐射计海冰密集度结果进行比对，得到的比对结果如表 4-21 所示。

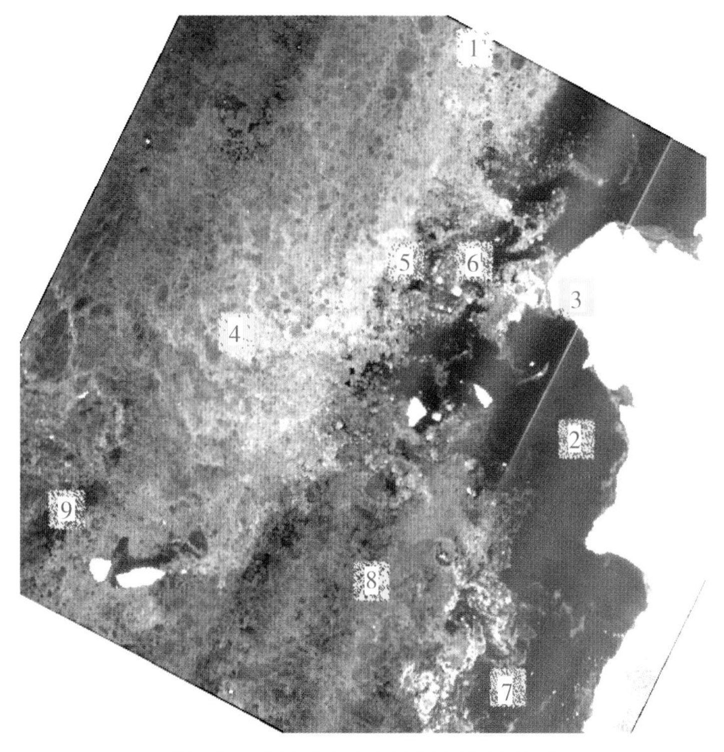

图4-73 海冰密集度验证统计区域分布图

表4-21　密集度比对结果

编号	SAR 海冰密集度	辐射计海冰密集度
1	92.6%	94%
2	6.9%	1%
3	98.9%	43%
4	96.1%	100%
5	63.4%	68%
6	55.7%	45%
7	30.4%	1%
8	69.8%	71%
9	70%	88%
均方根误差		22.4%

2）MODIS 海冰密集度与辐射计资料的交叉比对

将 MODIS 的海冰密集度月平均产品经抽样后与对应月份的微波辐射计海冰月平均产品进行匹配并进行交叉比对，经统计分析均方根（RMS）误差为 20.7%，比对结果如图 4-74 所示。

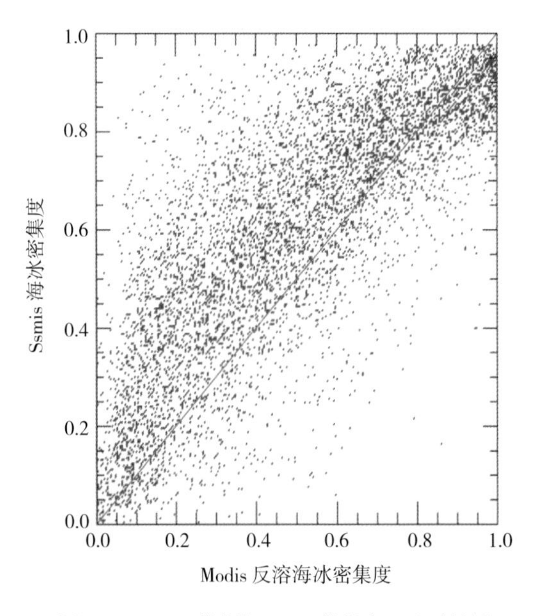

图4-74　Modis数据与SSMIS数据交叉比对结果

4.2.3.5　海冰分布面积统计

对经极立体（Polar Stereographic）投影后的海冰密集度产品将陆地和冰架区掩膜后进行统计，若某个像元的海冰密集度大于 0，则将其判断为有海冰覆盖，其他区域则为水域，统计海冰覆盖的像元总个数，利用投影后的每个像元面积乘以海冰分布的像元个数，最后得到海冰的分布面积。

4.2.3.6 专题图制作

1）专题图制作流程

本次调查任务以 ArcGIS 软件为平台，制作南极区域海冰信息专题图，其主要流程如下。

（1）版面设计

版面设计包括图面尺寸设置及图廓整饰等内容，图面尺寸是指印刷纸张幅面的大小，图廓整饰包括专题图类型、比例尺、图名、图示图例、出版单位、出版说明等。

（2）数据准备

数据准备包括栅格图像、矢量数据及与之相关的数据裁剪等工作。

（3）数据层加载及符号添加

数据层加载是利用 ArcGIS 软件进行矢量数据、栅格数据等多种制图数据的分层叠加，数据加载完成后，再根据数据的属性和用途进行符号化，以更好地表示专题图。

（4）地图输出

将加载、整饰并检查审阅后的专题工程文件，通过输出命令进行电子版专题地图输出，并保存为数字影像。

其制图流程如图 4-75 所示。

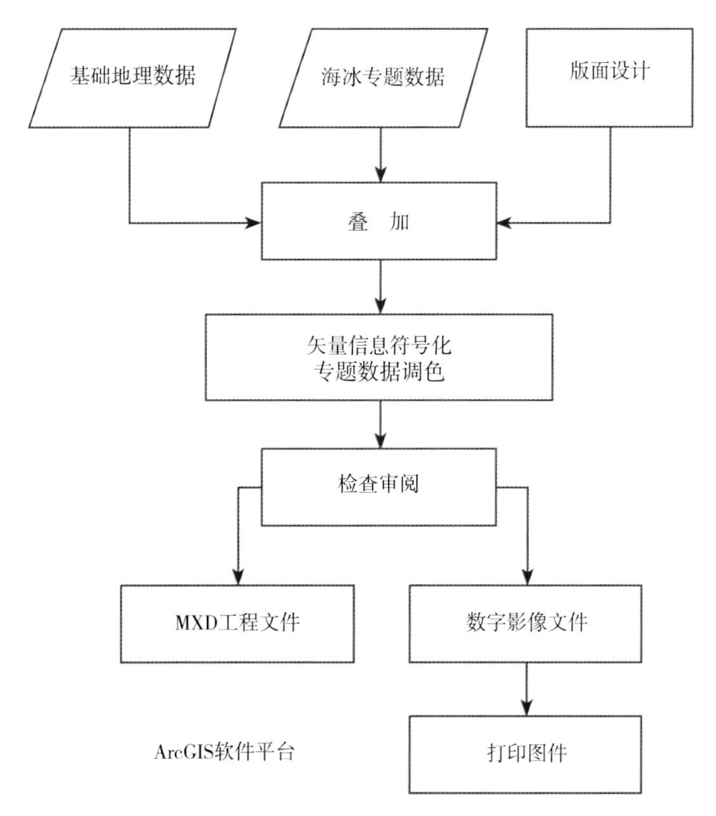

图4-75 专题地图制图流程

采用 ArcGIS 平台制作了全南极、中山站、长城站附近海域的海冰密集度月平均分布图，以 2013 年 1 月为例，海冰密集度专题图件分别如图 4-76、图 4-77、图 4-78 所示，专项的所有年份海冰密集度专题图见《南极环境遥感考察图集》。

2）基于 SSMIS 的全南极海冰密集度月平均分布专题图

2013 年 1 月南极周边海冰密集度专题图

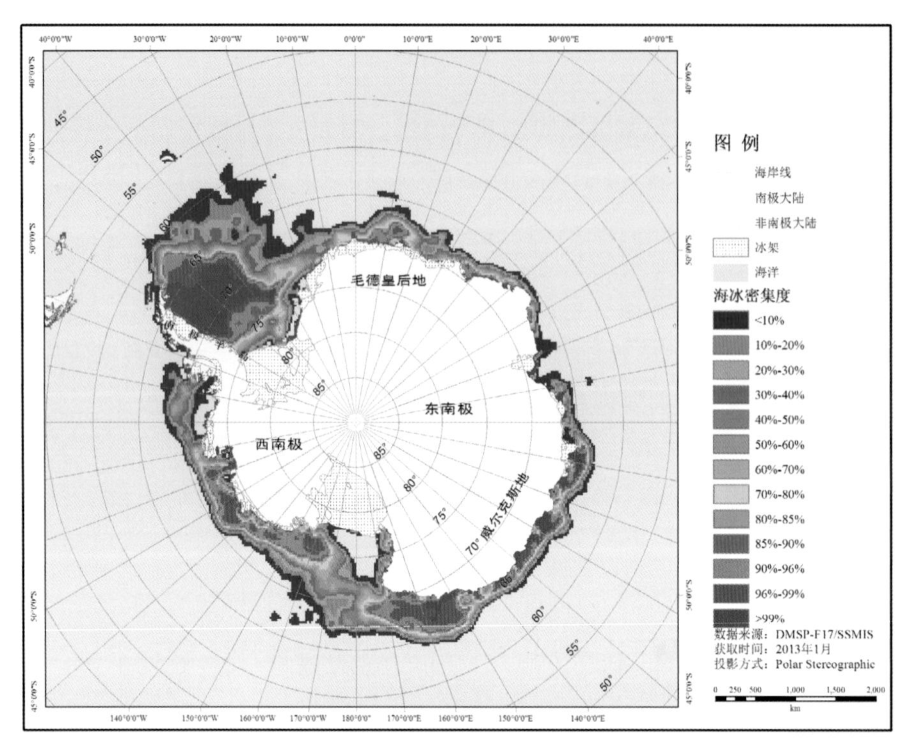

图4-76 基于SSMIS的全南极海冰密集度月平均分布专题图

3）基于 MODIS 的中山站海冰密集度月平均分布专题图

2013 年 1 月中山站周边海冰密集度专题图

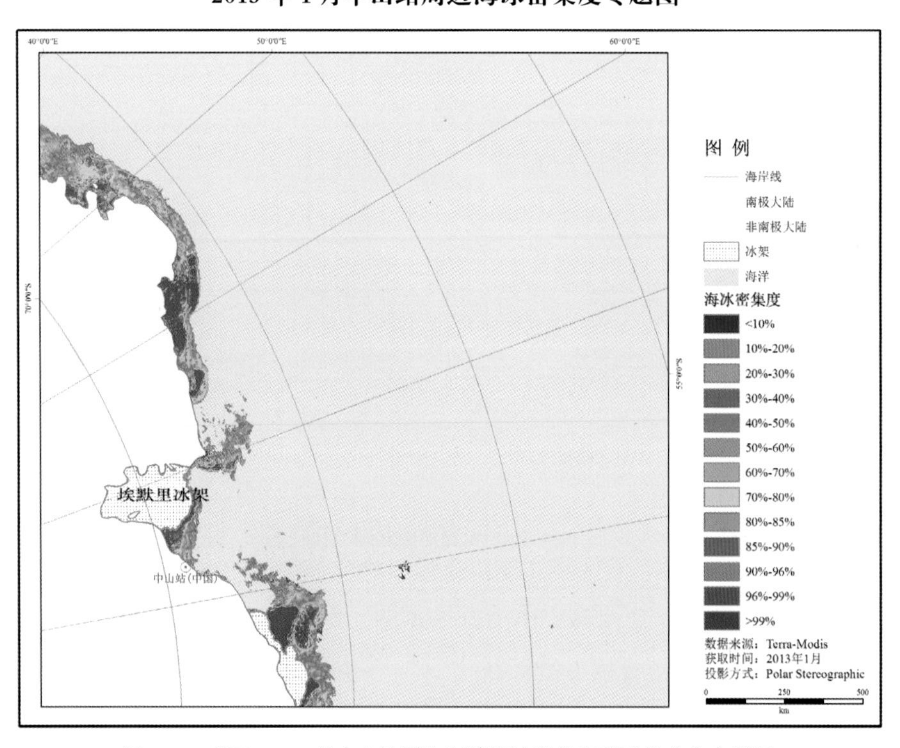

图4-77 基于MODIS的中山站周边海域海冰密集度月平均分布专题图

4）基于 MODIS 的长城站海冰密集度月平均分布专题图

2013 年 1 月长城站周边海冰密集度专题图

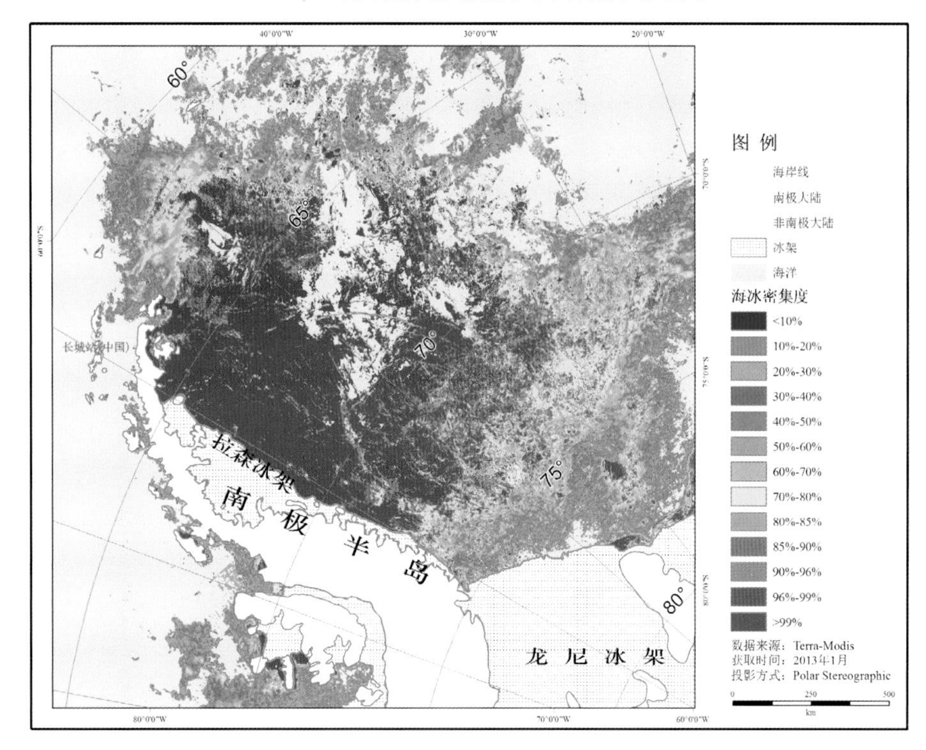

图4–78　基于MODIS的长城站周边海域海冰密集度月平均分布专题图

4.2.4　南极周边海域水色、水温遥感考察数据处理与图件制作

4.2.4.1　MODIS 数据预处理

遥感在陆地上的应用与地面目标物的物理性质有关，将传感器所获得的数据转化为有意义的目标物的物理特性就叫做数据定标。大多遥感数据出于数据存储方面的考虑，其存储数据的 DN 值往往并不代表传感器所获得的目标物的物理特征值。因此在遥感反演前要进行辐射定标，将遥感数据中的 DN 值转换成地面目标物的物理特征值。传感器不同其辐射定标公式也不同。在数据发布前，每个机构都给出各种传感器数据的定标公式。定标后的数据就是遥感卫星获取的反射率值。

南极周边海域海洋水色、水温遥感研究使用的 L2 数据，已经定标。经过定标后数据需要开展定位和对由遥感器成像过程产生的边缘畸变（Bowtie 效应）进行校正。

遥感数据几何校正是将遥感影像上像素的数字值在影像坐标中重新分配到其在地图坐标系中的坐标，从而使遥感数据与地面特征相对应，使人们获得遥感数据表达特征的地面位置。几何校正是遥感数据进行后期处理的前提。研究通过 MODIS 提供的同步数据地理几何信息，通过网格化的方式，配准成为标准化图件所需的数据。

MODIS 卫星拍摄的影片，由于传感器原因，会产生影像重叠的现象，对于这些现象的去除，则是边缘畸变校正，对后期数据的真实可靠性十分重要。研究采用 MODIS 卫星产品推荐的 Bowtie 校正方式，对上述畸变进行修正。

4.2.4.2 海洋水体要素遥感信息反演

1）建立适用于高纬度海区的精确大气校正模型

利用海洋—大气耦合矢量辐射传输模型，生成适用于大太阳天顶角的高纬度海区的大气校正查找表，最终建立了集成辐射偏振响应校正的、适用于高纬度海区的精确大气校正算法，见图 4–79。

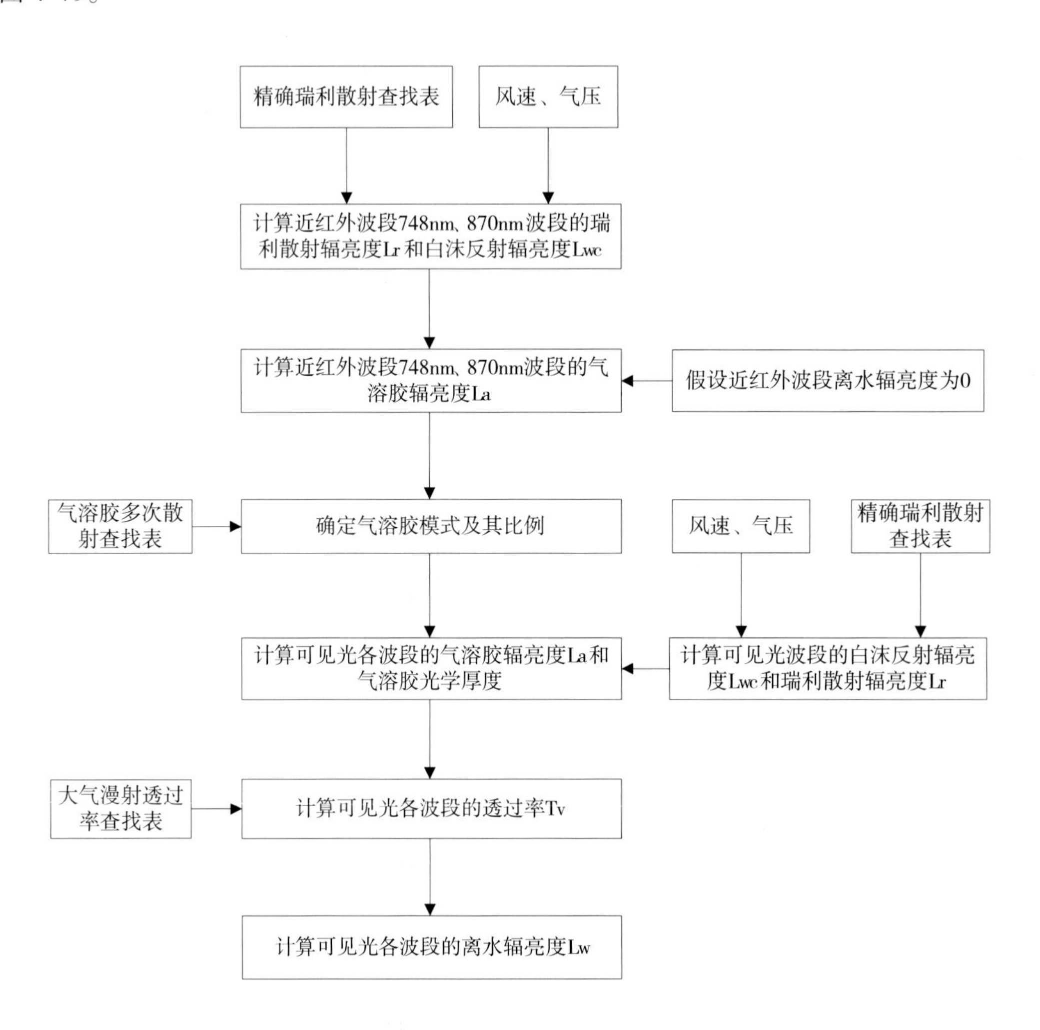

图4–79 集成辐射偏振响应校正的适用于高纬度海区的数据精确大气校正算法

2）叶绿素 a 反演技术

基于卫星遥感手段的叶绿素 a 浓度反演的关键是确定水体生物光学模型，根据不同水体的生物光学性质，即固有光学性质（IOP）或是表观光学性质（AOP），与叶绿素 a 浓度值通过正演理论建立模型；再将模型应用到卫星影像反演大空间尺度的叶绿素 a 浓度。主要模型有经验模型、半分析模型和辐射传输模型。

海洋叶绿素 a 经验统计模型发展较为成熟，其特点是算法形式简单，运算简便快速，区域反演精度较高，已成为了一种业务算法，但同时也对水中组分的时空变化较为敏感。经验模型的理论基础是两个或多个光谱波段反射率比值与叶绿素 a 浓度之间的回归分析，回归方程可以基于线性或非线性，其一般形式为：

$$Chla = f\{a_0, a_1, \cdots, a_5, [R_{rs}(\lambda_1)/R_{rs}(\lambda_2)]\} \quad (4\text{–}17)$$

其中，a_0, a_1,⋯, a_5 为回归系数；R_{rs} 为遥感反射率；λ_1 与 λ_2 为对应波长，λ_1 取值范围通常为 443 ~ 490 nm，λ_2 通常为 550 ~ 555 nm。实际应用中通常需要依据回归方程的形式进行对数转换，变换后模型的一般形式为：幂函数，双曲函数，三次方函数或多元函数。

OC3 是 NASA 水色工作小组依据全球 900 多个海洋观测站点实测基础数据（0.01<叶绿素 a<75 mg/m^3），对多种经验模型进行评价后得出的标准经验算法模型。OC3 采用了 MODIS 海洋波段反射率比，并且选取 R_{rs} (443) / R_{rs} (551) 和 R_{rs} (488) / R_{rs} (551) 两个波段比值中最大值代入反演公式，建立起一个四次多项式的叶绿素 a 反演算法，具体表达式如下：

$$C_{\text{Chl-a}} = 10^{0.283 - 2.753R + 1.457R^2 + 0.659R^3 - 1.403R^4} \quad (4\text{–}18)$$

其中，$R = \lg[\frac{R_{rs}(443) > R_{rs}(448)}{R_{rs}(551)}]$，$R_{rs}$ 为遥感反射率，它与离水辐射率之间关系为：$R_{rs}(\lambda) = \frac{Lw(\lambda)}{F_0 t(\lambda)\cos\theta}$。

3）海表温度（SST）反演技术

HY-1 卫星的 2 个红外通道与 NOAA 卫星的 AVHRR 的 2 个红外通道的光谱设置非常接近，因此利用业已成熟的的 NLSST 算法公式：

$$SST\text{sat} = \text{a} + \text{b}\,T4 + \text{c}\,(T4 - T5)\,SST\text{guess} + \text{d}\,(T4 - T5)(\sec(\theta) - 1) \quad (4\text{–}19)$$

式中，*SST*sat 是卫星反演的海面温度；*SST*guess 是海面温度的预猜值（first-guess SST）；*T*4 和 *T*5 分别是 AVHRR 第 4、第 5 通道的亮度温度；θ 是卫星天顶角，a、b、c、d 是常数。它们有以下两组数值，当 $T4 - T5 \leqslant 0.7°$ 时，分别为 0.415、0.974、0.108、1.200，当 $T4 - T5 > 0.7°$ 时，分别为 1.294、0.950、0.074、0.829。

MODIS 使用两组热红外波段反演 SST；3 个波段在 4μm（波段 20，波段 22，波段 23），2 个在 11 μm（波段 31 和波段 32）。利用 MODIS 11 μm 的 31 和 32 热红外通道探测数据的“迈阿密探路人”海表面温度算法 MPSST（Miami Pathfinder SST algorithm）如下：

$$SST = C_1 + C_2T_{31} + C_3(T_{31} - T_{32}) + C_4(\sec\theta - 1)(T_{31} - T_{32}) \quad (4\text{–}20)$$

该公式模拟了 NOAA 气象卫星 AVHRR 的 MCSST 算法。式中，θ 是卫星天顶角；T_{31} 代表 MODIS 通道 31 探测到的亮温，它等价于 AVHRR 的通道 4 亮温；T_{31}–T_{32} 等价于 AVHRR 的通道 4 亮温与通道 5 亮温之间的温差。该算法通过运用通道 32 亮温与通道 31 亮温之间的温差 *T* 进行大气校正，来剔除大气衰减的影响。

对 4 μm 的热红外波段海表面温度算法，由于在这个大气窗口比 11 μm 热红外窗口更透明，因而可以提供更准确的温度探测，对于使用 MODIS 通道 22 和通道 23 反演夜间的海温可有以下公式：

$$SST4 = C_1 + C_2T_{22} + C_3(T_{22} - T_{23}) + C_4(\sec\theta - 1) \quad (4\text{–}21)$$

水色、水温要素主要提取流程如图 4-80 所示。

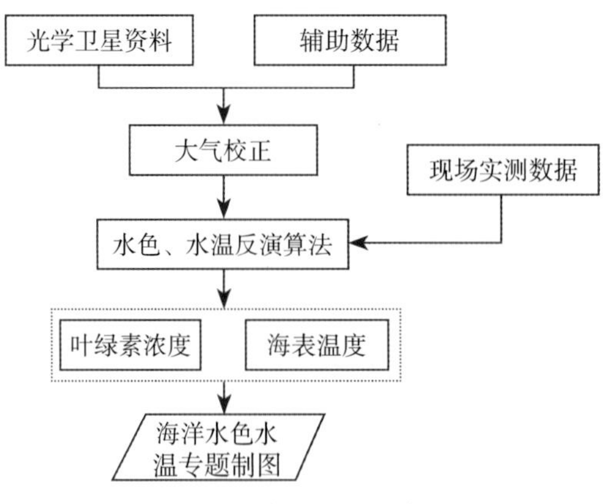

图4-80 海洋水色、水温遥感反演流程

4.2.4.3 水色、水温专题图制作

为满足制图需要，某一时刻的数据由于卫星轨道过境覆盖不完整，难以显示整个南大洋区域的情况。同时，尽管海洋生物地球化学性质存在一定变化，但其短期内不会有突变现象，且长时间序列的研究需要一些概化的信息来描述并呈现海洋水色、水温的阶段性特征，因此，研究采用月平均的方式来呈现南大洋水体水色、水温图像。

根据修正后的遥感反演模型，利用遥感数据，开展叶绿素 a 浓度、海表温度等要素遥感调查，获得其分布特征与变化规律；制作其月平均的遥感产品专题图。

采用 ArcGIS 平台制作了全南极叶绿素 a 浓度、海表温度月平均分布图，以 2013 年 1 月为例，南极周边海域叶绿素 a 浓度、海表温度专题图件分别如图 4-81、图 4-82 所示，专项调查任务内的所有年份海冰密集度专题图见《南极环境遥感考察图集》。

1）南极周边海域叶绿素 a 浓度月平均分布专题示例图

2013 年 1 月南极地区叶绿素 a 浓度专题图

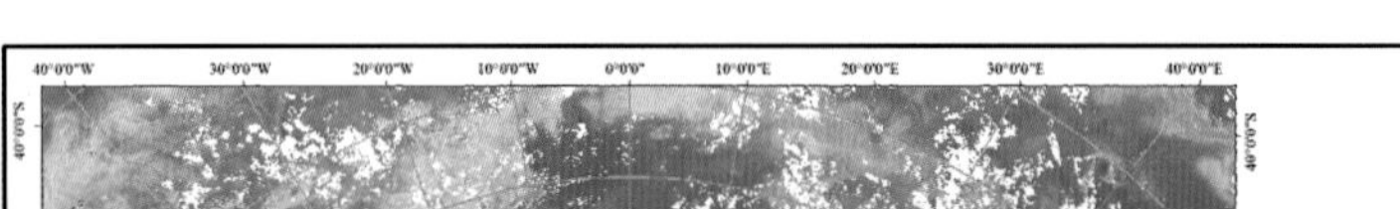

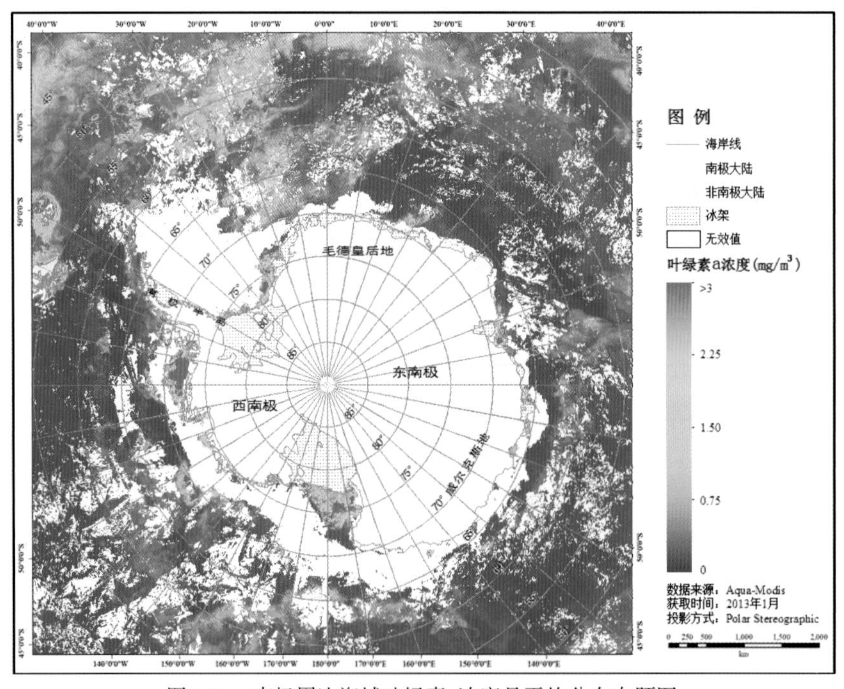

图4-81 南极周边海域叶绿素a浓度月平均分布专题图

2）南极周边海域海表温度月平均分布专题示例图

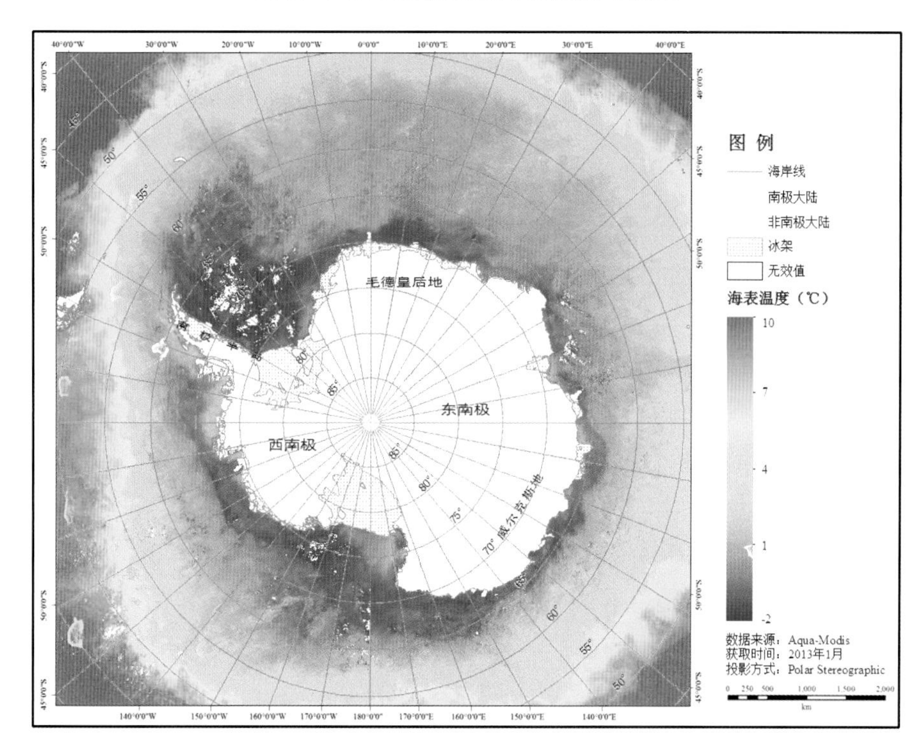

图4-82　南极周边海域海表温度月平均分布图

4.2.4.4　南极第 30 次航次资料处理

水体遥感反演的关键之一是对水体光谱特征的正确把握（唐军武等，1998），通过建立水体特征波段反射率（表观光学属性）与其相应水体所含成分（固有光学属性）之间关系，可以从遥感这一表观光学手段反演推得水体内所含成分的数量。因此，南极周边海域海洋水色、水温遥感研究获取了南大洋水体光谱，并对其特征进行了分析。

现场数据的采集依托第 30 次南极科考在 2014 年 2 月 10—19 日在南极半岛周边海域测量的水体光谱共 9 个站位，共 730 条现场光谱数据，测量具体位置如图 4-83 所示。如前节 4.1.1 所述，每个点位测量 10 次光谱，将测得的 10 条水体、白板及天空光幅亮度数据求取平均，获得一个测点较为平滑的水体、白板及天空光数据。为了平行样品的获取，每个测量点位采集了 2 条数据，并通过下式，将上述三者转换成水体离水反射率，得到有效的光谱数据 18 条。采样时间、位置、气象条件等属性数据如表 4-8 所示。

$$R_{rs} = \left[S_{water} - rS_{sky}\right] \times \rho_p \div \pi S_p \quad (4\text{-}22)$$

$$r = \frac{S_{water}(\lambda_{936}) - 0.015S_{sky}(\lambda_{936})}{S_{sky}(\lambda_{936})} \quad (4\text{-}23)$$

式中，R_{rs} 是遥感反射率；ρ_p 是白板反射百分比；r 是水气界面反射系数；S_{water}、S_{sky}、S_p 分别是水体、天空光和白板的测得信号。

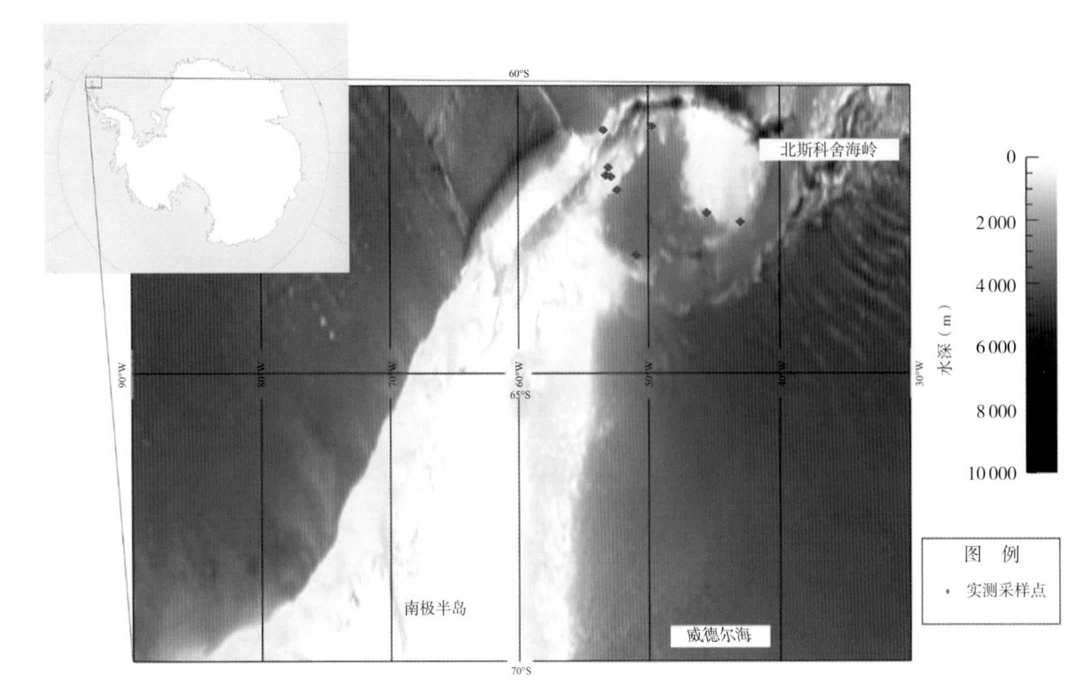

图4-83　第30次南极科考光谱采集站位分布

遥感水色传感器定标制定的海洋光学协议（第四版，Mueller et al.，2003）提到一类水体在750 nm处，其反射率为0，并在第四版之前，使用750 nm作为水面以上测量法离水反射率的标准处理流程。本研究发现南极半岛周边海域水体所得各参数因为水气吸收带的缘故，在936 nm处为最低值，因此采用936 nm的黑色海洋假设，即研究通过将所有数据经过式（4–22），得到南大洋南极半岛趋于的r值（水气交换系数）数值分布，平均值为4.4 ± 1.1 (%)，并将该值带入式（4–22）R_{rs}的水体反射率计算中。

此外，经过计算得到的反射率数据由于仪器存在噪声，需要经过滑动平均方式，来平滑反射率锯齿状走势。滑动平均所需的波段数选取，需要考虑以下2个条件：①滑动平均数值不可过大。由于数据本身的信噪比会因为滑动平均而降低（降低比例为平均数量的平方根），因此其数值不可过大；②平滑不可造成吸收峰偏移。由于反射率数据存在显著的吸收峰，为了避免该峰值的漂移，当波段间反射率差值大于0.000 1 sr^{-1}时，该段数据不做平滑处理。最终，研究使用了5 nm移动平均计算。

4.2.4.5　数据精度检验

卫星遥感数据属于长时间序列的空间数据，本考察所使用的MODIS数据为保证数据质量，通过数据预处理方法来控制并确保数据精度，预处理手段同时修正了原始一级数据的DN值，地理空间精度，完整性及一致性，上述三部分对应4.1节数据预处理中数据定标处理，几何校正及双眼皮校正部分，此处不再累述。

为了进一步评价研究数据的属性精度，本次考察获取了合适的卫星数据与实测数据进行匹配，匹配方法标准为：①两者时间跨度不超过48小时，②同经纬度的卫星数据采用3 × 3窗口平均值作为与实测数据点对应的结果。前者是为了减少云或海冰干扰及其他的环境影响，后者用来降低仪器噪声造成的影响。

（1）水色数据精度

通过限制条件的选择，我们最终共获取了 $n=534$ 对的卫星－实测数据对应分析，两者的拟合效果显示如图 4–84 所示。叶绿素 a 的自然界分布在 log 坐标时呈现正态分布，因此我们选用对数坐标显示叶绿素 a 分布。对角线 $y=x$ 时，线上各点表明实测叶绿素 a 值等于其卫星反演值，因此拟合曲线与对角线越靠近，表明反演效果越好。我们可以显著发现拟合曲线几乎平行于对角线，且高于对角线，表明使用 HPLC 的方法满足了叶绿素 a 的正态分布，但在实际反演中整体低估了叶绿素 a 值。Marrari 等（2006）认为在 0.05 ~ 1.5 mg/m^3 范围内两者的匹配性非常好，不需要进一步修正算法，也意味着对于叶绿素 a 浓度高的区域需要进行算法的修正。

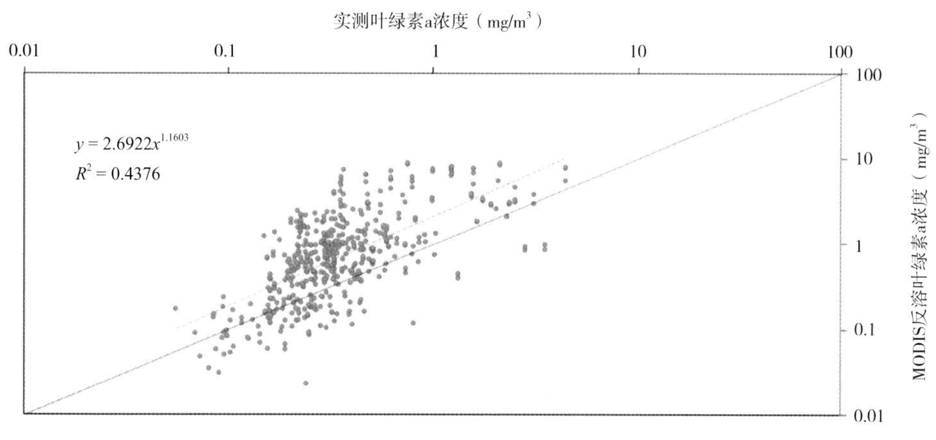

图4–84 卫星–实测数据匹配对分布图

为了定量化地比较卫星与实测数据对之间的相关性，我们利用 bias 和 RMS 的技术方法，来考察卫星反演的精确性。

$$\log\_RMS=\sqrt{\frac{\sum[\log(S)-\log(I)]^2}{n}} \tag{4-24}$$

$$\log\_\text{bias}=\frac{\sum[\log(S)-\log(I)]}{n} \tag{4-25}$$

$$\log\_bias=\frac{S-I}{I} \tag{4-26}$$

式中，S 是卫星数据；I 是实测数据；n 是数据对的个数。通过对数方式计算偏差（*bias*）和均方差（*RMS*）计算，结果见表 4–22，两者间的对数误差为 36%。

表4-22 卫星—实测数据统计表

参数	卫星反演与实测叶绿素 a 匹配对
对数	533
Log_*RMS*	8.23
Log_*bias*	0.36

上述研究结果表明，南大洋叶绿素 a 反演算法存在一定低估，需要修正算法来提高卫星反演的精度。同时，现有数据仍暴露出一个问题，由于我们的数据主要分布于阿蒙森海—别林斯高晋海（见图 4–85），是否其他区域的卫星数据也符合该特征，需要我们进一步的研究及验证。

为了研究 MODIS 叶绿素 a 反演数据 Flag 值代表的含义，我们统计了其与不同海冰密集度分布位置的关系。根据 Allison 等（2010），卫星影像里的 Flag 数据主要来源于极昼，日照时间短，太阳高度角低，以及高纬度的海冰覆盖等。南极的南半球夏季存在较高的太阳高度角，可以排除上述其他因素的影响。这就意味着，海冰覆盖成为主要影响 MODIS Flag 数据的原因。

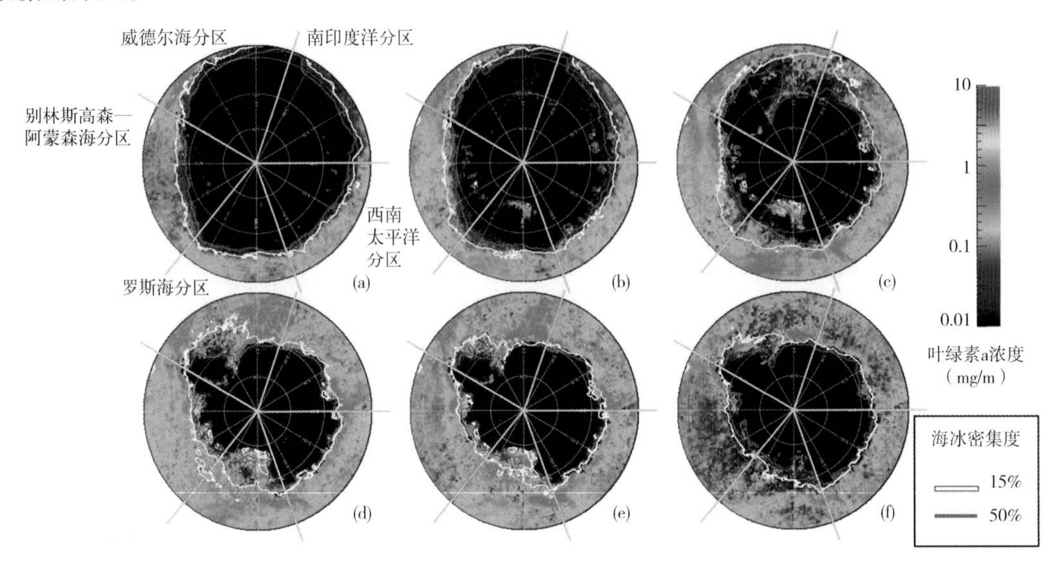

图4-85 MODIS叶绿素a平均Flag数据与海冰密集度平均值关系

a～f 分别代表10月，11月，12月，1月，2月，3月

从 MODIS 叶绿素 a 反演数据来看，南半球高纬度存在许多 Flag 数据，但是每个月都不一样（图 4-85）。Flag 数据的范围显示出，10 月份范围最大，持续收缩至 2 月，随后在 3 月扩大，推测由于海洋表层受到海冰覆盖之后阻挡了光照反射，导致了水色数据获取的缺失。为了进一步研究 MODIS Flag 数据和海冰覆盖之间的关系，本文通过不同来源的卫星数据来比较它们之间的相关性。

本文使用 15% 密集度线并将其绘制成曲线叠加在叶绿素 a 分布图上（图 4-86），海冰 15% 的密集度线（白线）显著大于 MODIS Flag 数据的范围。许多藻类生长区域的像素点都在白线（海冰 15% 密集度线）内部，表明使用海冰 15% 密集度作为衡量 MODIS Flag 数据范围十分不恰当。

本文同时测试了 20%，30%，40% 以及 50% 的密集度线，最终认为 50% 海冰密集度线（红线）呈现出最为合适的状态。图上的许多细节都验证了这个猜想，比如 11 月围绕南极大陆，12 月孤立罗斯海、阿蒙森海，以及各月紧贴 MODIS Flag 数据范围的红色曲线。海冰密集度 50% 线代表了一个密集度较大的冰层，推测浮游植物能在薄层海冰处生长，并且能被水色光学传感器探测到。

海冰密集度从某种意义上讲与海冰厚度息息相关。实测数据已经表明，生活在海冰下的浮游植物在冰厚时得到更多营养，在冰薄时得到更多阳光（Arrigo，1997）。海冰下的藻类对于冰的厚度十分敏感，因为海冰厚度超过 0.3m 以上，将会使光照受到限制（Arrigo, 2003）。大部分的浮游植物喜欢在 0.2 m 以下的冰层处生活（Riaux-Gobin,2003;Trenerry，2002）。当海冰厚度大于 0.2 m 时，会由于高盐度及温度过低限制藻类生活（Mock，2003）。

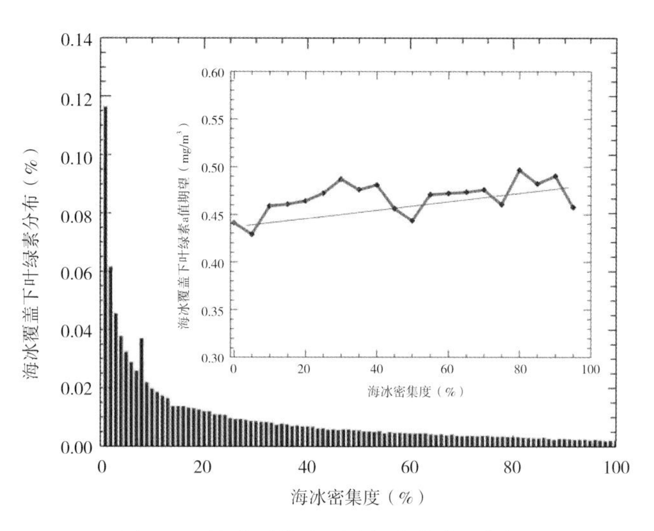

图4-86 海冰覆盖下叶绿素a值分布及期望

经过统计发现，海冰下可测得叶绿素 a 占到整个南大洋可测得叶绿素 a 的 9.47%。其中整个冰下叶绿素 a 随着海冰密集度的增加而减少。10% 海冰密集度以下数据占到整个冰下的 39.83%。而 10% 以上海冰密集度的冰下藻类为 60.16%。尽管海冰下叶绿素 a 可测的数据在高海冰浓度下数量降低，但是其叶绿素 a 期望值却未受到海冰密集度的影响，不同密度之间出现少量起伏，甚至出现些许上升的趋势（线）。整个冰下叶绿素 a 期望值分布在 0.43 ~ 0.49 mg/m^3 之间。

（2）海表温度数据质量

研究所得的海表温度实测数据主要来自走航数据，利用上述匹配法则，共得到 713 对有效匹配对。从纬度分区来看，60°—65°S 匹配对数为 188 个，65°—70°S 为 365 个，大于 70°S 为 160 个。经度分区则显示，威德尔海 70 个，南印度洋 195 个，南太平洋 222 个，罗斯海 177 个，阿蒙森海 – 别林斯高晋海 49 个。数据分布图上显示出，走航采样分布存在很大的空间不均匀性，覆盖面较为有限。

通过对有效匹配对的比较发现，两者的误差绝对值跨度较大，ΔT 范围为 0 ~ 3K。其中 $\Delta T = 0$ ~ 0.5K 的匹配对为 362 个（实测平均值为 0.748K ± 0.525K），$\Delta T = 0.5$ ~ 1K 为 203 个（实测平均值为 0.814K ± 0.517K），$\Delta T = 1$ ~ 2K 为 126 个（实测平均值为 0.985K ± 0.730K），$\Delta T = 2$ ~ 3K 仅为 22 个（实测平均值为 1.076K ± 0.668K）。误差的拟合线分布图表明，整体卫星反演海表温度数值高于走航海表温度，误差分布图则显示出不显著的地理位置影响，不同误差数据点在许多区域范围内重叠，ΔT 最大区域（$\Delta T = 2$ ~ 3K）主要位于南太平洋水深较深区域。而在南大洋近岸区，如普里兹湾，罗斯海，南极半岛都被低 ΔT 区域（$\Delta T = 0$ ~ 0.5K）控制。其相对分布存在一定集中性，即 $\Delta T = 0$ ~ 0.5K 较易与 $\Delta T = 0.5$ ~ 1K 区域重叠，而 $\Delta T = 2$ ~ 3K 则往往与 $\Delta T = 1$ ~ 2K 区域位置类似，这种误差集中分布的趋势符合数据分布的逻辑性，从侧面保障了上述数据的可靠性。

研究推测，上述误差主要来自两种监测方式垂向深度不同导致的海表温度深度误差。由于卫星测得的海表温度仅测得真光层可穿透的表层皮温（SSTskin），测得海温深度较为有限（10 ~ 20 μm，MODIS 红外波长为 11 μm），而走航式传感器 SBE21 所测得的是深度小于 1 m 的表层体温（SSTdepth）。根据海温垂向分布模式可以发现，南大洋春夏季日照时间长，垂向温跃层显著，在海气热交换较弱的情况下会造成海表体温低于海表皮温。有研究结果（Donlon et al.,

2002）认为垂向混合层深度大，且海面风速大于6 m/s的区域可以减弱两者间的ΔT，则海表皮温可以用以取代海表体温，由于海表风场及垂向混合会加剧表层热交换，减少皮层及海水体的温差。

尽管极地中心也提供了“雪龙”船同步走航的气象数据能够查阅风场信息，但由于船航行时本身的船速影响，且气象数据与SBE21走航数据测量不同步，此处并未进一步研究南大洋风速对海表体温及皮温间ΔT的影响。在不考虑风速的情况下，南大洋海表皮温与体温的ΔT均值为0.65K ± 0.58K。

4.2.5　南极周边海洋动力环境遥感考察数据处理与图件制作

4.2.5.1　海面风场遥感调查数据处理与图件制作

分别对ASCAT散射计、HY-2A散射计和Oceansat-2散射计数据采用其数据中自带的质量控制条件对其进行质量控制，筛除异常数据。

（1）ASCAT散射计风场数据的质量控制条件为：wind_speed、wind_dir非默认值，wvc_quality_flag值为0。

（2）HY-2A散射计风场数据的质量控制条件为：wvc_lon、wvc_lat非默认值，wvc_quality_flag值为0。

（3）Oceansat-2散射计风场数据的质量控制条件为：wvc_lon、wvc_lat非默认值，wvc_quality_flag值为0。

基于经质量控制后的ASCAT散射计、HY-2A散射计和Oceansat-2散射计沿轨数据，经与NDBC、TAO、PIRATA和RAMA等浮标实测数据比较进行检验与修正后，利用最优插值网格化方法分别得到每日0.25° × 0.25°的海面风场网格数据，然后基于该网格数据开展海面风场的月平均、季平均计算。

采用最优插值方法对ASCAT散射计、HY-2A散射计和Oceansat-2散射计数据进行网格化处理，将空间分布不规则的数据处理为0.25° × 0.25°的网格化海面风场数据。网格化方法具体如下（Kako and Kubota，2006）：

$$A_g = B_g + \sum_{i=1}^{N} (O_i - B_i) W_i \tag{4-27}$$

其中，$A_g(B_g)$是网格点g的分析值（初猜值）；$O_i(B_i)$是观测点i的观测值（初猜值）；W_i是观测点i的权重；N是观测点的个数。

假定无偏、无关情况下，最合适的权重定义为：

$$\sum_{j=1}^{N}\sum_{i=1}^{N} (\mu_{ij}^B + \mu_{ij}^O \lambda_i \lambda_j) W_i = \mu_{ig}^B \tag{4-28}$$

其中，$\mu^B(\mu^O)$是观测点i和j的初猜值（观测值）的误差相关系数；λ是这两个误差标准偏差的比值，定义为：

$$\lambda = \frac{\sigma^O}{\sigma^B} \tag{4-29}$$

其中，$\sigma^B(\sigma^O)$是初猜值（观测值）误差的标准偏差，参考Kako和Kubota (2006)的研究，假定为1。μ^B的定义为：

$$\mu_{ij}^B = \exp(-r_m^2 / L_m^2 - r_z^2 / L_z^2) \tag{4-30}$$

其中，$r_z(r_m)$ 是两个任意观测点 i 和 j 的纬向（经向）距离；L_z 和 L_m 是纬向和经向上的特征尺度。在本研究中，分别取为 300 km 和 150km。

μ^O 的值假定为 1（0）对于相同（不同）观测点间。本研究中海面风场初猜值采用 NCEP/NCAR 提供的 NRA1(Kalnay et al.,1996) 的日平均风场数据。

利用上述最优插值网格化方法，基于多源散射计数据融合得到南极周边海域每天的海面风场网格化数据。由调查区域逐日海面风场网格数据计算得到每月的月平均风速风向数据和海面风场季平均数据，基于所得数据分析海面风场月、季变化特征。具体计算公式如下：

$$U_{ij} = \frac{1}{N}\sum_{n=1}^{N} u_{ij}^{n}, \overline{\theta}_{ij} = \frac{1}{N}\sum_{n=1}^{N} \theta_{ij}^{n} \qquad (4\text{–}31)$$

其中，U_{ij}、$\overline{\theta}_{ij}$ 为 (i,j) 网格点上的风速风向月份或季节平均值；u_{ij}^{n}、θ_{ij}^{n} 为某月份或季节的第 n 天 (i,j) 网格点处的风速风向；N 为该月份或该季节的有效数据天数。

基于 2011—2013 年每天的海面风场融合网格数据与计算得到的月平均和季平均数据，分别绘制南极周边海域逐日、月平均和季平均海面风场风速风向分布图。图 4-87 ~ 图 4-92 分别为 2011—2013 年部分月平均和季平均分布图，专项制作的图件可参见《南极环境遥感考察图集》。

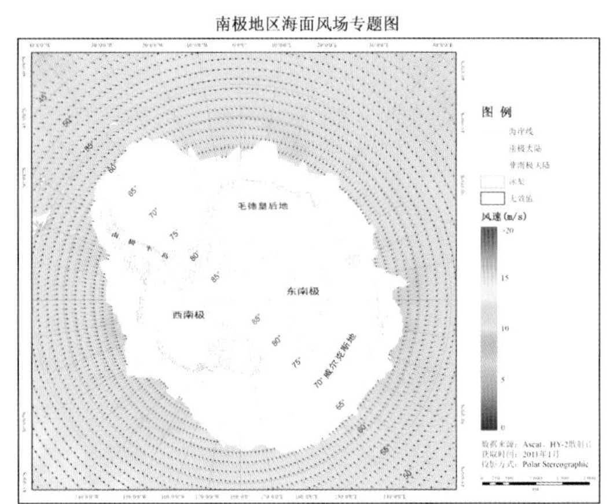

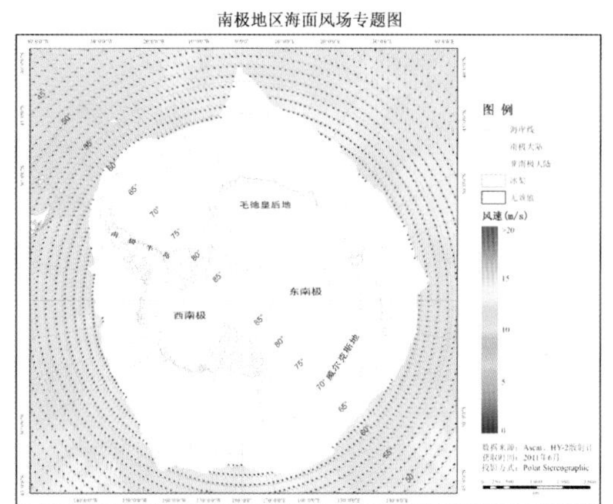

图4-87 2011年南极周边海域海面风速风向月均分布图

空白区为海冰覆盖区或测量不准确区

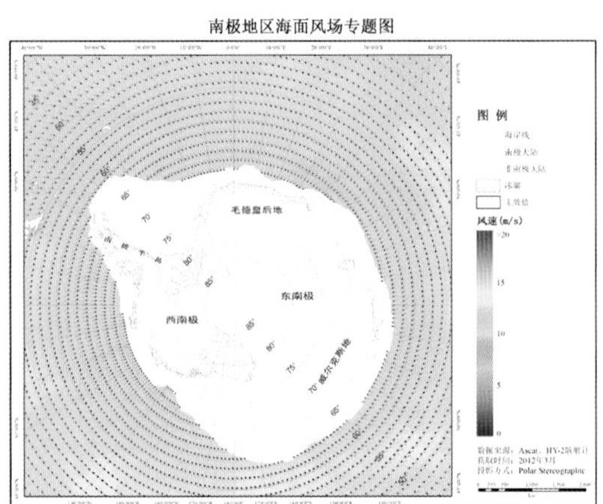

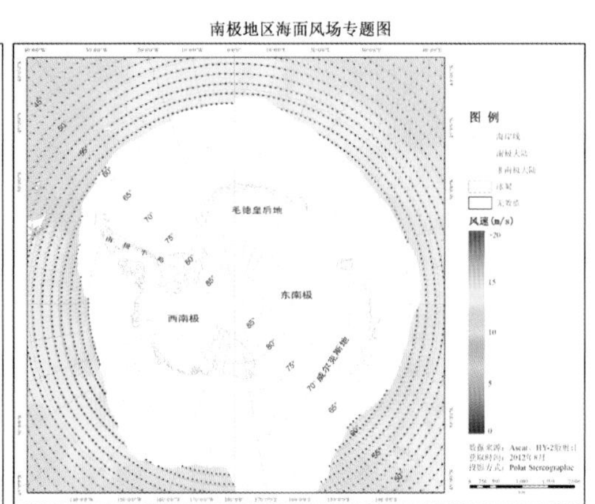

图4-88 2012年南极周边海域海面风速风向月均分布图

空白区为海冰覆盖区或测量不准确区

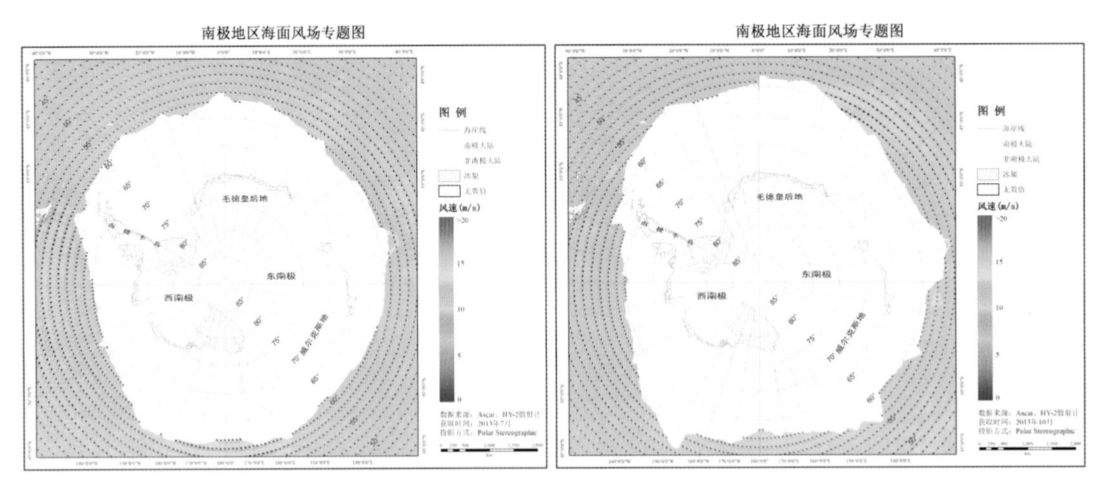

图4-89　2013年南极周边海域海面风速风向月均分布图

空白区为海冰覆盖区或测量不准确区

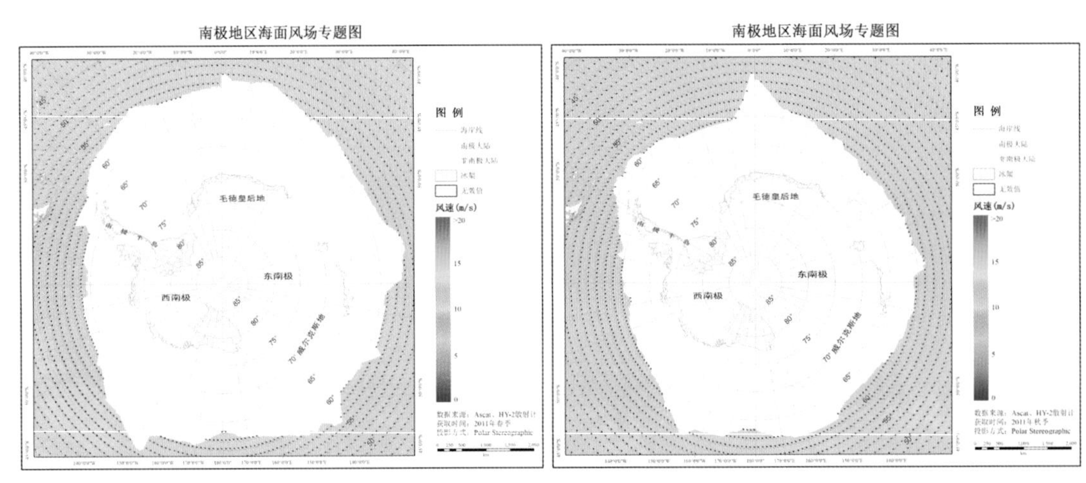

图4-90　2011年南极周边海域海面风速风向季均分布图

空白区为海冰覆盖区或测量不准确区

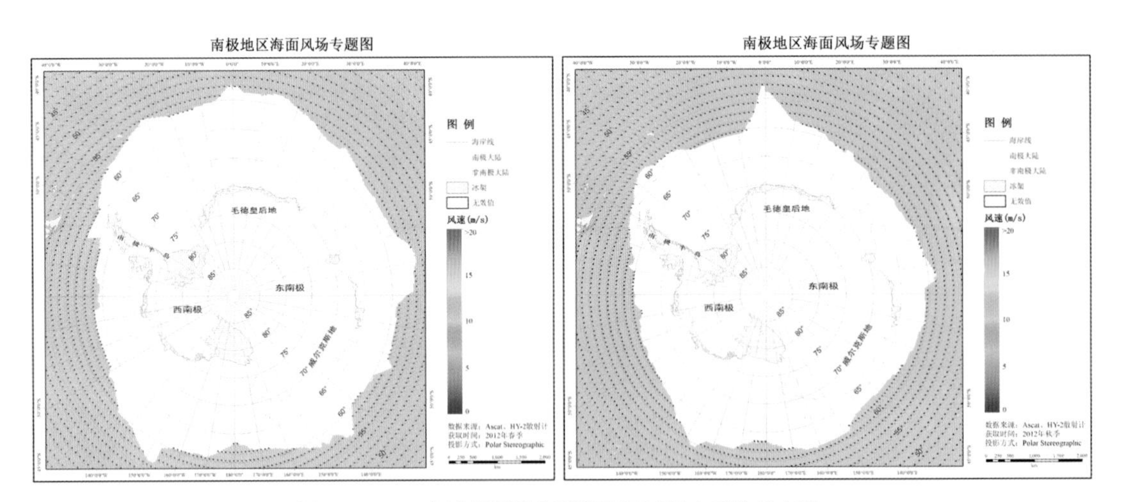

图4-91　2012年南极周边海域海面风速风向季均分布图

空白区为海冰覆盖区或测量不准确区

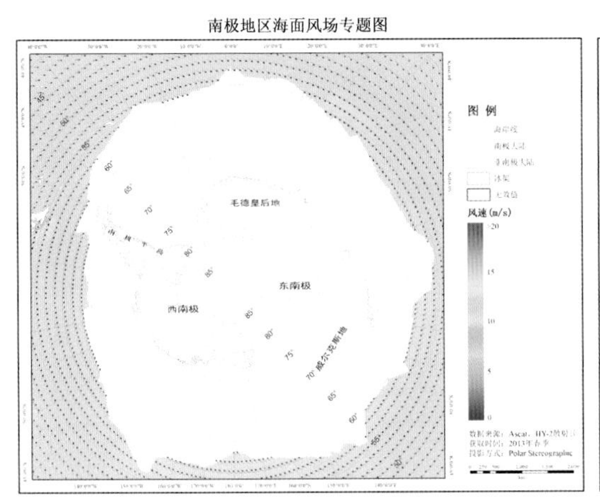

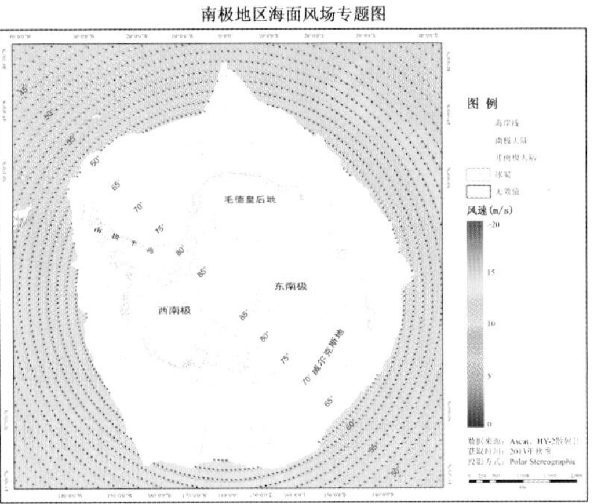

图4-92　2013年南极周边海域海面风速风向季均分布图

空白区为海冰覆盖区或测量不准确区

4.2.5.2　海浪遥感调查数据处理与图件制作

对 HY-2A 高度计、Jason-1/2 高度计、Envsiat RA-2 和 Cryosat-2 高度计数据采用其数据中自带的质量控制条件对其进行质量控制，筛除异常有效波高数据。此外，有效波高数据中去除了波高大于 7m 的观测值。

各高度计数据经质量控制后，采用反距离加权法进行网格化，得到每日的 0.25°×0.25° 的海浪有效波高网格数据。反距离加权法是目前较为常用的空间插值方法，该方法中观测点离网格点中心越近，其对插值的贡献越大；距离越远，贡献越小。计算公式如下：

$$Z_{ij}=\sum_{s=1}^{n} Z_s W_s \Big/ \sum_{s=1}^{n} W_s \tag{4-32}$$

其中，Z_{ij} 是 (i, j) 网格点的计算值；Z_s 为观测值；$W_s=1/d_s$ 为权重；d_s 为网格点与观测点的距离。

利用上述反距离加权方法，基于多源卫星高度计有效波高数据融合得到南极周边海域每天的海浪波高网格化数据。由调查区域逐日海浪有效波高网格数据计算得到月平均和季平均数据，基于所得数据分析海浪有效波高月、季变化特征。具体计算公式如下：

$$swh_{ij}=\frac{1}{N}\sum_{n=1}^{N} h_{ij}^{n} \tag{4-33}$$

其中，swh_{ij} 为 (i, j) 网格点上的有效波高月或季平均值；h_{ij}^{n} 为某月份或季节的第 n 天 (i,j) 网格点处的有效波高；N 为该月份或该季节的有效数据天数。

基于 2011—2013 年每天的高度计融合有效波高网格数据与计算得到的月平均和季平均数据，分别绘制南极周边海域逐日、月平均和季平均海浪有效波高分布图。图 4-93 ~ 图 4-98 分别为 2011—2013 年的部分月平均和季平均分布图，专项制作的图件可参见《南极环境遥感考察图集》。

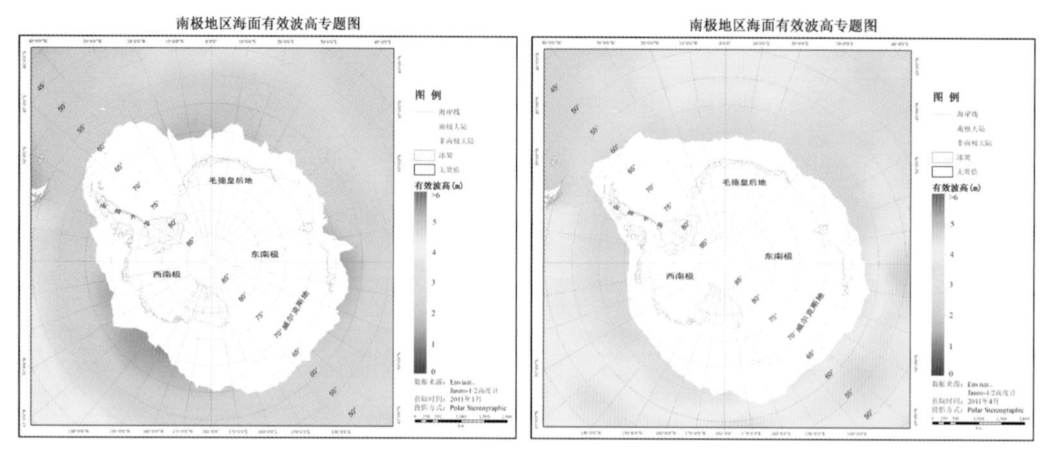

图4-93　2011年南极周边海域海浪有效波高月平均分布图

空白区为海冰覆盖区或测量不准确区

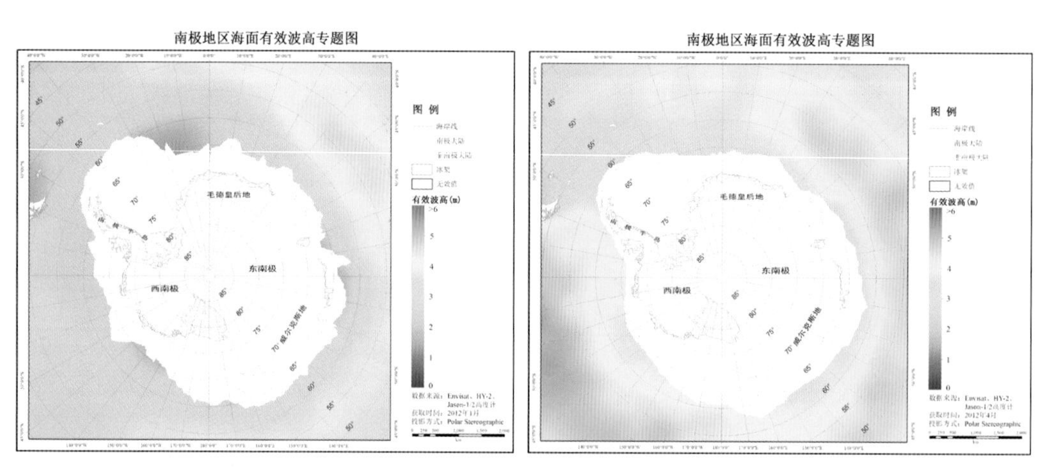

图4-94　2012年南极周边海域海浪有效波高月平均分布图

空白区为海冰覆盖区或测量不准确区

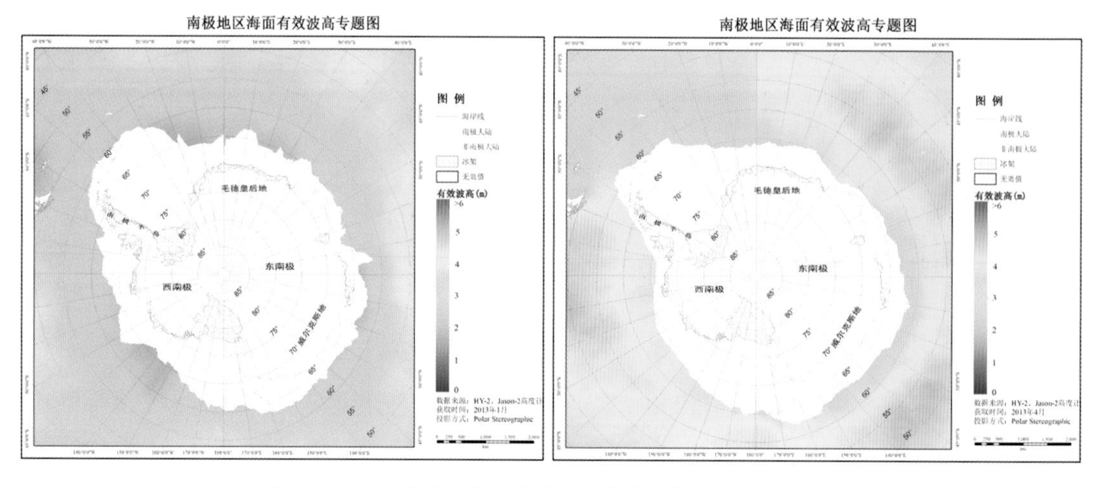

图4-95　2013年南极周边海域海浪有效波高月平均分布图

空白区为海冰覆盖区或测量不准确区

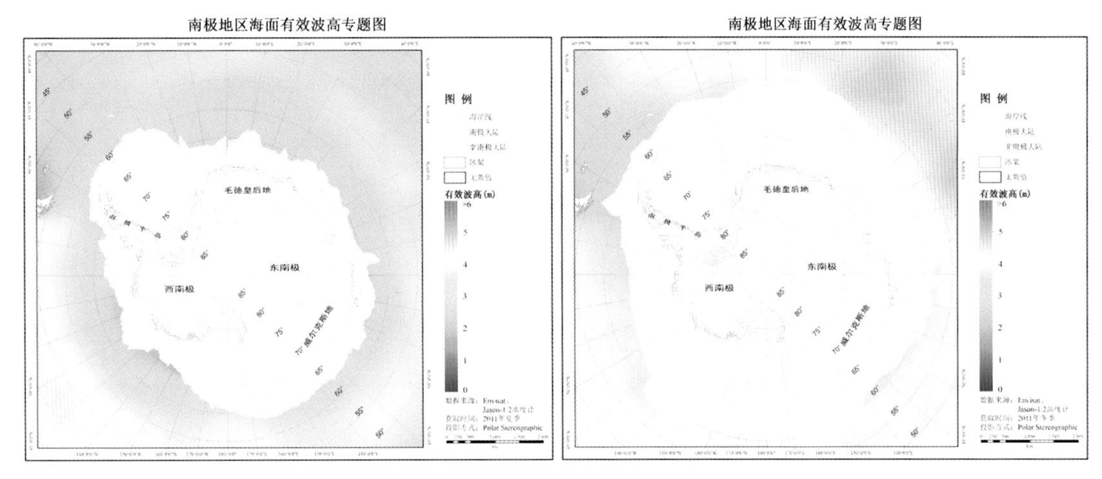

图4-96 2011年南极周边海域海浪有效波高季平均分布图

空白区为海冰覆盖区或测量不准确区

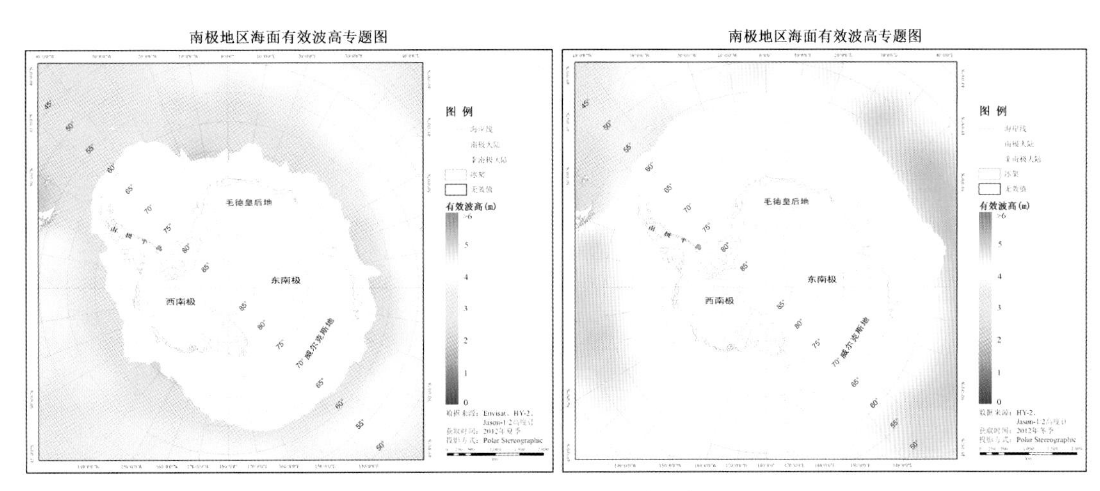

图4-97 2012年南极周边海域海浪有效波高季平均分布图

空白区为海冰覆盖区或测量不准确区

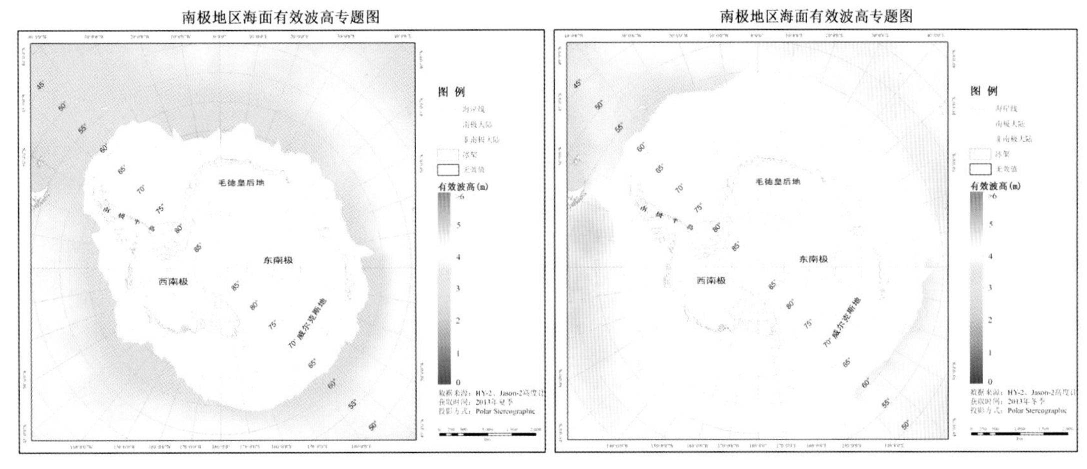

图4-98 2013年南极周边海域海浪有效波高季平均分布图

空白区为海冰覆盖区或测量不准确区

（三）数据精度检验

为了保证南极周边海域海洋动力环境遥感调查结果的准确性，分别对海面风场和海浪调查所使用的遥感数据进行了精度检验，以此来保证所使用数据的质量。

（1）海面风场调查所用散射计数据的精度检验

利用 NDBC (National Data Buoy Center, NOAA)、TAO (Tropical Atmosphere Ocean, NOAA/PMEL)、PIRATA (Prediction and Research Moored Array in the Atlantic, NOAA/PMEL)、RAMA (Research Moored Array for African–Asian–Australian Monsoon Analysis and Prediction, NOAA/PMEL) 等浮标数据，选取时间尺度为 30 分钟、空间尺度为 25 km，通过时空匹配，分别针对 ASCAT 散射计、HY-2A 散射计开展了数据精度验证，数据比较误差见表 4-23、表 4-24。

用于 HY-2A 散射计精度验证的浮标位置见图 4-99。

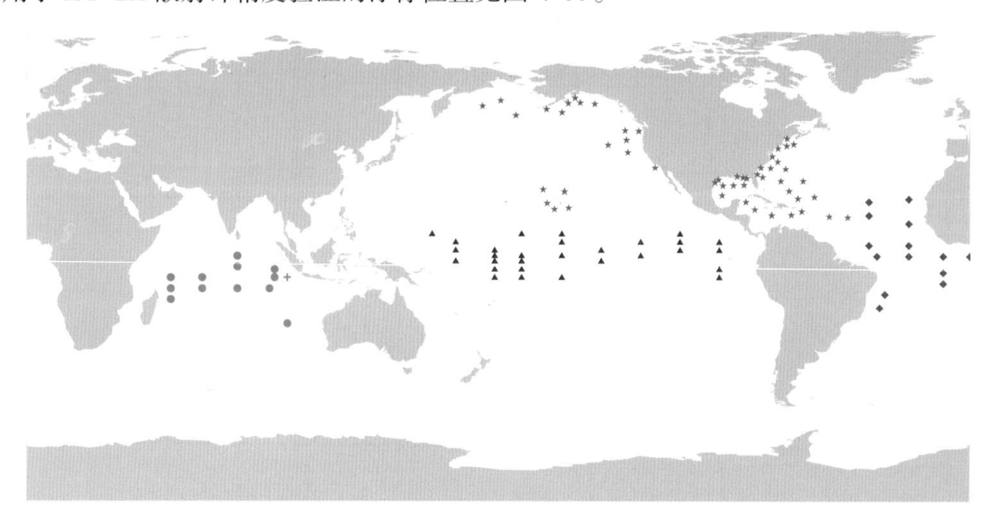

图4-99 用于HY-2A散射计海面风场精度验证的全球区域的浮标位置示意图

圆点为RAMA；三角形为TAO；五角星为NDBC；菱形为PIRATA

对浮标实测风速数据进行处理，根据风速实测高度将其转换到海面以上 10 m 处的海面风速。然后，计算海面风速和风向的平均偏差和均方根偏差。海面风速和风向匹配数据比较散点图和误差计算结果如图 4-100。

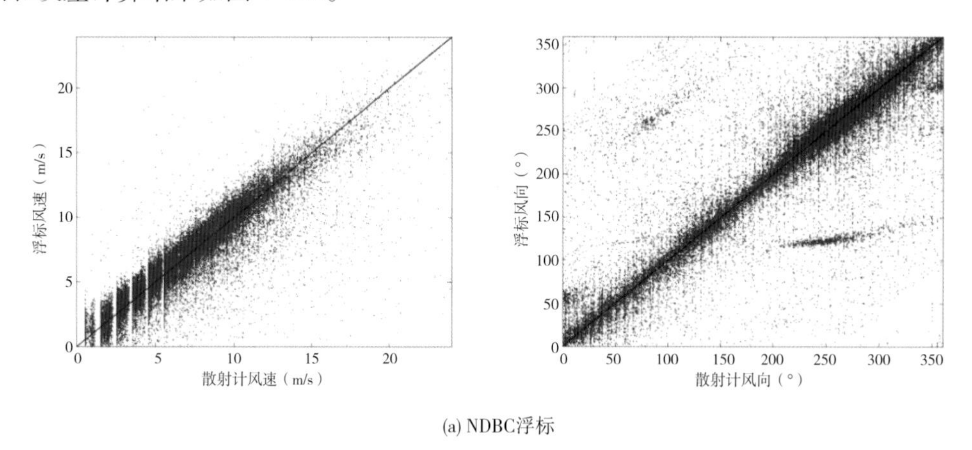

(a) NDBC浮标

图4-100 HY-2A散射计与不同类型浮标实测数据匹配结果比较散点图

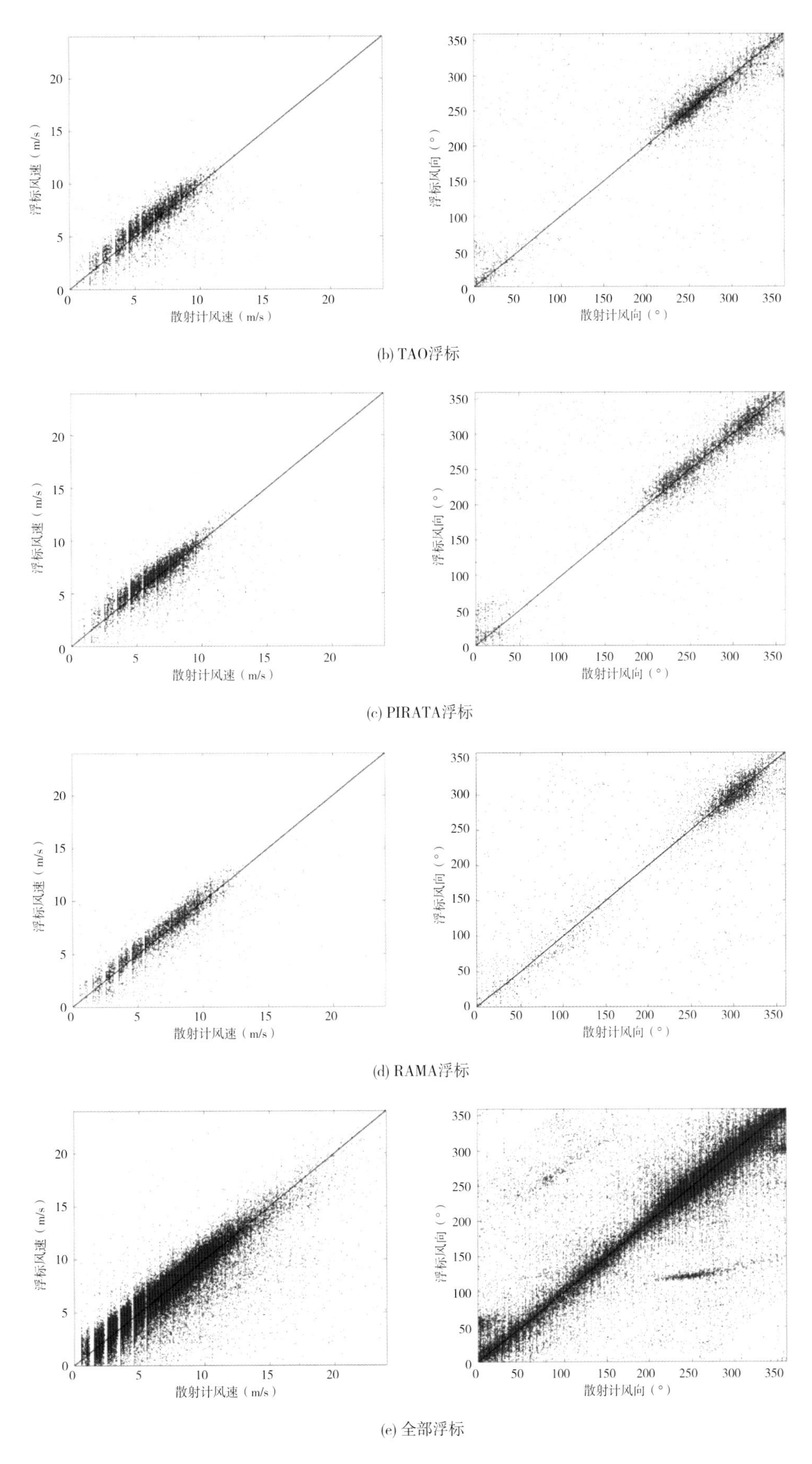

(b) TAO浮标

(c) PIRATA浮标

(d) RAMA浮标

(e) 全部浮标

图4-100 HY-2A散射计与不同类型浮标实测数据匹配结果比较散点图（续）

表4-23 HY-2A散射计与不同类型浮标实测数据比较误差表

误差	NDBC	TAO	PIRATA	RAMA	全部
风速平均偏差 (m/s)	0.11	0.01	−0.004	0.07	0.08
风速均方根偏差 (m/s)	1.58	1.55	1.48	1.45	1.56
风向平均偏差 (°)	6.80	4.73	3.12	4.21	6.04
风向均方根偏差 (°)	50.13	47.44	45.03	44.41	48.97

用于 ASCAT 散射计精度验证的浮标位置见图 4-101。

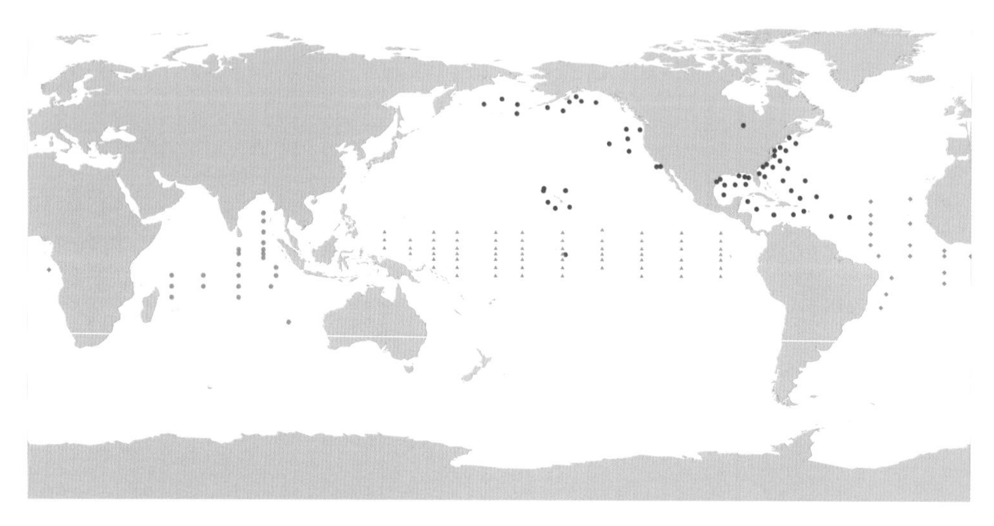

图4-101 用于ASCAT散射计海面风场精度验证的全球区域的浮标位置示意图

圆点为RAMA；三角形为TAO；五角星为NDBC；菱形为PIRATA

同样，对浮标实测风速数据进行处理，根据风速实测高度将其转换到海面以上 10 m 处的海面风速。然后，计算海面风速和风向的平均偏差和均方根偏差。海面风速和风向匹配数据比较散点图和误差计算结果如图 4-102。

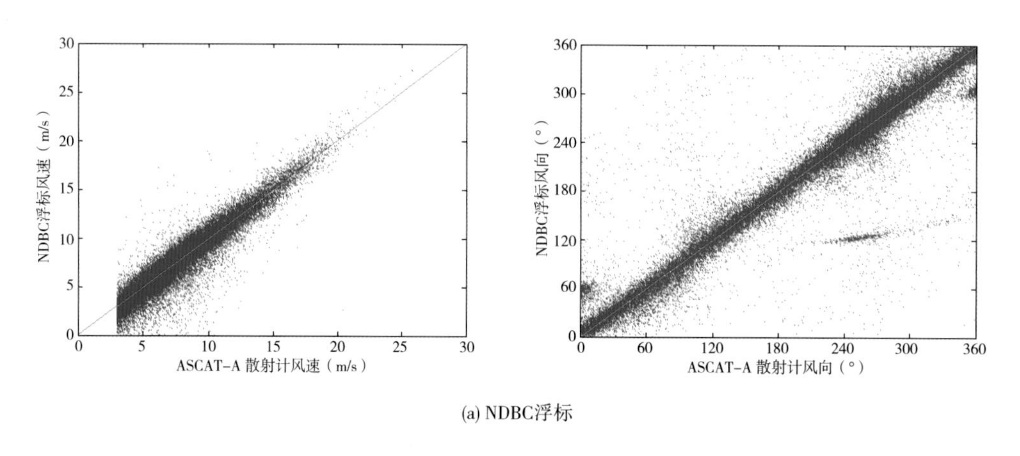

(a) NDBC浮标

图4-102 ASCAT散射计与不同类型浮标实测数据匹配结果比较散点图

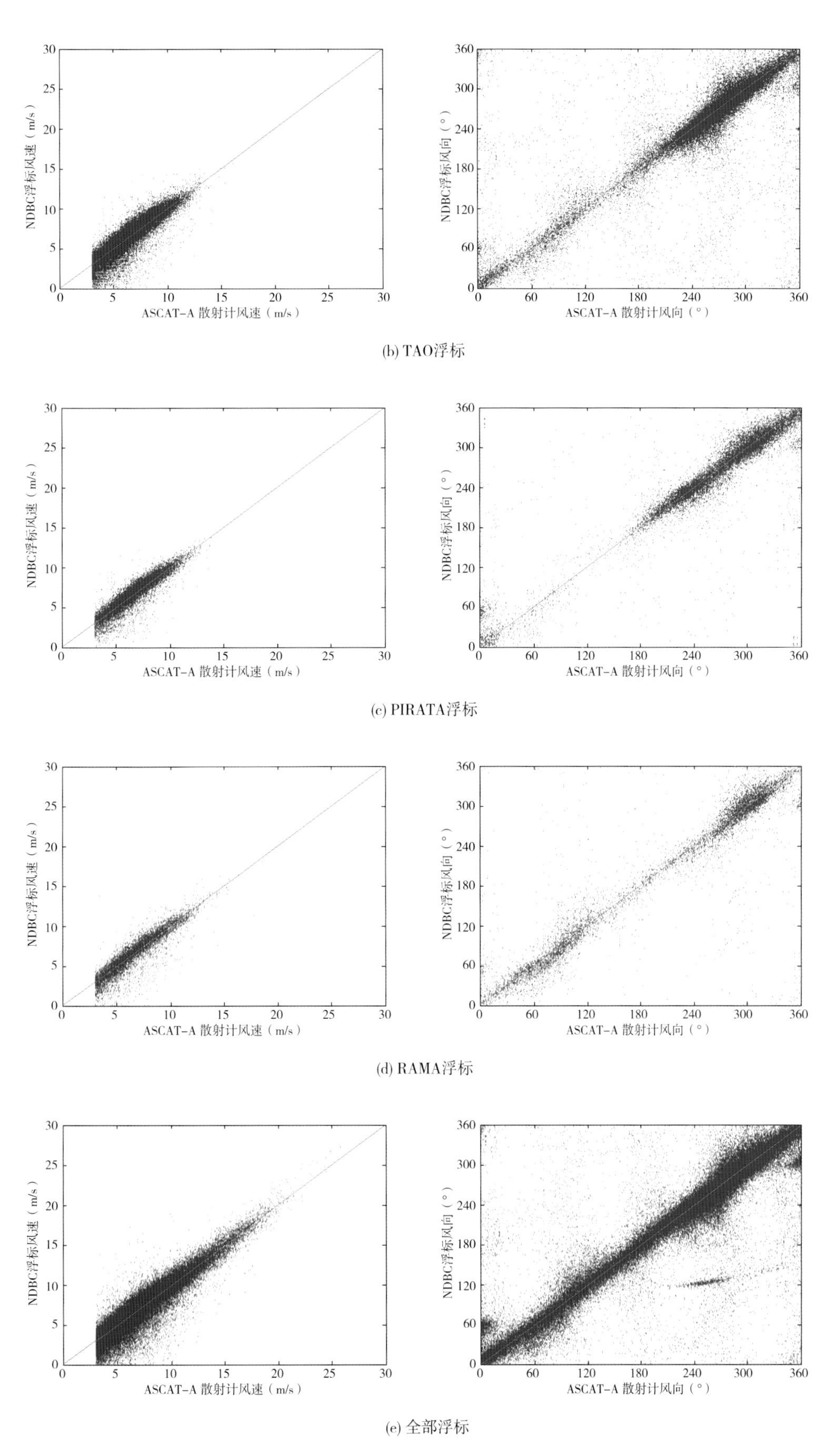

(b) TAO浮标

(c) PIRATA浮标

(d) RAMA浮标

(e) 全部浮标

图4-102 ASCAT散射计与不同类型浮标实测数据匹配结果比较散点图（续）

表4-24 ASCAT散射计与不同类型浮标实测数据比较误差表

误差	NDBC	TAO	PIRATA	RAMA	全部
风速平均偏差 (m/s)	0.08	−0.09	−0.07	0.08	$6.91e^{-4}$
风速均方根偏差 (m/s)	0.98	0.92	0.81	1.06	0.94
风向平均偏差 (°)	1.62	2.84	2.08	2.30	2.17
风向均方根偏差 (°)	26.41	34.87	29.67	36.94	30.89

（2）海浪调查所用高度计数据的精度检验

利用 NDBC 浮标数据对 Jason-1/2、HY-2A 高度计有效波高数据进行精度检验。有效波高数据比较散点图和误差计算结果如图 4-103、表 4-25。

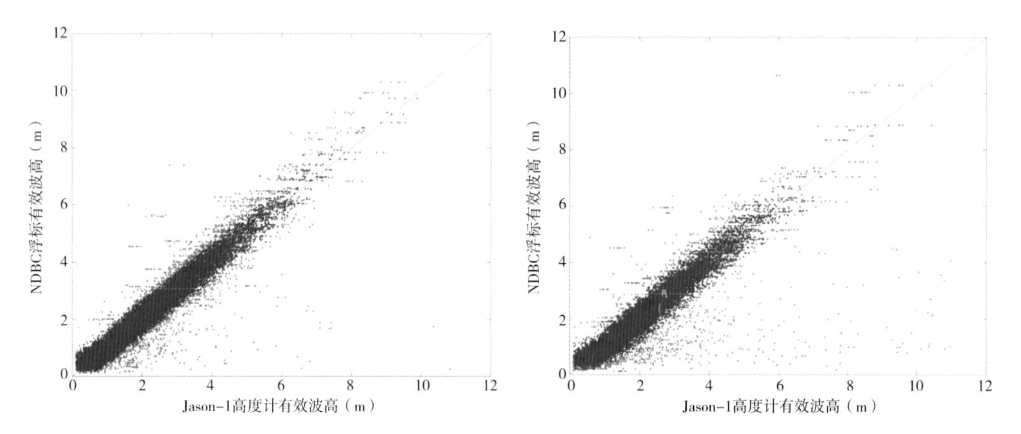

图4-103 Jason-1（左）和Jason-2（右）高度计有效波高与NDBC浮标数据比较散点图

红色表示匹配数据对差值正态分布2以外的数据

表4-25 Jason-1/2高度计有效波高与NDBC浮标实测数据比较误差表

误差	Jason-1		Jason-2	
	总体	2（95.44% 置信区间）	总体	2（95.44% 置信区间）
匹配数据对	40 147	38 801	34 492	33 751
平均偏差 (m)	−0.036 1	−0.038 8	0.008 3	−0.013 0
均方根偏差 (m)	0.328 6	0.225 6	0.449 7	0.245 6

基于 NDBC 浮标数据开展了 HY-2A 高度计有效波高精度评价。选取 0.5° 的空间窗口和 30 分钟的时间窗口，利用 60 个 NDBC 浮标数据，对 HY-2A 有效波高进行匹配，共得到 902 个匹配数据，比较散点图见图 4-104。HY-2A 与浮标数据之间的偏差为 0.172 m，均方根误差为 0.297 m。

通过上述对南极周边海域海洋动力环境遥感调查所使用多源遥感数据的精度检验结果可以看出，所使用的遥感数据满足调查要求。

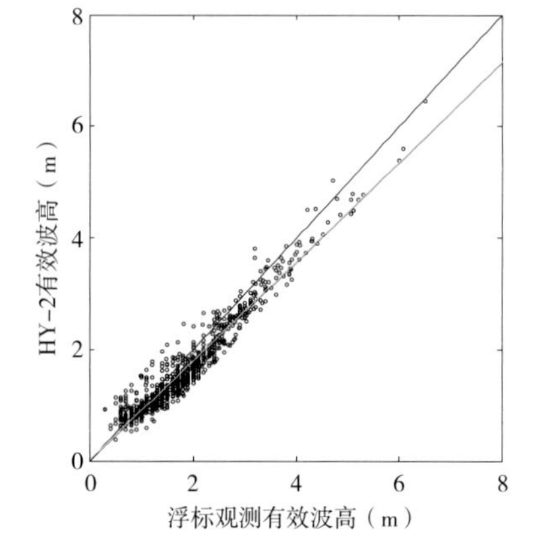

图4-104 HY-2A高度计（左）与NDBC浮标有效波高数据的比较散点图

4.2.6 南极气象环境遥感考察数据处理与图件制作

4.2.6.1 MODIS 数据处理

利用南极两站卫星接收系统随机附带的 MODIS 数据处理程序，以及美国威斯康辛大学研发的 DBVM 程序，将 MODIS 数据的 L0 数据转换为 L1B 数据和 L2 数据，获得 HDF 格式数据及图像文件。利用 MATLAB 程序读取 HDF 数据，利用气旋捕捉器提取气旋移动信息，并绘制气旋路径图。

按照不同天气状况和气旋活动，分类处理卫星数据，利用连续卫星数据。分析极地气旋的发源地、气旋强度、气旋中心位置及其移动规律、气旋消亡地点以及气旋的影响范围。

4.2.6.2 NECP 网站获取数据处理

使用 GrADS 软件对所采用的 FNL 数据进行计算、分析和绘图。FNL 数据的时间间隔为 6 小时，可追踪气旋发展和消亡过程的主要阶段特征。

采用的客观气旋自动识别算法来自雷丁大学的气旋追踪算法。该算法被广泛地应用于温带气旋、热带气旋以及特定气旋例如极地低压的研究当中。该方案可从海平面气压场中找出气压极值或者 850 hPa 涡度场中的涡度极值并以此追踪气旋。整个计算的过程主要分为 3 个步骤：滤波、气旋中心定位以及追踪。雷丁大学算法主要的思路是拉格朗日方法，按时间的间隔追踪气旋中心。

利用英国雷丁大学的气旋自动识别算法，建立了一套 2013 年南大洋气旋的数据分析集，内容包括：南大洋 2013 年气旋的活动密度、气旋生成源地、气旋消亡密度。基于数据集的内容，挑选出在 35°S 以南、过程大于 2 天、移动距离大于 1 000 km 的气旋。对气旋时间和移动距离的限定，目的是为消除低压扰动的干扰。

4.2.6.3 PMSL 数据处理

（1）数据筛选

每天 12 时次的原始遥感影像数据包首先经过筛选，挑选出实际使用的 PMSL 遥感数据。以每日 00 时、12 时、18 时 3 个时刻的 PMSL 数据为基本选取数据，当该时刻数据包缺失或者数据损坏时，以其他相邻时刻抓取的数据包内的 PMSL 数据补充使用；若其他时刻抓取数据包缺损，依次以该时刻或其他时刻数据包内其他遥感影像挑选补充替代使用。

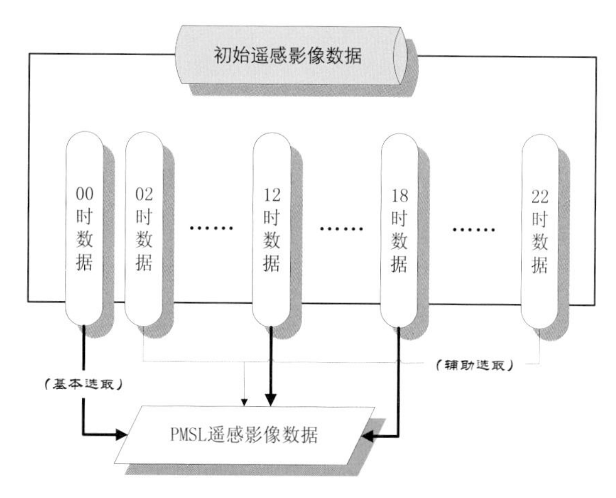

图4-105　PMSL遥感影像数据筛选

（2）数据处理

PMSL遥感影像数据兼具遥感影像的地面数据表现特征和海平面气压场数据，同时还具有遥感影像图的经纬度网格、南极地区陆地面边缘等成图的基础地理信息要素。因此，在为绕极气旋的中心位置确定和描述、气旋移动路径跟踪描绘提供遥感信息的同时，为专题制图提供了制图构建要素。在数据处理和信息提取的过程中，兼顾提取了这两方面的信息。

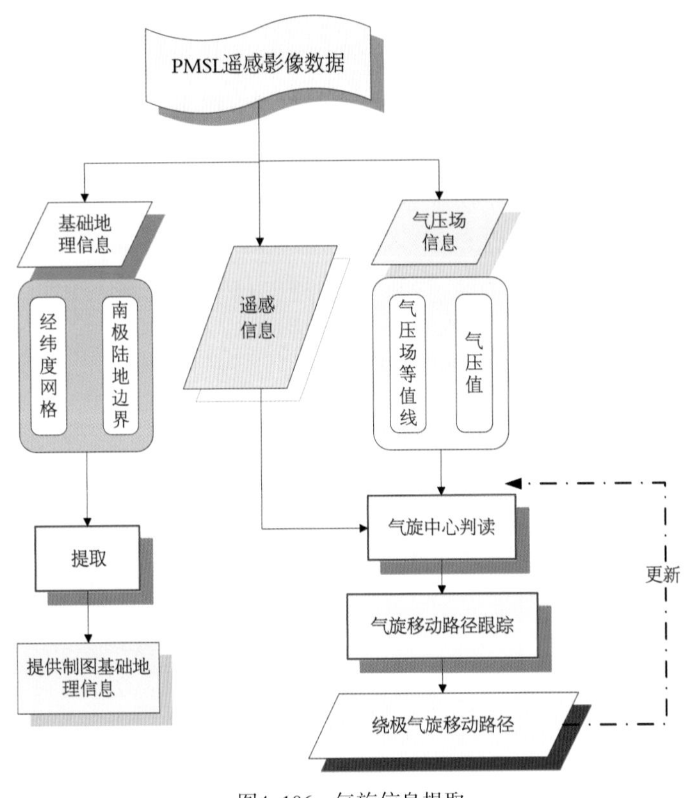

图4-106 气旋信息提取

（3）气旋判读

绕极气旋判读源于两个信息基础：以遥感影像螺旋云系中心判读为主，PMSL气压场信息辅助判读为辅。

遥感影像螺旋云系中心判读：根据气旋系统具有的特殊云系形态，目视直观判读遥感影像气旋云系螺旋形态之旋转中心作为气旋中心的位置。

PMSL气压场信息辅助判读：PMSL遥感影像图在遥感影像上融合有PMSL要素，以气压场等值线展绘和气压值标注为表现形式。绕极气旋具有低气压系统的特性，因此，根据PMSL气压场也可以对气旋中心予以判读。且低压中心的气压值亦作为描述气旋强度的重要指标。

绕极气旋的判读参照如表4-26所示的标准。

表4-26 绕极气旋判读标准

判读要素	云系遥感影像	PMSL信息
条件1	圆形螺旋云系 则是绕极气旋	涡型低气压场 <900BP 则是绕极气旋
条件2	半圆形螺旋云系 则需与PMSL联合判定	气压中心标注 <900BP 则需与云系联合判定

当影像中气旋云系中心和对应的 PMSL 气压场中心不吻合情况发生时：

①当气旋云系旋转中心清晰可见时：以云系中心为气旋中心位置描述；

②当气旋云系旋转中心模糊不清而 PMSL 气压场中心精确标注时：以 PMSL 气压场中心为气旋中心位置描述；

③当气旋云系旋转中心模糊不清而 PMSL 气压场中心标注范围较大时：结合云系中心和气压场中心，综合考虑，适度调整，确定最合理的气旋中心位置描述。

4.2.6.4 专题图件制作

使用 GrADS 软件对所采用的 FNL 数据进行计算、分析和绘图，主要绘制的专题图包括：①南大洋 MSLP 及可降水量月平均图；②南大洋海表面层气温月平均图；③南大洋 sigma0.995 高度层气温月平均图，示例图件分别如图 4-107 ~图 4-109 所示。

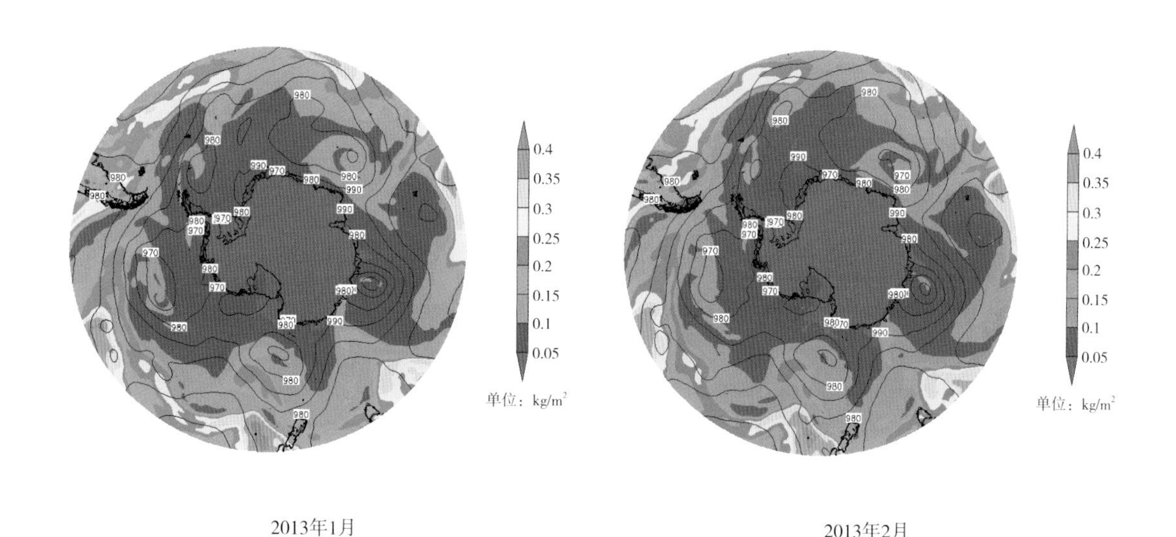

图4-107 南大洋MSLP及可降水量月平均图

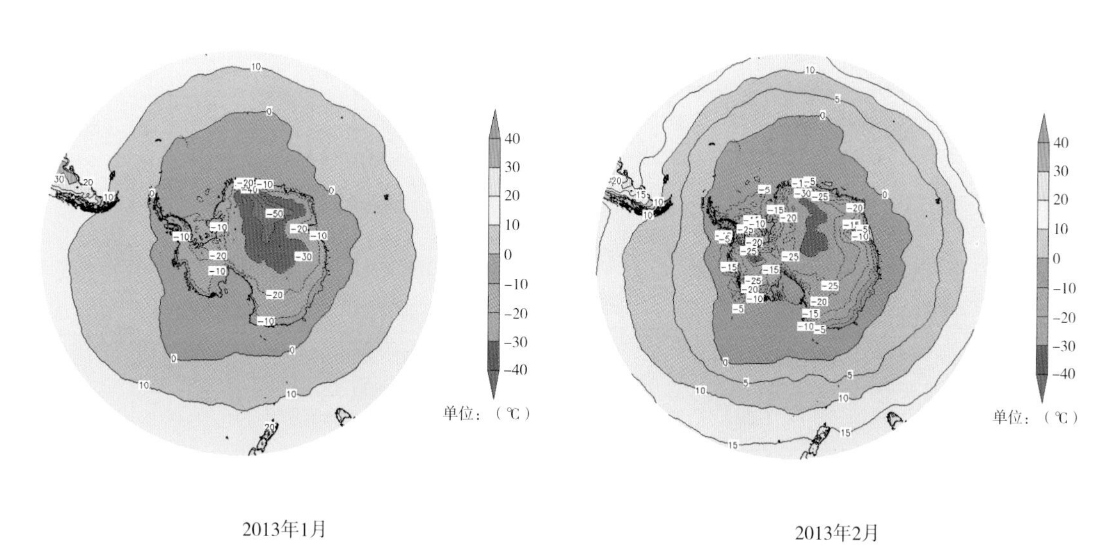

图4-108 南大洋海表面层气温月平均图

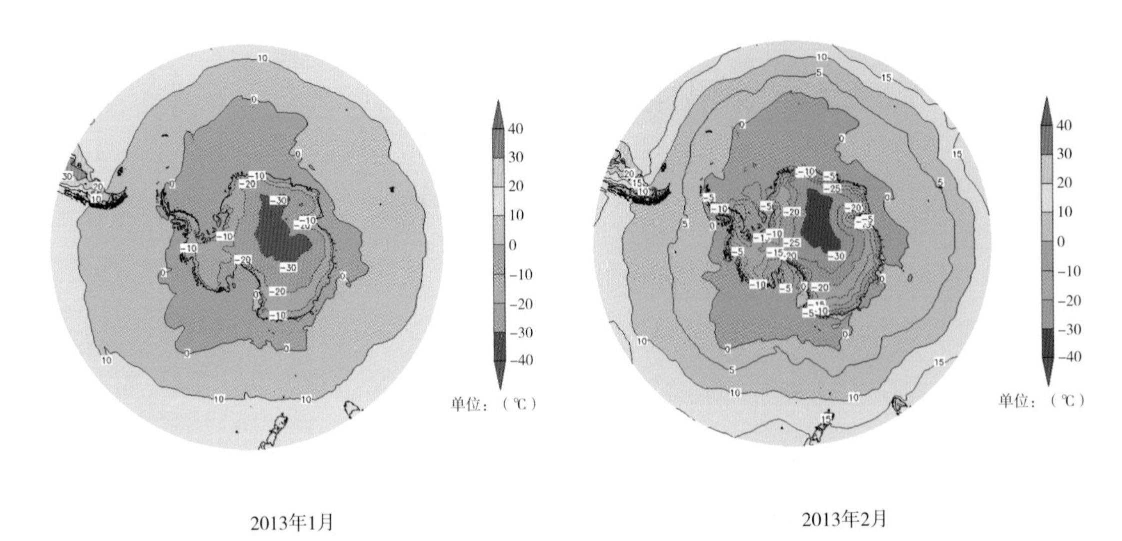

图4-109　南大洋sigma0.995高度层气温月平均图

绕极气旋移动路径图的制作是一个循环迭代、积累更新的过程。基于每日3时次的PMSL遥感影像数据，逐幅进行气旋中心的判读和移动路径的积累标注，生成气旋移动路径的描述影像图。

南极地区绕极气旋的发生数量大，气旋移动路径经度跨度大，气旋此消彼长，前几个气旋尚未消亡，后面连续不断地生成新的气旋，因此难以以分时段统计的方式一起描述。基于遥感影像信息量大、数据量大的前提条件，本研究以月的上、中、下旬为单位，每日三时次逐时次展绘绕极气旋中心，跟踪描述移动路径，生成逐日南极绕极气旋移动路径图件，图4-110为绕极气旋专题示例图。

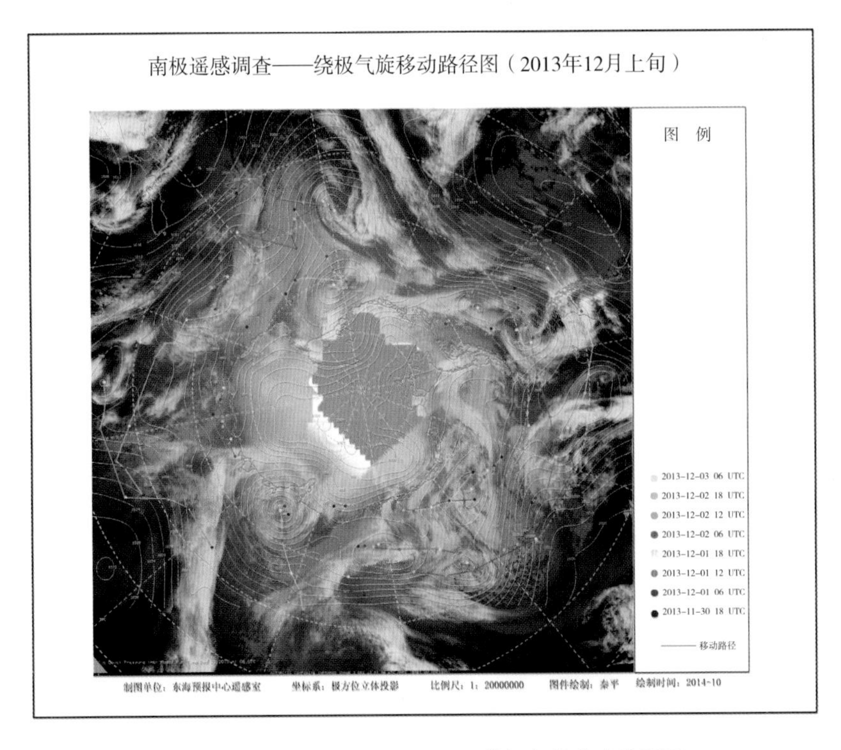

图4-110　2013年12月03日06UTC 绕极气旋移动路径图

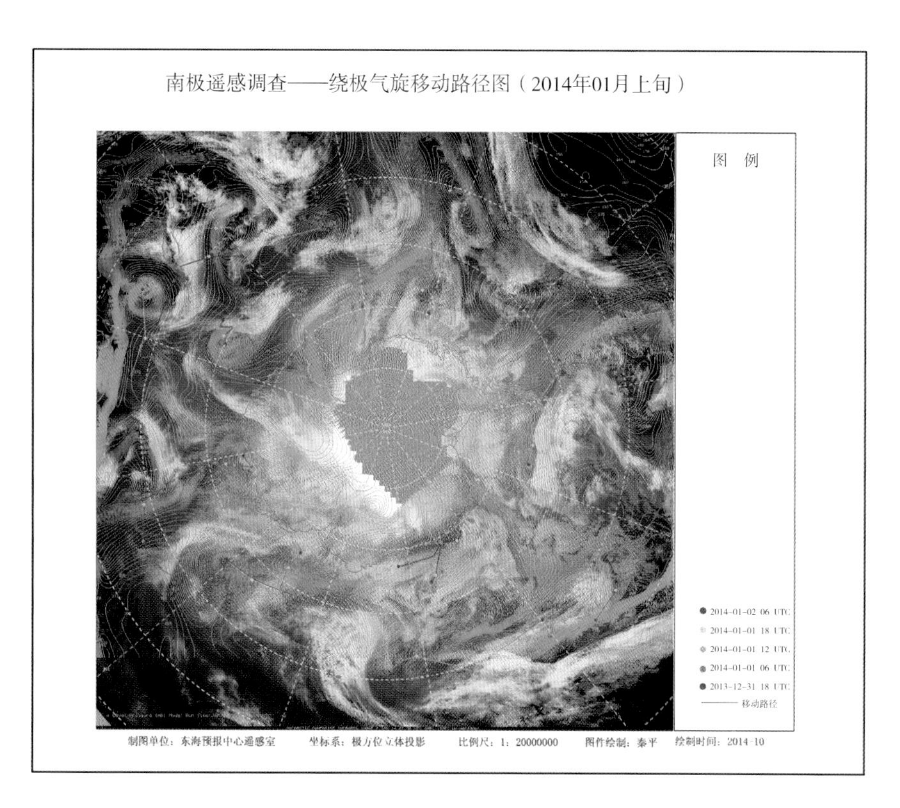

图4-111　2014年01月02日06UTC 绕极气旋移动路径图

4.3　数据质量控制与监督管理

为保证考察成果的质量，依据《南北极环境综合考察与评估专项质量控制与监督管理办法》，课题组成立了质量控制保障小组，建立了一套质量检查与控制流程，开展数据与成果质量自检、互检、子专题负责人专检、最后由课题负责人认定的质量控制与监督管理机制，以保障专项任务的高质量完成。

4.3.1　质量控制流程

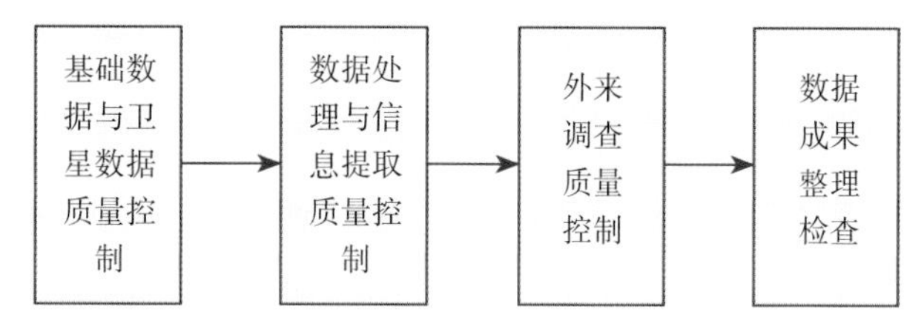

图4-112　质量检查控制流程图

（1）基础数据与卫星数据质量控制

对基础数据的完整性与可靠性进行检查，保障项目所用基础数据的真实可靠。同时对项目获取的卫星遥感数据进行质量检查，确保卫星数据的成像时间、过境周期、数据质量满足项目考察的要求。

（2）数据处理与信息提取质量控制

遥感卫星数据处理包括对相关卫星数据进行大气校正、几何校正、影像配准、镶嵌、匀色、融合等预处理及采用相关信息提取技术和算法开展专题信息提取。大气校正重点检查采用模型是否合适、图像清晰度和对比度是否增强。几何校正配准重点检查采用方法是否恰当、精度是否符合技术指标要求。镶嵌重点检查接边处的衔接效果（包括位置和色调）。数据融合主要检查融合图像的配准精度以及纹理、色彩、亮度、对比度和层次。信息提取主要采用相应的反演算法，开展调查要素的提取工作，对反演结果，采用现场实测结果和星星交叉比对的方式进行精度评定，对于不满足精度要求的数据进行剔除与重处理。

（3）外业调查质量控制

外业调查前检查调查设备、调查记录表和调查点位分布是否准备齐全。外业调查后检查实测数据是否正常，调查记录表填写是否规范正确，图表是否一致。

（4）数据成果整理检查

与课题设定的工作量进行对比，检查各自专题的任务完成情况和成果质量是否完整齐全并满足相关技术指标要求。

4.3.2 质量保障体系

依据《“南北极环境综合考察与评估”专项质量控制与监督管理办法》，在CHINARE-02-04专项质量保障组的具体指导下，对任务开展的全过程实施质量控制与监督管理，保证任务从启动、中间研制过程直至验收，实施全面的质量管理工作，以保障专项任务高质量完成。

（1）明确分工，各负其责

首先明确任务的内容和指标，对项目任务进行详细分解，在此基础上，根据任务单元特点，结合各承担业务特长，明确了各单位任务分工，各单位课题组，并指定负责人。

（2）保持沟通，相互促进

在任务进程中，卫星中心组织各单位课题组人员之间经常性地保持沟通，并就遇到的问题进行商议，寻找解决的办法，这样大大加强了不同专业人员之间的交流，不仅对工作本身是个促进，而且对不同领域的技术人员技术和水平的提高，也起到了很大的作用。

（3）阶段检查，保证进度

除了明确分工，保持沟通外，还按照任务书和实施方案规定的时间节点，对任务的完成情况进行严格的阶段性检查，以保证整个项目的进度。

（4）严格执行质量管理体系

在生产和作业中严格遵循相关规定。严格执行相关质量规范，认真填写相关质量控制过程记录，保证各环节有据可查和作业的可追溯性。

任务承担单位将对课题严格管理，为保证按进度完成，将按月检查课题进展计划进度，同时从人员、经费和设备等多方面给予支持。任务承担单位与合作单位的主要技术人员将定期进行例会，就工作中进度、存在的问题进行讨论，形成会议纪要，下发各单位。

任务合作单位在支撑条件和管理上积极给予保证，课题的总体实施与协调、数据采集等，将从多种渠道获得支持。总体的课题分工明确，责任到位，使课题有保障按期高质量完成。

4.4 数据整体评价情况

4.4.1 南极地理基础遥感测绘数据评价

4.4.1.1 全南极综合 DEM 精度分析

为了分析综合 DEM 的精度，将其与全南极 RAMP DEM 进行差值比较。如图 4-113 所示为综合 DEM 与 RAMP DEM 的差值分布图。1 km 分辨率的 RAMP DEM v2，其高程精度在坡度较缓的内陆地区为 7.5 m，在坡度较陡的海岸地区为 15 m，在 81.5°S 以内的南极高原地区为 50 m，崎岖的山区误差达到 100 m。综合 DEM 与 RAMP DEM 的差值，在南极绝大部分地区在 ± 20 m 以内，而较大值区域主要分布在海岸边缘区域、横断山脉区域、81.5°S 以内的南极高原地区及南极半岛中地形较陡的山区等，这与 RAMP DEM 的精度分布基本一致。

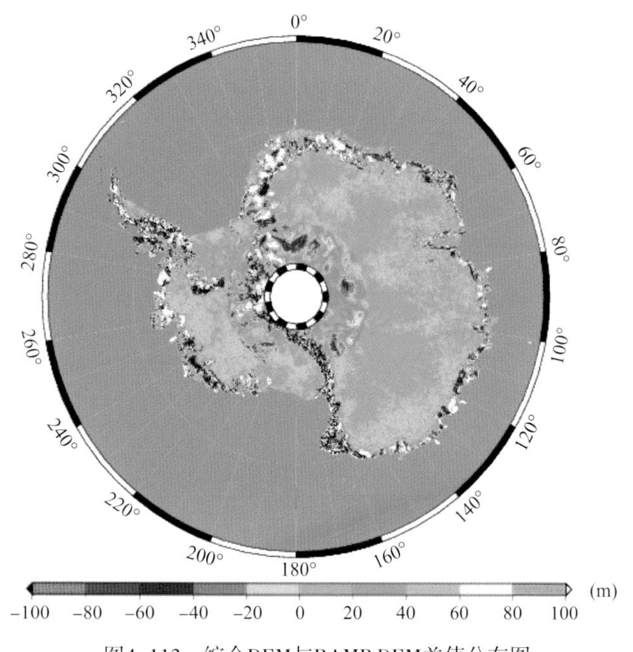

图4-113　综合DEM与RAMP DEM差值分布图

此外，采用所有的 ICESat 采样点（未重采样），对综合 DEM 的精度进行评估。结果表明两者差值主要集中在 ± 10 m 以内，差值均方根为 3.828 m，表明综合 DEM 的精度达到 4 m。这说明 ICESat 数据完全被综合 DEM 所吸收，综合 DEM 采用 ICESat 使得其精度大幅提高，而且综合 DEM 的分辨率达到了 ERS-1 格网的分辨率，因此综合 DEM 综合了 ERS-1 格网和 ICESat 格网在精度和分辨率上的优势。

4.4.1.2 ASTER DEM 精度评价

由于 ICESat 相对 ASTER 数据具有很高的水平和垂直精度，而研究区域受气候、环境条件限制，缺乏大量可靠的实测数据，这里选取作为高程控制点之外的另一部分 ICESat/GLAS 测高轨迹数据点作为检查点，对提取的 DEM 进行精度检验。如表 4-27 所示，表中为统计的 ASTER DEM 与 ICESat 检查点比较的精度信息。

表4-27 ASTER DEM精度统计信息

影像编号	ASTER DEM 与 ICESat/GLAS 测高数据比较精度统计信息			
	最小差值 (m)	最大差值 (m)	平均高差 (m)	RMSEz(m)
09001	6.7	21.5	13.4	3.8
09002	−13.4	19.7	0.2	8.4
09003	−23.3	34.1	9.6	17.6
09004	−7.1	36.2	17.1	13.2
09005	−43.2	11.2	−6.4	12.8
09006	−48.1	9.2	−24.1	5.6
09007	−30.6	30.1	−0.8	18.4
034005	−25.7	19.1	−8.9	10.3
017	−34.9	32.9	−7.2	17.7

从表 4–27 的 ASTER DEM 与 GLAS 测高数据的比较可以看出：多个立体像对获取的 DEM 与 ICESat/GLAS 测高数据具有很高的一致性，高程的起伏波动趋势极其相似。通过信息统计可以看出，其高差的均方根误差 (RMSE) 都小于 20 m，此外，高差的平均值的绝对值也在 0 ~ 30 m 范围内波动，若认为 ICESat/GLAS 测高数据的高程值是准确的，则可以得到 ASTER 融合 ICESat 测高数据提取冰盖 DEM 的垂直精度可达 30 m。以 ICESat 作为控制数据，大大提高了匹配的准确性，减少了错误率。

引起高程偏差的原因可能是 ASTER 影像数据卫星星历的误差和错误匹配造成的。由于缺乏高精度且易辨认的地面控制点，不能依靠地面控制点对立体模型进行绝对定向，本次考察是基于卫星自带的星历参数建立立体模型，恢复左右影像在成像时卫星的姿态。卫星的星历参数（卫星的位置、速度、姿态参数）会存在一些误差，而且地面高程不同，卫星星历精度也会有差异。此外，在连接点自动生成和生成 DEM 过程中，影像匹配的准确性对 DEM 提取的精度至关重要，由于冰盖区域影像纹理信息贫乏，后视波段数据存在较大畸变以及阴影等现象，影像相关性比较低，高精度的影像匹配很困难。

在提取 DEM 的过程中，融合了 ICESat/GLAS 测高数据作为高程控制，可以减少错误匹配的几率，但由于 GLAS 测高数据的水平精度优于 20 cm，而 ASTER 数据的水平精度约为 130 m，本次考察是直接将两个数据集按地理坐标进行对应，没有对两种数据集的水平坐标进行精确配准，这也会给 DEM 生成带来一些误差。

按照 4.2.1 中提到的，对 ASTER DEM 进行系统偏差改正后，精度得到了进一步提高。改正后得到 DEM 与 GLAS 测高数据的高程差值的均值为 –0.6 m，均方根误差为 4.4 m，GLAS 测高脚点的高程精度被较好地纳入了 ASTER DEM 中。为了全面比较改正前后 DEM 的误差，分别将改正前后 DEM 与全南极精度较高的 Bamber DEM 误差进行比较，高程差值分布如图 4–114、图 4–115 所示。从图中可以看到改正前后 DEM 差值均近似成高斯分布，而差值分布的中轴线由改正前的约 20m 变为改正后的约 10 m，而且改正后高差绝对值大于 40 m 的点数少很多。这表明改正后，ASTER DEM 的精度得到了进一步提升，误差主要分布在 ± 20 m 之内。

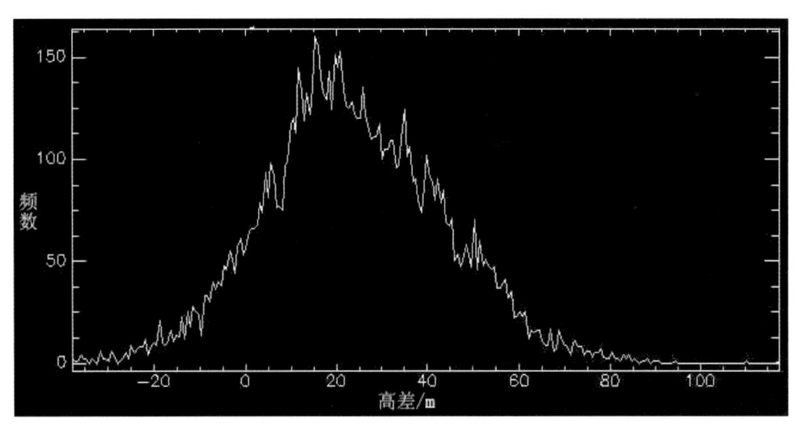

图4-114 改正前ASTER DEM与Bamber DEM高差分布

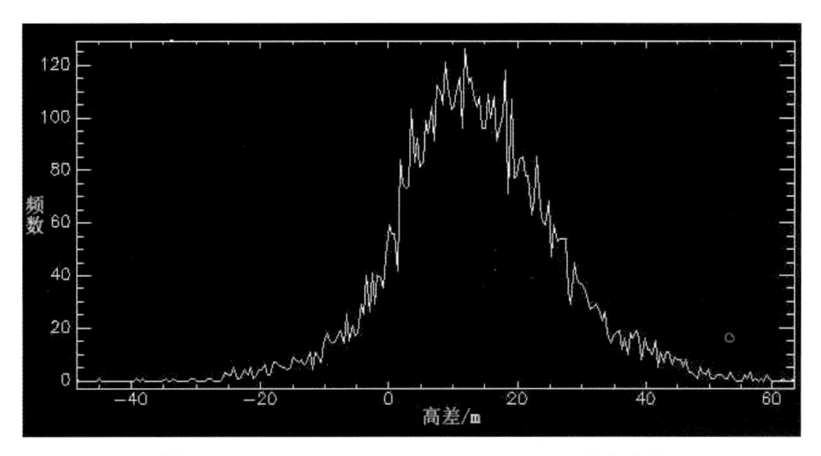

图4-115 改正后ASTER DEM与Bamber DEM高差分布

4.4.1.3 ALOS DEM 精度分析

直接利用 ALOS 卫星影像自带轨道参数进行定位，由于存在系统误差，其精度不高。加入一个控制点之后，可以消除一定的系统误差，但离控制点越远的单景影像，控制点对其控制能力越弱，精度越低。

在 LPS 中进行无控定向平面误差大于 100 m，高程误差 300 m。加入一个控制点定向后，精度明显提高，平面误差为 30 ~ 50 m，高程误差达到 20 m 左右。基本满足 1 : 10 万地形测绘成图要求。

4.4.1.4 InSAR DEM 精度评价与分析

为了验证 InSAR DEM 的垂直精度，以平均测高精度优于 14 cm 的 ICESat/GLAS 测高数据作为检查数据，提取 InSAR DEM 对应的测高脚点处高程值与其进行比较分析，得出 InSAR DEM 统计精度如表 4–28 所示。

表 4–28 中所用的 ICESat 测高数据为均匀覆盖在 InSAR DEM 范围内的数据，数据量充足，分布均匀，能体现 InSAR DEM 的整体精度。从统计结果中可以看出，InSAR DEM 与 ICESat/GLAS 测高数据的差值的均值和均方根误差都在 30 m 以内，而且主要都在 20 m 以内，存在极少数误差较大点，全局范围内可以认为 DEM 垂直精度在 30 m 以内。经分析，发现 001、002、003 三景影像覆盖区域局部差值偏大的点数较其他数据稍多，分析认为可能是由于这些

区域在内陆冰盖边缘，离海岸比较近，冰流速比较大，冰流速引起的相位也被当做地形相位进行处理，引入了相位误差。

表4-28 InSAR DEM精度统计信息

影像编号	InSAR DEM 与 ICESat/GLAS 测高数据比较精度统计信息				
	最小差值 (m)	最大差值 (m)	平均高差 (m)	RMSEz(m)	点数（个）
001	−68.74	40.61	6.84	20.93	1 231
002	−48.79	37.78	4.68	17.21	1 354
003	−45.62	65.63	−6.26	29.51	1 592
004	−45.59	36.98	−2.23	13.21	1 769
005	−38.64	41.10	0.62	19.82	10 781
006	−39.91	69.21	5.74	15.77	11 994
007	−20.83	20.65	2.04	7.25	1 145
008	−25.95	26.45	1.07	9.01	1 292
009	−63.17	46.84	−1.85	14.58	3 862
010	−34.46	49.68	0.07	18.43	4 133
011	−18.69	21.09	0.90	7.46	4 696
012	−36.96	30.52	2.99	5.74	6 673

引起 InSAR DEM 存在误差的因素有很多，可能是由于 InSAR 数据处理流程中的影像配准、基线估计中的粗差、电离层等的影响消除不完全造成的；也可能是由于 ICESat 测高数据与 InSAR 数据水平方向的配准误差造成的。在选取 ICESat 点做纠正时，需要提取点位对应的 DEM 上的高程值，处理过程中是直接用两个数据集的地理坐标进行对应的，ICESat 高程信息为激光脚点内的平均高程，脚点大小约为 70 m，而 InSAR DEM 水平分辨率为 20 m，提取高程时需要做插值处理，这也会引入一定误差。此次所用的 InSAR 数据是 1996 年 2 月的，而 ICESat 数据是 2003 年的，冰川运动、冰雪累积及消融等都会引起冰盖的变化，也是误差存在的一个重要原因。

此外，信号的穿透能力不同也会带来误差。微波在冰盖不同地区的穿透深度是不一样的。微波在干雪中的穿透深度可以达到其波长的数百倍。对于 C 波段的微波信号，雪层的体散射和雪－空气界面的后向散射是雷达从雪面获得后向散射信息的主要来源。故雷达测得的相位信息就不再代表雷达到雪面上点的距离，而是到雪层中散射中心的距离。然而对于蓝冰区而言，雷达的穿透能力可能就大不相同了，理论上将大大小于雪层中的情况。而 GLAS 在测量冰盖高程时，激光信号在接触到雪面时即返回了，测得的是雪面的高程。

4.4.1.5 基线联合 InSAR DEM 精度

利用基线联合 InSAR 方法提取的 3 个实验区 DEM 高程精度分别为 0.3 m ± 6.7 m，0.1 m ± 2.3 m 和 −0.8 m ± 6.1 m。研究表明利用多基线联合的方法可以有效去除传统单基线 InSAR 生成 DEM 中冰流引入的形变相位误差，而在基线联合的过程中，两干涉像对的基线差是一个关键因素，较大的基线差能更好地抑制相位误差向高程误差的转换，有效提高 InSAR DEM 的精度。该方法可以作为南极冰盖地区尤其是流速较大的地区提取高分辨率、高精度冰盖地形的非常有效的手段。

4.4.1.6 冰穹 A 地区 GPS 实测地形

利用 49 个高精度 GPS 点进行内插，获得了冰穹 A 地区的 DEM，并绘制了等高距为 2 m（核心区域为 1 m）的等高线图。Cheng 等（2009）有研究表明南高点要比北高点高 0.3 m，而这次测量结果表明北高点更高，比南高点高约 0.08 m，而 0.08 m 是在误差范围内的，因此可以认为这两个高点具有类似的高程。

4.4.1.7 重点考察区域地形图和平面卫星影像图

利用 2012 年 12 月获得的航摄影像和后续获取的约 100 个野外实测点，制作了维多利亚地新站区域影像地面分辨率优于 0.2 m 的正射影像图（DOM）和比例尺为 1 : 2000 的数字地形图，并叠加处理生成正射影像地形图。

Landsat 和 HJ 星彩色融合影像分辨率均为 30 m，南极地区地物类别比较单一，相同比例尺下可以适当降低对影像分辨率的要求，本研究分别采用 Landsat 和 HJ-1A/B 数据制作了中国南极长城站、中山站以及东南极格罗夫山、埃默里冰架等重点考察区域 1 : 250000 的平面卫星影像图。

ZY-3 号全色影像分辨率为 2.1 m，全色和多光谱影像融合后保持了全色影像的分辨率，满足 1:25000 比例尺成图需要，本研究中基于 ZY-3 号数据制作了埃默里冰架地区 1 : 25000 的平面卫星影像图。

此外基于 ALOS、IKONOS 等卫星影像也制作了重点考察区域平面卫星影像图，这些影像图集基本满足困难区域成图要求，可以较清楚地反映冰盖地表的实际情况。

4.4.1.8 冰川和冰盖流速结果验证

搜集 2008 年的 12 个 GPS 观测点并进行重新解算，得到了高精度的位置，然后综合利用 2008 年和 2013 年的 12 个重复点位观测，获得了该区域的速度场，速度变化范围为（3.1 ± 2.6）~（29.4 ± 1.2）cm/a。从图 4-38 中可以看出，冰流速与坡度相关。在此基础上，利用该速度场，计算得到了该区域的应变场。

采用两轨差分的方法提取了极记录冰川和达尔克冰川 20 m 分辨率的冰流速图，提取的冰流速结果与 Rignot 等发布的全南极冰流速结果非常一致，利用中山站附近的 4 个实测流速点进行验证比较。

分别利用偏移量跟踪的方法以及利用偏移量跟踪提取的方位向流速与 DInSAR 提取的距离向流速融合的方法提取格罗夫山地区的二维冰流速图。从图中可以直观看到两种方法融合得到的结果比只用偏移量跟踪方法得到的结果更加连续。这样可以充分结合 DInSAR 精度高以及偏移量跟踪能同时获取距离向和方位向流速的优势。获得的结果与发布的全南极冰流速结果比较趋势非常一致，并同时与格罗夫山地区 7 个 GPS 观测点流速进行比较，本研究中的结果精度更高。基于该方法，进一步提取了 PANDA 断面区域的二维冰流速图，与 MEaSUREs 流速结果吻合较好，且本研究结果具有更高的分辨率，反映了更加精细的冰流速运动情况。

4.4.1.9 冰盖高程变化结果评价

基于ICESat重复轨道分析的方法获得了整个南极冰盖的年平均冰面高程变化结果图。基于ENVISAT交叉点分析的方法获得了埃默里冰架地区和恩德比地区两个重点考察区域的冰盖高程变化，并提出了新的FFM算法，利用ENVISAT测高数据计算了2002年10月到2007年9月东南极和中山站至冰穹A冰盖高程长期变化趋势项。结果图分辨率均优于500 km，满足考核指标。将ICESat与ENVISAT所提取结果进行相互比较，所反映高程变化趋势非常一致，并与国外相关研究成果进行比较，吻合较好。

4.4.1.10 冰盖冰雪质量变化结果评价

对GRACE RL05和较早版本的球谐系数进行去条带滤波后，利用滤波后的球谐系数变化量，通过球谐系数变化量和质量变化的关系，计算得到了1°分辨率的南极冰盖质量变化的时间序列，对每个格网点的冰盖质量变化的时间序列进行拟合，获得了冰盖质量变化的长期变化量。所得到的结果图分辨率远高于500 km，满足考核指标。所获取的冰盖冰雪质量变化趋势与测高获取的高程变化趋势比较接近，且与国外研究成果吻合。

4.4.2 南极地貌遥感数据评价

4.4.2.1 全南极洲蓝冰制图

根据项目任务书要求，我们使用2000年期南极洲高分辨遥感制图成果数据。该数据是1999—2003年南极夏季Landsat7 EMT+覆盖南极的无云数据，数据质量良好。全部数据1 073景。南极洲高分辨遥感制图成果数据已经进行了辐射校正、地形校正，可以直接用于蓝冰制图研究。

由于现场验证困难，本研究选取了已有的研究成果进行比较，结果表明，本研究成果与前人研究结果基本一致，这种差别是由于时空变化引起的。本研究结果是可信的，是对NOAA-AVHRR与MODIS制图结果的改进。

通过进一步的比较发现，南极蓝冰分布区域大约5.5%的区域的坡度大于5度，大部分蓝冰区域较为平整。年流速超过200 m的区域也较少，仅在罗斯冰架、沙克尔顿冰架、埃默里冰架以及龙尼冰架区域，大部分蓝冰区域流速较小。

4.4.2.2 德里加尔斯基冰舌

这里使用的是Landsat数据（1972—2002，2013—2014）和ENVISAT ASAR数据（2003—2012）。南极地区气候及地理位置的影响，光学遥感应用受到很大的局限，南极圈内大部分地区由于极夜、低太阳照射高度角和气候多变的影响使得多数时间无法获取光学影像，因此采用雷达数据和光学数据相结合的方法来对德里加尔斯基冰舌进行变化监测。采用的是工作在C波段的宽幅模式（WSM）的ASAR数据，波长为5.6 cm。为了定量监测冰舌前缘变化，选取了两条分别位于冰舌南北两侧的冰流线，测量了从接地线到冰舌前缘两条冰流线的长度。除了2005年和2006年发生的两次冰山崩解事件外，冰舌向海上延伸的速率相对稳定，在过去42年里平均前进速度分别为683 m a–1和652 m a–1。测量的冰舌长度以及前缘冰流速都比前人（Frezzotti 和 Mabin，1994；Wuite 等人，2009）给出结果小，这可能是因为选取的接地线数据不同导致，也可能是在这期间冰舌前缘发生了未观测到的小型冰舌崩解，还可能是阻挡冰流前进的纵向阻力增大的结果。此外，通过计算冰舌底部到海底基岩表面之间的距离并沿两条冰流线提取了该距离变化剖面，发现从接地线到冰舌前段冰厚在逐渐减小，但冰舌底部到海底基岩表面之间的距离却经历先增大后变小的过程，所以猜测冰舌下的海底地形也可能会是影响冰舌前缘流速的一个因素。

4.4.2.3 Amery 地区

2002 年 ENVISAT 发射升空，与 ERS-2 两个平台之间也创造出了一个很特别的协同工作机会,为干涉提供了新的后备数据。因为 ENVISAT 升空后设置在与 ERS-2 飞行的同一轨道上，在经过同一区域上空时，两个平台仅相隔 ~28 分钟，创造了时间基线最小的雷达影像干涉对。在 EET 编队任务中，两颗卫星以相差 ~28 分钟的间隔相继飞过地面上同一点的上空，极短时间基线保证了时间相关性，特别是对于发生快速的一致性运动的区域。为了补偿传感器的中心频率差，两颗卫星的空间基线约为 2 km，导致其高程模糊度仅为 5 m 左右，即干涉相位对于地形微小变化十分敏感（Urs Wegmuller 等，2009）。

利用欧空局的第三次 ERS 和 ENVISAT 编队串联飞行任务（EET）数据，充分发挥 EET 的干涉影像对短时间间隔和长基线的特征，克服了原先 InSAR 技术在冰盖高程提取方面存在的不足，以东南极埃默里冰架为例，获取了高空间分辨率高精度兼顾的高程图，可真实的表现冰架表面的精细结构特征。最终高程结果的分辨率为 25 m、高程精度为厘米级别。最后本文利用 GLAS 数据进行结果验证，尽管在 EET 的交叉干涉在冰架外围的山地区域精度不好，这主要是因为长基线在地形陡峭的区域会造成失相干，但是在相对平坦的冰架区域效果很好，其平均差为 -1.1 m，均方根误差为 ±5.5 m。

4.4.3 南极海冰遥感数据评价

4.4.3.1 基于微波辐射计（SSMIS）数据的全南极海冰遥感考察

微波辐射计数据不受天气状况和光照条件影响，有效获取海面和海冰的信息，对于极区海冰,能每天有效进行一次全覆盖。因此,对于全南极的海冰动态变化观测具有较高的时效性。该数据分辨率为 25 km，适合大范围的观测，利用高分辨率卫星数据对其反演结果进行精度验证。验证结果表明，该类数据产品均方根误差为 22.4%，质量良好，能满足大面积考察的要求。

4.4.3.2 基于 MODIS 数据的重点考察区海冰遥感考察

MODIS 相对于微波辐射计数据具有较高的分辨率，对于海冰的细节能有更好的观测效果，但也正因如此，其数据量也更大。MODIS 数据为可见光和红外通道数据，相比于微波通道，它会收到天气状况和光照条件的影响，因此，更适合于无云区和光照条件较好的区域观测，在本次考察中，主要用于重点考察区域的海冰观测。

本次考察利用 MODIS 数据进行了海冰月平均密集度的反演与制图，通过星星交叉结果验证表明，该类数据产品均方根误差为 20.7%，质量良好，能满足考察的需求。

4.4.4 南极海域水色、水温遥感数据评价

南极周边海域水色、水温遥感考察对所获得卫星遥感数据进行数据定标（针对 L0 数据）、几何校正、边缘畸变校正，大气校正预处理，且通过周 / 月平均值内插的方式得到标准网格化周 / 月数据。插值后的数据集时空完备性好，空间分辨率为 1.1 km，时间精度可达周。且水色部分未覆盖区域，主要由海冰覆盖导致数据缺失。

在上述中分辨率数据集支持下，根据水体表观光学属性与固有光学属性内在的一致性，研究分析了南大洋水体光谱特征，表明其分布规律符合水体成分反射率分布，同时满足采用一类水体的波段比值法进行水色成分反演的要求。后续卫星反演叶绿素 a 与实测数据进行比较研究表明，两者总体规律分布一致，拟合精度为 47.36%，对数误差为 36%。尽管卫星反演叶绿素 a 数值总体偏低，在高纬度区域低估现象更为突出，但其展示出的趋势及规律分布符合研究的要求。

南极周边海域水色、水温遥感研究所采用的海表温度数据也采用上述经过预处理的数据集，经过长波反演算法，得到南大洋水温反演数据。研究所得卫星水温反演数据与实测数据的 ΔT 均值为 0.65 K ± 0.58 K，研究分析认为该误差来源主要由于海表皮温与海表体温受到海气热通量交互影响，但其展示出的趋势及规律分布符合研究的要求。

综上，研究所使用的 MODIS 等卫星反演水色、水温数据具有极佳的时空完备性，实测数据验证表明其精度基本满足要求，该数据集适合用以分析南大洋水色、水温时空分布规律及趋势的研究，能够为南大洋资源提供基础数据库。

4.4.5 南极海洋动力环境遥感数据评价

南极周边海域海洋动力环境遥感调查所使用的散射计和高度计数据均进行了基于浮标实测数据的精度验证，总体均满足传感器指标要求，数据整理质量良好，能满足遥感考察的需求。

4.4.6 南极气象环境遥感数据评价

除了中山站卫星系统故障期间无法接收数据之外，其他时段接收的极轨气象卫星数据均正常可用。本项目也利用 PMSL 数据进行了替补，用于气旋的分析绘制和统计，相对于极轨卫星原始数据，PMSL 数据是镶嵌影像图，影像预处理程度高，可以直接对南极及邻近区域进行整体观察和气旋直观判读；每幅 PMSL 遥感影像图基本覆盖 40°S 以南区域，能满足气旋考察任务的需求，数据更新频率为每天 3 次；PMSL 遥感影像图对气旋系统的云系形态表达较清晰，适用于气旋中心的直观判读；同时，其兼具的 PMSL 气压场数据直接叠加显示在遥感信息基面上，气象信息辅助判读便捷有效。

此外，在美国 NCEP 网站下载的再分析精确度满足本项目要求。

第5章 南极环境遥感考察集成系统设计

5.1 系统概述

5.1.1 建设目标

南极环境遥感集成系统依托南极地区环境遥感考察专题，汇集、整合、开发、保存南极地区环境遥感考察数据，为基于遥感手段的科学研究提供综合性的研究服务平台和成果展示服务平台，通过地理信息可视化方式全面展示南极地理基础遥感测绘考察，南极地貌遥感考察，南极周边海域海冰遥感调查，南极周边海域水色、水温调查，南极周边海域动力环境遥感调查，南极气象遥感调查成果。

5.1.2 建设内容

南极环境遥感集成系统，是以地理信息系统技术为基础，整合专题数据和基础地理信息数据，目的是提高涉及本专题的空间信息资源的展示效果和共享能力。具体的建设内容如下。

（1）南极环境遥感调查数据的收集处理

对项目涉及的南极地理基础遥感测绘考察，南极地貌遥感考察，南极周边海域海冰遥感调查，南极周边海域水色、水温调查，南极周边海域动力环境遥感调查，南极气象遥感调查数据资源进行整理，按照统一的数据汇交规范和命名规则进行标准化处理。

（2）建立遥感数据库系统

实现海浪、风速、风向、风矢量、海冰密集度、DEM、叶绿素分布等遥感成果数据的管理，遵循数据和应用分离的原则，所有数据资源集中管理和维护，分布使用。空间数据和非空间数据分开存储，通过地理位置信息关联，实现数据间的动态互访。

（3）建设成果集成系统

对相关的成果进行发布和空间可视化，实现基于服务的南极环境遥感成果应用和管理。

5.2 项目需求分析

5.2.1 数据需求分析

本系统的建设所用数据包括南极基础数据和专题遥感数据；成果类型包括南极站点数据集、专题图图片文件、遥感数据集文件。在底图需求方面，需使用南极地区标准底图。用户数据方面，采用单点登录模式，使用已注册的极地之门用户数据。

5.2.2 系统功能需求

为满足数据和成果的管理、共享与应用，从软件功能视角设计如下：①数据和成果的浏览、查询、共享；②标准底图基础上的成果可视化；③时间滑块基础上的动态展现。按照数据管理的发布共享的组织结构，分为前台系统和管理后台。

5.2.2.1 信息浏览、查询、共享

具体功能如下。

① 数据和成果浏览：对空间型的数据（矢量、影像）提供基于地图的数据和专题成果的在线展示和浏览功能；对于非空间型的数据（图片文件成果集），提供图件、图集的可视化；对于地名数据，提供影像查询和信息查询功能。

② 数据和成果查询：实现专题研究方向的分级分类组织和基于图层的数据显示、加载、控制。

③ 数据和成果共享：对基础地理数据，可提供部分数据使用下载服务。

④ GIS 基础功能：南极不同底图切换，地图的缩放、漫游等操作。

⑤ 点位符号标注：提供站点信息标注服务。

⑥ 用户登录：主要面向专项管理人员，采用单点登录方式，与已有系统集成。

⑦ 数据服务管理：实现服务添加、删除、修改等功能。

⑧ 参数设置：包括系统的基础设置（缩放级别，初始范围、底图设置等）。

⑨ 服务发布：遥感数据的地图服务发布。

5.2.2.2 成果可视化

成果可视化建立在标准底图基础之上，除 GIS 基本功能（放大、缩小、漫游等）之外，还应实现各类遥感专题信息的调阅，实现可视化浏览，并能进行叠加展示。

5.2.2.3 动态展现

动态展现应基于时间序列实现，随时间加载不同的专题成果，体现成果随时间的变化特征。

5.3 项目总体建设思路

5.3.1 基于元数据及资源目录的数据管理

数据集，又称为资料集、数据集合或资料集合，在本项目中特指按照数据内容，由一个或多个图层构成，可表达某一主题信息的共享数据的集合。

元数据即是描述数据的数据。本项目中元数据库可以分为数据集元数据、数据定义元数据和服务元数据。

数据集元数据用于描述要素、数据集或数据集系列的内容、覆盖范围、质量、管理方式、数据的所有者、数据的提供方式等有关的信息。ISO 制定了元数据相关标准，本系统采用符合国际标准 ISO 19115《地理信息元数据》标准的国家标准《地理信息元数据》标准。

项目实施将已有或新加入的数据集经过封装、处理，通过逆向工程抽取数据定义元数据。并建立所有数据资源的导航目录。按资源目录共享数据资源，以标准 OGC 或 REST 数据规范

发布服务，为上层应用提供数据服务。通过数据定义元数据库的建立，GIS服务和上层应用系统可以快速的响应业务数据的增加，修改等变化，实现数据目录的自适应扩展。

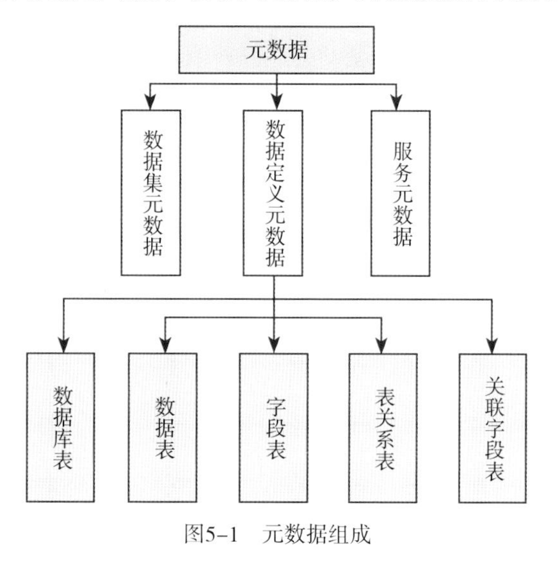

图5-1 元数据组成

5.3.2 基于Service GIS的资源共享发布

服务式GIS（Service GIS）是一种基于面向服务软件工程方法的GIS技术体系，它支持按照一定规范把GIS的全部功能以服务的方式发布出来，可以跨平台、跨网络、跨语言地被多种客户端调用，并具备服务聚合能力以集成来自其他服务器发布的GIS服务。

Service GIS能更全面地支持SOA，通过对多种SOA实践标准与空间信息服务标准的支持，可以使用于各种SOA架构体系中，与其他信息技术业务系统进行无缝的异构集成，让应用开发者快速构建业务敏捷的应用系统。与基于面向组件软件工程方法的组件式GIS相比，服务式GIS继承了前者的技术优势，但同时又有一个质的飞跃。

Service GIS可以提供开放的、易于定制和扩充的、可复用和聚合的地理空间信息服务，具备很强的兼容性、适应性和业务敏捷性，能为极地资源和信息共享平台提供一个理想的架构体系。

5.4 项目总体技术方案

5.4.1 系统框架

项目建设采用符合SOA体系架构的设计思想及当前业界主流的JavaEE技术路线，满足跨硬件平台、跨操作系统的要求。

系统开发整体路线分为3层，由下到上分别是数据层、服务层和应用层。

（1）数据层

数据层实现项目基础数据、专题数据的存储与组织。可采用数据库与文件相结合的方式进行数据组织存储。

（2）服务层

服务层基于ArcGIS for JavaScript开发可视化服务展示。利用ArcGIS Server发布通用专题数据服务。

（3）应用层

实现了南极地理基础遥感测绘考察，南极地貌遥感考察，南极周边海域海冰遥感调查，南极周边海域水色、水温调查，南极周边海域动力环境遥感调查，南极气象遥感调查成果的访问。

5.4.2 数据库设计

南极地区环境遥感集成系统的建设，首先需要建立遥感专题数据库，然后开展示范系统建设，最后逐步实现专题信息系统综合集成。

5.4.2.1 数据的收集和整理

数据是集成系统的基础。数据的准备包含相关专题数据的搜集整理，以及数据库建设两个部分。

基础数据收集方面，获取了南极局长理事会（COMNAP）现有的南极考察站点信息，包括考察站类型、地理位置、核心站区面积、建筑面积、人员规模、开展考察学科领域、站区科学考察设施、核心站区影像或地图等相关考察信息，建立南极考察站点信息综合数据库。以便实现基于可视化的站点数据查询。系统信息涵盖南纬 60°S 以南的全南极范围，重点是各国考察站所在的位置和区域，见图 5-2。

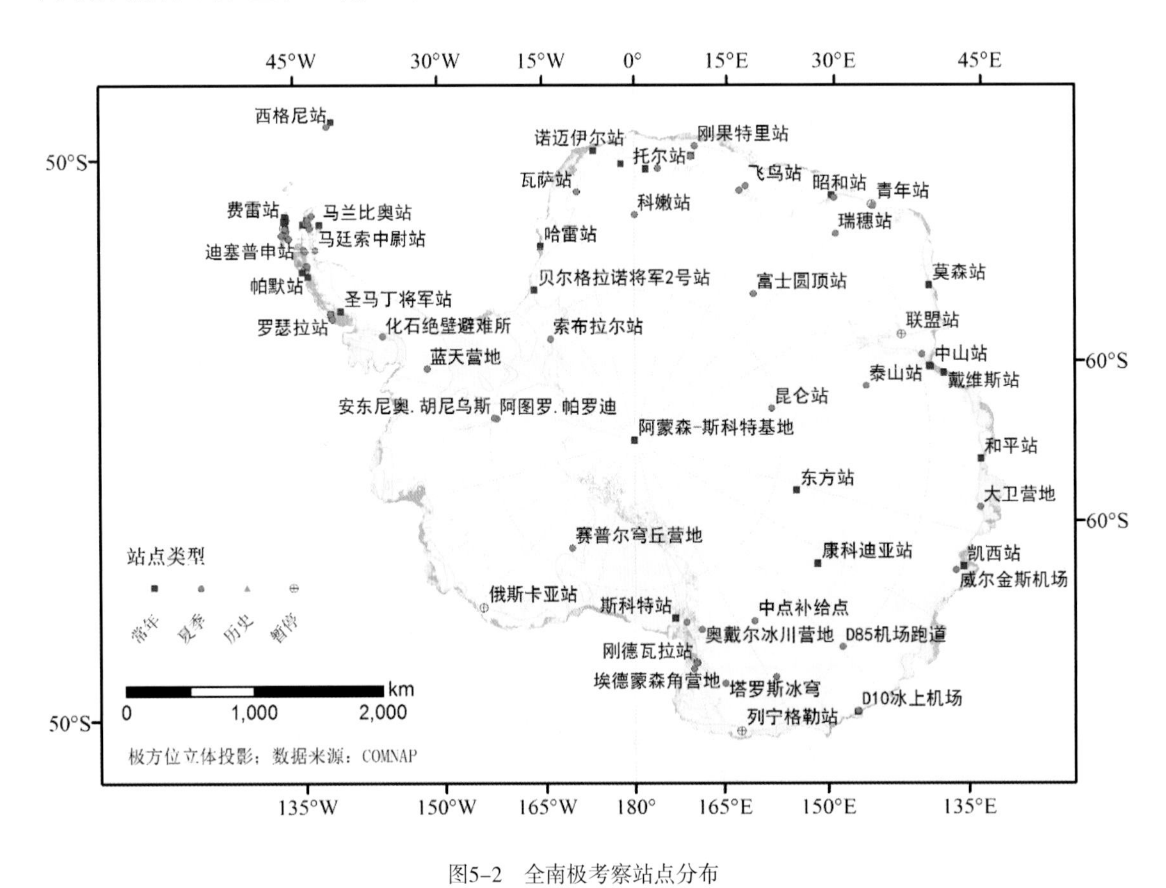

图5-2　全南极考察站点分布

截至 2013 年，各国在南极共建有 112 个南极考察设施（表 5-1）。

表5-1 南极考察站点设施列表

序号	站点类型	名称	英文名	建成日期	所属国家
1	夏季	赛普尔穹丘营地	Siple Dome	不 详	美 国
2	暂停	俄斯卡亚站	Russkaya	1980-01-01	俄罗斯
3	夏季	阿图罗·帕罗迪	Arturo Parodi	1999-01-01	智 利
4	夏季	安东尼奥·胡尼乌斯	Antonio Huneeus	1997-01-01	智 利
5	夏季	蓝天营地	Sky Blu	不 详	英 国
6	夏季	路易斯·卡瓦哈尔站	Luis Carvajal	1985-01-01	智 利
7	夏季	古伊萨拉加避难所	Federico Guesalaga	1962-01-01	智 利
8	夏季	化石绝壁避难所	Fossil Bluff	1961-01-01	英 国
9	夏季	罗瑟拉冰上机场	Rothera Skiway	1975-01-01	英 国
10	常年	罗瑟拉站	Rothera	1975-01-01	英 国
11	常年	圣马丁将军站	San Martin	1951-03-21	阿根廷
12	常年	韦尔纳茨基站	Vernadsky	1996-02-06	乌克兰
13	常年	帕默站	Palmer	1965-01-01	美 国
14	暂停	耶尔乔站	Yelcho	1962-01-01	智 利
15	历史	梅尔基奥尔站	Melchior	1947-03-31	阿根廷
16	夏季	布朗海军上将站	Brown	1951-04-01	阿根廷
17	夏季	加布里埃尔冈萨雷斯	Gabriel González Videla	1951-01-01	智 利
18	夏季	普加避难所	Federico Puga (ex Punta Spring or G. Mann)	1972-01-01	智 利
19	夏季	普里马韦拉站	Primavera	1977-03-08	阿根廷
20	夏季	吉列莫·曼恩站	Guillermo Mann (ex-Shirreff)	1991-01-11	智 利
21	夏季	迪塞普申站	Decepción	1948-01-25	阿根廷
22	夏季	加布里埃尔	Gabriel de Castilla	1990-01-01	西班牙
23	夏季	胡安·卡洛斯一世站	Juan Carlos I	1988-01-01	西班牙
24	夏季	奥里迪斯基站	Ohridiski	1988-4-26	保加利亚
25	夏季	马廷索中尉站	Matienzo	1961-03-15	阿根廷
26	夏季	卡马拉站	Cámara	1953-05-01	阿根廷
27	夏季	扬基避难所	Bahía Yankee	1952-01-01	智 利
28	夏季	马尔多纳多站	Maldonado	1990-01-01	厄瓜多尔
29	暂停	路易斯里索帕特龙站	Luis Risopatron	1957-01-01	智 利
30	常年	阿图罗·普拉特船长站	Arturo Prat	1947-02-06	智 利
31	常年	马尔什空军基地	Rodolfo Marsh	1969-01-01	智 利
32	常年	埃斯库多罗	Julio Escudero	1994-01-01	智 利
33	常年	费雷站	Eduardo Frei	1969-01-01	智 利
34	常年	南极洲海洋站	Estación marítima Antártica	1987-01-01	智 利
35	常年	长城站	Great Wall	1985-02-10	中 国
36	常年	别林斯高晋站	Bellingshausen	1968-02-22	俄罗斯

续表

序号	站点类型	名称	英文名	建成日期	所属国家
37	夏季	里帕蒙蒂站	Julio Ripamonti	1982-01-01	智　利
38	常年	阿蒂加斯站	Artigas	1984-12-22	乌拉圭
39	夏季	柯林斯避难所	Collins	2006-01-01	智　利
40	常年	世宗王	King Sejong	1988-02-17	韩　国
41	常年	尤巴尼站	Jubany	1982-01-01	阿根廷
42	夏季	达尔曼站	Dallmann	1994-01-01	德　国
43	夏季	马丘比丘站	Macchu Picchu	1989-02-01	秘　鲁
44	常年	阿尔茨托夫斯基站	Arctowski	1977-02-26	波　兰
45	常年	费拉兹站	Comandante Ferraz	1984-02-01	巴　西
46	夏季	厄瓜多尔避难所（文森特）	Refugio Ecuador	1990-01-01	厄瓜多尔
47	常年	贝尔纳多奥伊金斯将军站	Bernardo O'Higgins	1948-2-18	智　利
48	夏季	古里戈蒙德尔站	Gregor Mendel	2006-01-01	捷　克
49	夏季	septiembre	11 de septiembre	2002-01-01	智　利
50	夏季	迈普避难所	Abrazo de Maipú	2003-01-01	智　利
51	夏季	布能避难所	Ramón Ca?as (or Jorge Boonen)	1997-01-01	智　利
52	常年	埃斯佩兰萨站	Esperanza	1952-12-17	阿根廷
53	夏季	罗伯托站	T/N Ruperto Elichiribehety	1997-12-22	乌拉圭
54	常年	马兰比奥站	Marambio	1969-10-29	阿根廷
55	夏季	彼得雷尔站	Petrel	1967-02-22	阿根廷
56	夏季	西格尼站	Signy	1947-03-10	英　国
57	常年	奥卡达斯站	Orcadas	1904-02-22	阿根廷
58	夏季	索布拉尔站	Sobral	1965-01-01	阿根廷
59	常年	贝尔格拉诺将军 2 号站	Belgrano II	1979-02-05	阿根廷
60	常年	哈雷站	Halley	1956-01-06	英　国
61	夏季	瓦萨站	Wasa	1989-01-01	瑞　典
62	夏季	阿博阿站	Aboa	1989-01-01	芬　兰
63	常年	诺迈伊尔站	Neumayer	1981-02-01	德　国
64	常年	萨纳四站	SANAE IV	1997-01-19	南　非
65	夏季	科嫩站	Kohnen	2001-01-11	德　国
66	常年	特罗尔站	Troll	1990-02-01	挪　威
67	夏季	托尔站	Tor	1985-01-01	挪　威
68	夏季	新拉札列夫站机场营地	Novolazarevskaya Airfield	1961-01-01	俄罗斯
69	常年	迈特里站	Maitri	1989-03-09	印　度
70	常年	新拉札列夫站	Novolazarevskaya	1961-01-01	俄罗斯
71	夏季	刚果特里站	Dakshin Gangotri	1983-01-01	印　度
72	夏季	伊丽莎白公主站	Princess Elisabeth	2009-01-01	比利时
73	夏季	飞鸟站	Asuka	1984-12-31	日　本
74	常年	昭和站	Syowa	1957-01-01	日　本

续表

序号	站点类型	名称	英文名	建成日期	所属国家
75	夏季	富士圆顶站	Dome Fuji	1995-02-01	日 本
76	夏季	S17 营地	S17	2005-01-01	日 本
77	夏季	瑞穗站	Mizuho	1970-07-01	日 本
78	暂停	青年站	Molodezhnaya	1962-02-01	俄罗斯
79	夏季	青年站机场	Molodezhnaya Airfield	1962-02-01	俄罗斯
80	常年	莫森站	Mawson	1954-02-13	澳大利亚
81	暂停	联盟站	Soyuz	1982-11-01	俄罗斯
82	夏季	友谊站	Druzhnaya 4	1987-01-18	俄罗斯
83	夏季	巴拉提站	Bharathi	2012-01-01	印 度
84	常年	中山站	Zhongshan	1989-02-26	中 国
85	夏季	劳基地	Law - Racovita	1987-01-01	澳大利亚和罗马尼亚
86	常年	进步站	Progress 2	1989-01-01	俄罗斯
87	夏季	昆仑站	Kunlun	2009-01-27	中 国
88	常年	戴维斯站	Davis	1957-01-12	澳大利亚
89	常年	和平站	Mirny	1956-02-13	俄罗斯
90	夏季	大卫营地	Edgeworth-David	1986-10-01	澳大利亚
91	常年	东方站	Vostok	1957-12-01	俄罗斯
92	常年	凯西站	Casey	1969-02-01	澳大利亚
93	夏季	威尔金斯机场	Wilkins Runway	不 详	澳大利亚
94	常年	康科迪亚站	Concordia	1997-12-01	法国和意大利
95	夏季	D85 机场跑道	D85 skiway	2006-10-01	法 国
96	常年	阿蒙森－斯科特基地	阿蒙森 -Scott	1956-11-01	美 国
97	夏季	D10 冰上机场	D10 skiway	不 详	法 国
98	夏季	普路德霍姆营地	Prud' homme	不 详	法 国
99	常年	迪蒙·迪维尔站	Dumont d' Urville	1956-01-12	法 国
100	夏季	中点补给点	Mid Point	1998-01-01	意大利
101	夏季	西特里角补给点	Sitry Point	2000-01-01	意大利
102	夏季	塔罗斯冰穹	Talos Dome	2004-01-01	意大利
103	暂停	列宁格勒站	Lenindgradskaya	1971-02-25	俄罗斯
104	夏季	奥戴尔冰川营地	Odell Glacier	不 详	美 国
105	夏季	马布尔角营地	Marble Point Heliport	1956-10-01	美 国
106	夏季	布朗宁山口避难所	Browning Pass	1997-01-01	意大利
107	夏季	伊尼格马湖补给点	Enigma Lake	2005-01-01	
108	夏季	马里奥·祖切利站	Mario Zucchelli	1986-01-01	意大利
109	夏季	刚德瓦拉站	Gondwana	1983-01-01	德 国
110	夏季	埃德蒙森角营地	Edmonson Point	1994-01-01	意大利
111	常年	麦克默多站	McMurdo	1955-01-01	美 国
112	常年	斯科特站	Scott Base	1957-01-20	新西兰

此外，根据 Google 卫星影像上的站区建筑分布，采用人工测量的方式，对每一个考察站进行核心站区面积的判读，获取了大部分南极考察站的核心区面积参数，见表 5-2。

表5-2　南极考察站核心站区面积

中文站名	国家	站点类型	核心站区面积 (km²)
麦克默多站	美　国	常年	0.499
新拉札列夫站机场营地	俄罗斯	夏季	0.398
威尔金斯机场	澳大利亚	夏季	0.242
和平站	俄罗斯	常年	0.233
戴维斯站	澳大利亚	常年	0.157
康科迪亚站	法国和意大利	常年	0.129
莫森站	澳大利亚	常年	0.09
凯西站	澳大利亚	常年	0.078
费雷站	智　利	常年	0.065
中山站	中　国	常年	0.057
长城站	中　国	常年	0.05
阿蒂加斯站	乌拉圭	常年	0.047
阿尔茨托夫斯基站	波　兰	常年	0.041
埃斯佩兰萨站	阿根廷	常年	0.036
里帕蒙蒂站	智　利	夏季	0.035
马里奥·祖切利站	意大利	夏季	0.034
东方站	俄罗斯	常年	0.034
罗瑟拉站	英　国	常年	0.03
彼得雷尔站	阿根廷	夏季	0.029
迪蒙·迪维尔站	法　国	常年	0.029
斯科特站	新西兰	常年	0.028
昭和站	日　本	常年	0.024
奥卡达斯站	阿根廷	常年	0.024
马兰比奥站	阿根廷	常年	0.024
马尔什空军基地	智　利	常年	0.022
新拉札列夫站	俄罗斯	常年	0.02
迈特里站	印　度	常年	0.02
迪塞普申站	阿根廷	夏季	0.019
世宗王	韩　国	常年	0.019
帕默站	美　国	常年	0.014
进步站	俄罗斯	常年	0.013
胡安·卡洛斯一世站	西班牙	夏季	0.013
诺迈伊尔站	德　国	常年	0.012
特罗尔站	挪　威	常年	0.012
贝尔纳多奥伊金斯将军站	智　利	常年	0.011

续表

中文站名	国家	站点类型	核心站区面积 (km²)
尤巴尼站	阿根廷	常年	0.011
阿图罗·普拉特船长站	智　利	常年	0.011
圣马丁将军站	阿根廷	常年	0.01
巴拉提站	印　度	夏季	0.01
达尔曼站	德　国	夏季	0.009
贝尔格拉诺将军 2 号站	阿根廷	常年	0.008
加布里埃尔	西班牙	夏季	0.007
别林斯高晋站	俄罗斯	常年	0.007
联盟站	俄罗斯	暂停	0.006
马丘比丘站	秘　鲁	夏季	0.005
埃斯库多罗	智　利	常年	0.005
韦尔纳茨基站	乌克兰	常年	0.004
加布里埃尔冈萨雷斯	智　利	夏季	0.004
卡马拉站	阿根廷	夏季	0.004
普路德霍姆营地	法　国	夏季	0.004
昆仑站	中　国	夏季	0.003
阿图罗·帕罗迪	智　利	夏季	0.003
布朗海军上将站	阿根廷	夏季	0.002
S17 营地	日　本	夏季	0.002
马尔多纳多站	厄瓜多尔	夏季	0.002
劳基地	澳大利亚和罗马尼亚	夏季	0.001
布朗宁山口避难所	意大利	夏季	0.001
大卫营地	澳大利亚	夏季	0.001

遥感专题数据收集方面，获取了南极地理基础遥感测绘考察、南极地貌遥感考察、南极周边海域海冰遥感调查、南极周边海域水色、水温调查、南极周边海域动力环境遥感调查、南极气象遥感调查数据和成果，示例如表 5-3 ~ 表 5-8 所示。

表5-3　南极基础地理遥感测绘调查成果示例

序号	数据名称	数据示例	数据来源
1	全南极综合 DEM 结果图（等高距 200 m）		ERS-1、ICESat

续表

序号	数据名称	数据示例	数据来源
2	东南极格罗夫山和 PANDA 断面低纬区 ASTER DEM	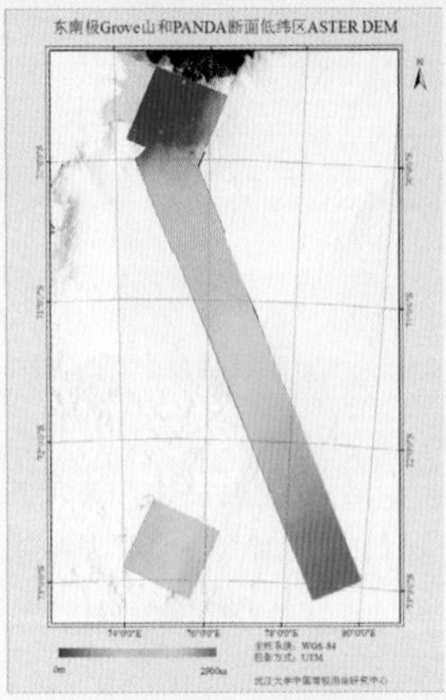 东南极Grove山和PANDA断面低纬区ASTER DEM	ASTER，UTM 投影
3	东南极格罗夫山和 PANDA 断面低纬区 ASTER DEM	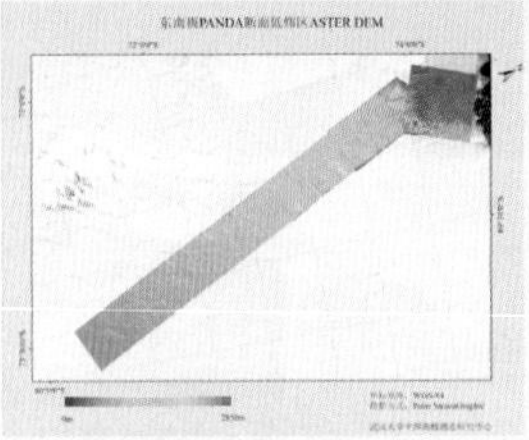 东南极PANDA断面低纬区ASTER DEM	ASTER，极投影
4	东南极 PANDA 断面 InSAR DEM	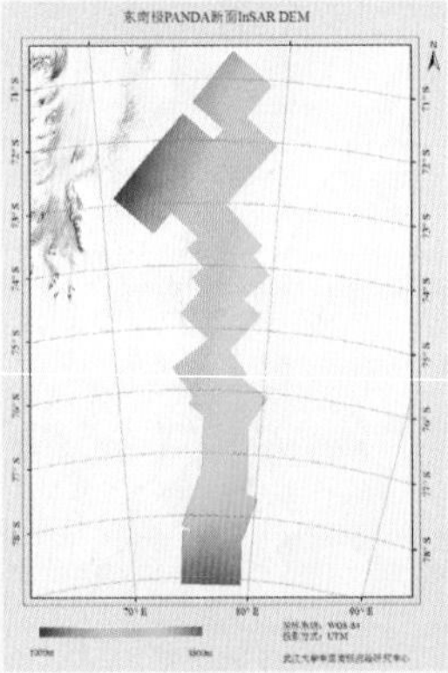 东南极PANDA断面InSAR DEM	InSAR，UTM 投影
5	东南极 PANDA 断面 InSAR DEM	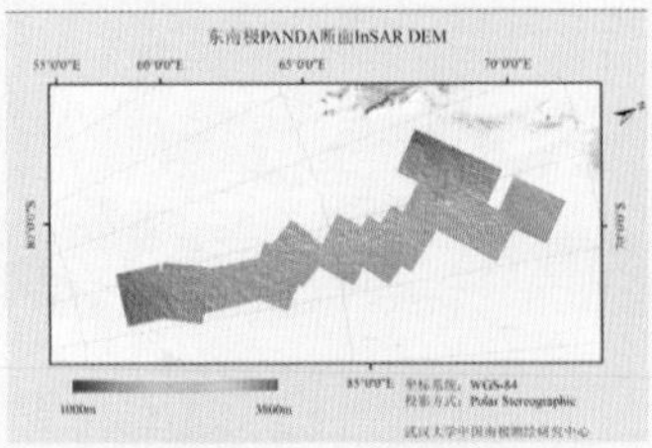 东南极PANDA断面InSAR DEM	InSAR，极投影
6	中山站区域 25 m 分辨率数字高程模型		Alos 卫星影像

表5-4 南极地貌遥感调查成果示例

序号	数据名称	数据示例	数据来源
1	2010年埃默里冰架环境卫星遥感影像	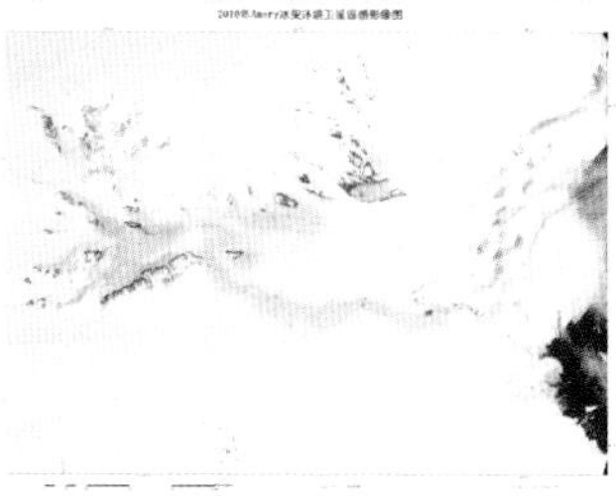	HJ30m 分辨率
2	2010年埃默里冰架ENVISAT卫星遥感影像	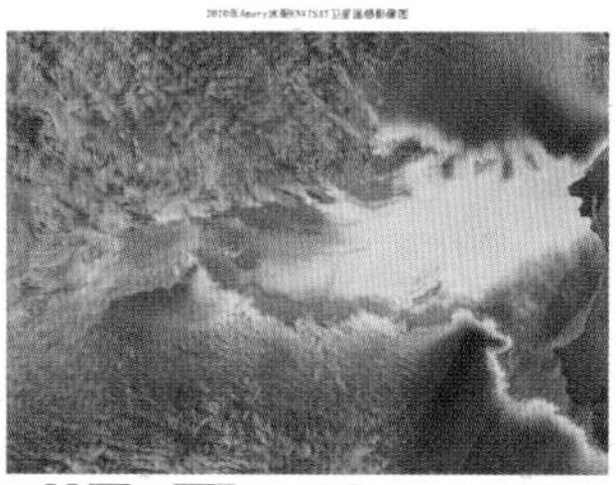	ENVISAT-WSM75m 分辨率
3	中山站至埃默里冰架ENVISAT卫星遥感影像		ENVISAT IMS10m 分辨率
4	中山站至埃默里冰架地貌图		ENVISAT IMS 1:10万地貌图

表5-5 南极海冰遥感调查成果示例

序号	数据名称	数据示例	数据来源
1	全南极周边海域海冰月平均密集度分布图	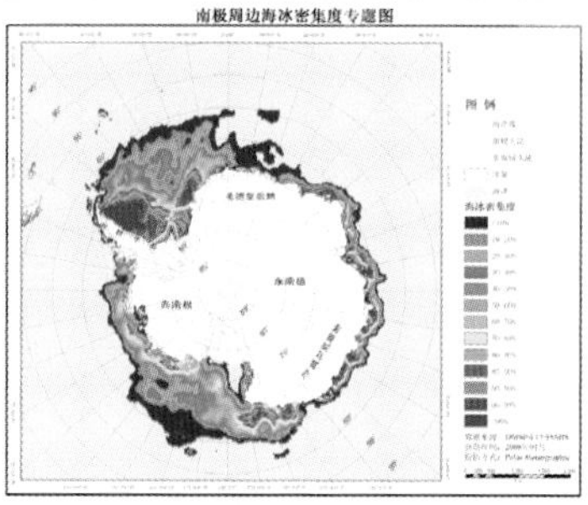 南极周边海冰密集度专题图	SSMIS

续表

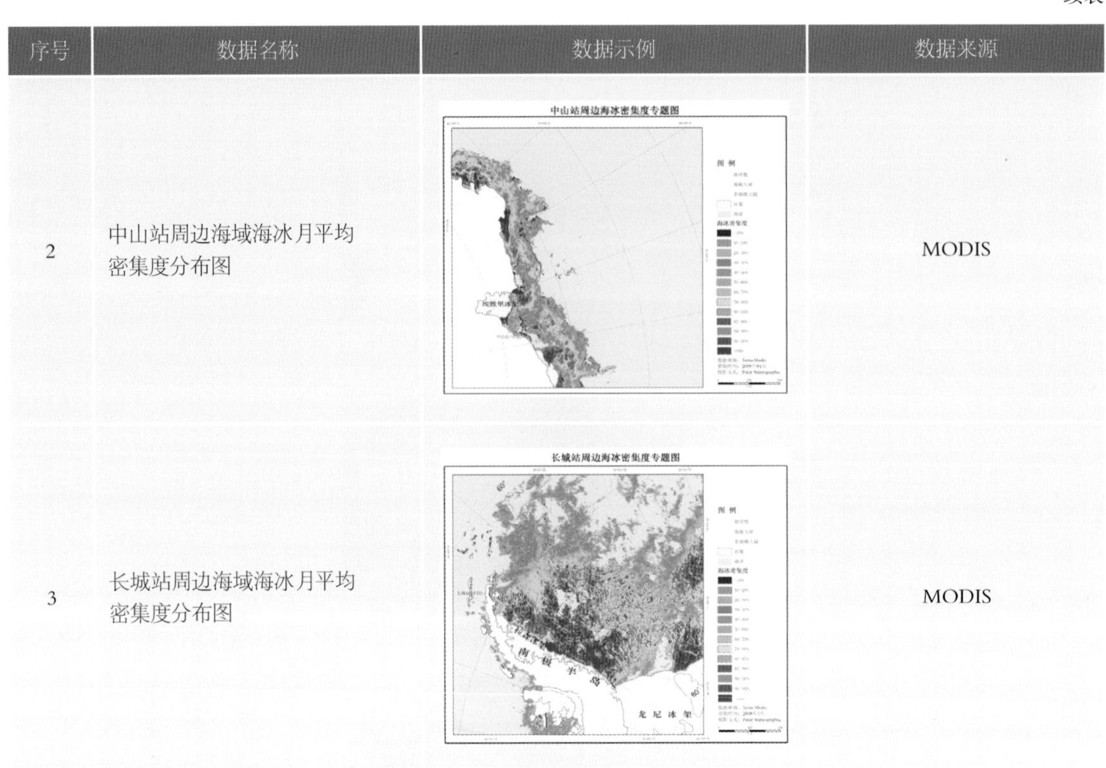

序号	数据名称	数据示例	数据来源
2	中山站周边海域海冰月平均密集度分布图		MODIS
3	长城站周边海域海冰月平均密集度分布图		MODIS

表5-6　南极周边海域海洋水色、水温调查成果示例

序号	数据名称	数据示例	数据来源
1	海温专题图		MODIS、HY-1/COCTS数据提取
2	叶绿素专题图		MODIS、HY-1/COCTS数据提取

表5-7 南极周边海洋动力环境遥感调查成果示例

序号	数据名称	数据缩略图	数据来源
1	南极周边海域海面风速（左）与风向（右）月平均分布图	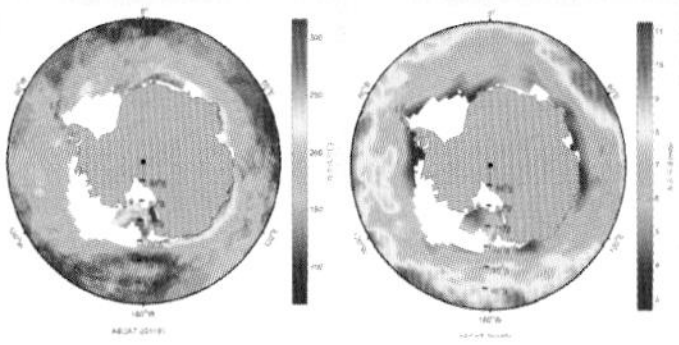	ASCAT
2	平均海面风场矢量图	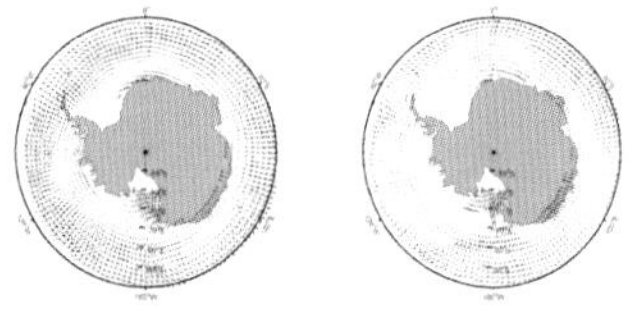	ASCAT
3	南极周边海域月平均海面风速（左）与风向分布图（右）	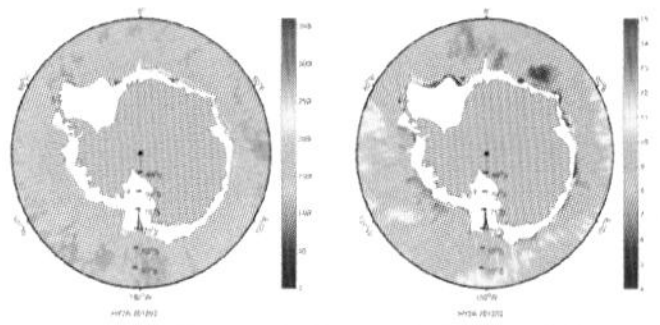	HY-2
4	平均海面风场矢量图	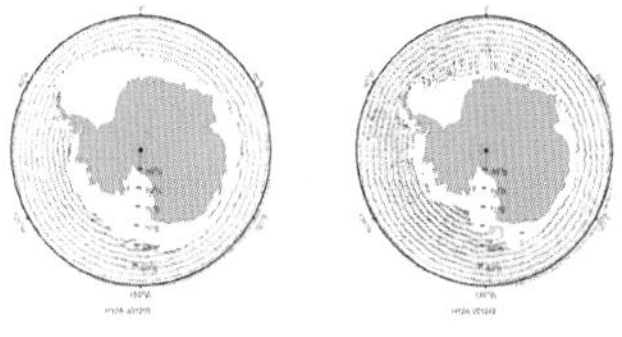	HY-2
5	普里兹湾海面风速（左）与海面风场矢量图（右）	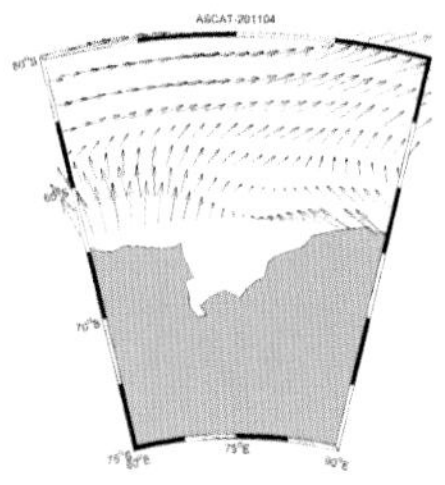	ASCAT
6	威德尔海海面风场矢量图	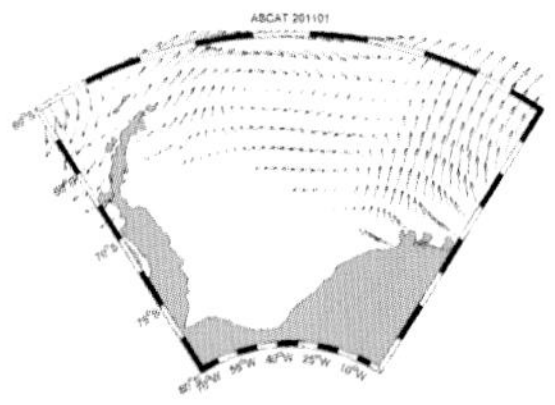	ASCAT
7	南海周边海域海浪有效波高分布图	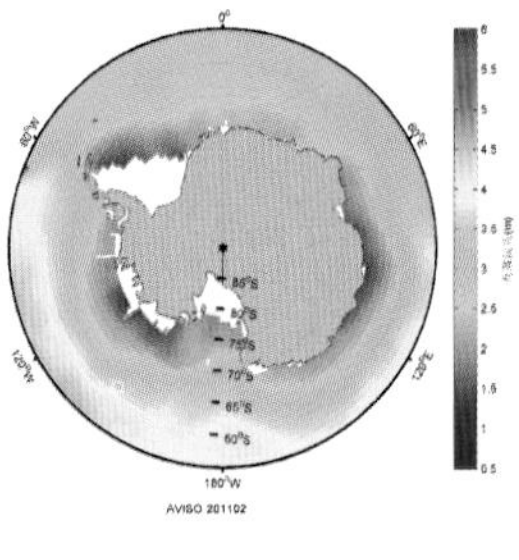	AVISO

续表

序号	数据名称	数据缩略图	数据来源
8	普里兹湾海浪波高分布图	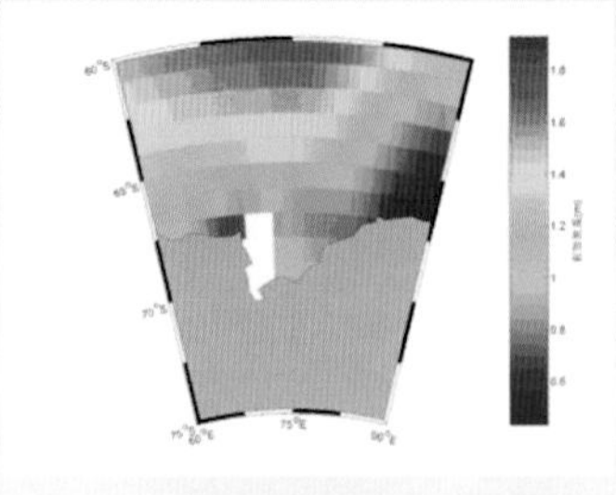	AVISO
9	威德尔海海浪波高分布图	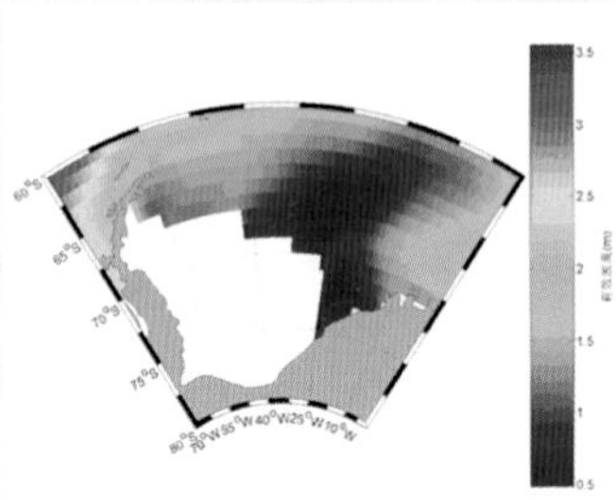	AVISO
10	南极周边海域海浪有效波高分布图	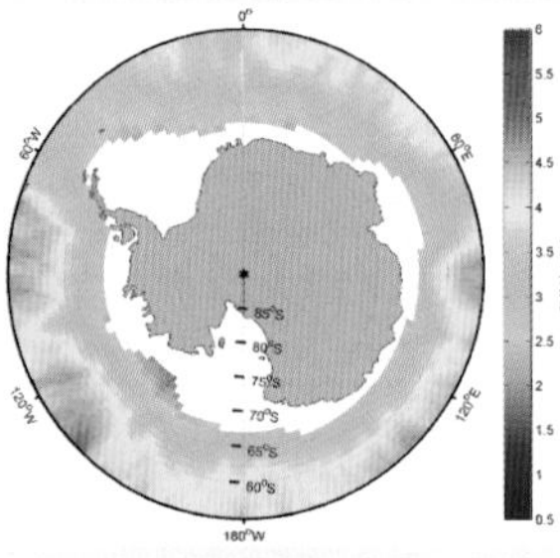	ENVISAT
11	南极周边海域海浪有效波高分布图	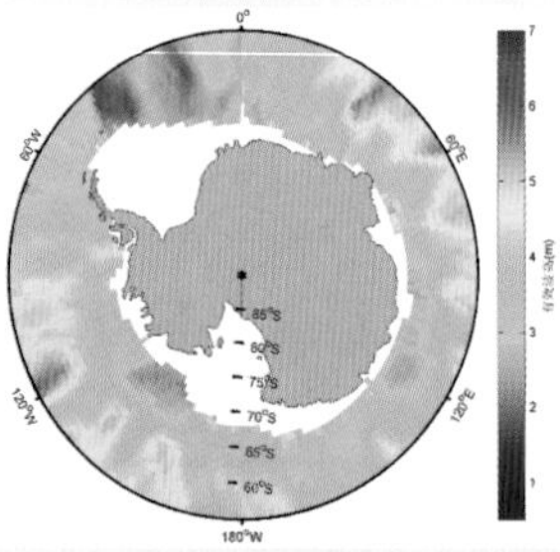	HY-2

表5-8　南极气象环境遥感调查成果示例

序号	数据名称	数据示例	数据来源
1	南极气象环境遥感调查数据集	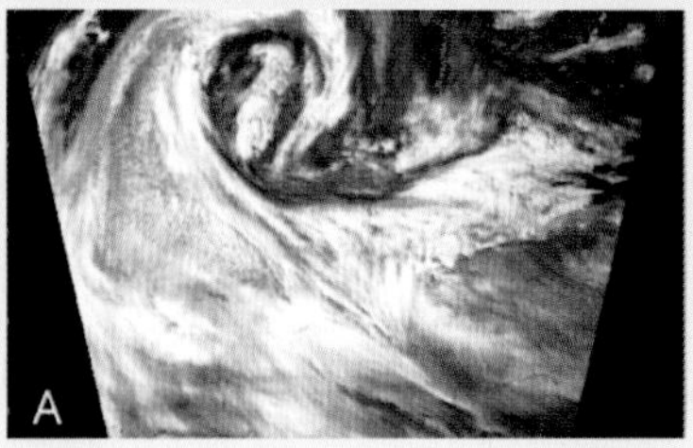	两站 SATRAX-XL 卫星系统接收 MODIS 图像

续表

序号	数据名称	数据示例	数据来源
2	南极基础气象信息数据集		澳大利亚气象局发布 MSLP/500hpa 气象场图
3	绕极气旋移动路径图		

5.4.2.2 数据库设计

1）设计原则

获取的遥感专题数据从类型分，可包括空间数据和非空间数据，相关的数据库设计包括空间数据库设计、非空间数据库的设计。数据库是共享与服务平台的基础，采用以下原则进行了数据库设计。

规范命名：所有的库名、表名必须遵循统一的命名规则，并进行必要说明，以方便设计、维护、查询。

并发控制：设计中应进行并发控制，即对于同一个库表，在同一时间只有一个人有控制权，其他人只能进行查询。

全面准确：所涉及的数据库内容应该尽可能全面，字段的类型、长度都应该准确地反映业务处理的需要，所采用的字段类型、长度能够满足当前和未来的业务需要。

关系一致：准确表述不同数据表的相互关系，符合数据实际情况。

松散耦合：各个子系统之间应遵循松散耦合的原则，即在各个子系统之间不设置强制性的约束关系。一方面避免级联、嵌套的层次太多；另一方面避免不同子系统的同步问题。子系统之间的联系可以通过重新输入、查询、程序填入等方式建立，子系统之间的关联字段是冗余存储的。

适度冗余：数据库设计中应尽量减少冗余，同时应保留适当的冗余。

高频分离：将高频使用的数据进行从主表中分离或者冗余存储（如限制信息的检测等），将有助于大幅度提高系统运行的性能。

2）空间数据库设计

具体包括空间数据存储表空间规划，空间数据索引及表设计。完成矢量、栅格影像及图件的数据要素、数据文件和数据集的存储。

第一类：系统表空间，存储与系统管理等相关的数据表，可存储系统表、配置文件及图层注册表等。

第二类：遥感专题数据表空间。包括影像数据、矢量数据，将影像数据和矢量数据分别放在不同的表空间。

空间数据库采用 ArcSDE 数据库引擎 +Oracle 11g 数据库模式，包括以下几方面。

① 南极基础地理遥感测绘数据库：主要为南极 DEM 数据；

② 南极地貌遥感数据库：主要为各类卫星影像数据；

③ 南极海冰遥感数据库：主要为 SSMIS 和 MODIS 生成的专题成果数据；

④ 南极周边海域海洋水色、水温数据库：主要为 MODIS、HY-1 生成的专题成果数据；

⑤ 南极周边海洋动力环境遥感数据库：主要为 ASCAT、AVISO 生成的专题成果数据；

⑥ 南极气象环境遥感数据库：主要为气象图件等数据。

5.4.3 系统设计

面对海量遥感数据和遥感研究成果，依靠传统的人工管理模式显然已经难以胜任，必须及时引入基于计算机和网络技术的规范化、信息化的管理模式。在实际需求的基础上，开展“南极地区环境遥感调查集成系统”的框架设计，实现对南极地区环境遥感相关信息的采集入库和可视化管理与开发，挖掘遥感数据的研究价值，提高遥感研究成果的在线发布效率。

总体上看，本系统包含了我国南极地区环境遥感数据的采集和预处理、建库录入、浏览、查询、下载和服务推送等内容。数据的采集包括各种卫星传感器获取的多分辨率、多时相、多波段原始数据以及数据处理加工的成果数据，根据需要，以文件或者其他数字化的方式包含在系统范围内。另外，根据极地遥感研究的需要，在相关研究人员和研究机构之间建立遥感数据交换和共享的渠道。

根据系统需求分析结果，系统设计的主要功能包括：专题成果导航目录；专题成果检索查询；专题成果可视化。

5.4.3.1 专题成果导航目录

整个系统建设完成后，主要包括数据服务、主要成果、空间应用、专题介绍几个部分，具体功能如下。

数据服务：提供研究人员和机构间的数据交流渠道。

主要成果：展示遥感专题各个方向的研究成果。

空间应用：基于 GIS 构建的可视化系统。

专题介绍：描述本专题的相关信息。

5.4.3.2 专题成果检索

专题成果的检索查询包括按南极地理基础遥感测绘考察，南极地貌遥感考察，南极周边海域海冰遥感调查，南极周边海域水色、水温调查，南极周边海域动力环境遥感调查，南极气象遥感调查成果研究方向的检索，同时也包括模糊检索功能。

5.4.3.3 专题成果可视化

系统实现不同数据资源（基础地理、专题成果）的可视化，具体包括站点信息可视化和专题成果可视化等形式的数据展示或组合模式展示。具体根据数据特点，用户可切换选择不同底图的可视化视窗。

该部分功能主要基于 GIS 构建系统实现，主要实现步骤如下。

（1）专题图生成

将海浪、风速，风向、风矢量、海冰密集度等专题数据分别通过 ArcGIS 软件，叠加地理基础信息地图并添加相应的图示图例，制作专题图。

（2）服务发布

将需要发布的数据添加到 ArcMap 中，配置好地图后生成 *.mxd 文件，然后在 ArcCatalog 中将 *.mxd 文件发布到 ArcGIS Server 中。

ArcGIS Server 体系由服务器端的 GIS Server、Web Server、Data Server 和客户端的 Web 浏览器、桌面产品所构成，各个组件可以被分别部署于不同的机器上，在系统中实现各自的功能，并相互协调，实现系统的平衡，如图 5-3 所示。

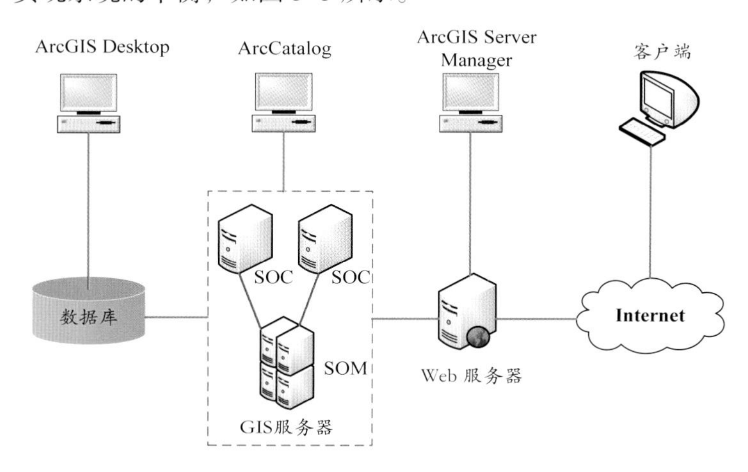

图5-3 ArcGIS Server结构

（3）可视化系统架构

系统总体架构主要分为三层：数据层主要收集和存储各类专题成果数据；服务层主要使用 ARCGIS Server 对存储在数据层的数据进行服务发布，供应用程序调用；应用层是用户与系统进行交互的通道。在应用层中，通过调用服务层的相关服务实现，如地图浏览、放大缩小漫游、图层控制、地图标注、动态播放等功能，系统架构见图 5-4，图 5-5 所示。

图5-4 可视化系统架构图

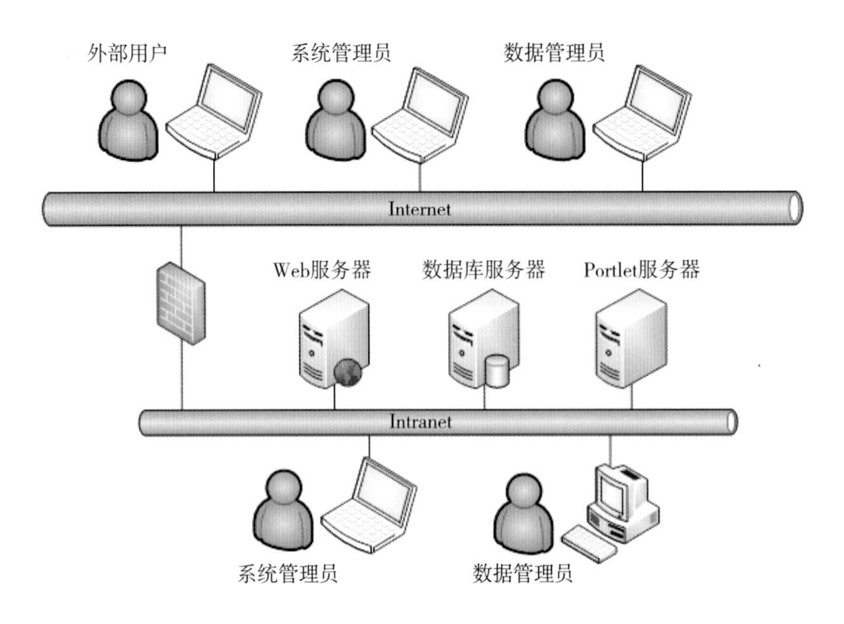

图5-5　系统物理架构图

（4）实现功能

本专题应用是基于 B/S 的架构系统，主要由一台 Web 应用服务器和多台数据库服务器构成。客户端支持 Microsoft IE 8.0 及以上内核的浏览器，支持 Chrome，Firefox，Safari，Opera 等主流浏览器。本系统后台主要实现了数据管理、系统管理、单点登录等功能。前台主要实现了地图基本操作、站点信息查看、专题成果浏览与动态展示等功能。

① 地图基本操作：系统提供地图的基本操作功能，包括图形的浏览，放大、缩小、漫游等功能。

② 站点信息查看：系统提供各个站点信息查看功能，包括站点所属国家、经纬度、位置、研究范围、图片等信息，如图 5-6 所示。

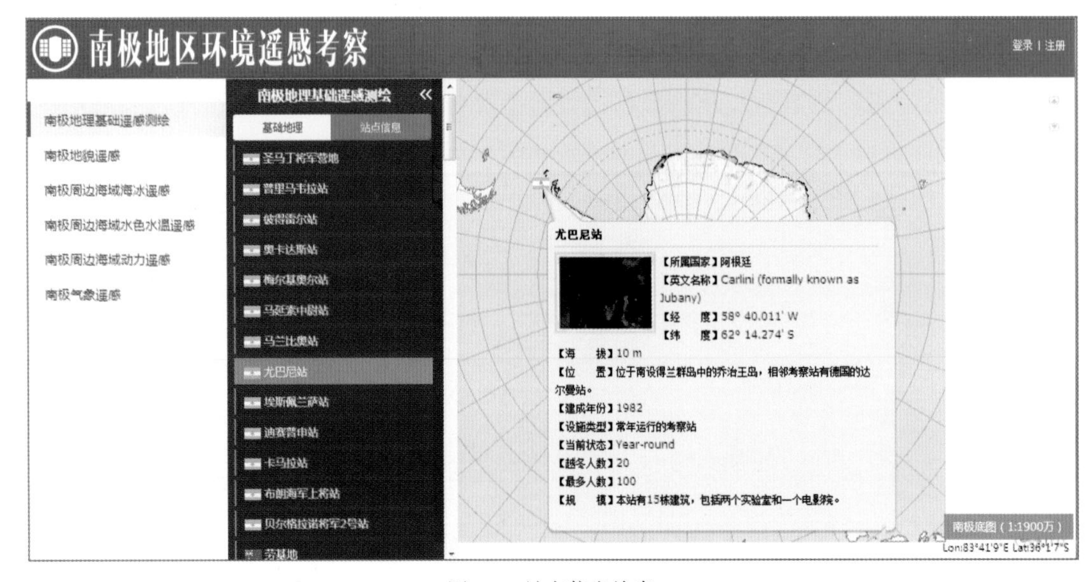

图5-6　站点信息检索

③ 专题成果浏览：系统提供遥感专题成果信息的浏览和动态播放功能，如图 5-7 ~ 图 5-12 所示。

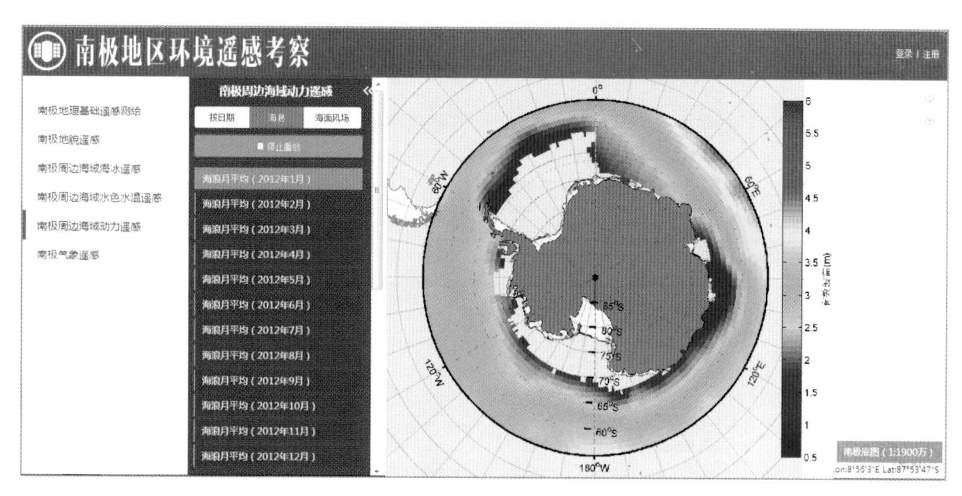

图5-7 海洋动力环境（海浪）专题成果可视化

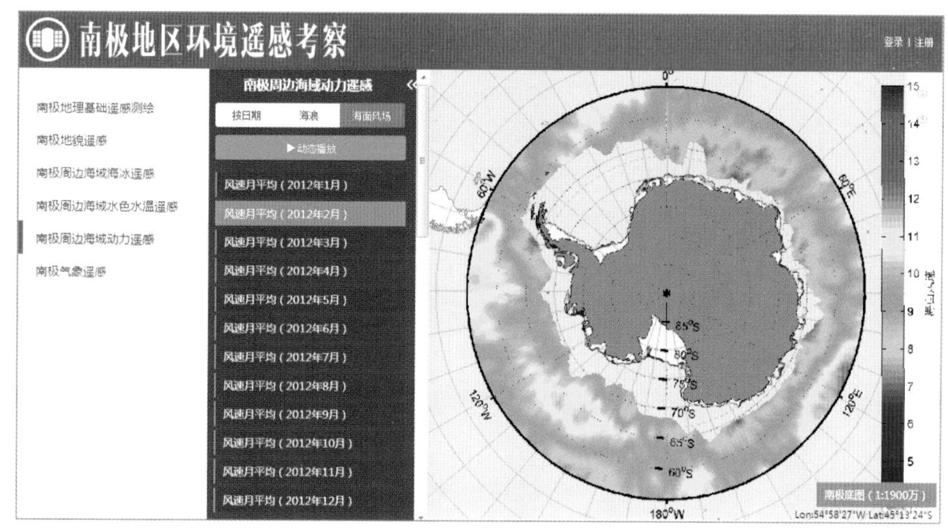

图5-8 海洋动力环境（风速）专题成果可视化

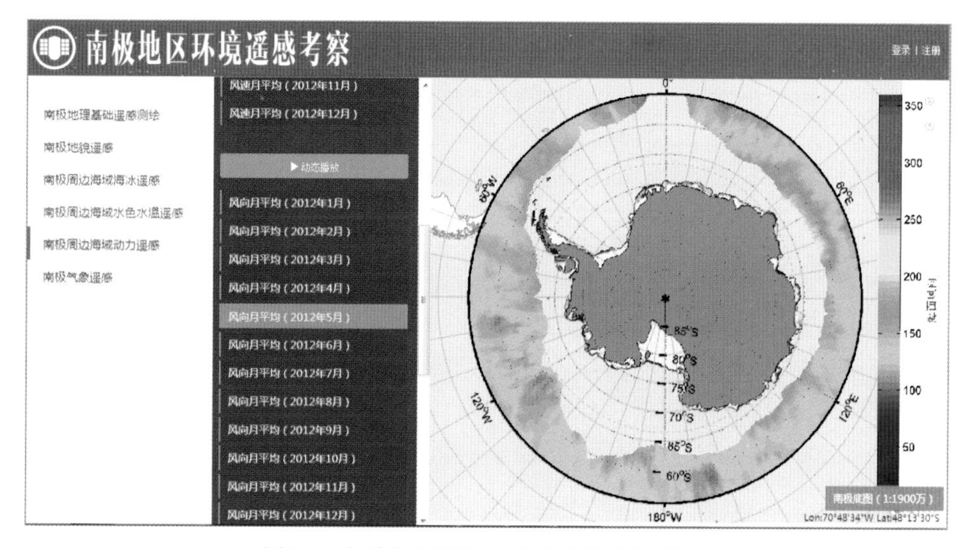

图5-9 海洋动力环境（风向）专题成果可视化

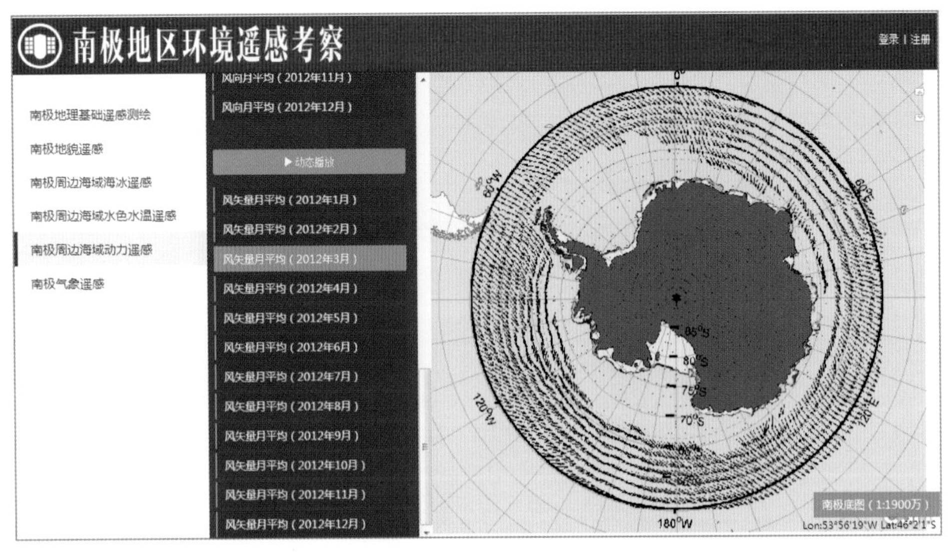

图5-10　海洋动力环境（风矢量）专题成果可视化

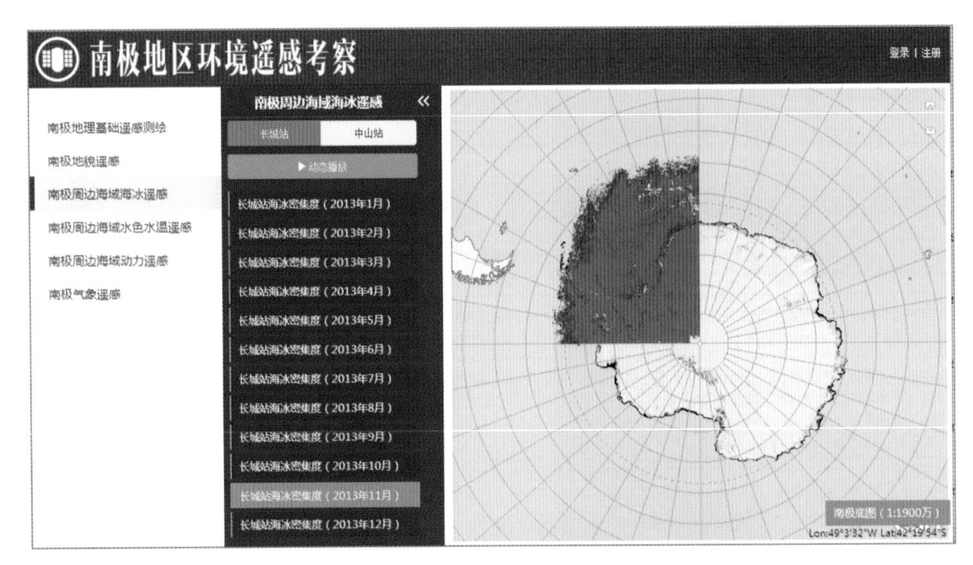

图5-11　海冰遥感成果可视化（长城站海冰密集度）

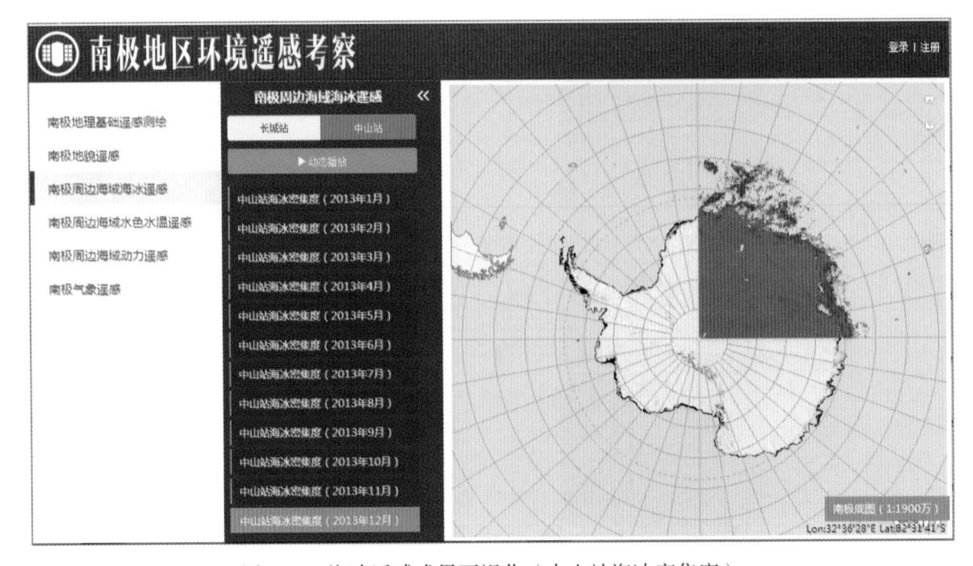

图5-12　海冰遥感成果可视化（中山站海冰密集度）

④ 准实时影像数据发布：系统基于 Google 地图应用接口二次开发的轻量级浏览器端，可以将准实时的遥感数据与 Google 地图相融合。比如准实时的 AMSR2 海冰密集度产品（图 5-13），RADARSAT 卫星数据（图 5-14）等，其实现途径之一是自定义地图投影变换与瓦片切割；途径之二是借助 WMS 服务在线获取区域影像图瓦片。

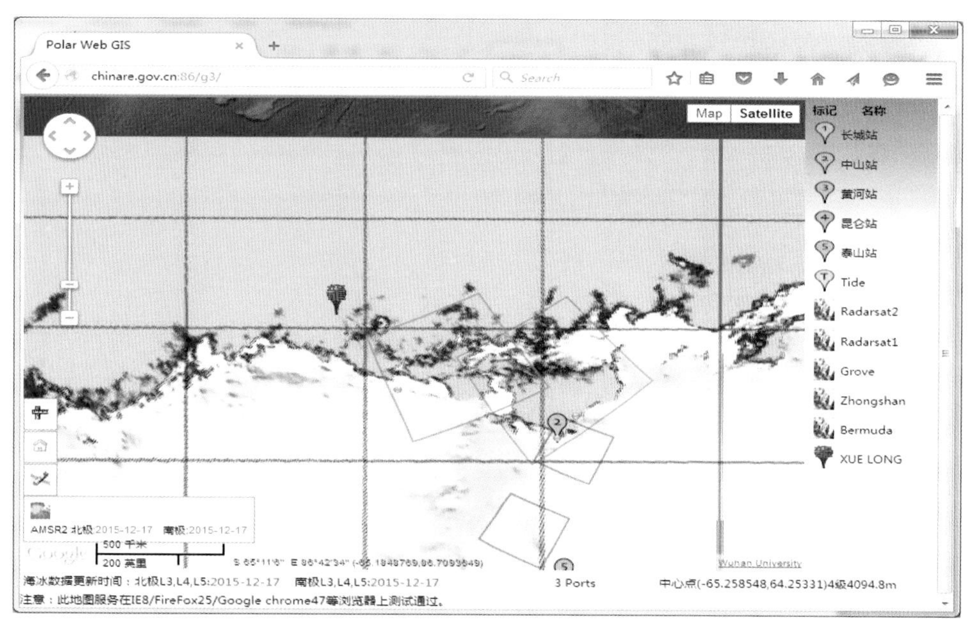

图5-13 准实时的AMSR2全南极海冰密集度地图与极地信息融合

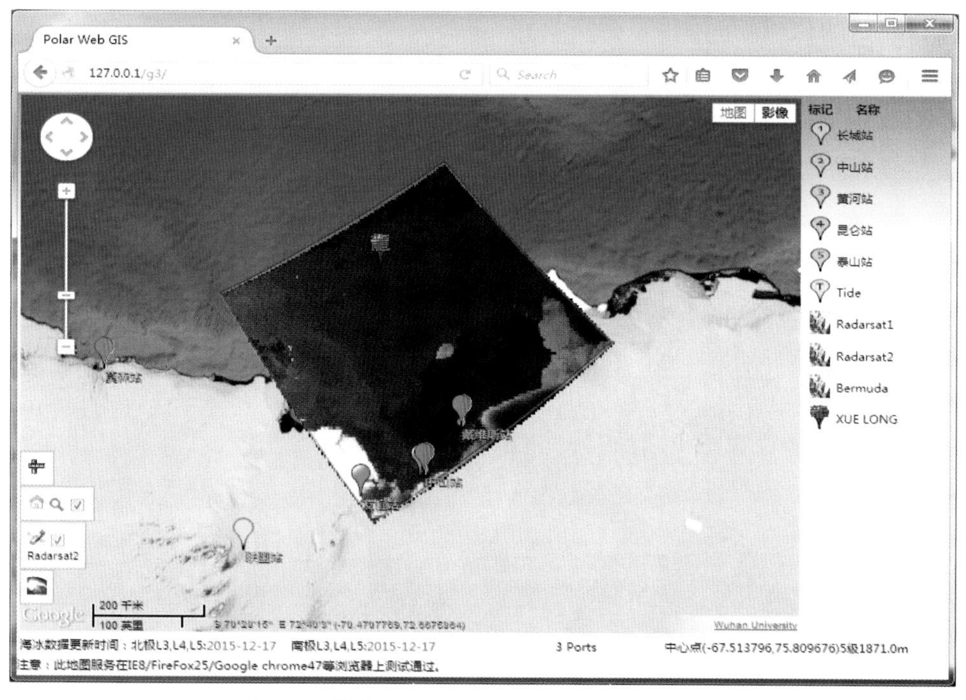

图5-14 借助WMS服务在线获取准实时区域影像图

第6章 考察数据分析与研究结果

6.1 南极地理基础遥感测绘特征分析

6.1.1 全南极高程特征

综合两种测高数据获取的全南极综合DEM与RAMP DEM的差值，在南极绝大部分地区在±20m以内，而较大差值区域主要分布在海岸边缘区域、横断山脉区域、81.5°S以南的南极高原地区及南极半岛中地形较陡的山区等，这与RAMP DEM的精度分布基本一致。此外，在生成DEM的过程中，融合了ICESat测高数据，利用所有的ICESat脚点（未重采样），对综合DEM的精度进行评估。结果表明两者差值主要集中在±10m以内，差值均方根为3.828m，表明综合DEM的精度达到4m。这说明ICESat数据完全被综合DEM所吸收，综合DEM采用ICESat使得其精度大幅提高，而且综合DEM的分辨率达到了ERS-1格网的分辨率，因此，综合DEM综合了ERS-1格网的分辨率优势和ICESat格网的精度优势。从全南极DEM中可以看到，南极冰盖像一个扣在南极陆地上的巨大帽子，冰穹A地区最大高程超过4090m，由冰穹A从各个方向向海岸线延伸，整体上高程逐渐缓慢降低，冰面坡度较小。

6.1.2 PANDA断面高程特征

PANDA计划，即南极普里兹湾—埃默里冰架—冰穹A的综合断面科学考察与研究计划，是由中国科学家牵头组织的大型南极考察与研究计划，是国际横穿南极科学考察计划（International Trans-Antarctic Scientific Expedition，ITASE）的重要组成部分，具有重要的科学意义。PANDA计划通过一条包含海洋、冰架、裸岩、冰盖、大气和近地空间等要素的综合考察断面，研究南极地区动态变化，探索全球环境变化。这条沿着中山站至冰穹A内陆冰盖考察路线沿线的综合断面，即是PANDA断面。

本考察中所生成的格罗夫山和PANDA断面低纬区的ASTER DEM与日本METI和美国NASA共同发布的全球的ASTER GDEM Ver2对应区域相比，首先是水平分辨率15m要高于后者的30m，此外，弥补了ASTER GDEM Ver2存在的一些空洞。由于引入了ICESat测高数据，ICESat的高程精度被吸收，本研究生成的ASTER DEM与ICESat测高数据更符合。此外与精度较高的Bamber DEM相比较，在较平坦的区域，ASTER DEM比ASTER GDEM Ver2与其差值更小，差值绝对值主要分布在20m以内，在山峰和坡度较陡的近海区域，ASTER DEM与ASTER GDEM Ver2精度都较低。

利用ASTER立体像对生成的格罗夫山和PANDA断面部分区域的15m分辨率的DEM与ICESat/GLAS测高数据的高程值具有很高的一致性，高程的起伏波动趋势极其相似。通过选取剖面线进行精度统计可以看出，其高差的均方根误差（RMSE）都小于20m，此外，高差的平均值的绝对值也在 0 ~ 30 m 范围内波动，若认为 ICESat/GLAS 测高数据的高程值是准确的，则可以得到 ASTER 融合 ICESat 测高数据提取冰盖 DEM 的垂直精度可达 30 m。用 ICESat 作为控制数据，大大提高了匹配的准确性，减小了错误率。ASTER DEM 经进一步改正和后处理，与 GLAS 高差均值为 −0.6 m，均方根误差为 4.4 m，GLAS 测高脚点的高程精度被较好纳入了 ASTER DEM 中。而与 Bamber DEM 的高程差值主要分布在 ±20 m 之内；且经过处理，DEM 表面特征得到进一步改善。

传统的单基线 InSAR 技术不能克服冰流引起的形变相位的影响，容易引入 DEM 误差。为了克服冰流的影响，将形变相位对地形的影响移除，本研究中设计了利用两对干涉像对基线联合的方法来提高冰盖 DEM 提取精度。在基线联合的过程中，两干涉像对的基线差是一个关键因素，较大的基线差能更好地抑制相位误差向高程误差的转换，有效提高 InSAR DEM 的精度，相反较小的基线差使相位误差转换为高程误差时一定程度被放大。在本研究中 A、B 实验区的两组实验数据的基线差较大，均大于 400 m，最终得到的 DEM 精度也非常高，可以控制在 7 m 以内，而 C 实验区组合的最大基线差也只有 238 m，这样导致该实验区 DEM 误差较大，高程误差主要分布在 0~20 m，相对于单基线 InSAR 提取 DEM 仍然有所提高。

将格罗夫山和 PANDA 断面具有重叠区域的 ASTER DEM 和 InSAR DEM 进行比较，经统计分析，得出在格罗夫山区域，80% 以上区域，两 DEM 差值绝对值均在 30m 以内，分布在岩石周围较平坦冰雪覆盖区域，ASTER DEM 与 InSAR DEM 高程比较一致，而且可靠性较高。在纹理缺乏的冰雪覆盖区域，两 DEM 差值稍大，可以达到 50 ~ 60 m，与 ICESat 检查数据比较，认为 InSAR DEM 精度更高，这主要是 ASTER DEM 在生成过程中错误匹配造成的。在角峰或裸岩区域，与 ICESat 检查数据相比，ASTER DEM 与 InSAR DEM 精度都较低，这是由于 ASTER 影像在角峰附近容易产生阴影，造成错误匹配，而 InSAR 影像对在角峰或裸岩区域相干性较差，造成解缠困难。在 PANDA 断面高程变化较平缓的内陆冰盖区域，两 DEM 差值绝对值主要分布在 20 m 以内，总体上，InSAR DEM 可靠性高于 ASTER DEM。

对于基于 ALOS 立体像对生成的试验区 DEM，参与评定 DEM 精度的 ICESat 卫星测高脚点共计 1 209 个，高程误差最小值 0.001 872 m，最大值 90.226 656 m，平均值 10.148 767 m，标准差 11.381 814 m。高程误差主要分布在 20 m 以内，满足 DEM 生产精度要求。

利用全局范围内均匀分布的 ICESat/GLAS 测高数据对基于差分相位误差趋势面去除方法生成的 20 m 分辨率的 InSAR DEM 进行精度评价，经统计得，InSAR DEM 与 ICESat/GLAS 测高数据的差值的均值和均方根误差都在 30 m 以内，而且主要都在 20 m 以内，存在极少数误差较大点，全局范围内可以认为 DEM 垂直精度在 30m 以内。通过对差分相位误差趋势面的拟合及去除，一定程度上消除了基线，相位噪声等的影响，经比较，去除趋势面后得到 InSAR DEM 精度明显提高。

6.1.3 南极冰面高程变化与冰雪质量变化特征

6.1.3.1 冰面高程变化特征

基于 ICESat 重复轨道分析的方法获得了整个南极冰盖的年平均冰面高程变化结果图，结果表明，在阿蒙森区域存在明显的高程减少现象，南极半岛也存在高程减少；基于 ENVISAT 交叉点分析的方法获得了埃默里冰架地区和恩德比地区两个重点考察区域的冰盖高程变化分布图，结果表明，在埃默里冰架两侧，冰盖高程表现出相反的变化趋势，恩德比地区也存在明显的高程变化。

基于 FFM 算法，利用 ENVISAT 测高数据计算了 2002 年 10 月到 2007 年 9 月了的东南极和中山站至冰穹 A 冰盖高程长期变化趋势项。结果表明，在埃默里冰架两侧，冰盖高程表现出相反的变化趋势，南极冰盖恩德比地区存在明显的高程变化，这与下面质量变化的趋势相一致，同时将该结果与 ICESat 所求得的冰盖高程变化结果相比较，也非常一致。

6.1.3.2 冰雪质量变化特征

利用 GRACE RL05 和早期版本数据，重点讨论了滤波方法选择和不同冰后回弹模型改正，经过试验分析，利用认为最优的滤波方法滤除噪声和经过冰后回弹模型改正，获得了全南极冰盖质量变化的长期变化量。结果表明，阿蒙森地区和南极半岛地区冰雪质量都存在明显的下降趋势，阿蒙森地区下降的更为明显，年平均质量亏损约 80 mm，而南极半岛地区年平均质量亏损约 24 mm；东南极恩德比地区冰雪质量呈正增长的趋势，年均增长量约为 14 mm，与国外相关研究结果相比，表现出非常一致的趋势。

6.1.4 冰穹 A—极记录冰川冰流特征

基于实测 GPS 点，提取冰穹 A 地区的冰流速度变化范围为 3.1 ± 2.6 到 29.4 ± 1.2 cm/a，且分析得到冰流速大小与坡度相关。

极记录冰川冰流速最大约 800 m/a，且冰川西侧冰流速大于东侧，冰流快速运动促使极记录冰川产生大冰舌，冰崩后产生巨大的冰山，大冰山并未完全漂离冰川，在前方阻碍了冰川的流动。达尔克冰川冰流向北运动流向海域，冰川前缘冰流速达 200 m/a，冰川上游分布广泛的冰裂隙对冰流运动产生了一定影响。格罗夫山地区冰流运动特征复杂，受山体影响明显，在无角峰阻挡的地区冰流速度大且覆盖面积广，在两侧形成了两条大冰流，局部地区最大流速可达 40 m/a。PANDA 断面区域冰流总体向西北方向运动，并主要通过埃默里冰架和极记录冰川流入海洋，因此埃默里冰架和极记录冰川冰流速超过 700 m/a，其他地区冰流速不超过 100 m/a，大部分地区冰流速主要集中在 10 ~ 40 m/a。

6.2 南极地貌特征分析

地貌遥感考察旨在获取南极主要地貌特征，包括冰架、冰川、冰隆、海岛、蓝冰、粒雪、冰碛、裸岩、山脉、冰裂隙和湖泊（冰上湖、岩上湖）等，并监测南极大陆冰盖、冰川运动速度。综合获取 2010 年前后多源卫星影像数据（包括 Landsat5-TM、北京 1 号小卫星、HJ-1A/B，ASTER、SPOT5、IKONOS 等），开展南极遥感制图工作，将得到分辨率为 30 m 级的全南极镶嵌图（局部重点区域将更高），形成数字地理信息系统和图件，力争实现我国国产卫星的首次全南极洲遥感制图。利用全南极卫星影像数据提取冰盖、冰架和冰川位置及其分布，对比 2000 年基准年上述地貌数据，提取重点区域的冰貌变化。

6.2.1 南极大陆地貌概述

南极大陆总面积 $1\,425 \times 10^4\,km^2$，约为中国国土面积的 1.5 倍。南极由东南极和西南极组成，东、西南极大致以南极横断山脉为界，依据有二：一是从地形地貌上看，横断山系绵延3000km，海拔多在3000m以上，形成了将东、西南极隔离的天然屏障；二是从地质构造上看，东南极、横断山脉和西南极属于两个地质特点不同的构造单元。东南极面积约为西南极的2倍。南极点位于南极洲的地理中心，从海边沿任何方向到南极点距离大致相当。

冰原岛峰穿透巨大冰盖，并呈线性排列构成山系。南极冰盖内陆和边缘分布着诸多山脉或山峰，其中最主要的山脉是横贯南极山脉（Transantarctic Mountains），它始于罗斯海西侧，止于菲尔希纳冰架（Filchner Ice Shelf）南缘，长度3000km余。横贯南极山脉有许多山峰海拔3000～4000m。最高峰马克姆山（Markham Mount），为一双峰山地，海拔分别为4350m和4280m。该山脉中间一段被冰盖淹没，只有零星山峰出露。

东南极内陆几乎全为冰盖所覆盖，山脉主要分布在海岸带。东南极最特殊的是兰伯特－埃默里区域。该区内的查尔斯王子山（Prince Charles Mountains）和莫森陡崖（Mawson Excarpment）向内陆延伸700km，两山之间为一深切的谷地，形成了兰伯特冰川（Lamber Glacier），谷口处为埃默里冰架。由于兰伯特冰川表面平均高度只有数百米，周围数百千米范围的冰体都流向此地，构成了面积达数百万平方千米的冰盖盆地。

西南极的南极半岛山峰密集，最高峰叫科曼峰（Coman Peak），海拔3600m，位于帕默地（Palmer Land）南部。内陆地区靠近冰架的区域为埃尔斯沃思地（Ellsworth Land），文森山地（Vinson Massif）位于此区，海拔4897m，为南极洲最高峰。西南极地区有许多火山，其中已发现的活火山有5座，如罗斯冰架外缘东北角罗斯岛上的埃里伯斯山（Erebus Mount），海拔3795m。

南极大陆绝大部分的面积被冰雪覆盖，仅有2%的地区裸露，集中分布在南极半岛、横贯南极山脉以及周围海岸地带。这使得南极大陆，特别是东南极形成穹状高原，平均高度2350m，是世界上最高的大陆。若不计冰盖厚度，南极大陆的平均高度则仅有410m，比整个地球陆地的平均高度还要低。南极冰盖是地球表面最大的冰雪覆盖区域和淡水资源，总体积约$28005\times10^4 km^3$，其平均厚度约2450m，最厚处超过4000m。东南极冰盖在近海岸数百千米宽度范围内表面高度从0m迅速上升到2500～3000m，内陆地区平缓，被称为南极高原。南极高原顶点位于冰穹A（80°22′00″S，77°21′11″E），高程为4093m。西南极除了某些裸露山峰外，表面高度一般低于3000m。南极洲发育众多的现代冰川，一部分冰盖伸出在陆地之外，浮处于海面上，形成冰架，冰架是冰盖边缘最主要的特征，对冰盖物质平衡至关重要。南极洲有3大冰架，即罗斯冰架（Ross Ice Shelf）、龙尼冰架（Ronne Ice Shelf）和埃默里冰架。最大的冰架为罗斯冰架，面积约达$54\times10^4 km^2$。此外，较大的冰架还有南极半岛内侧的拉森冰架（Larsen Ice shelf）。

由于酷寒，含盐量大冰点低的海水也冻结成为海冰包围南极大陆，海冰通常有数米之厚，面积随季节变化而变化，如2月海冰覆盖面积约$300\times10^4 km^2$，而10月则可达$2000\times10^4 km^2$。

自机载测冰雷达广泛应用以来，南极冰盖下的多处冰下湖成为科学研究的热点和前沿。目前发现的最大的冰下湖是位于俄罗斯东方考察站附近的沃斯托克湖，据估测湖床位于海平面以下710m，平均水深510m，最深处达1250m，总体积达$1800 km^3$。已发现的冰下湖大部分位于表面坡度和冰流速率都很小的分冰岭周围，约占总数70%的两组冰下湖位于东南极冰穹C和B冰脊地区。我国现已开展钻探冰穹A下伏湖泊的考察规划。

南极无冰区在独特的自然背景作用下，形成了与常态环境下差异明显的地貌和堆积物形态特征。地貌与松散沉积物都是内外应力作用下形成的互有联系的地表景观体，频繁的冰川作用，极端干冷的气候，稀少的生物构成了外营力的主要特征，而东南极古老结晶地盾与西南极半岛的火山岩基底则成为地貌与沉积物发育的主要内力因素。

地貌要素之一的坡度能够有效地加速土壤再生过程，在水和重力作用下加速风化产物的搬运。南极大部分出露地表由陡坡地或极陡坡地组成，大面积的基岩露头经常出现。很多坡面由冰物或基岩露头崩解形成的岩屑堆所覆盖。谷地和山坡上很多陡坡土壤都具有以下分布形式：坡面上部的山脊和突出部分是基岩风化形成的浅层土壤，坡面下部则是岩屑堆或冰碛物薄层沉积的侵蚀产物形成的土壤。

南极无冰区典型的地貌包括冰缘地貌、风力地貌、冰川地貌、湖泊地貌、构造地貌和海岸地貌等，这些地貌往往形成一定的组合。冰川侵蚀作用十分明显，角峰、刃脊、冰蚀谷、冰蚀湖广泛分布。地表岩石出露较好，风化成土作用较弱。冰缘地貌的主要地貌表现有：雪被、雪蚀洼地、龟裂地、岩屑坡、冰缘剥蚀面等；冰川地貌的主要地貌表现有：前进或后退冰舌、冰川擦痕石、冰缘鼓丘；风力地貌的主要地貌表现有：吹雪沟、风棱石、风蚀穴、雪坝、沙丘、砾堤；湖泊地貌的主要地貌表现有：构造湖、冰蚀湖、雪蚀湖等。

6.2.2 拉斯曼丘陵区—中山站附近的地貌特征

拉斯曼丘陵区（Larsemann Hills，69°12′S—69°28′S，76°00′E—76°30′E）位于东南极伊丽莎白公主地（Princess Elizabeth Land），陆地面积约 60 km^2，由布洛克内斯半岛（Broknes Penisular）、斯图尔内斯半岛（Stornes Peninsular）、协和半岛、五岳半岛、海珠半岛以及众多小海岛组成。拉斯曼丘陵东面紧邻达尔克冰川（Dalk Glacier），其流向大致自西南向东北。拉斯曼丘陵区夏季冰雪积水，湖泊星罗棋布。受干燥寒冷的气候影响，出露岩层表面侵蚀风化严重，多洞穴缝隙。协和半岛位于拉斯曼丘陵东部，东临达尔柯布科塔海湾（Dalkoybukta Cove），西临内拉峡湾（Nella Fjord），南面与内陆冰盖相连，岛上多湖泊。

在东拉斯曼丘陵发育有典型的湖泊地貌、风力地貌和海岸地貌，其他还有雪蚀洼地、石多边形、龟裂地、冻融泥流扇、冰川擦痕石等。

本地区有 150 多个湖泊，水体从淡水到微咸，从浅的水塘到巨大的冰蚀盆地，湖泊大多小而浅，面积 5 000 ~ 30 000 m^2，水深 2 ~ 5 m。从成因来看，可分为构造湖、冰蚀湖、冰面湖、海迹湖。所有湖泊冬天封冻，夏季有两个月以上的消融期。大部分湖水来自雪融水，一些湖还有进水口和出水溪流，能持续整个夏季。这为考察站生活取水提供了方便，也为一些甲壳类动物、硅藻和轮虫纲动物提供了栖息地。比较典型的有协和半岛北部最大的莫愁湖和团结湖，靠近劳基地（Law Base）的大明湖，龙泉湖；斯图尔内斯半岛的鄱阳湖、嫦娥湖等。

本区常年盛行下降风和绕极东风，且风力强度大、频数高，高速气流足以裹挟粗砂、雪晶碎屑，成为该区地貌发育的重要外动力。风蚀穴、风蚀崖、风蚀雪沟、风棱石等地貌形态常见于斯图尔内斯半岛，而雪坝、沙堆，砾堤等风积地貌也小规模分布在拉斯曼丘陵。

本地区海岸绝大部分以侵蚀作用为主，包括浪蚀、海冰刨蚀与掘蚀，局部有碎屑物堆积。

全海岸呈现岬角侵蚀后退与峡湾轻微淤积交错，并向海岸平直方向发展。发育有高出海面4 ~ 5 m的海蚀空穴，一、二级海蚀阶地。一级阶地海拔高5 ~ 8 m，阶地面较完整，局部有冰漂砾；二级阶地海拔10 ~ 12 m，外动力改造明显，阶地面破碎。

位于拉斯曼丘陵区东北部的中山站（69°22′24″S，76°22′40″E），是中国开展多学科考察和通往内陆冰盖的重要科考基地。近年来，随着国家对南极考察投入的加大，对中山站进行了重点改造，原先集装箱拼接的站区建筑得到了更新。此前，最新的中山站地区地图拍摄于2006年，现不足以反映中山站现状。此外，由于气候变暖导致积雪融化，中山站周边许多被常年积雪覆盖的地区已经裸露出来，这些对于地质研究十分重要。

从本项目完成的地貌图中可以清晰地看到中山站及周边地区的全貌，褐色的是裸露的地表，淡蓝色的海水，白色的冰雪，还有外海若干大型冰山，其中最大的冰山面积超过整个站区。卫星成像的10月是南极的夏初，以往这个季节南极大多数地表都被积雪覆盖，但从这幅图里可以看到，2012年夏季积雪在10月已快速消融，这显示全球气候变化对于南极大陆外围的显著影响。由于卫星分辨率极高，将图像放大到细部，甚至可以看到海冰和陆地上纵横交错的车辙印。

6.2.3 兰伯特冰川—埃默里冰架区的地貌特征

兰伯特冰川（Lambert Glacier）是世界上最大的冰川，它填充在一条长400 km，宽64 km，最大深度2 500 m的巨大断线谷地中，以年均350 m的速度流入海中，构成埃默里冰架。

兰伯特冰川盆地中部地区表面高程由南至北呈现明显下降趋势，走势平稳，表面高程在西南角海拔最高，最高处为3 039.37 m。在兰伯特冰川、梅勒冰川（Mellor Glacier）与费舍尔冰川（Fisher Glacier）交汇处，高程值偏低，其最小值也位于此处，为122.31 m。研究区域的平均高程值明显高于海平面，为1 132.5 m。

兰伯特冰川盆地中部地区的冰厚度随兰伯特冰川、梅勒冰川和费舍尔冰川的冰流方向、慢慢减少，在兰伯特冰川、梅勒冰川与费舍尔冰川三条冰川交汇处开始逐渐上升，在甘布尔泽夫山（Gamburstev Mount）和查尔斯王子山（Prince Charles Mount）附近区域，以及兰伯特地堑两侧冰厚度值较低。整个研究区域的冰厚度呈现由内陆向外围减少趋势，内陆地区冰厚度较大，边缘位置冰厚度较小，冰厚度最大值出现在西北端，达到3 452.73 m，冰厚度最小值出现在兰伯特冰川最外围处，该区域内冰盖平均厚度为1 976 m。冰厚高值集中在研究区域的西部，北侧延伸近西北—东南走向，南侧近南北走向。冰厚分布的起伏特征清楚地表现为十字状，沿十字状条带分布的区域冰厚较大，而其他区域冰厚较小，总体呈减少趋势。

兰伯特冰川盆地中部地区冰下地形起伏相对剧烈，冰川作用地貌特征显著，地堑深切其间，分布有明显的冰蚀主槽谷和支谷。表现为梅勒、费舍尔、兰伯特冰川覆盖下的3条深谷，沿着冰流方向不断加深，在梅勒、费舍尔、兰伯特3条冰川交汇处达到最深，基岩高度在海平面2 000 m以下，最低点低于海平面2 300 m（67°10′E，73°9′S）。山谷陡峭，谷坡平直陡峭，谷底相对平缓开阔，谷底与两侧谷肩的垂直落差最高可近1 300 m。内陆深处范围内冰下地形海拔较高，与该段位于甘布尔泽夫冰下山脉区域有关。

兰伯特冰川盆地中部地区冰下地形主要呈现出3种地貌特征：①内陆地区的树枝状地貌；②之后经冰川作用叠加处冰斗状、刀脊状等地貌特征；③继而在强烈的冰川侵蚀作用下产生巨大U形主干谷地貌。这3种呈现出的主要地貌特征属于典型山地冰川地貌，并呈现一个完整的发育过程。

埃默里冰架（Amery Ice shelf，68°20′—75°20′S，65°00′—75°00′E）是南极三大冰架之一，它既是东南极冰盖物质流向海洋的主要通道，又是内陆冰盖发生变化的关键性“指示器”；冰架的前沿和底部直接与海洋相接触，冰架与海洋直接的相互作用致使冰架向南大洋源源不断地输送大量低温淡水，对大洋水团和环流的生成和变化起着重要的控制作用。

埃默里冰架是东南极最大的冰架，冰架面积达到6.9×10^4 km^2，冰架前缘仅占全南极海岸线的2%，却承担着东南极冰盖近20%的冰量支出。它位于查尔斯王子山和拉斯曼丘陵之间，其源头主要来自南极内陆冰盖最高点的冰穹A，冰盖物质从冰穹A以北的广袤区域逐渐借助兰伯特冰川移动到埃默里冰架，从而进入海洋。

在本项目中，我们用2004—2012年的Envisat ASAR影像提取了埃默里冰架的前缘，并根据冰流速数据选取了12个实验区分析冰架前缘不同位置的流速情况。结果表明，埃默里冰架在固定地向海上延伸，并且不同位置的延伸速度不同。过去的9年里（2004—2012年）冰架前缘速度最大为3.36 m/d，最小是1.65 m/d，而2009年和2010年的流速低于其他年份的纪录。我们还发现冰架前缘的流动速度与冰架附近的自动气象站记录的温度数据变化趋势存在相关关系，但是本质的关系及原因还需进一步探究。

Loose Tooth Rift System，中文译名“松动的牙齿裂隙系统”，是位于埃默里冰架前缘的一个裂隙系统，前人研究表示它很有可能在2012—2015年发生崩解产生一块巨型冰山。本项目使用2004年2月的Envisat ASAR数据来监测该裂隙系统的变化，结果表明裂隙系统中的西部裂隙（T1）和东部裂隙（T2）在过去的9年里都快速发育，日平均速度分别达到4.49 m/d和2.53 m/d，但这还不足以导致该系统并不会像之前预测的那样在2012—2105年间崩解，除非有一些不可预见性的突发事件。

此外，本研究还发现裂隙T1在前进的过程中发生了转向。然而，令人惊讶的是两个裂隙前进的速度自2005年都出现了逐渐减缓的趋势，这可能是由于填充在裂隙内部混合物变厚，而风力、风向、大气温度等外部环境因素，或通过改变裂隙内部混合物厚度或其他属性的方式间接地影响裂隙前进的速度所致。

从南查尔斯王子山地貌解译图6–1中可以看出，研究区总面积为93 257 km^2。其中粒雪面积为66 404.39 km^2，云覆盖面积3 395.18 km^2，蓝冰区面积为19 753.96 km^2，岩石所占面积为2 684.71 km^2，裂隙区面积为733.12 km^2，冰面融池所占面积为283.37 km^2，冰碛所占面积为3.14 km^2。粒雪占据区域最大，蓝冰占据面积次之。冰面融池在整个研究区所占的面积比约为0.3%，说明南查尔斯王子山在南极夏季存在冰面融化现象，而且冰面融池主要分布于地貌解译图的右侧蓝冰之上。

从中山站到埃默里冰架的雷达图像地貌解译图6–2的统计得出，研究区域陆地总面积为16 339.68 km^2。其中岩石面积为99.03 km^2，其中海洋中岛屿岩石所占据面积为63.96 km^2；粒雪面积为16 191 km^2，裂隙区面积为109.24 km^2，冰面融池面积为4.37 km^2。由于雷达图像中难以区分出蓝冰与粒雪的区别，所以并未对蓝冰区域进行提取。

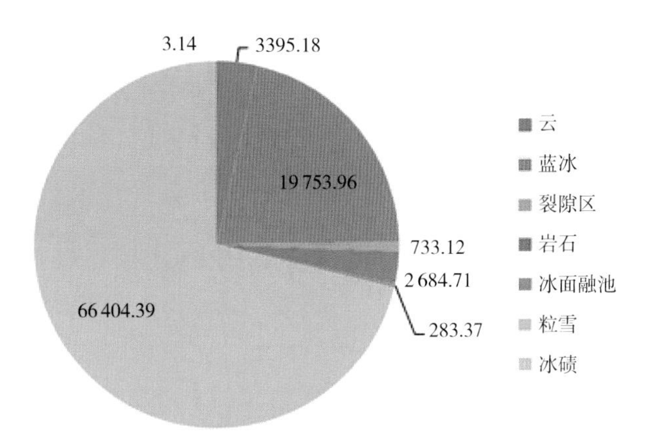

图6-1　南查尔斯王子山地貌解译图统计结果（km^2）

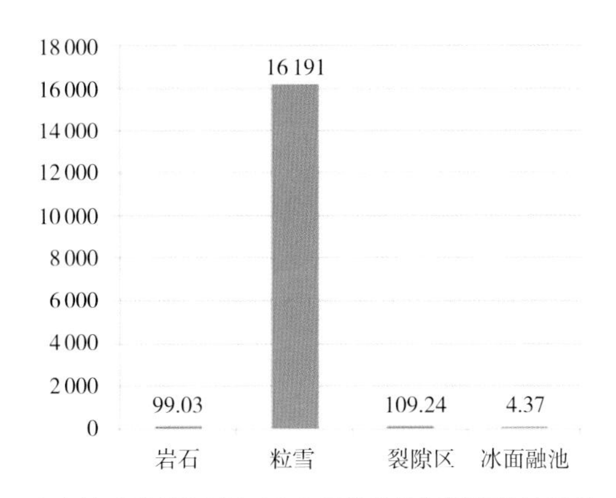

图6-2　中山站到埃默里冰架雷达图像地貌解译图统计结果（km^2）

6.2.4　格罗夫山区—蓝冰

格罗夫山地区（Grove Mountains）是位于东南极内陆冰盖伊丽莎白公主地（Princess Elizabeth Land）腹地，兰伯特裂谷 (Lambert Rift) 右岸的一处裸露角峰群山区，距离中山站约400 km，地理范围为72°15′—73°15′S，73°40′—76°00′E，总面积超过8 000 km^2。其西北侧以埃默里冰川为界,并与东南极最大的基岩出露区查尔斯王子山（Prince Charles Mount）相望。东南极内陆冰盖自东南向西北流经本区，受到本区冰原岛峰及冰下山脉的阻挡，分成数支最终汇入兰伯特裂谷。

根据格罗夫山地彩色卫星影像图及收集的其他相关资料判读和分析，该地区东南部海拔在2 600 m以上，西北部海拔在1 400 m以下，高差达到1 200 m以上。冰川总体上由东偏南向西偏北方向流动，由于冰下地形有北东向的山脉和许多峰群，形成阻挡冰流的壁障，使冰面成阶跃分布，其中有三段大型雪崖，长度从10 ~ 30 km不等，有的落差达300 m以上。崖前相对平坦，但崖后及峰后冰貌复杂，有些地区从卫星影像上能观察到呈鸟翅状分布。山峰顶部高耸陡峭，在强风的作用下，很少有雪覆盖，形成岩石裸露的角峰群。雪崖和角峰比较密集地分布在74°30′—75°45′E，72°40′—73°05′S面积超过1 600 km^2 的地区。

格罗夫山区散布着冰原刀锋64座，分5组沿东北西南方向呈岛链分布。核心地区包括哈丁山（Harding Mount）和萨哈罗夫岭（Zakharoff Ridge）两座主要角峰，还有鲸鱼峰、中华峰、莲花峰、天鹅岭4座独立小角峰。整个地区地形复杂，冰面起伏较大，冰裂缝纵横密布，平均高程约为 2 000 m，地势东南高西北低，相对高差约为 1 200 m。由于冰下地形复杂，极大影响冰盖重力流速因为发育大面积剪性冰裂隙和张性冰裂隙。格罗夫山区大面积分布着常年不化的蓝冰，在哈丁山东西两侧各有一长约 4 km 的碎石带，将军峰东北集中分布着冰谷冰缝。降雪在狂风的作用下，在冰裂隙的地表刃口处形成“雪桥”。“雪桥”可以覆盖冰裂隙表面，对野外考察队员的安全造成极大威胁，另一方面冰裂隙又为冰层垂直剖面观测和取样提供了方便。在哈丁山、梅森峰群（Mason Peaks）、威尔逊岭（Wilson Ridge）之间为平缓的西北台地，高程在 1 850 ~ 1 900 m，面积约 100 km^2。

由于格罗夫冰原岛峰群对东南极冰穹 A 流域的阻隔作用，这里成为东南极大冰盖积累区与消融区的平衡线。冰盖在重力作用下由东南向西北流动遇到冰下山脉时的攀升作用，岛峰的迎冰面（东南侧）雪线较高，雪冰面坡度平缓。冰流将岛峰上垮塌下来的碎石向下游（西北侧）搬运，形成数千米长的碎石带。相对低矮的岛峰往往保留末次上升冰流覆盖的研磨状态，发育成为典型的羊背石。而高大岛峰顶部发育大量蜂巢岩和风棱石，风蚀孔洞深度可达数十米。

在格罗夫山区处于下降风盛行区，狂风对冰面新雪的吹蚀能力极强。典型代表如哈丁山西侧，由于冰下山脉阻挡，冰流相对固定，新雪被吹蚀后使得原本在深部的蓝冰大面积出露。蓝冰区西侧遗留末次冰进的悬浮钟碛堤。经前人测定辐亮度的量测，蓝冰与雪面和裸岩的光谱特性相差较大，因而为遥感影像准确判读蓝冰区域提供了理论依据。影像上能观察到，蓝冰分布的特点是大面积分布于崖和峰后。这是因为冰川在崖前和峰前堆积，而过崖和峰下落时，表面覆盖被强风刮走所致。另一方面是，陨石在蓝冰上易于识别，所以这里也是南极陨石富集地区。

格罗夫山区特殊的地貌环境为古土壤的发育提供条件。土壤母质来自周围或底部的基岩风化产物，它们应当是在相对温暖的气候条件下，冰融水片流搬运上游的碎屑物质至冰蚀坑中沉积形成。估测古土壤的形成年龄以及反演古气候演化特征，已成为当前地质研究的热点之一。

其他空间尺度较小的代表性地貌现象还包括：刃脊，冰核金字塔，融水冰潭，风棱石，风蚀蓝冰洞，风吹雪垄，冰浪，羊背石，蜂巢岩，荒漠古土壤等。

6.2.5 维多利亚地—德里加尔斯基冰舌的地貌特征

6.2.5.1 维多利亚地的地貌

1）环境概况

该地区的核心考察区为难言岛（Inexpression Island）。该岛为南北走向狭长三角形小岛，南北长 15 km，东西最宽处 5 km。

该岛西侧为多条冰川汇流后形成的冰架，东北面为一座山脉，正东经东南至正南区间为开阔的海面。在北侧、西侧，为多处山脉和冰川相间隔。山脉—冰川系统为该区域的主要地貌。

2）山脉

从主要山脉分布来看，自难言岛东北方向逆时针旋转，到西南方向为止，距离难言岛约 30 km 的半径的圆弧上，分布了多座山脉，自东北到西南分别为：

（1）墨尔本山；

（2）迪克森山、凯纳特山；

（3）麦舍托什山；

（4）南森山；

（5）拉森山、克拉默山；

（6）加伯莱恩山、别林豪森山、诺伊迈尔山。

这些山脉都比较陡峭，高度从接近海岸和冰架的0 m爬升到山顶的500 ~ 200 m不等，山地地势起伏较大，地面崎岖。

值得注意的是，东北方向的墨尔本山脉海拔高达2 730 m，具有非常美观的巨大火山锥，是一座活火山。

除了上述的6个山脉系外，在难言岛的东北面约10 km处有一座独立的山峰阿博特山，该山脉高1 020 m，呈南北走向。这条山脉成为了其东面海湾的天然屏障，挡住了来自内陆的强风，多个国家都将考察站设于海湾周围，以及此山脉的背风面。

3）冰川—冰舌

在山脉之间的山谷内，有多条冰川，这些冰川向海湾流动，形成了冰架和冰舌。这些冰川从东北到西南，根据其最终流向被分为4组，分别为：

①坎贝尔冰川：向南流动进入海湾，前端形成坎贝尔冰舌；

②普里斯特利冰川、奥凯恩冰川、科纳冰川：先向东南流动，经过多次汇聚和转向，最终在难言岛南侧入海，其前端形成了南森冰盖的一部分。

③里夫斯冰川、卡奈恩冰川、拉森冰川：先向东南流动，其前端形成南森冰盖的一部分，值得注意的是，在卫星图上显示，南森冰盖在与这些冰川的交汇处有大量蓝冰。

④戴维冰川、伍德伯里冰川：冰川向东流动，经过汇聚之后流入海湾，前端形成巨大的德里加尔斯基冰舌。该冰舌为南极最大的冰舌之一，对海湾洋流、冰间湖和海冰状况有至关重要的影响。

4）海湾

难言岛东侧海湾为特拉诺瓦湾，由于特殊的地理位置和气象原因，导致海湾内常年存在一个巨大的冰间湖。从卫星图像上可以看出，在冰舌南边仍存在大量密集海冰的情况下，海湾内存在面积巨大的开阔海域。初步判断，其成因或与来自内陆高原盛行下降风有关。

5）其他环境地物

在阿博特山和坎贝尔冰舌之间的海湾周围，分布着3个国家的考察站，分别为意大利的马里奥·祖切利站，德国的刚德瓦拉站以及韩国的张保皋站。此外在难言岛上生存有大量的企鹅，在Wordview-2高清影像上甚至可以清楚地看出特征明显的企鹅聚集地分布。

本研究旨在获取南极主要地貌特征，包括冰架、冰川、冰隆、海岛、蓝冰、粒雪、冰碛、裸岩、山脉、冰裂隙和湖泊（冰上湖、岩上湖）等，并监测南极大陆冰盖、冰川运动速度。综合获取2010年前后多源卫星影像数据（包括Landsat5-TM、北京1号小卫星、HJ-1A/B、ASTER、SPOT5、IKONOS等），开展南极遥感制图工作，将得到分辨率为30 m级的全南极镶嵌图（局部重点区域将更高），形成数字地理信息系统和图件，力争实现我国国产卫星的首次全南极洲遥感制图。利用全南极卫星影像数据提取冰盖、冰架和冰川位置及其分布，对比2000年基准年上述地貌数据，提取重点区域的冰貌变化。

6.2.5.2 德里加尔斯基冰舌地貌

德里加尔斯基冰舌（Drygalski Ice Tone，164°36′E，75°24′S）位于罗斯海（Ross Sea）西

岸维多利亚地（Victoria Land）外围，斯科特海岸（Scott Coast）和麦克默多海峡（McMurdo Sound）的北部，面向罗斯海，背靠维多利亚地，靠近我国新建南极考察站预选站址地区。德里加尔斯基冰舌是大卫冰川（David Glacier）在海上的延伸，此外，德里加尔斯基冰舌构成了特拉诺瓦湾（Terra Nova Bay）在南部的海岸线，冰舌的长度决定了特拉诺瓦湾冰间湖在东部的最大范围，而该冰间湖面积大小对罗斯海的温盐结构变化具有重大影响。

德里加尔斯基冰舌是维多利亚地的最大支出冰川，排冰量居于东南极之冠，面积达到224 000 km^2。大卫冰川 – 德里加尔斯基冰舌的补给来自于两大冰流：北部的一支来自泰勒斯冰穹（Talos Dome）；南部的一支来自冰穹 C（Dome C）。2005 年 3 月和 2006 年 3 月，在德里加尔斯基冰舌前端分别发生了两次冰山崩解事件。2005 年 3 月，一块 120 km 长的巨型冰山 B15A 与德里加尔斯基冰舌前缘发生撞击，使得该冰舌崩解掉两块冰山（西部的冰山面积约为 70 km^2，质量约为 40×10^7 kg；东部的冰山面积约为 92 km^2，质量约为 1.83×10^7 kg）。一年后在 2006 年 3 月，另一个大型冰山 C16 再次撞击该冰舌，产生一块面积约为 105 km^2，质量约为 2.74×10^7 kg 的冰山。

利用长时间序列的 ENVISAT ASAR 数据和 Landsat 数据提取了德里加尔斯基冰舌自 1973 年到 2014 年的轮廓线。为了定量监测冰舌前缘变化，选取了两条分别位于冰舌南（F1）北（F2）两侧的冰流线，测量了从接地线到冰舌前缘两条冰流线的长度。在 2005 年 3 月冰山 B15A 撞击冰舌之前，该冰舌向海上延伸的长度分别是 18.91 km（F1）和 18.76 km（F2）。除了 2005 年和 2006 年发生的两次冰山崩解事件外，冰舌向海上延伸的速率相对稳定，在过去 42 年里平均前进速度分别为每年 683 m（F1）和 652 m（F2）。测量的冰舌长度以及前缘冰流速都比前人（Frezzotti and Mabin，1994；Wuite et al.，2009）给出的结果小，这可能是因为选取的接地线数据不同所致，也可能是在这期间冰舌前缘发生了未观测到的小型冰舌崩解，还可能是阻挡冰流前进的纵向阻力增大的结果。此外，通过计算冰舌底部到海底基岩表面之间的距离并沿两条冰流线提取了该距离变化剖面，发现从接地线到冰舌前段冰厚在逐渐减小，但冰舌底部到海底基岩表面之间的距离却经历先增大后变小的过程，所以猜测冰舌下的海底地形也可能会是影响冰舌前缘流速的一个因素。

此外，冰舌前端在南北两侧的前进速度随着时间呈现一种波动变化的状态，而这种波动变化与自动气象站观测到的 2000 年至 2012 年 1 月月平均气温变化呈负相关。这说明大气温度是影响冰舌前端冰流速的一个重要影响因子。然而，与接地线处南侧冰流速大于北侧冰流速所不同的是，在冰舌前端南北两侧的冰流速并没有相差太多。冰舌北侧大型裂隙的存在以及下降风不断将特拉诺瓦湾形成的海冰吹向冰舌北侧，都可能对冰舌北侧冰流产生阻力作用。然而这两种阻力作用对于冰舌前端南北两侧冰流速的影响并不大。但裂隙的存在以及海冰的积累可能会影响冰舌前端北侧冰流速在时间上的变慢，因为发现冰舌前端南侧冰流速在过去 42 年里呈现变快的趋势而北侧冰流速却在减慢。

6.2.6 南极半岛格雷厄姆地区—长城站的地貌特征

南极半岛格雷厄姆地区的地貌解译如下。

1）环境概况

格雷厄姆地区南极半岛靠近内陆的一部分，此次环境考察主要选择了格雷厄姆 67°30′—

67°69′S 之间，玛格丽特湾沿岸的狭长区域。该区域具有大量的山峰和冰川，沿海也有许多峡湾，地形较为复杂，现场景色十分壮观。

2）山脉

该地区的山脉整体走势呈东西向，与海岸线垂直，沿海山脉的高度为 500 ~ 100 m，进入内陆之后整体高度爬升到 1 000 m 以上。

3）冰川

山脉间存在大量冰川，在遥感图像上可以清晰地看到冰川流向，在高清图像上甚至可以看到清晰的冰流线，多条冰川在入海处有小面积的崩解。

4）海湾—岛屿

格雷厄姆地区的海岸存在有大量的峡湾，考察区域的正中即为内尼峡湾，该峡湾先为东西走向，进入陆地后转向成为南北走向。峡湾内有多处冰川入海。温度较低时，峡湾会被海冰覆盖。从图件来看 11 月末峡湾和近岸的海域仍然全部被海冰覆盖，没有开阔的水面。

5）其他环境地物

在考察区的北面，分布有大量岛屿。由于数据的原因，未能包含在绘图范围以内，但这些岛屿面积较大，地势平坦，并具有大量的岩石露头，值得地质学研究关注。

乔治王岛是南舍得兰群岛中最大的岛屿，中国南极长城站就建在这里。乔治王岛长约 80 km，南北宽度不一，最宽处约 30 km。除沿海有局部面积夏季裸露之外，绝大部分被终年不化的积雪所覆盖。而长城站所在的菲尔德斯半岛位于其西南端，是乔治王岛上最大的无冰区，半岛南北长 7 ~ 8 km，宽 2.5 ~ 4.5 km，南端隔菲尔德斯海峡与纳尔逊岛相望，东北面主冰盖最厚为 350 m，平均为 100 m 左右，海拔最高处 688 m。地貌以低缓丘陵为主，具有明显的层状特点可分为 3 类：

① 剥蚀丘陵：以北方高地和中央高地为代表，海拔 150 m 左右，基岩裸露，土壤、沉积物较少，冰雪融水易于下渗，缺少植被；

② 剥蚀台地：海拔 50 m 左右，地势平缓，广布于半岛北部、中部和西海岸。冰雪融水在台地的凹陷处汇集成水塘湖泊，因此水分土壤条件较优，植被种类数量也较多；

③ 海岸阶地：分布于半岛的沿海地带，共 5 级，土壤主要分布在浅山丘，海岸阶地为砂质。

6.2.7 冰穹 A、昆仑站的地貌特征

南极冰盖自然形成的 4 大冰穹依次排列为冰穹 F，冰穹 A，冰穹 B，冰穹 C。冰穹 A（80°22′00″S，77°21′11″E），是南极内陆据海岸线最遥远的一个冰穹，离程约 1 228 km，也是南极内陆冰盖海拔最高的地区，最高点大地高程为 4 093 m，被称为“不可接近之极”。冰穹 A 地区下为东南极冰下基岩最高点甘布尔采夫冰下山脉，这是形成冰穹 A 的直接地貌原因，也是国际公认内陆冰盖直接钻取冰芯和地质样品最有科学意义的地区。

我国首个内陆冰盖考察站昆仑站（80°25′01″S，77°06′58″E）高程约为 4 091 m，距离南极内陆冰盖最高点冰穹 A 西南方向 7.3 km，它标志着我国的南极考察实现从大陆边缘地区向内陆关键地区的跨越。在本项目完成的卫星影像图中，可以清晰地看到红色的昆仑站主楼，冰心钻探场地、天文仪器舱，以及距离站区较远的油料存放点。整个区域的大背景是白色的积雪，雪地上印满了纵横交错的车辙印，它记录着中国科考队员在南极冰盖的开创性工作。

6.2.8 普里兹湾海区中山站的地貌特征

普里兹湾（Prydz bay）位于67°45′S—69°30′S，70°—80°E所围成的区域内，是南极地区除威德尔海（Weddell Sea）和罗斯海（Rose Sea）之外的第三大海湾，也是东南极最大的海湾。它西南面与埃默里冰架紧连，东南面是英格丽德克里斯滕森海岸，西面是麦克罗伯逊地，于达恩利角结束。东面海水深度为200 ~ 300 m，并与四夫人浅滩邻接，西部水深变化不大，沿海岸线形成平缓的斜坡。而英格丽德克里斯滕森海岸的斯文纳海峡，平均海水深度达到1 000 m。埃默里冰架前面的埃默里峡谷平均深度600 ~ 700 m，西南角封闭的兰伯特峡谷深度达到1 400 m。普里兹湾的西部被一条从埃默里峡谷延伸至冰架的海峡贯穿，此海峡深约600 m，将四夫人浅滩与达恩利角附近的弗拉姆浅滩分隔开。

中山站锚地位于普里兹湾东北部水下平台，中山站至锚地湾部水下地形基本趋势是由两边向中线倾斜，中部海底峡谷深度400 ~ 800 m。该峡谷呈东北走向，南接达尔克冰川底部，两侧地形复杂，起伏较大。总体上中山站锚地可以划分为3个基本地貌单元：①水下岸坡，低潮线至波基面，约平行于20 m等深线。②海底峡谷，或称水下峡谷，是指陆坡顺直或弯曲状深切在基岩中向海底的延伸。③台地，位于峡谷东北水下台地，起伏平缓，以岛礁、丘谷、洼地为主，接受了来自兰伯特冰川的冰碛物，厚度约5 m。

普里兹湾海冰多为一年冰，冬季整个普里兹湾及其以北的邻海海域全部被海冰封住，海冰边缘最北可达到57°S，海湾内海冰厚度可达2 m；夏季，海冰大部分融化，但仍有区域被浮冰覆盖，且覆盖区多变。我国的中山站位于普里兹湾东南的南极大陆上，每年南极考察船都要穿过普里兹湾浮冰区进入中山站进行后勤补给和人员更换，并在普里兹湾开展综合科学考察。普里兹湾海域冰情复杂，自然环境恶劣，给中国南极考察队的物资运输与人员更换带来过很大威胁。研究表明，2014—2015年度普里兹湾外围海冰冰情优于往年，但中山站外围的接岸固定冰较往年严重。实践表明，在天气晴好的条件下，MODIS和Landsat-8 OLI数据配合可以较好地满足精准冰情信息的决策依据。

6.2.9 其他区域的地貌特征

6.2.9.1 冰下湖探测

结合国际冰下湖研究小组的信息资料，开展典型区域和我国实测区域的冰下湖调查和分析。对于东方湖（沃斯托克湖）、90 E及苏维埃湖，我们可以发现一个明显的特征就是其表面相对平坦，在平面影像及DEM中，可以发现其轮廓。另有学者提出，当冰表面流速出现异常迹象，冰川之下可能有冰下湖，目前正在寻找相关证据。对于PANDA断面的冰下湖，通过光学、SAR影像、测高数据等确定具体参数信息，并分析与周围地形、冰流等的相互关系。

6.2.9.2 冰裂隙探测

研究基于小波理论、分形理论的纹理信息提取方法。在前期研究中发现，基于灰度共生矩阵的二次统计量可以识别冰裂隙，但是此方法存在的较多漏检和误检。基于Gabor滤波器的纹理分析方法提高了计算效率和准确率，此方法建立在采集大量样本基础上，且滤波器的设计本身就是一个难点。在小波分析方法、分形纹理分析方法方面需进一步深入和实验。

比较分析光学影像、SAR影像中冰裂隙纹理特征；并且微波具有穿透特性，能探测到光学波段检测不到的隐藏在浮雪之下的信息。且不同波段微波的穿透能力不同，X、C、L 波段波长依次增加，穿透能力依次增强，L 波段能发现更多隐藏的信息。此 3 种波段将得到具体的分析和比较。

在实际初步探索和研究中发现，冰裂隙在相干图中特征体现得更为明显。对于能有影像对生成相干图的地区，将进一步分析相干图中冰裂隙的提取。

6.2.9.3 全南极蓝冰探测

全南极洲 2000 年期 ETM+ 蓝冰约为 234 549 km^2，约占南极面积的 1.65%。南极蓝冰主要分布在海岸或者裸露的山峰岩石区域，但集中分布在南极的 4 个区域：维多利亚地，毛德皇后地，南极横断山区域和兰伯特冰川区域。

由于现场验证困难，本研究选取了已有的研究成果进行比较，结果表明，本研究成果与前人研究结果基本一致，其差别是由于时空变化引起的。本研究结果是可信的，是对 NOAA-AVHRR 与 MODIS 制图结果的改进。

通过进一步的比较发现，南极蓝冰分布区域大约 5.5% 的区域的坡度大于 5°，大部分蓝冰区域较为平整。年流速超过 200 m 的区域也较少，仅在罗斯冰架、沙克尔顿冰架、埃默里冰架以及龙尼冰架区域，大部分蓝冰区域的流速较小。

在光学影像里，因为蓝冰、雪面、岩石的不同光谱特性，使得三类地物呈现色彩不同；在 SAR 影像里，蓝冰表面相对光滑，较其他地区暗；在相干图里，蓝冰区相干性明显高于其他地区。研究表明：在光学影像、相干图里，蓝冰与其他地物的差别较大，有利于蓝冰的提取。基于监督分类和非监督分类都能较好地提取蓝冰区。首先在光学或 SAR 影像中提取蓝冰区，另在分析冰川运动、冰面地形的基础上进一步指出陨石富集区。

6.2.9.4 冰流监测

对于南极冰架、冰川，在影像特征稀少的情况下，利用高分辨率光学卫星数据和 SAR 卫星数据，对冰裂隙、冰雪分界线或冰坝（坑）的判读、跟踪和高精度自动配准，获得冰面运动速度。为了提高影像的匹配精度，影像预处理也是一个重要环节。

利用差分干涉测量技术获得冰川运动矢量图。在此专题，数据质量是一个重要因素，L 波段数据将比 C 波段数据会有更好的相干性，在研究中需大量数据处理和实验分析。

6.2.9.5 地表覆盖变化分析

结合中国制作的首张南极洲土地覆盖图，在 GIS 系统支持下，与最新的全南极洲土地覆盖图进行空间叠加分析，进行全南极洲土地覆盖变化分析，对变化特征明显的地区结合其他地理背景数据进行重点分析。对比分析 2000 基准年和 2010 基准年南极洲地貌变化特征，分析南极地貌变化与全球气候变暖的交互作用。建立小时间尺度（年际变化、隔年变化）的南极冰盖冰架等地貌的变化监测技术体系，充分发挥中高分辨率卫星的高重访周期特性。

6.3 南极周边海冰分布特征及变化规律

6.3.1 南极海冰面积分布

利用 2008—2013 年全年的 SSMIS 数据获取的海冰密集度产品计算得到的全南极海冰面

积变化如图 6–3 所示。

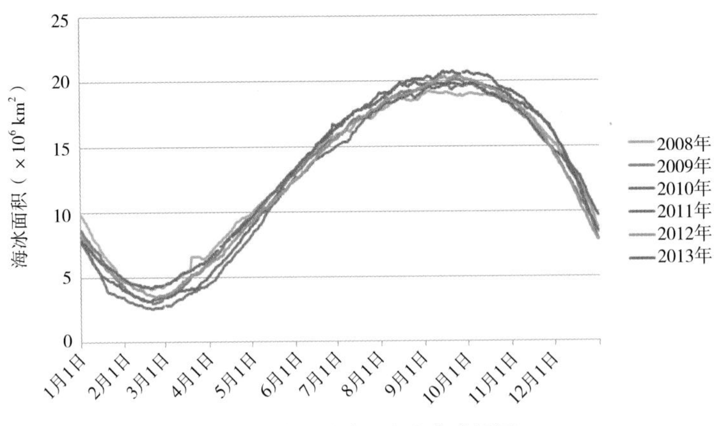

图6–3 南极海冰面积变化曲线图

根据统计结果，南极海冰的分布面积变化存在比较明显的季节变化，从各个年度的统计来看，每个年度的海冰变化趋势及幅度大小有较为明显的一致性，最小面积分布在 2 月（南极夏季），最大面积分布在 9 月（南极冬季），从 2 月到 9 月为海冰的增长期，9 月海冰分布达到最大，经历约 7 个月的凝结时间，9 月至翌年 1 月为海冰的融化期，2 月海冰面积达到最小，经历约 5 个月的消融期。

海冰融化速度要比凝结速度快，这与海冰凝结和融化的机制有关。南极海冰的凝结主要是季节性降温的结果，而海冰的融化则不仅与南极的季节性增温有关，还与海洋的热力作用和动力作用有关。南极的季节性增温使得海冰消融，同时也使海冰强度变小；南极大陆的高原边缘坡度较大，在强离岸风的作用下，使得海冰向外海漂移，在中、高纬度融化；在南极的大陆周围形成开阔水域，在大陆周围的冰川入海处和冰架前沿，形成许多冰间湖，大量吸收太阳辐射，加速海冰的融化。

图 6–4 是 2008—2013 年间，南极周边海冰分布面积特征柱状图，包括年平均值、年分布最小值和年分布最大值，2008—2013 年这 6 年间海冰的年平均分布面积分别为 12 876 108 km^2、12 660 045 km^2、12 739 565 km^2、12 078 765 km^2、12 599 621 km^2、13 336 689 km^2，其中 2011 年分布面积最小，2013 年分布面积最大。统计年间，海冰的平均最大面积为 20 057 500 km^2，最小面积为 3 413 229 km^2，最大分布区域为最小分布区域的 5.9 倍，因此，南极海冰大部分为一年冰，且随着季节的变更存在着巨大的变化。

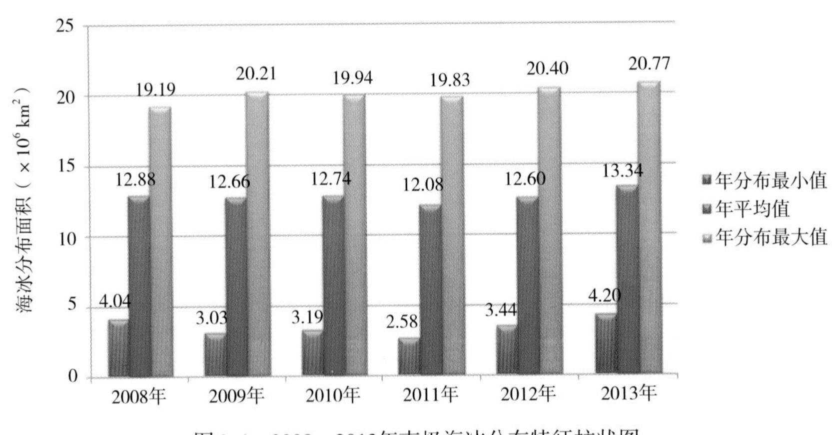

图6–4 2008—2013年南极海冰分布特征柱状图

6.3.2 南极海冰密集度变化特征

6.3.2.1 海冰密集度分布变化

海冰密集度反映了海冰聚集的情况，海冰越密集则说明海冰分布越多，不利于船只航行；反之海冰越稀疏，则说明海冰分布较少，有利于船只航行。根据SSMIS的海冰密集度产品，以密集度为30%作为分界线，绘制了海冰密集度分布图，以2009年南极海域的海冰密集度月平均分布结果为例，绘制得到的海冰全年的海冰密集区域与稀疏区域如图6-5所示。

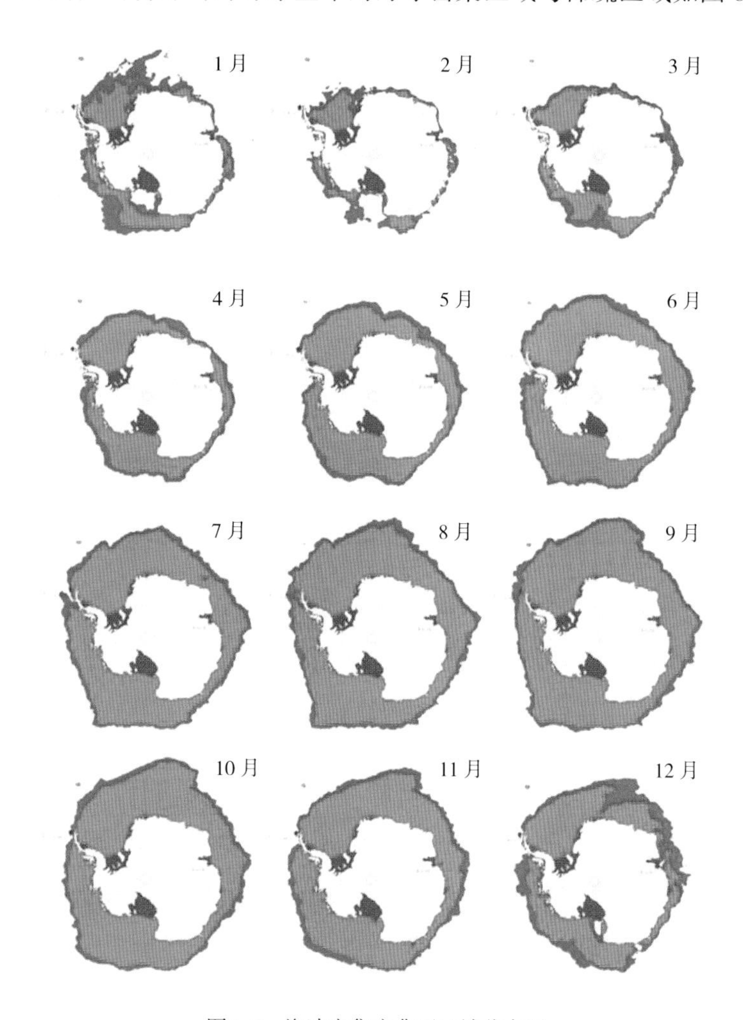

图6-5 海冰密集度典型区域分布图

蓝色表示海冰密集度小于30%的区域；红色表示海冰密集度大于30%的区域

从图6-5中可以看出，南极半岛长城站附近海域海冰密集度在1月、2月、3月、4月、5月、10月、11月、12月小于30%，而中山站附近海域海冰密集度只有在12月、1月、2月部分区域小于30%，从图中可以看出1月和2月是进出中山站区的最佳时机，其次是12月和3月，而在其他月份中海冰密集度太大会导致船只无法航行，对海冰密集度分布的调查可以为确定南极科考航线及考察时间提供有利的依据。

6.3.2.2 海冰密集度异常分布

利用每月或每年的海冰密集度平均值减去多年的月或年的海冰密集度平均值，得到不同年份的海冰异常分布图，可以知道当月或当年的海冰对比多年分布的变化（图 6-6）。

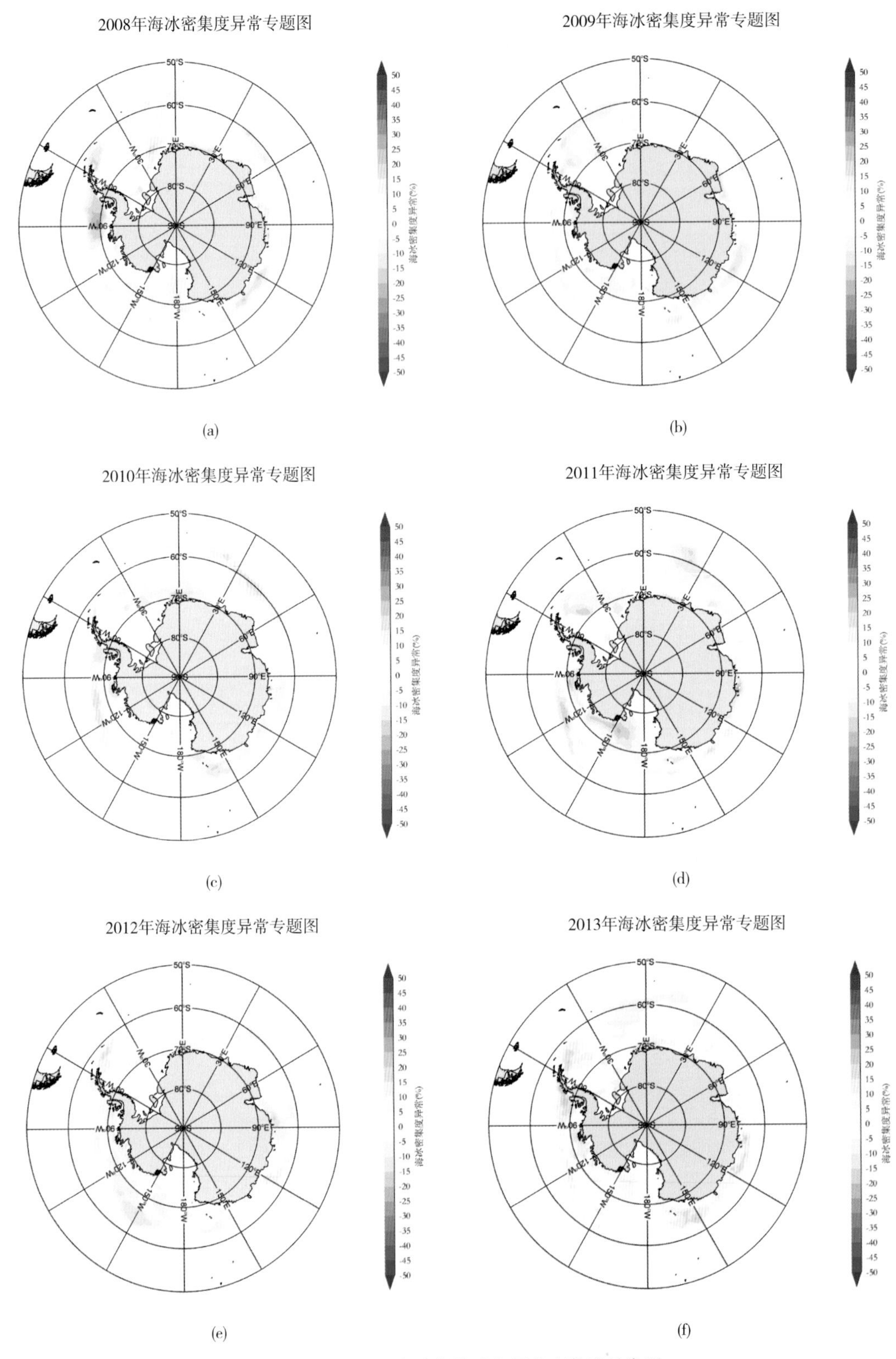

图6-6　2008—2013年南极海冰年平均密集度异常图

总体上看，2008—2013 年海冰总体年平均密集度变化幅度不大，大多能保持在 20% 以内变化。2011 年海冰密集度分布整体减少，而 2013 年海冰密集度分布整体增加，这与海冰的年平均分布面积也有较为一致的对应关系。

图 6-7 是南极海冰分布面积最小的 2 月海冰月平均密集度分布异常图，从图 6-7 上来看，中山站附近海域在 2008 年 2 月海冰密集度有明显的偏高，而其他年度相对而言是偏低的；长城站附近海域的威德尔海在 2009 年有明显的偏低，2013 年有较为明显的偏高。

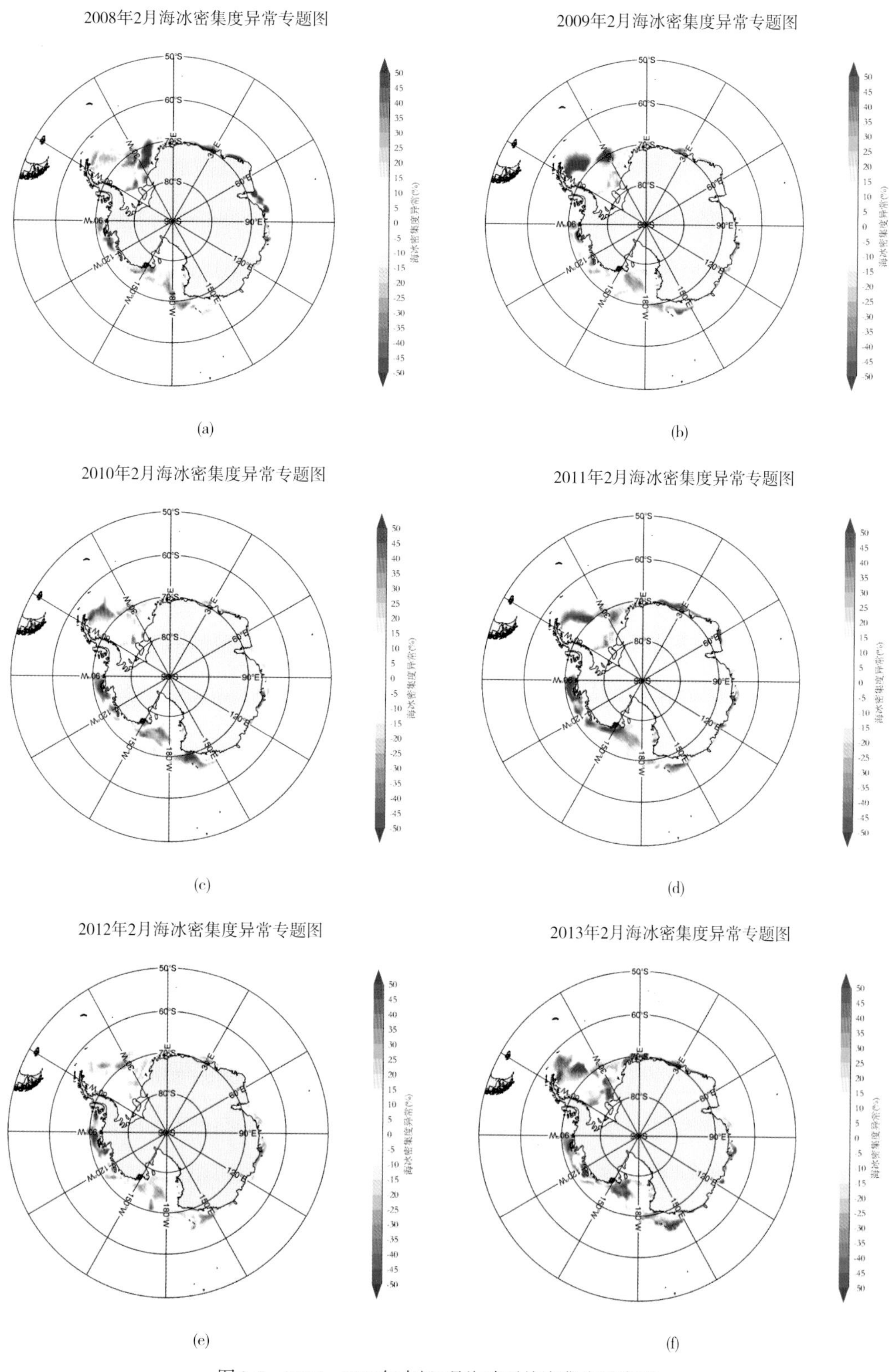

图6-7　2008—2013年南极2月海冰平均密集度异常图

图 6–8 是南极海冰分布面积最大的 9 月海冰月平均密集度分布异常图，中山站附近海域只有在 2010 年海冰密集度有明显的偏低，而该海域在 2012 年、2013 年都是偏高的。长城站附近在 2008 年、2010 年海冰密集度有明显的偏低，而在 2011 年则是明显偏高。

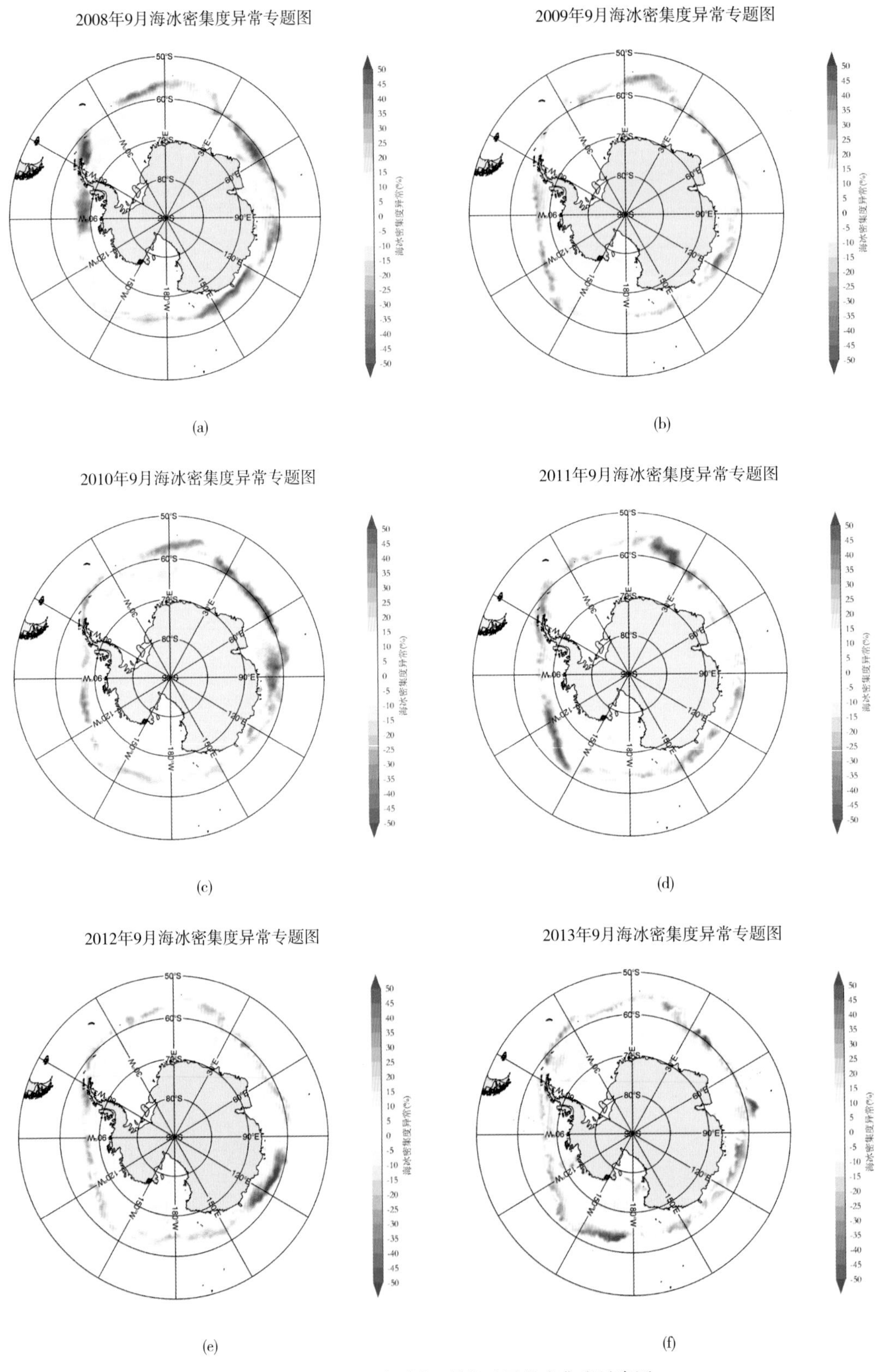

图6–8 2008—2013年南极9月海冰平均密集度异常图

6.3.3 南极海冰区域性变化特征

6.3.3.1 南极周边海域划分

根据南极两大重要冰区，威德尔海和罗斯海冰区，以及西南极和东南极海冰的变化特点，南极海冰可划分为4个区（图6–9）：I区：（0°—120°E），是东南极南印度洋海域，包括中山站所在的普里兹湾；II区：（120°E—120°W）是西南太平洋包括罗斯海海域，简称罗斯海冰区；III区：（120°W—60°W）是东南太平洋包括别林斯高晋海和阿蒙森海海域，简称东南太平洋海冰区；IV区：（60°W—0°）是南大西洋海冰区，简称威德尔海冰区。我们将V区，定义为4个冰区之和，即全南极海域冰区（解思梅等，2003）。

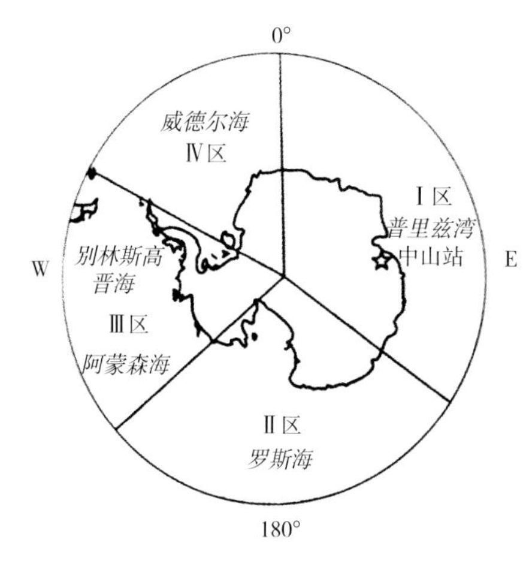

图6–9 南极海冰区域划分

6.3.3.2 各海区海冰变化特征

南极气候复杂多变，各海区海冰受洋流、地形及气候的影响有较大的差异，根据2008—2013年获取的SSMIS海冰数据分析得到南极各区海冰面积分布特征分别如图6–10、图6–11所示。

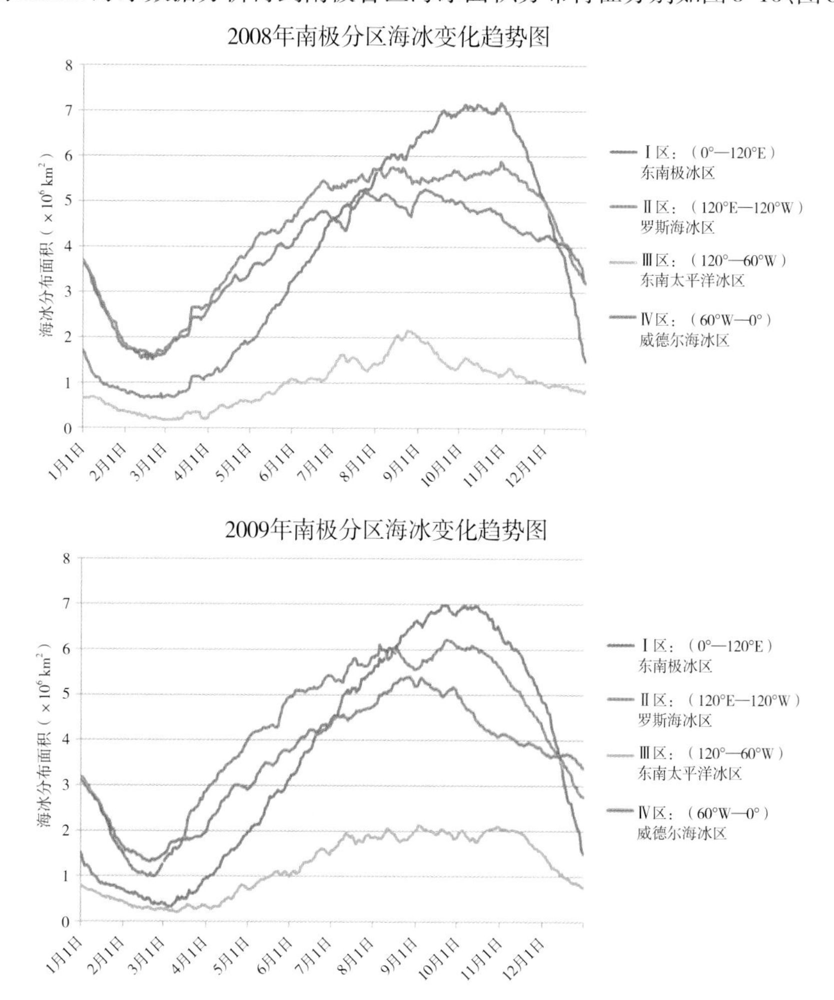

图6–10 2008—2013年南极各区海冰面积变化趋势图

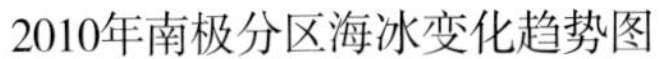

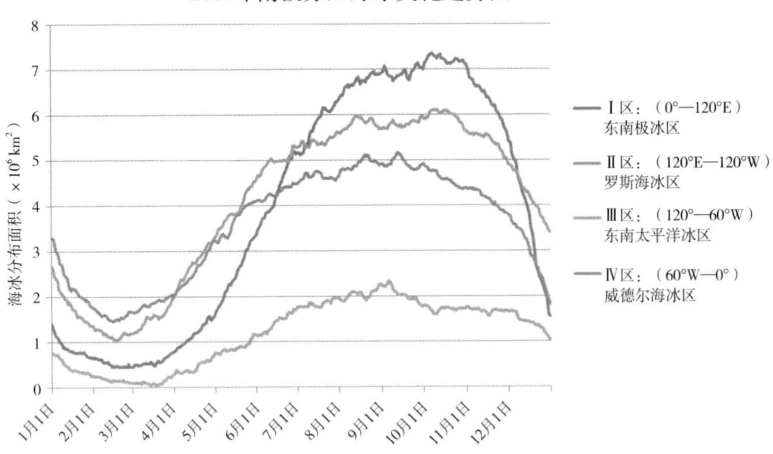

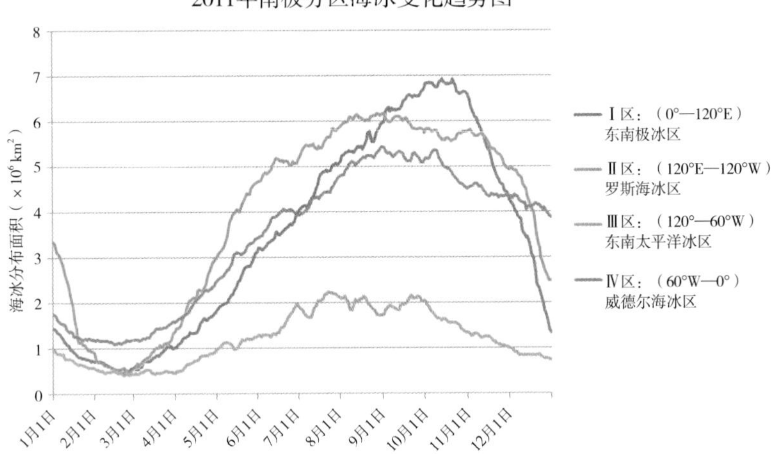

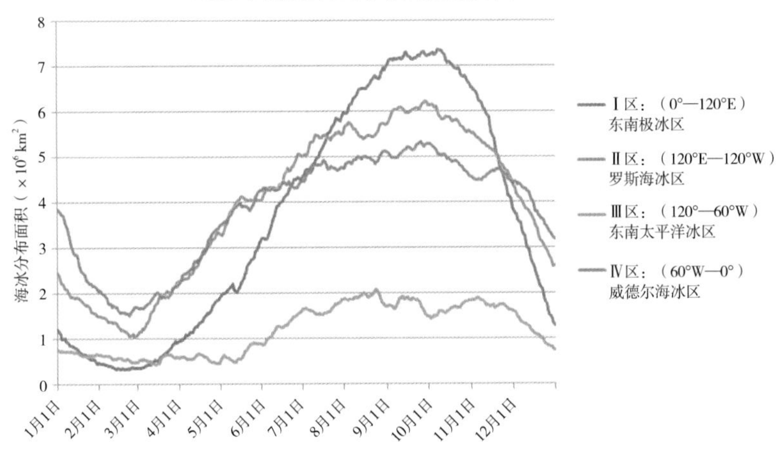

图6-10　2008—2013年南极各区海冰面积变化趋势图（续）

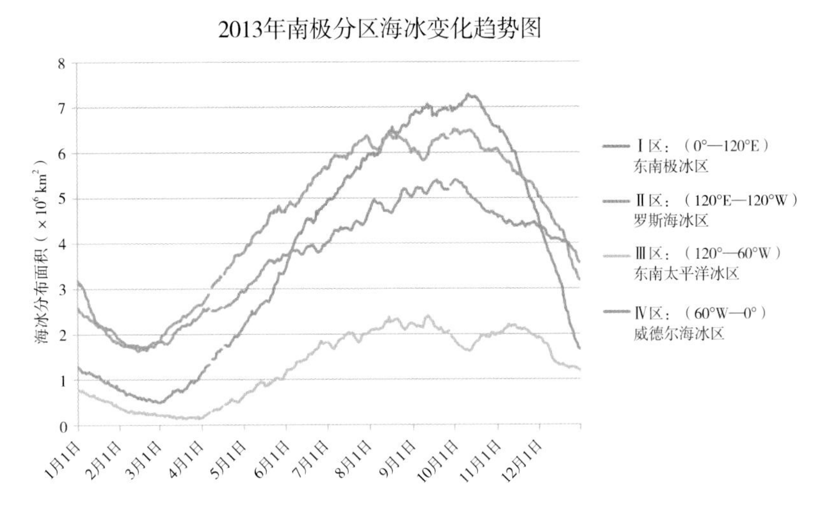

图6-10 2008—2013年南极各区海冰面积变化趋势图（续）

1）总体分布

总体上看，各区海冰增长和消融整体趋势变化保持一致，其中，Ⅱ区罗斯海冰区海冰年平均面积最大，Ⅲ区东南太平洋冰区海冰平均面积最小，同时该区也是四个区域中海冰面积变化速度最小的海区。Ⅰ区东南极海冰夏季增长速度快，而冬季消融速度快，是四个区域中海冰面积变化速度最快的区域，我国中山站位于该海冰区内，冬季海冰与陆架冰连接在一起，覆盖整个普里兹湾，船只无法航行。

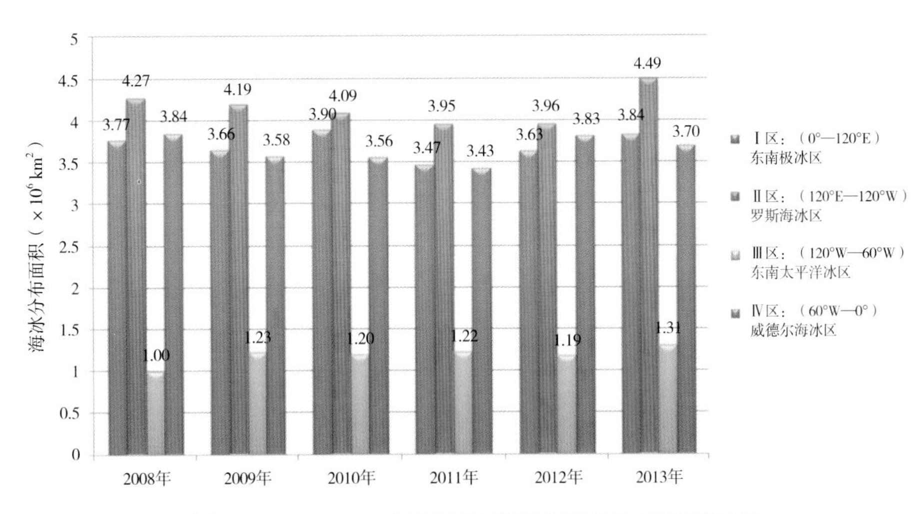

图6-11 2008—2013年南极各区海冰年平均分布面积统计图

2）季节性变化

根据2008—2013年各海区海冰分布面积统计，从图6-12可以看出，Ⅰ区东南极海冰10月底最多，平均为$755\times10^4\text{km}^2$，2月最少，平均为$80\times10^4\text{km}^2$，10月海冰面积是2月的9.4倍；Ⅱ区罗斯海冰区9月最多，平均为$650\times10^4\text{km}^2$，2月最少，平均为$177\times10^4\text{km}^2$，9月是2月的3.7倍；Ⅲ区东南太平洋海冰区9月最多，平均为$238\times10^4\text{km}^2$，3月最少，平均为$47\times10^4\text{km}^2$，9月是3月的5倍；Ⅳ区威德尔海冰区9月最多，平均为$549\times10^4\text{km}^2$，2月最少，平均为$188\times10^4\text{km}^2$，9月是2月的2.9倍。说明南极海冰变化随季节变化差异巨大，特别是东南极区域海冰，冬季过后，海冰的增长速度和幅度都很大。

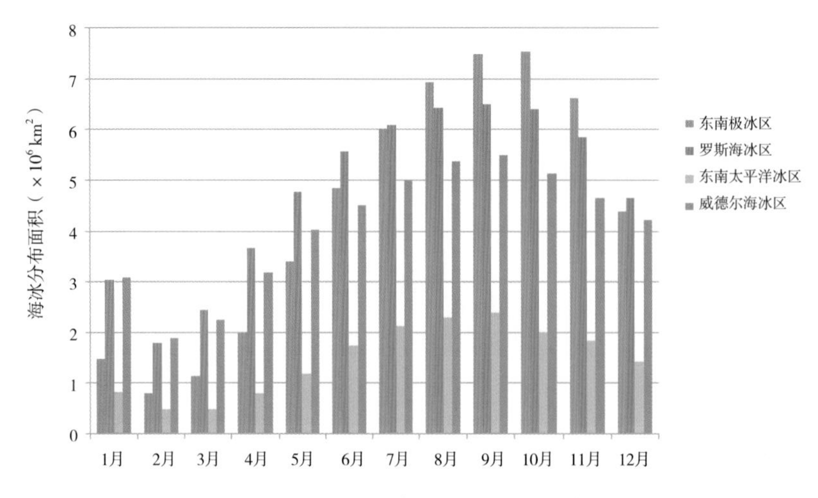

图6-12 2008—2013年南极分区海冰月分布统计图

3）海冰消长特征

通过海冰的生消过程，可以反映海冰的季节演变过程。解思梅等（2003）用海冰的凝结和融化指数来表示海冰的生消过程。用后一个月的面积减去前一个月的，差值为正是凝结指数，为负是融化指数。凝结表示海冰在增长，融化表示海冰在减少。

通过统计2008—2013年各区海冰平均月分布的凝结和融化指数，得到各分区海冰凝结和融化特征分别如图6-13～图6-17所示，图表中红色代表海冰凝结增长趋势，蓝色代表海冰融化趋势，柱状图的长短代表海冰增长或消融的面积大小。

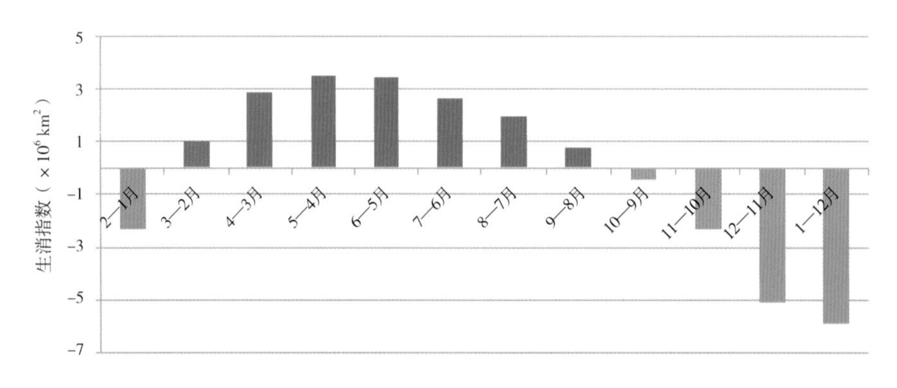

图6-13 全南极海冰消长特征统计图（2008—2013年平均）

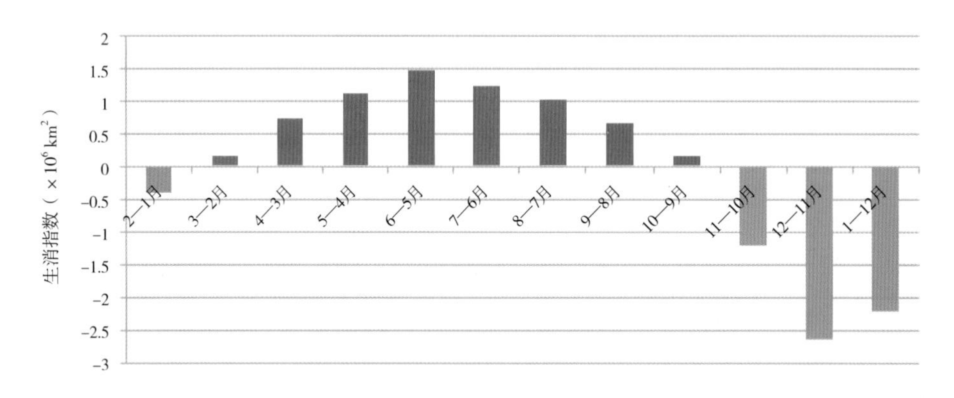

图6-14 东南极海冰消长特征统计图（2008—2013年平均）

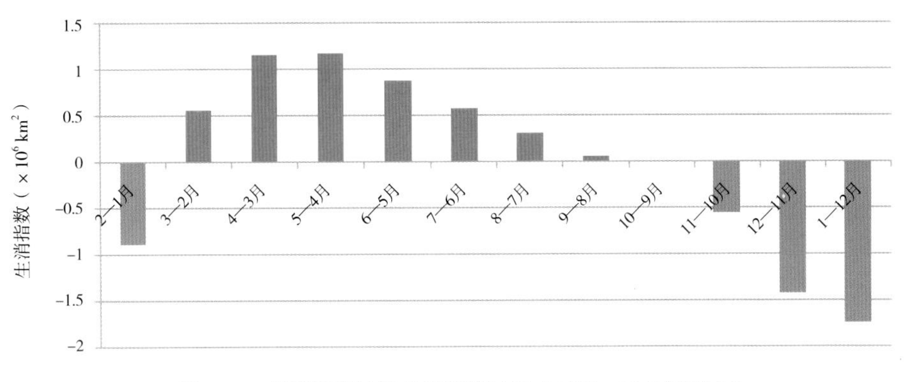

图6-15　罗斯海海冰消长特征统计图（2008—2013年平均）

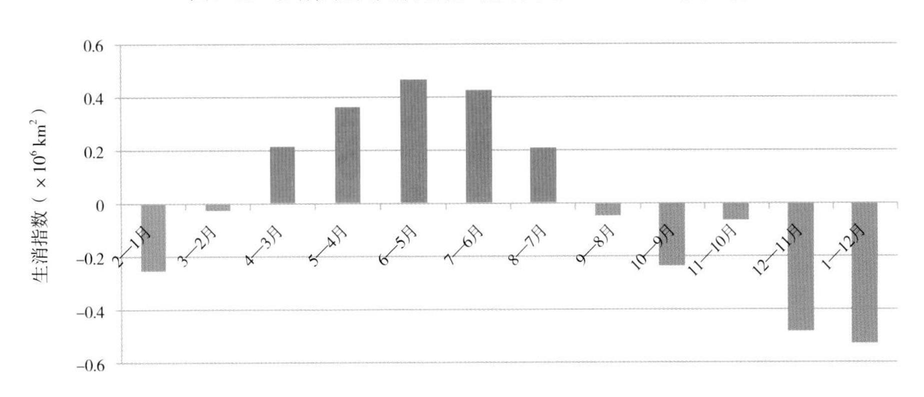

图6-16　东南太平洋海冰消长特征统计图（2008—2013年平均）

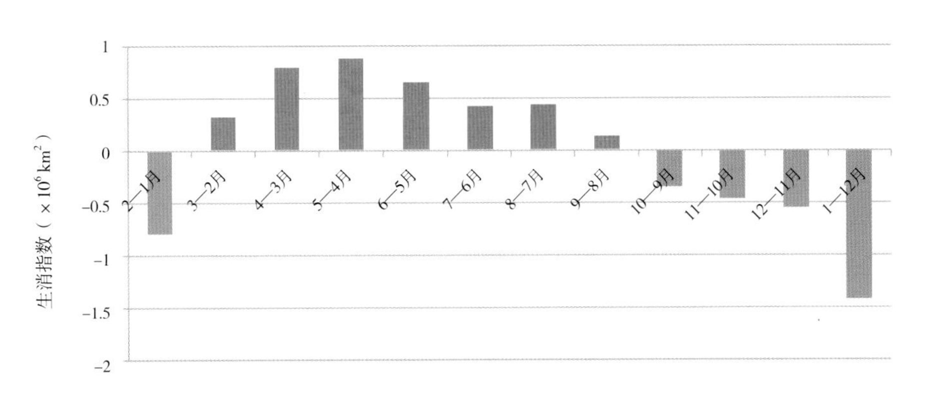

图6-17　威德尔海海冰消长特征统计图（2008—2013年平均）

根据统计图表，全南极海冰凝结期从 3 月至 9 月，10 月至翌年 2 月为海冰的消融期，而其他各海区的海冰生消特征各有差异，I 区东南极海冰的凝结期是 3 月至 10 月，融化期是 11 月至翌年 2 月，该区凝结期较全南极多一个月，融化期缩短一个月；II 区罗斯海冰的凝结期是 3 月至 9 月，融化期是 10 月至翌年 2 月，与全南极消融变化特征一致；III 区东南太平洋海冰的凝结期是 4—8 月，融化期是 9 月至翌年 3 月，较全南极凝结期缩短 2 个月，融化期多 2 个月；IV 区威德尔海冰的凝结期是 3—9 月，融化期是 10 月至翌年 2 月，与全南极消融变化特征一致。

南极海冰的消长特征与气候、海温及地形有很大关系，但南极海冰的消长反映了季节性规律与气候的季节性变化规律和海温的季节性变化规律有所不同。海冰消长变化规律的原因，有待结合更多的其他资料做进一步分析。

6.4 南极周边海域水色、水温分布特征及变化规律

6.4.1 南大洋水体光谱数据特征

根据同步走航 SBE21 所测得的叶绿素所示，第 30 次南极航次所测得的南极半岛周边海域叶绿素数值都在 0.3 ~ 0.6 mg/m^3 之间。所有点位叶绿素值十分接近。同点位同波段反射率值差异小于 $2.2\times10^{-4}\,sr^{-1}\pm1.8\times10^{-4}\,sr^{-1}$，平行样本测量结果表明水体光谱测量可靠。因此图 6-18 中仅选用了一个数据点（点画线）进行南极半岛水体反射率光谱示意图展示。为了验证实测数据的可靠性，研究同时参考了 Dierssen 等（2000）在南极半岛测量的光谱反射率（图 6-18 中的历史数据）。该数据测量位置与我们研究相同。图 6-18 中显示出实测数据与他们所测得的数据之间趋势对应较好，同时船测获得的叶绿素为 0.48 mg/m^3 的数据恰好位于他们测量的 0.1 mg/m^3 及 0.5 mg/m^3 数据的中间，且两者走势一致。南大洋水体表现出 400 ~ 490 nm 的蓝光波段反射率相对较高，绿色、黄色波段反射率逐渐降低。

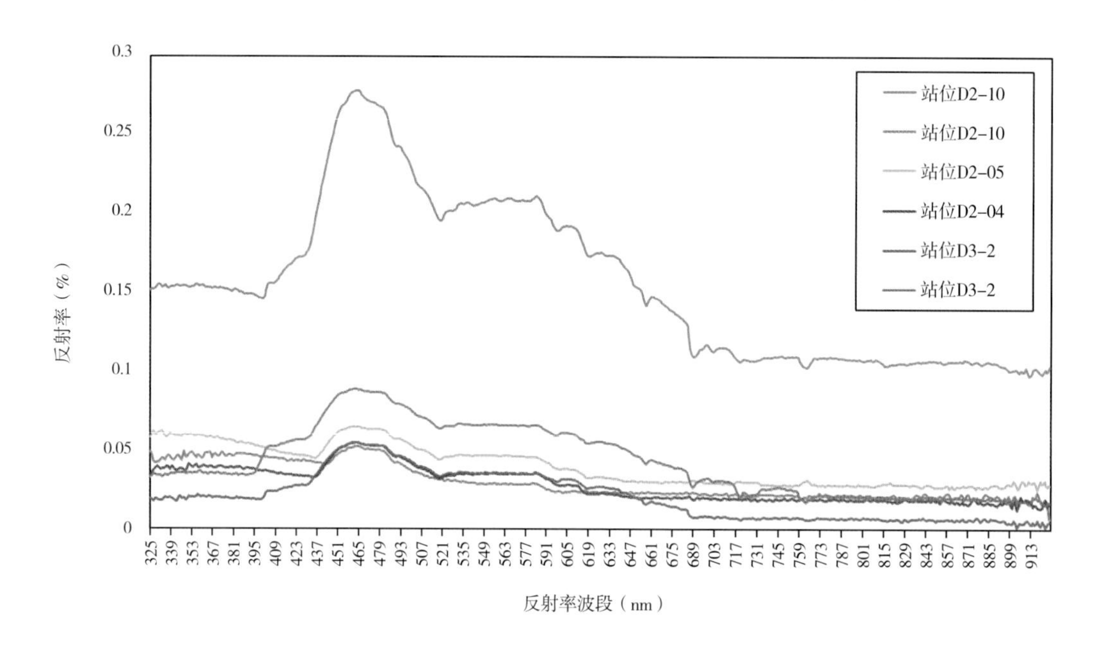

图6-18 光谱分布图

研究同时参考了 Morel 等（2001）建立的全球一类水体反射率模型，发现全球一类水体的反射率数值显著高于南大洋水体。南大洋水体与全球一类水体存在一致的走势及分布特征，即叶绿素 1mg/m^3 以下水体随波段增大而反射率降低，490 ~ 500 nm 波段处出现一个拐点，其后区域叶绿素数值越低的水体反射率下降越迅速。但由于南大洋水体反射率总体偏低，因此其下降速度相对减缓。研究计算了蓝绿波段比值（图中光谱旁边的数字表示 rrs(blue,443)/rrs(green,555)），发现两者水体的反射率比值随着叶绿素升高而降低，而一类水体比值差异大于南大洋水体。

值得注意的是，南大洋水体反射率由于数值绝对值非常低，在 800 ~ 1050 nm 之间存在极大的噪声，因此在绘图时并未列在其中。推测由于其水体反射率较低，造成该区

域的数值十分敏感，容易受到水体表层毛细波、风等的干扰，损失了原本水体反射率的分布特征。

一类水体的水体反射率分布在可见光波段显著高于南大洋水体，且南大洋的蓝绿波段比值随叶绿素变化的幅度显著低于一类水体。该现象可以用以解释全球 OC4 模型在南大洋的叶绿素低估，因为 OC4 单调递减使得南大洋较高的蓝绿波段比造成叶绿素的低估。由于南大洋南极半岛的生物光学特性与全球一类水体不一致造成上述现象。研究发现，该处的浮游植物种类组成为 diatom 和 phaeocystis spp.，这些功能性群落具备不一样的吸收和散射属性，会对生物光学算法构成产生影响（Gregg and Casey, 2004）。

6.4.2 南大洋叶绿素浓度分布特征、变化规律及趋势

从 MODIS 叶绿素 a 反演结果看，从 2002 年的 10 月到 2015 年 3 月，南极所有海域均发生过叶绿素 a 浓度异常。无论是沿岸区域还是外海区域，从总体情况看，发生异常的频率罗斯海最高，其次为普里兹湾、阿蒙森海、别林斯高晋海、乌图尔斯特蒙海、威德尔海与布龙特 – 克洛普莱斯海，最后是里瑟 – 拉森海、威尔克斯海和科斯蒙努特海。其中，罗斯海叶绿素 a 异常暴发出现在每年的 11—12 月，别林斯高晋海偶有 11 月暴发的状况；普里兹湾及阿蒙森海暴发时间较晚，主要位于 12—翌年 1 月。上述 4 个海域叶绿素 a 浓度异常主要发生在沿岸海区，而乌图尔斯特蒙海、威德尔海、布龙特 – 克洛普莱斯海及别林斯高晋海 4 个区域异常则主要出现在外海，其中威德尔海低纬度海域的叶绿素 a 异常几乎每年出现，见表 6–1 ~ 表 6–13。

表6-1 2002年10月—2003年3月南大洋（叶绿素a）分布状况

区　域	2002 年 10 月	2002 年 11 月	2002 年 12 月	2003 年 1 月	2003 年 2 月	2003 年 3 月
威德尔海 (Weddell Sea)	外海存在浓度高于 3 的现象	外海存在浓度高于 3 的现象，面积扩大	外海存在浓度高于 3 的现象	外海存在浓度高于 3 的现象	外海存在浓度高于 3 的现象，面积减小	外海存在浓度高于 3 的现象，面积减小
布龙特 – 克洛普莱斯海 (Brunt–Kronprinsesse Sea)	浓度较低，小于 0.75，属正常范围	浓度较低，小于 0.75，属正常范围	浓度较低，小于 0.75，属正常范围	局部出现异常，浓度较低为 3	叶绿素浓度达到最高，也是整个南极海域最高区域，超过 3	叶绿素浓度减低，逐步趋向正常
乌图尔斯特蒙海 (Utulstreumen Sea)	浓度较低，小于 0.75，属正常范围	浓度较低，小于 0.75，属正常范围	浓度较低，小于 0.75，属正常范围	局部出现异常，浓度较低不超过 3	局部出现异常，浓度较低不超过 1.5	基本正常
里瑟 – 拉森海 (Riiser–Larsen Sea)	浓度较低，小于 1.5，属正常范围	浓度较低，小于 0.75，属正常范围	浓度较低，小于 0.75，属正常范围	浓度较低，小于 1.5，属正常范围	浓度较低，小于 0.75，属正常范围	无异常
科斯蒙努特海 (Kosmonaut Sea)	浓度较低，小于 0.75，属正常范围	局部出现异常，浓度超过 3	浓度较低，小于 0.75，属正常范围	浓度较低，小于 0.75，属正常范围	浓度较低，小于 0.75，属正常范围	无异常
普里兹湾 (Prydz Bay)	浓度较低，小于 0.75，属正常范围	浓度较低，小于 1，属正常范围	叶绿素浓度突增，超过 3	叶绿素浓度突增，超过 3	叶绿素浓度减少，逐步减低到正常，2.25	基本正常

续表

区 域	2002 年 10 月	2002 年 11 月	2002 年 12 月	2003 年 1 月	2003 年 2 月	2003 年 3 月
威尔克斯海 (Wilks Land)	浓度较低，小于 0.75，属正常范围	无异常	浓度较低，小于 0.75，属正常范围	局部出现异常，浓度较低不超过 3	局部出现异常，浓度较低不超过 3	无异常
罗斯海 (Ross Sea)	浓度较低，小于 0.75，属正常范围	浓度较低，小于 1.5，属正常范围	局部出现异常，浓度较低不超过 2.25	局部出现异常，局部浓度超过 3	叶绿素浓度减少，局部地区为 3	无异常
阿蒙森海 (Amundsen Sea)	浓度较低，小于 0.75，属正常范围	浓度较低，小于 1.5，属正常范围	叶绿素浓度突增，超过 3	叶绿素浓度突增，超过 3	叶绿素浓度减少，仍有异常，区域锐减	无异常
别林斯高晋海 (Bellingshausen Sea)	浓度较低，小于 0.75，属正常范围	浓度较低，小于 0.75，属正常范围	浓度较低，小于 0.75，属正常范围	浓度较低，小于 0.75，属正常范围	浓度较低，小于 0.75，属正常范围	外海存在浓度 3 的现象

表6-2 2003年10月—2004年3月南大洋（叶绿素a）分布状况

区 域	2003 年 10 月	2003 年 11 月	2003 年 12 月	2004 年 1 月	2004 年 2 月	2004 年 3 月
威德尔海 (Weddell Sea)	外海存在浓度高于 3 的现象	外海存在浓度高于 3 的现象，面积扩大	外海存在浓度高于 3 的现象	外海存在浓度高于 3 的现象	外海存在浓度高于 3 的现象，面积减小	外海存在浓度高于 3 的现象，面积减小
布龙特 – 克洛普莱斯海 (Brunt–Kronprinsesse Sea)	浓度较低，小于 0.75，属正常范围	浓度较低，小于 0.75，属正常范围	浓度较低，小于 0.75，属正常范围	局部出现异常，浓度较低为 3	叶绿素浓度达到最高，超过 3	叶绿素浓度减低，逐步趋向正常
乌图尔斯特蒙海 (Utulstreumen Sea)	浓度较低，小于 0.75，属正常范围	浓度较低，小于 0.75，属正常范围	浓度较低，小于 0.75，属正常范围	局部出现异常，浓度超过 3	局部出现异常，浓度较低超过 2.25	基本正常
里瑟 – 拉森海 (Riiser–Larsen Sea)	浓度较低，小于 1.5，属正常范围	浓度较低，小于 0.75，属正常范围	浓度较低，小于 0.75，属正常范围	浓度较低，小于 1.5，属正常范围	浓度较低，小于 0.75，属正常范围	无异常
科斯蒙努特海 (Kosmonaut Sea)	浓度较低，小于 0.75，属正常范围	局部出现异常，浓度超过 3	浓度较低，小于 0.75，属正常范围	浓度较低，小于 0.75，属正常范围	浓度较低，小于 0.75，属正常范围	无异常
普里兹湾 (Prydz Bay)	浓度较低，小于 0.75，属正常范围	浓度较低，小于 1，属正常范围	叶绿素浓度突增，超过 3	叶绿素浓度突增，超过 3	叶绿素浓度减少，局部异常，超过 3	叶绿素浓度减少，局部异常，超过 3
威尔克斯海 (Wilks Land)	浓度较低，小于 0.75，属正常范围	无异常	浓度较低，小于 0.75，属正常范围	浓度较低，小于 0.75，属正常范围	浓度较低，小于 0.75，属正常范围	叶绿素浓度减少，局部异常，不超过 3
罗斯海 (Ross Sea)	浓度较低，小于 0.75，属正常范围	浓度较低，小于 1.5，属正常范围	局部出现异常，浓度较到达 3	局部出现异常，局部浓度超过 3	叶绿素浓度减少，局部地区为 3	叶绿素浓度减少，局部异常，不超过 2.25
阿蒙森海 (Amundsen Sea)	浓度较低，小于 0.75，属正常范围	浓度较低，小于 1.5，属正常范围	叶绿素浓度较低，属正常范围	叶绿素浓度突增，超过 3	叶绿素浓度有异常，超过 3	无异常
别林斯高晋海 (Bellingshausen Sea)	浓度较低，小于 0.75，属正常范围	浓度较低，小于 0.75，属正常范围	浓度较低，小于 0.75，属正常范围	存在浓度高于 3 的现象	存在浓度高于 3 的现象	无异常

表6-3 2004年10月—2005年3月南大洋（叶绿素a）分布状况

区 域	2004年10月	2004年11月	2004年12月	2005年1月	2005年2月	2005年3月
威德尔海 (Weddell Sea)	外海存在浓度为2.25的现象	外海存在浓度高于3的现象，面积扩大	外海存在浓度高于3的现象	外海存在浓度高于3的现象	外海存在浓度高于3的现象，面积减小	外海存在浓度高于3的现象，面积减小
布龙特－克洛普莱斯海 (Brunt-Kronprinsesse Sea)	浓度较低，小于0.75，属正常范围	浓度较低，小于0.75，属正常范围	局部出现异常，浓度较低为3	局部出现异常，浓度较低为3	叶绿素浓度超过3	基本正常
乌图尔斯特蒙海 (Utulstreumen Sea)	浓度较低，小于0.75，属正常范围	浓度较低，小于0.75，属正常范围	局部出现异常，浓度超过3	局部出现异常，浓度超过3	局部出现异常，浓度较低超过2.25	基本正常
里瑟－拉森海 (Riiser-Larsen Sea)	浓度较低，小于1.5，属正常范围	浓度较低，小于0.75，属正常范围	局部出现异常，浓度超过3	局部出现异常，浓度超过3	局部出现异常，浓度较低超过2.25	无异常
科斯蒙努特海 (Kosmonaut Sea)	浓度较低，小于0.75，属正常范围	浓度较低，小于0.75，属正常范围	浓度较低，小于2.25，属正常范围	浓度较低，小于1.5，属正常范围	浓度较低，小于0.75，属正常范围	无异常
普里兹湾 (Prydz Bay)	浓度较低，小于0.75，属正常范围	浓度较低，小于1.5，属正常范围	浓度较低，小于2.25，属正常范围	叶绿素浓度突增，超过3	叶绿素浓度局部异常，超过3	基本正常
威尔克斯海 (Wilks Land)	浓度较低，小于0.75，属正常范围	无异常	浓度较低，小于1.5，属正常范围	浓度较低，小于0.75，属正常范围	浓度较低，小于0.75，属正常范围	基本正常
罗斯海 (Ross Sea)	浓度较低，小于0.75，属正常范围	局部出现异常，浓度较到达3	大面积出现异常，浓度较到达3	局部出现异常，局部浓度超过3	叶绿素浓度减少，局部地区为3	基本正常
阿蒙森海 (Amundsen Sea)	浓度较低，小于0.75，属正常范围	浓度较低，小于1.5，属正常范围	叶绿素浓度较低，属正常范围	叶绿素浓度突增，超过3	叶绿素浓度有异常，超过3	无异常
别林斯高晋海 (Bellingshausen Sea)	浓度较低，小于0.75，属正常范围	浓度较低，小于0.75，属正常范围	浓度较低，小于0.75，属正常范围	浓度较低，小于2.25，属正常范围	浓度较低，小于2.25，属正常范围	浓度较低，小于0.75，属正常范围

表6-4 2005年10月—2006年3月南大洋（叶绿素a）分布状况

区 域	2005年10月	2005年11月	2005年12月	2006年1月	2006年2月	2006年3月
威德尔海 (Weddell Sea)	外海存在浓度为2.25的现象	外海存在浓度高于3的现象，面积扩大	外海存在浓度高于3的现象	外海存在浓度高于3的现象	外海存在浓度高于3的现象，面积减小	外海存在浓度高于3的现象，面积减小
布龙特－克洛普莱斯海 (Brunt-Kronprinsesse Sea)	浓度较低，小于0.75，属正常范围	浓度较低，小于0.75，属正常范围	局部出现异常，浓度较低为3	局部出现异常，浓度较低为3	叶绿素浓度超过3	基本正常
乌图尔斯特蒙海 (Utulstreumen Sea)	浓度较低，小于0.75，属正常范围	浓度较低，小于0.75，属正常范围	局部出现异常，浓度超过3	局部出现异常，浓度超过3	局部出现异常，浓度较低超过3	局部出现异常，浓度较低超过3

续表

区 域	2005 年 10 月	2005 年 11 月	2005 年 12 月	2006 年 1 月	2006 年 2 月	2006 年 3 月
里瑟－拉森海 (Riiser-Larsen Sea)	浓度较低，小于 1.5，属正常范围	浓度较低，小于 0.75，属正常范围	浓度较低，小于 0.75，属正常范围	局部出现异常，浓度超过 3	局部出现异常，浓度较低超过 3	无异常
科斯蒙努特海 (Kosmonaut Sea)	浓度较低，小于 0.75，属正常范围	浓度较低，小于 0.75，属正常范围	浓度较低，小于 2.25，属正常范围	浓度较低，小于 1.5，属正常范围	浓度较低，小于 0.75，属正常范围	无异常
普里兹湾 (Prydz Bay)	浓度较低，小于 0.75，属正常范围	浓度较低，小于 1.5，属正常范围	浓度较低，小于 2.25，属正常范围	叶绿素浓度突增，超过 3	浓度较低，小于 2.25，属正常范围	基本正常
威尔克斯海 (Wilks Land)	浓度较低，小于 0.75，属正常范围	浓度较低，小于 2.25，属正常范围	浓度较低，小于 1.5，属正常范围	浓度较低，小于 1.5，属正常范围	浓度较低，小于 0.75，属正常范围	基本正常
罗斯海 (Ross Sea)	浓度较低，小于 0.75，属正常范围	局部出现异常，浓度较到达 3	大面积出现异常，浓度较到达 3	局部出现异常，局部浓度超过 3	叶绿素浓度减少，局部地区为 3	基本正常
阿蒙森海 (Amundsen Sea)	浓度较低，小于 0.75，属正常范围	浓度较低，小于 1.5，属正常范围	叶绿素浓度较低，属正常范围	叶绿素浓度突增，超过 3	叶绿素浓度有异常，超过 3	无异常
别林斯高晋海 (Bellingshausen Sea)	浓度较低，小于 0.75，属正常范围	存在浓度高于 3 的现象，面积扩大	部分存在浓度高于 3 的现象	部分存在浓度高于 3 的现象	浓度较低，小于 2.25，属正常范围	浓度较低，小于 0.75，属正常范围

表6-5 2006年10月—2007年3月南大洋（叶绿素a）分布状况

区 域	2006 年 10 月	2006 年 11 月	2006 年 12 月	2007 年 1 月	2007 年 2 月	2007 年 3 月
威德尔海 (Weddell Sea)	外海存在浓度为 2.25 的现象	外海存在浓度高于 3 的现象	外海存在浓度高于 3 的现象	外海存在浓度高于 3 的现象	外海存在浓度高于 3 的现象，面积减小	基本正常
布龙特－克洛普莱斯海 (Brunt-Kronprinsesse Sea)	浓度较低，小于 1.5，属正常范围	浓度较低，小于 1.5，属正常范围	局部出现异常，浓度较低为 3	局部出现异常，浓度较低为 3	基本正常	基本正常
乌图尔斯特蒙海 (Utulstreumen Sea)	浓度较低，小于 0.75，属正常范围	浓度较低，小于 0.75，属正常范围	局部出现异常，浓度超过 3	浓度较低，小于 1.5，属正常范围	局部出现异常，浓度较低超过 3	基本正常
里瑟－拉森海 (Riiser-Larsen Sea)	浓度较低，小于 0.75，属正常范围	浓度较低，小于 0.75，属正常范围	浓度较低，小于 0.75，属正常范围	浓度较低，小于 1.5，属正常范围	无异常	无异常
科斯蒙努特海 (Kosmonaut Sea)	浓度较低，小于 0.75，属正常范围	浓度较低，小于 0.75，属正常范围	浓度较低，小于 2.25，属正常范围	浓度较低，小于 1.5，属正常范围	叶绿素浓度超过 3	基本正常
普里兹湾 (Prydz Bay)	浓度较低，小于 0.75，属正常范围	浓度较低，小于 1.5，属正常范围	浓度较低，小于 2.25，属正常范围	叶绿素浓度突增，超过 3	叶绿素浓度超过 3	基本正常

续表

区 域	2006 年 10 月	2006 年 11 月	2006 年 12 月	2007 年 1 月	2007 年 2 月	2007 年 3 月
威尔克斯海 (Wilks Land)	浓度较低，小于 0.75，属正常范围	浓度较低，小于 1.5，属正常范围	浓度较低，小于 1.5，属正常范围	叶绿素浓度突增，超过 3	浓度较低，小于 2.25，属正常范围	基本正常
罗斯海 (Ross Sea)	浓度较低，小于 0.75，属正常范围	局部出现异常，浓度较到达 3	大面积出现异常，浓度较到达 3	局部出现异常，局部浓度超过 3	叶绿素浓度减少，局部地区为 3	浓度较低，小于 2.25，属正常范围
阿蒙森海 (Amundsen Sea)	浓度较低，小于 0.75，属正常范围	浓度较低，小于 1.5，属正常范围	叶绿素浓度较低，属正常范围	叶绿素浓度突增，超过 3	浓度较低，小于 2.25，属正常范围	基本正常
别林斯高晋海 (Bellingshausen Sea)	浓度较低，小于 0.75，属正常范围	存在浓度高于 3 的现象，面积扩大	部分存在浓度高于 3 的现象	存在浓度高于 3 的现象	存在浓度 3 的现象	局部存在浓度 3 的现象

表6-6 2007年10月—2008年3月南大洋（叶绿素a）分布状况

区 域	2007 年 10 月	2007 年 11 月	2007 年 12 月	2008 年 1 月	2008 年 2 月	2008 年 3 月
威德尔海 (Weddell Sea)	浓度较低，小于 1.5，属正常范围	外海存在浓度高于 3 的现象	外海存在浓度高于 3 的现象	外海存在浓度高于 3 的现象	外海存在浓度高于 3 的现象，面积减小	基本正常
布龙特－克洛普莱斯海 (Brunt-Kronprinsesse Sea)	浓度较低，小于 0.75，属正常范围	浓度较低，小于 1.5，属正常范围	浓度较低，小于 1.5，属正常范围	浓度较低，小于 1.5，属正常范围	基本正常	基本正常
乌图尔斯特蒙海 (Utulstreumen Sea)	浓度较低，小于 0.75，属正常范围	浓度较低，小于 0.75，属正常范围	浓度较低，小于 1.5，属正常范围	局部出现异常，浓度较低为 3	局部出现异常，浓度较低超过 3	基本正常
里瑟－拉森海 (Riiser-Larsen Sea)	浓度较低，小于 0.75，属正常范围	浓度较低，小于 0.75，属正常范围	浓度较低，小于 1.5，属正常范围	浓度较低，小于 1.5，属正常范围	无异常	无异常
科斯蒙努特海 (Kosmonaut Sea)	外海存在浓度高于 3 的现象	外海存在浓度高于 3 的现象	浓度较低，小于 1.5，属正常范围	浓度较低，小于 1.5，属正常范围	无异常	基本正常
普里兹湾 (Prydz Bay)	浓度较低，小于 0.75，属正常范围	浓度较低，小于 1.5，属正常范围	浓度较低，小于 2.25，属正常范围	叶绿素浓度突增，超过 3	叶绿素浓度超过 3	基本正常
威尔克斯海 (Wilks Land)	浓度较低，小于 0.75，属正常范围	浓度较低，小于 1.5，属正常范围	浓度较低，小于 1.5，属正常范围	浓度较低，小于 1.5，属正常范围	浓度较低，小于 1.5，属正常范围	基本正常
罗斯海 (Ross Sea)	浓度较低，小于 0.75，属正常范围	浓度较低，小于 1.5，属正常范围	大面积出现异常，浓度较到达 3	大面积出现异常，浓度较到达 3	叶绿素浓度减少，局部地区为 3	浓度较低，小于 2.25，属正常范围
阿蒙森海 (Amundsen Sea)	浓度较低，小于 0.75，属正常范围	浓度较低，小于 1.5，属正常范围	叶绿素浓度较低，属正常范围	叶绿素浓度突增，超过 3	叶绿素浓度减少，局部地区为 3	局部存在浓度 3 的现象
别林斯高晋海 (Bellingshausen Sea)	浓度较低，小于 0.75，属正常范围	浓度较低，小于 0.75，属正常范围	浓度较低，小于 0.75，属正常范围	存在浓度高于 3 的现象	存在浓度 3 的现象	局部存在浓度 3 的现象

表6-7 2008年10月—2009年3月南大洋（叶绿素a）分布状况

区 域	2008年10月	2008年11月	2008年12月	2009年1月	2009年2月	2009年3月
威德尔海 (Weddell Sea)	外海存在浓度高于3的现象	外海存在浓度高于3的现象	外海存在浓度高于3的现象	外海存在浓度高于3的现象	外海存在浓度高于3的现象，面积减小	浓度较低，小于2.25，属正常范围
布龙特－克洛普莱斯海 (Brunt-Kronprinsesse Sea)	浓度较低，小于0.75，属正常范围	浓度较低，小于0.75，属正常范围	浓度较低，小于2.25，属正常范围	局部出现异常，浓度较低为3	局部出现异常，浓度较低为3	浓度较低，小于2.25，属正常范围
乌图尔斯特蒙海 (Utulstreumen Sea)	浓度较低，小于0.75，属正常范围	浓度较低，小于0.75，属正常范围	浓度较低，小于2.25，属正常范围	局部出现异常，浓度较低为3	无异常	浓度较低，小于2.25，属正常范围
里瑟－拉森海 (Riiser-Larsen Sea)	浓度较低，小于0.75，属正常范围	浓度较低，小于0.75，属正常范围	浓度较低，小于1.5，属正常范围	浓度较低，小于1.5，属正常范围	无异常	无异常
科斯蒙努特海 (Kosmonaut Sea)	浓度较低，小于0.75，属正常范围	浓度较低，小于0.75，属正常范围	浓度较低，小于1.5，属正常范围	浓度较低，小于1.5，属正常范围	无异常	基本正常
普里兹湾 (Prydz Bay)	浓度较低，小于0.75，属正常范围	浓度较低，小于1.5，属正常范围	叶绿素浓度突增，超过3	叶绿素浓度突增，超过3	叶绿素浓度超过3，面积减小	浓度较低，小于2.25，属正常范围
威尔克斯海 (Wilks Land)	浓度较低，小于0.75，属正常范围	浓度较低，小于1.5，属正常范围	叶绿素浓度突增，超过3	浓度较低，小于1.5，属正常范围	浓度较低，小于1.5，属正常范围	基本正常
罗斯海 (Ross Sea)	浓度较低，小于0.75，属正常范围	浓度较低，小于1.5，属正常范围	大面积出现异常，浓度较到达3	大面积出现异常，浓度较到达3	叶绿素浓度减少，局部地区为3，面积减小	浓度较低，小于2.25，属正常范围
阿蒙森海 (Amundsen Sea)	浓度较低，小于2.25，属正常范围	浓度较低，小于2.25，属正常范围	大面积出现异常，浓度较到达3	叶绿素浓度突增，超过3	叶绿素浓度减少，局部地区为3，面积减小	浓度较低，小于2.25，属正常范围
别林斯高晋海 (Bellingshausen Sea)	浓度较低，小于0.75，属正常范围	存在浓度高于3的现象，面积扩大	存在浓度高于3的现象	存在浓度高于3的现象	存在浓度3的现象	浓度较低，小于0.75，属正常范围

表6-8 2009年10月—2010年3月南大洋（叶绿素a）分布状况

区 域	2009年10月	2009年11月	2009年12月	2010年1月	2010年2月	2010年3月
威德尔海 (Weddell Sea)	浓度较低，小于1.5，属正常范围	外海存在浓度高于3的现象	外海存在浓度高于3的现象	外海存在浓度高于3的现象	外海存在浓度高于3的现象，面积减小	外海存在浓度高于3的现象，面积减小
布龙特－克洛普莱斯海 (Brunt-Kronprinsesse Sea)	浓度较低，小于1.5，属正常范围	外海存在浓度高于3的现象	局部出现异常，浓度较低为3	局部出现异常，浓度较低为3	局部出现异常，浓度较低为3	外海存在浓度高于3的现象，面积减小
乌图尔斯特蒙海 (Utulstreumen Sea)	浓度较低，小于0.75，属正常范围	浓度较低，小于0.75，属正常范围	局部出现异常，浓度较低为3	局部出现异常，浓度较低为3	局部出现异常，浓度较低为3	浓度较低，小于2.25，属正常范围

续表

区 域	2009 年 10 月	2009 年 11 月	2009 年 12 月	2010 年 1 月	2010 年 2 月	2010 年 3 月
里瑟－拉森海 (Riiser–Larsen Sea)	浓度较低，小于 0.75，属正常范围	浓度较低，小于 0.75，属正常范围	局部出现异常，浓度较低为 3	局部出现异常，浓度较低为 3	无异常	无异常
科斯蒙努特海 (Kosmonaut Sea)	外海存在浓度高于 3 的现象	浓度较低，小于 1.5，属正常范围	浓度较低，小于 1.5，属正常范围	浓度较低，小于 1.5，属正常范围	无异常	无异常
普里兹湾 (Prydz Bay)	浓度较低，小于 0.75，属正常范围	浓度较低，小于 0.75，属正常范围	叶绿素浓度突增，超过 3	叶绿素浓度超过 3	叶绿素浓度超过 3，面积减小	浓度较低，小于 2.25，属正常范围
威尔克斯海 (Wilks Land)	浓度较低，小于 0.75，属正常范围	浓度较低，小于 1.5，属正常范围	浓度较低，小于 1.5，属正常范围	浓度较低，小于 1.5，属正常范围	浓度较低，小于 1.5，属正常范围	基本正常
罗斯海 (Ross Sea)	浓度较低，小于 0.75，属正常范围	叶绿素浓度突增，超过 3	大面积出现异常，浓度较到达 3	大面积出现异常，浓度较到达 3	叶绿素浓度减少，局部地区为 3，面积减小	浓度较低，小于 2.25，属正常范围
阿蒙森海 (Amundsen Sea)	浓度较低，小于 0.75，属正常范围	浓度较低，小于 1.5，属正常范围	大面积出现异常，浓度较到达 3	大面积出现异常，超过 3	叶绿素浓度局部地区超过 3	浓度较低，小于 1.5，属正常范围
别林斯高晋海 (Bellingshausen Sea)	浓度较低，小于 0.75，属正常范围	浓度较低，小于 0.75，属正常范围	存在浓度高于 3 的现象	大面积出现异常，存在浓度高于 3 的现象	存在浓度 3 的现象，面积很大	局部存在浓度 3 的现象

表6-9 2010年10月—2011年3月南大洋（叶绿素a）分布状况

区 域	2010 年 10 月	2010 年 11 月	2010 年 12 月	2011 年 1 月	2011 年 2 月	2011 年 3 月
威德尔海 (Weddell Sea)	外海存在浓度高于 3 的现象	外海存在浓度高于 3 的现象	外海存在浓度高于 3 的现象	外海存在浓度高于 3 的现象	外海存在浓度高于 3 的现象，面积减小	浓度较低，小于 2.25，属正常范围
布龙特－克洛普莱斯海 (Brunt–Kronprinsesse Sea)	浓度较低，小于 1.5，属正常范围	外海存在浓度高于 3 的现象	局部出现异常，浓度较低为 3	局部出现异常，浓度较低为 3	局部出现异常，浓度较低为 3	浓度较低，小于 2.25，属正常范围
乌图尔斯特蒙海 (Utulstreumen Sea)	浓度较低，小于 0.75，属正常范围	浓度较低，小于 0.75，属正常范围	局部出现异常，浓度较低为 3	局部出现异常，浓度较低为 3	局部出现异常，浓度较低为 3	浓度较低，小于 2.25，属正常范围
里瑟－拉森海 (Riiser–Larsen Sea)	浓度较低，小于 0.75，属正常范围	浓度较低，小于 0.75，属正常范围	浓度较低，小于 1.5，属正常范围	局部出现异常，浓度较低为 3	浓度较低，小于 2.25，属正常范围	无异常
科斯蒙努特海 (Kosmonaut Sea)	浓度较低，小于 0.75，属正常范围	浓度较低，小于 1.5，属正常范围	浓度较低，小于 1.5，属正常范围	浓度较低，小于 1.5，属正常范围	无异常	无异常
普里兹湾 (Prydz Bay)	浓度较低，小于 0.75，属正常范围	浓度较低，小于 0.75，属正常范围	浓度较低，小于 1.5，属正常范围	叶绿素浓度增加，大面积区域超过 3	叶绿素浓度超过 3	浓度较低，小于 2.25，属正常范围

续表

区　域	2010年10月	2010年11月	2010年12月	2011年1月	2011年2月	2011年3月
威尔克斯海 (Wilks Land)	浓度较低，小于0.75，属正常范围	浓度较低，小于1.5，属正常范围	浓度较低，小于1.5，属正常范围	浓度较低，小于2.25，属正常范围	浓度较低，小于2.25，属正常范围	浓度较低，小于2.25，属正常范围
罗斯海 (Ross Sea)	浓度较低，小于0.75，属正常范围	叶绿素浓度突增，小部分面积超过3	大面积出现异常，浓度较到达3	大面积出现异常，浓度较到达3	叶绿素浓度局部地区为3	浓度较低，小于2.25，属正常范围
阿蒙森海 (Amundsen Sea)	浓度较低，小于0.75，属正常范围	浓度较低，小于2.25，属正常范围	浓度较低，小于2.25，属正常范围	大面积出现异常，超过3	叶绿素浓度局部地区超过3	局部存在浓度3的现象
别林斯高晋海 (Bellingshausen Sea)	浓度较低，小于0.75，属正常范围	存在浓度高于3的现象，面积扩大	存在浓度高于3的现象	大面积出现异常，存在浓度高于3的现象	存在浓度3的现象，面积很大	局部存在浓度3的现象

表6-10　2011年10月—2012年3月南大洋（叶绿素a）分布状况

区　域	2011年10月	2011年11月	2011年12月	2012年1月	2012年2月	2012年3月
威德尔海 (Weddell Sea)	浓度较低，小于2.25，属正常范围	外海存在浓度高于3的现象	外海存在浓度高于3的现象，面积很大	外海存在浓度高于3的现象	外海存在浓度高于3的现象，面积减小	外海存在浓度高于3的现象
布龙特－克洛普莱斯海 (Brunt-Kronprinsesse Sea)	浓度较低，小于1.5，属正常范围	外海存在浓度高于3的现象	局部出现异常，浓度较低为3	局部出现异常，浓度较低为3	局部出现异常，浓度较低为3	浓度较低，小于2.25，属正常范围
乌图尔斯特蒙海 (Utulstreumen Sea)	浓度较低，小于0.75，属正常范围	浓度较低，小于0.75，属正常范围	浓度较低，小于2.25，属正常范围	局部出现异常，浓度较低为3	局部出现异常，浓度较低为3	外海存在浓度高于3的现象
里瑟－拉森海 (Riiser-Larsen Sea)	浓度较低，小于0.75，属正常范围	浓度较低，小于0.75，属正常范围	浓度较低，小于1.5，属正常范围	局部出现异常，浓度较低为3	浓度较低，小于1.5，属正常范围	浓度较低，小于1.5，属正常范围
科斯蒙努特海 (Kosmonaut Sea)	浓度较低，小于2.25，属正常范围	浓度较低，小于2.25，属正常范围	浓度较低，小于1.5，属正常范围	局部出现异常，浓度较低为3	无异常	浓度较低，小于1.5，属正常范围
普里兹湾 (Prydz Bay)	浓度较低，小于0.75，属正常范围	浓度较低，小于1.5，属正常范围	叶绿素浓度增加，小部分面积超过3	叶绿素浓度增加，大面积区域超过3	浓度较低，小于2.25，属正常范围	浓度较低，小于1.5，属正常范围
威尔克斯海 (Wilks Land)	浓度较低，小于0.75，属正常范围	浓度较低，小于0.75，属正常范围	浓度较低，小于1.5，属正常范围	浓度较低，小于0.75，属正常范围	浓度较低，小于2.25，属正常范围	浓度较低，小于1.5，属正常范围
罗斯海 (Ross Sea)	浓度较低，小于0.75，属正常范围	叶绿素浓度增加，小部分面积超过3	部分面积出现异常，浓度较到达3	大面积出现异常，浓度较到达3	叶绿素浓度局部地区在3，面积减小	浓度较低，小于1.5，属正常范围
阿蒙森海 (Amundsen Sea)	浓度较低，小于0.75，属正常范围	浓度较低，小于0.75，属正常范围	浓度较低，小于2.25，属正常范围	浓度较低，小于2.25，属正常范围	浓度较低，小于2.25，属正常范围	浓度较低，小于1.5，属正常范围
别林斯高晋海 (Bellingshausen Sea)	浓度较低，小于0.75，属正常范围	浓度较低，小于0.75，属正常范围	存在浓度高于3的现象	存在浓度高于3的现象	存在浓度3的现象，面积很大	局部存在浓度3的现象

表6-11　2012年10月—2013年3月南大洋（叶绿素a）分布状况

区　域	2012年10月	2012年11月	2012年12月	2013年1月	2013年2月	2013年3月
威德尔海 (Weddell Sea)	浓度较低，小于2.25，属正常范围	外海存在浓度高于3的现象，面积很大	外海存在浓度高于3的现象，面积很大	外海存在浓度高于3的现象	外海存在浓度高于3的现象，面积减小	外海存在浓度高于3的现象
布龙特－克洛普莱斯海 (Brunt–Kronprinsesse Sea)	浓度较低，小于1.5，属正常范围	浓度较低，小于2.25，属正常范围	局部出现异常，浓度较低为3	局部出现异常，浓度较低为3	局部出现异常，浓度较低为3	浓度较低，小于2.25，属正常范围
乌图尔斯特蒙海 (Utulstreumen Sea)	浓度较低，小于0.75，属正常范围	浓度较低，小于0.75，属正常范围	浓度较低，小于2.25，属正常范围	局部出现异常，浓度较低为3	浓度较低，小于2.25，属正常范围	浓度较低，小于2.25，属正常范围
里瑟－拉森海 (Riiser–Larsen Sea)	浓度较低，小于0.75，属正常范围	浓度较低，小于0.75，属正常范围	浓度较低，小于1.5，属正常范围	局部出现异常，浓度较低为3	浓度较低，小于1.5，属正常范围	浓度较低，小于1.5，属正常范围
科斯蒙努特海 (Kosmonaut Sea)	浓度较低，小于2.25，属正常范围	浓度较低，小于2.25，属正常范围	浓度较低，小于1.5，属正常范围	浓度较低，小于1.5，属正常范围	无异常	浓度较低，小于1.5，属正常范围
普里兹湾 (Prydz Bay)	浓度较低，小于0.75，属正常范围	浓度较低，小于1.5，属正常范围	浓度较低，小于2.25，属正常范围	叶绿素浓度增加，超过3	浓度较低，小于2.25，属正常范围	浓度较低，小于1.5，属正常范围
威尔克斯海 (Wilks Land)	浓度较低，小于0.75，属正常范围	浓度较低，小于0.75，属正常范围	浓度较低，小于1.5，属正常范围	浓度较低，小于0.75，属正常范围	浓度较低，小于1.5，属正常范围	浓度较低，小于1.5，属正常范围
罗斯海 (Ross Sea)	浓度较低，小于0.75，属正常范围	叶绿素浓度增加，小部分面积超过3	部分面积出现异常，浓度较到达3	大面积出现异常，浓度较到达3	叶绿素浓度局部地区在3，面积减小	浓度较低，小于1.5，属正常范围
阿蒙森海 (Amundsen Sea)	浓度较低，小于0.75，属正常范围	浓度较低，小于0.75，属正常范围	部分面积出现异常，浓度较到达3	大面积出现异常，浓度较到达3	叶绿素浓度局部地区在3，面积减小	浓度较低，小于1.5，属正常范围
别林斯高晋海 (Bellingshausen Sea)	浓度较低，小于0.75，属正常范围	浓度较低，小于0.75，属正常范围	部分面积出现异常，浓度较到达3	大面积出现异常，存在浓度高于3的现象	存在浓度3的现象，面积很大	浓度较低，小于2.25，属正常范围

表6-12　2013年10月—2014年3月南大洋（叶绿素a）分布状况

区　域	2013年10月	2013年11月	2013年12月	2014年1月	2014年2月	2014年3月
威德尔海 (Weddell Sea)	外海存在浓度高于3的现象，面积很大	外海存在浓度高于3的现象，面积很大	浓度较低，小于2.25，属正常范围	浓度较低，小于2.25，属正常范围	浓度较低，小于2.25，属正常范围	浓度较低，小于2.25，属正常范围
布龙特－克洛普莱斯海 (Brunt–Kronprinsesse Sea)	浓度较低，小于2.25，属正常范围	外海存在浓度高于3的现象，面积很大	浓度较低，小于2.25，属正常范围	浓度较低，小于2.25，属正常范围	浓度较低，小于2.25，属正常范围	浓度较低，小于2.25，属正常范围
乌图尔斯特蒙海 (Utulstreumen Sea)	浓度较低，小于0.75，属正常范围	浓度较低，小于0.75，属正常范围	浓度较低，小于2.25，属正常范围	浓度较低，小于2.25，属正常范围	浓度较低，小于2.25，属正常范围	浓度较低，小于2.25，属正常范围

续表

区 域	2013年10月	2013年11月	2013年12月	2014年1月	2014年2月	2014年3月
里瑟－拉森海 (Riiser-Larsen Sea)	浓度较低，小于0.75，属正常范围	浓度较低，小于0.75，属正常范围	浓度较低，小于1.5，属正常范围	浓度较低，小于2.25，属正常范围	浓度较低，小于1.5，属正常范围	浓度较低，小于1.5，属正常范围
科斯蒙努特海 (Kosmonaut Sea)	外海存在浓度高于3的现象，面积很大	浓度较低，小于2.25，属正常范围	浓度较低，小于1.5，属正常范围	浓度较低，小于1.5，属正常范围	无异常	浓度较低，小于1.5，属正常范围
普里兹湾 (Prydz Bay)	浓度较低，小于0.75，属正常范围	浓度较低，小于1.5，属正常范围	局部出现异常，浓度较低为3	叶绿素浓度增加，超过3	叶绿素浓度增加，超过3	浓度较低，小于1.5，属正常范围
威尔克斯海 (Wilks Land)	浓度较低，小于0.75，属正常范围	浓度较低，小于0.75，属正常范围	浓度较低，小于1.5，属正常范围	浓度较低，小于2.25，属正常范围	浓度较低，小于2.25，属正常范围	浓度较低，小于2.25，属正常范围
罗斯海 (Ross Sea)	浓度较低，小于0.75，属正常范围	浓度较低，小于2.25，属正常范围	部分面积出现异常，浓度较到达3	大面积出现异常，浓度较到达3	叶绿素浓度局部地区在3，面积减小	浓度较低，小于2.25，属正常范围
阿蒙森海 (Amundsen Sea)	浓度较低，小于0.75，属正常范围	浓度较低，小于0.75，属正常范围	部分面积出现异常，浓度较到达3	大面积出现异常，浓度较到达3	叶绿素浓度局部地区在3，面积减小	浓度较低，小于1.5，属正常范围
别林斯高晋海 (Bellingshausen Sea)	浓度较低，小于0.75，属正常范围	浓度较低，小于0.75，属正常范围	部分面积出现异常，浓度较到达3	大面积出现异常，存在浓度高于3的现象	存在浓度3的现象，面积减小	浓度较低，小于1.5，属正常范围

表6-13 2014年10月—2015年3月南大洋（叶绿素a）分布状况

区 域	2014年10月	2014年11月	2014年12月	2015年1月	2015年2月	2015年3月
威德尔海 (Weddell Sea)	外海存在浓度高于3的现象	浓度较低，小于2.25，属正常范围	外海存在浓度高于3的现象	外海存在浓度高于3的现象	浓度较低，小于2.25，属正常范围	浓度较低，小于2.25，属正常范围
布龙特－克洛普莱斯海 (Brunt-Kronprinsesse Sea)	浓度较低，小于0.75，属正常范围	浓度较低，小于1.5，属正常范围	浓度较低，小于2.25，属正常范围	浓度较低，小于2.25，属正常范围	浓度较低，小于2.25，属正常范围	浓度较低，小于1.5，属正常范围
乌图尔斯特蒙海 (Utulstreumen Sea)	浓度较低，小于0.75，属正常范围	浓度较低，小于0.75，属正常范围	浓度较低，小于2.25，属正常范围	浓度较低，小于2.25，属正常范围	浓度较低，小于2.25，属正常范围	浓度较低，小于1.5，属正常范围
里瑟－拉森海 (Riiser-Larsen Sea)	浓度较低，小于0.75，属正常范围	浓度较低，小于0.75，属正常范围	浓度较低，小于1.5，属正常范围	浓度较低，小于2.25，属正常范围	浓度较低，小于1.5，属正常范围	浓度较低，小于1.5，属正常范围
科斯蒙努特海 (Kosmonaut Sea)	浓度较低，小于2.25，属正常范围	浓度较低，小于2.25，属正常范围	浓度较低，小于1.5，属正常范围	浓度较低，小于1.5，属正常范围	浓度较低，小于1.5，属正常范围	浓度较低，小于1.5，属正常范围
普里兹湾 (Prydz Bay)	浓度较低，小于0.75，属正常范围	浓度较低，小于1.5，属正常范围	局部出现异常，浓度较低为3	叶绿素浓度增加，超过3	叶绿素浓度增加，超过3	存在浓度3的现象
威尔克斯海 (Wilks Land)	浓度较低，小于0.75，属正常范围	浓度较低，小于0.75，属正常范围	浓度较低，小于1.5，属正常范围	浓度较低，小于2.25，属正常范围	浓度较低，小于2.25，属正常范围	浓度较低，小于2.25，属正常范围

续表

区 域	2014年10月	2014年11月	2014年12月	2015年1月	2015年2月	2015年3月
罗斯海 (Ross Sea)	浓度较低，小于0.75，属正常范围	浓度较低，小于1.5，属正常范围	部分面积出现异常，浓度较到达3	大面积出现异常，浓度较到达3	叶绿素浓度局部地区在3，面积减小	浓度较低，小于2.25，属正常范围
阿蒙森海 (Amundsen Sea)	浓度较低，小于0.75，属正常范围	浓度较低，小于0.75，属正常范围	部分面积出现异常，浓度较到达3	大面积出现异常，浓度较到达3	浓度较低，小于2.25，属正常范围	浓度较低，小于1.5，属正常范围
别林斯高晋海 (Bellingshausen Sea)	浓度较低，小于0.75，属正常范围	浓度较低，小于0.75，属正常范围	部分面积出现异常，浓度较到达3	大面积出现异常，存在浓度高于3的现象	存在浓度3的现象	存在浓度3的现象

图6–19中(a ~ c)表明叶绿素a从10月至翌年3月的分布趋势呈现出一条抛物线，其最高点出现在1月。60°—90°S南大洋的叶绿素a月平均值峰值大约在0.33 mg/m^{3}左后，最低值出现在10月为0.8 mg/m^3。其10月和1月之间的叶绿素a差异很小，只有0.252 mg/m^3。在纬度65°—70°S出现一个值得注意的现象，其最小值几乎都小于60°—65°S的值，这与“纬度越高，叶绿素a值越高”这一认知相悖。图6–19(a)作为纬度最低的代表，其中的平均值、最小值和最大值从10月至翌年3月的震荡差异比较小。

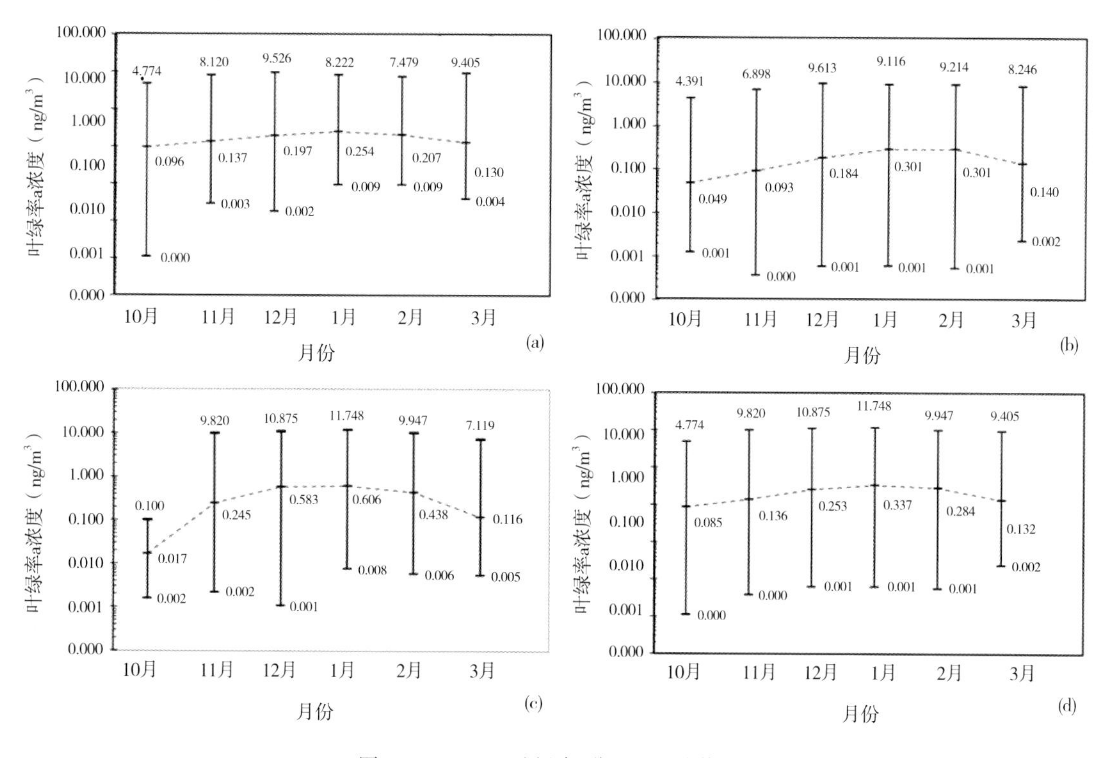

图6–19 MODIS叶绿素a分区月平均值走势

(a) 60°—65°S；(b) 65°—70°S；(c) >70°S；(d) 60°—90°S

为了考察叶绿素a不同月份的空间分布情况，同时研究地形与叶绿素a月平均值的关系，我们将水深等深线叠加在10年叶绿素a月平均值上。如图6–20所示，等深线清晰地区分开了叶绿素a不同颜色的分布区域。浮游植物暴发主要分布在0 ~ 1 000 m等深线（红色及蓝色线）内，如罗斯海、阿蒙森海和威德尔海。0 m 和 1 000 m 等深线之间的距离在南大洋不同区域内变化很大，表明南极大陆架的宽度在不同海域有显著差异。

与图 6-19 一致，图 6-20 同样显示出叶绿素 a 一年内的变化趋势，从 10 月起，叶绿素 a 值开始逐渐上升，直至翌年 1 月，随后下降至 3 月。10 月时全南大洋的叶绿素 a 值范围在 0.1 ~ 1.0 mg/m^3 之间。罗斯海在 11 月时出现叶绿素 a 聚集，此时水深大于 4 000 m 处仍处于贫瘠状态。12 月时普里兹湾和罗斯海都出现大面积浮游植物暴发情况，而 60°S 以南纬度叶绿素 a 值都基本升高至 1.0 mg/m^3（绿色像素），除了南极半岛西北部仍有部分 0.1 mg/m^3（蓝色像素）。进入 1 月，罗斯海和普里兹湾的浮游植物聚集减弱，0 ~ 2 000 m 水深表层海面的叶绿素 a 值开始出现下降的趋势。此时，阿蒙森海出现大范围的叶绿素 a 暴发，相较于另两个高发区，阿蒙森海的浮游植物聚集较晚。从 2 月至 3 月，南大洋整体叶绿素 a 值趋势持续下降。

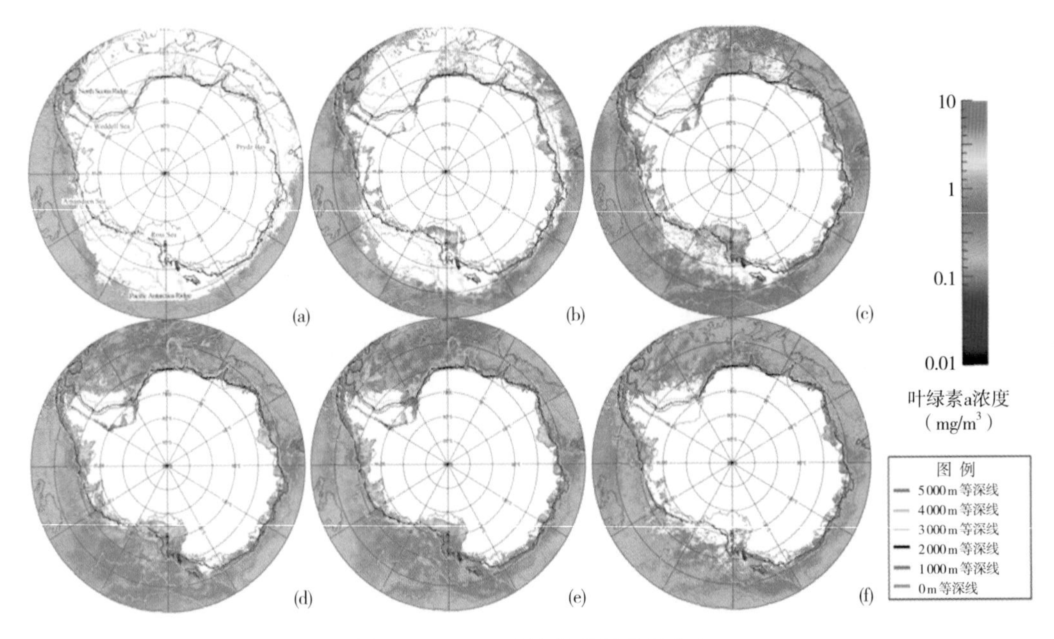

图6-20 MODIS叶绿素a月平均值分布

(a) ~ (f)分别代表10月，11月，12月，翌年1月，2月，3月

在南极外围，有两个 3 000 ~ 4 000 m 水深的大型水底地形，北海岭和太平洋南极海岭。它们位于远离大陆的地方，其表层也存在叶绿素 a 聚集暴发。在北海岭表层水体就出现从 11 月持续至翌年 2 月的浮游植物暴发，并且范围很大，直至 3 月仍有些许可被观测到。尽管在太平洋南极海岭表层未观测到大面积暴发，高值（绿色像素，1.0 mg/m^3）出现在 4 000 m 水深区域，高于周边蓝色区域（0.1 mg/m^3），从图 6-20 中的 (e) 和 (f) 都可发现。除此之外，此区域小范围的浮游植物暴发也出现在 12 月、翌年 1 月、翌年 2 月。

图 6-19 和图 6-20 都明确显示出了南大洋叶绿素 a 的年际变化，从 10 月升高至翌年 1 月（或 12 月），随后下降至 3 月。此变化规律表明，叶绿素 a 值域的变化受到太阳高度角的极大影响，太阳照射对于浮游植物生长具有极大限制作用。南半球进入春季，太阳高度角持续升高，照射时间增强使得大气温度升高，同时影响水体温度，直接或间接的热量交换造成了海冰的融化，促进了藻类生长。Moore 和 Abbot（2000）发现季节性叶绿素 a 值高峰出现在 12 月主要由

季节性太阳辐照度循环造成。除此之外，光照为南极藻类提供了光合作用的基础（De Baar et al., 2005）。光照射海冰造成的融化形成淡水，也使得水体层化作用增强。水体分层形成的稳定环境对于营养物质的固定，促进藻类生长和聚集有极大作用（Tagliabue et al., 2005）。

图 6–19 和图 6–20 同样显示出 1 月叶绿素 a 值分布开始下降，主要与风造成水体纵向混合和太阳入射角降低造成的营养供给的短缺有关（Coale et al., 2004, DiTullio et al., 2000）。营养的消耗抑制了浮游植物的进一步生长，并导致了叶绿素 a 值降低。另外，全球变暖的加剧使得南大洋的薄层海冰容量增加（Pritchard et al., 2009），造成来自海冰的铁元素增多促进了藻类长时间大尺度聚集（Gerringa et al., 2012）。

为了更好地观察叶绿素 a 的分布，我们进一步计算了叶绿素 a 暴发的频率分布（图 6–21）。根据“叶绿素 a 大于 1 mg/m^3 即为暴发”这一定义，我们计算了 10 年间在各个地理位置藻类暴发的次数除以所有天数，以此来统计该处的暴发频率。

基于图 6–21，发现藻类的暴发主要集中在两个区域：威德尔海及其周围海域；罗斯海及其外围水域。其他南极洲边缘海也具备高暴发率（红，黄色区域），但并未形成很大规模，主要出现在普里兹湾和阿蒙森海。绿色区块代表了藻类暴发率在 10% 左右。蓝色和紫色区块表示了较低的暴发频率，低于 3%。我们将大于 30% 的暴发频率作为高暴发率，即红色和黄色区块，也就是罗斯海、阿蒙森海和普里兹湾。随着纬度降低，暴发率降低，除去一个异常的部分，即罗斯海外围 150° — 180°W, 60° — 65°S 处（北海岭处）。其他次高暴发率（绿色区块）皆临近于高发区域外围。

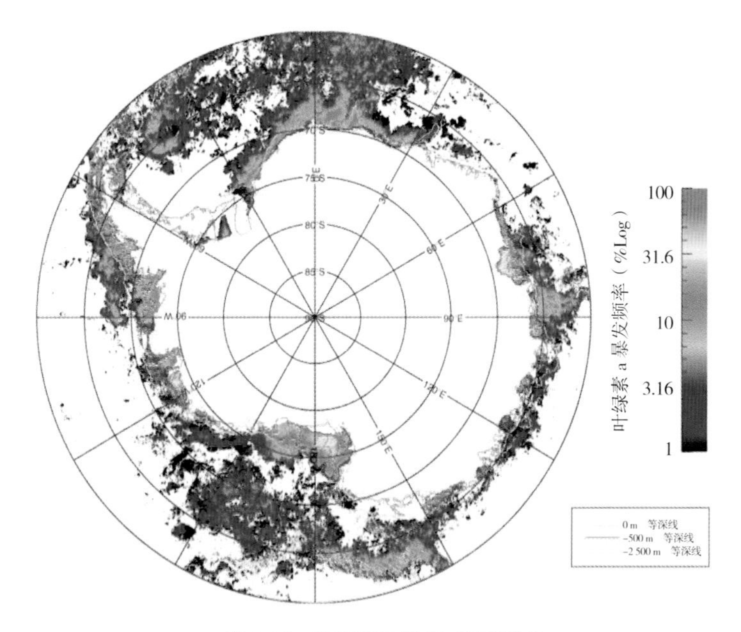

图6–21 MODIS叶绿素a暴发频率

使用卫星遥感数据可以监测长期的时空分布趋势，而极地海洋状态变化，由于其受到全球气候变化影响极大，则成为了全球对气候变化响应最显著的区域（Doney et al., 2012）。因此其生物地球化学参数的变化十分值得关注。时间趋势上研究南大洋水色、水温属性变化，能进一步推测其未来的走势。因此本研究将 13 年的月分辨率数据经过距平处理，计算其同一经纬网格点上的线性回归斜率系数，以此定义为其 13 年的空间趋势变化图。

研究结果演示出，整个水色叶绿素 a 部分的南大洋正负趋势保持在 ±0.02 之间，变化趋势并不显著。从数据计算来源推测，上述原因为叶绿素 a 数值分布区域具有显著的季节性变化特征。尽管距平处理在一定程度上削弱了其数值大小的影响，但是由于海冰覆盖，太阳高度角，甚至云层干扰等影响，南大洋中高纬度海域在春夏季有值区域时长十分有限。这种零值参与计算降低了线性回归斜率系数，造成整体南大洋趋势绝对值偏低。除此之外，另一个原因是叶绿素 a 数值量级低，也造成了趋势绝对值偏低的现象。

根据上述分析，临近南大洋的近岸水体拥有较高的零值率，但其趋势绝对值仍然高于低纬度水体。其中，别林斯高晋海及罗斯海高纬度海域主要趋势为正，而阿蒙森海、普里兹湾、威德尔海则被负值控制，表明南大洋在近 13 年中其藻类储量变化趋势不均一。尽管低纬度（60°—65°S）趋势并非十分明显，但隐约的蓝色透露出其 13 年间叶绿素 a 略微降低的趋势（–0.000 2）。中纬度区域（60°—65°S）则负趋势更明显（–0.000 7），而高纬度近岸水体显示出正趋势（0.000 3）。经纬分区则表明别林斯高晋 – 阿蒙森海（0.000 3）及太平洋海区（0.000 2）整体趋势为正，而威德尔海区（–0.001）、罗斯海区（–0.000 1）、印度洋海区（–0.000 5）为负，其中威德尔海区绝对值最大，数量级高于其他海区。

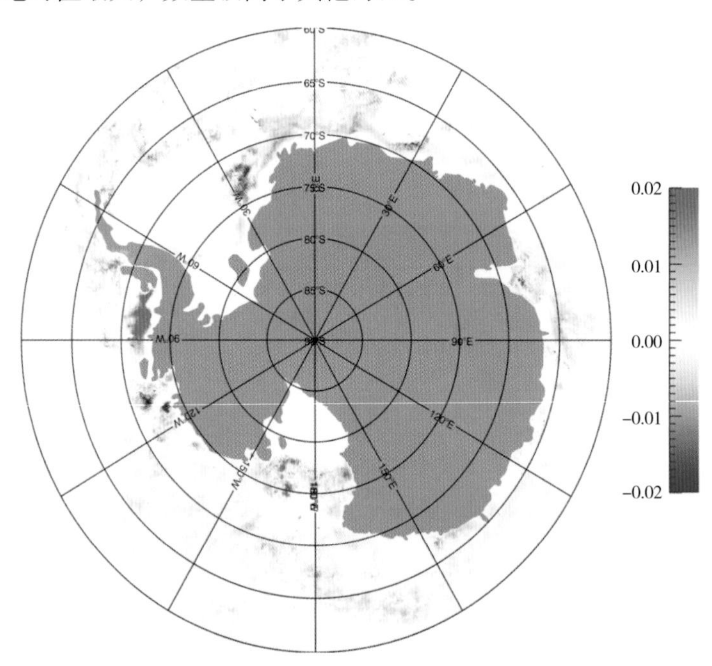

图6–22　南大洋水色属性13年（2002—2015年）趋势空间分布

6.4.3　南大洋水温分布特征、变化规律及趋势

从 MODIS 海表温度反演结果看，从 2002 年的 10 月到 2015 年 3 月，南极所有海域海表温度的变化规律较为一致，中低纬度海域在 2 月达到温度最高峰，而高纬度海温峰值则出现在 1 月。温差变化较大的海域是普里兹湾、威尔克斯海和科斯蒙努特海，而罗斯海、阿蒙森海、别林斯高晋海、威德尔海、布龙特 – 克洛普莱斯海、乌图尔斯特蒙海及里瑟 – 拉森海的海表温度起伏较小（表 6–14 ~ 表 6–26）。

表6-14 2002年10月—2003年3月南大洋（60°S）海表温度

	2002 年 10 月	2002 年 11 月	2002 年 12 月	2003 年 1 月	2003 年 2 月	2003 年 3 月
威德尔海 (Weddell Sea)	−2℃	−2℃	−2℃	−2℃	1℃	−2℃
布龙特 – 克洛普莱斯海 (Brunt−Kronprinsesse Sea)	−2℃	−2℃	−2℃	1℃	1℃	−2℃
乌图尔斯特蒙海 (Utulstreumen Sea)	−2℃	−2℃	−2℃	1℃	2℃	1℃
里瑟 – 拉森海 (Riiser−Larsen Sea)	−2℃	−2℃	−2℃	1℃	2℃	1℃
科斯蒙努特海 (Kosmonaut Sea)	−2℃	−2℃	−2℃	3℃	2℃	1℃
普里兹湾 (Prydz Bay)	−2℃	−2℃	−2℃	3℃	3℃	−1℃
威尔克斯海 (Wilks Land)	1℃	3℃	3℃	4℃	5℃	5℃
罗斯海 (Ross Sea)	5℃	5℃	5℃	5℃	6℃	5℃
阿蒙森海 (Amundsen Sea)	4℃	5℃	5℃	5℃	6℃	5℃
别林斯高晋海 (Bellingshausen Sea)	5℃	5℃	5℃	6℃	6℃	6℃

表6-15 2003年10月—2004年3月南大洋（60°S）海表温度

	2003 年 10 月	2003 年 11 月	2003 年 12 月	2004 年 1 月	2004 年 2 月	2004 年 3 月
威德尔海 (Weddell Sea)	−2℃	−2℃	−2℃	−2℃	1℃	−2℃
布龙特 – 克洛普莱斯海 (Brunt−Kronprinsesse Sea)	−2℃	−2℃	−2℃	1℃	1℃	−2℃
乌图尔斯特蒙海 (Utulstreumen Sea)	−2℃	−2℃	−2℃	1℃	2℃	1℃
里瑟 – 拉森海 (Riiser−Larsen Sea)	−2℃	−2℃	−2℃	1℃	2℃	1℃
科斯蒙努特海 (Kosmonaut Sea)	−2℃	−2℃	−2℃	3℃	2℃	1℃
普里兹湾 (Prydz Bay)	−2℃	−2℃	−2℃	3℃	3℃	−1℃
威尔克斯海 (Wilks Land)	1℃	3℃	3℃	4℃	5℃	5℃
罗斯海 (Ross Sea)	5℃	5℃	5℃	5℃	6℃	5℃
阿蒙森海 (Amundsen Sea)	4℃	5℃	5℃	5℃	6℃	5℃
别林斯高晋海 (Bellingshausen Sea)	5℃	5℃	5℃	6℃	6℃	6℃

表6-16 2004年10月—2005年3月南大洋（60°S）海表温度

	2004年10月	2004年11月	2004年12月	2005年1月	2005年2月	2005年3月
威德尔海 (Weddell Sea)	−2℃	−2℃	−2℃	−2℃	1℃	−2℃
布龙特－克洛普莱斯海 (Brunt−Kronprinsesse Sea)	−2℃	−2℃	−2℃	1℃	1℃	−2℃
乌图尔斯特蒙海 (Utulstreumen Sea)	−2℃	−2℃	−2℃	1℃	2℃	1℃
里瑟－拉森海 (Riiser−Larsen Sea)	−2℃	−2℃	−2℃	1℃	2℃	1℃
科斯蒙努特海 (Kosmonaut Sea)	−2℃	−2℃	−2℃	3℃	2℃	1℃
普里兹湾 (Prydz Bay)	−2℃	−2℃	−2℃	3℃	3℃	−1℃
威尔克斯海 (Wilks Land)	1℃	3℃	3℃	4℃	5℃	5℃
罗斯海 (Ross Sea)	5℃	5℃	5℃	5℃	6℃	5℃
阿蒙森海 (Amundsen Sea)	4℃	5℃	5℃	5℃	6℃	5℃
别林斯高晋海 (Bellingshausen Sea)	5℃	5℃	5℃	6℃	6℃	6℃

表6-17 2005年10月—2006年3月南大洋（60°S）海表温度

	2005年10月	2005年11月	2005年12月	2006年1月	2006年2月	2006年3月
威德尔海 (Weddell Sea)	−2℃	−2℃	−2℃	−2℃	1℃	−2℃
布龙特－克洛普莱斯海 (Brunt−Kronprinsesse Sea)	−2℃	−2℃	−2℃	1℃	1℃	−2℃
乌图尔斯特蒙海 (Utulstreumen Sea)	−2℃	−2℃	−2℃	1℃	2℃	1℃
里瑟－拉森海 (Riiser−Larsen Sea)	−2℃	−2℃	−2℃	1℃	2℃	1℃
科斯蒙努特海 (Kosmonaut Sea)	−2℃	−2℃	−2℃	3℃	2℃	1℃
普里兹湾 (Prydz Bay)	−2℃	−2℃	−2℃	3℃	3℃	−1℃
威尔克斯海 (Wilks Land)	1℃	3℃	3℃	4℃	5℃	5℃
罗斯海 (Ross Sea)	5℃	5℃	5℃	5℃	6℃	5℃
阿蒙森海 (Amundsen Sea)	4℃	5℃	5℃	5℃	6℃	5℃
别林斯高晋海 (Bellingshausen Sea)	5℃	5℃	5℃	6℃	6℃	6℃

表6-18 2006年10月—2007年3月南大洋（60°S）海表温度

	2006年10月	2006年11月	2006年12月	2007年1月	2007年2月	2007年3月
威德尔海 (Weddell Sea)	−2℃	−2℃	−2℃	−2℃	1℃	−2℃
布龙特－克洛普莱斯海 (Brunt−Kronprinsesse Sea)	−2℃	−2℃	−2℃	1℃	1℃	−2℃
乌图尔斯特蒙海 (Utulstreumen Sea)	−2℃	−2℃	−2℃	1℃	2℃	1℃
里瑟－拉森海 (Riiser−Larsen Sea)	−2℃	−2℃	−2℃	1℃	2℃	1℃
科斯蒙努特海 (Kosmonaut Sea)	−2℃	−2℃	−2℃	3℃	2℃	1℃
普里兹湾 (Prydz Bay)	−2℃	−2℃	−2℃	3℃	3℃	−1℃
威尔克斯海 (Wilks Land)	1℃	3℃	3℃	4℃	5℃	5℃
罗斯海 (Ross Sea)	5℃	5℃	5℃	5℃	6℃	5℃
阿蒙森海 (Amundsen Sea)	4℃	5℃	5℃	5℃	6℃	5℃
别林斯高晋海 (Bellingshausen Sea)	5℃	5℃	5℃	6℃	6℃	6℃

表6-19 2007年10月—2008年3月南大洋（60°S）海表温度

	2007年10月	2007年11月	2007年12月	2008年1月	2008年2月	2008年3月
威德尔海 (Weddell Sea)	−2℃	−2℃	−2℃	−2℃	1℃	−2℃
布龙特－克洛普莱斯海 (Brunt−Kronprinsesse Sea)	−2℃	−2℃	−2℃	1℃	1℃	−2℃
乌图尔斯特蒙海 (Utulstreumen Sea)	−2℃	−2℃	−2℃	1℃	2℃	1℃
里瑟－拉森海 (Riiser−Larsen Sea)	−2℃	−2℃	−2℃	1℃	2℃	1℃
科斯蒙努特海 (Kosmonaut Sea)	−2℃	−2℃	−2℃	3℃	2℃	1℃
普里兹湾 (Prydz Bay)	−2℃	−2℃	−2℃	3℃	3℃	−1℃
威尔克斯海 (Wilks Land)	1℃	3℃	3℃	4℃	5℃	5℃
罗斯海 (Ross Sea)	5℃	5℃	5℃	5℃	6℃	5℃
阿蒙森海 (Amundsen Sea)	4℃	5℃	5℃	5℃	6℃	5℃
别林斯高晋海 (Bellingshausen Sea)	5℃	5℃	5℃	6℃	6℃	6℃

表6-20　2008年10月—2009年3月南大洋（60°S）海表温度

	2008年10月	2008年11月	2008年12月	2009年1月	2009年2月	2009年3月
威德尔海 (Weddell Sea)	−2℃	−2℃	−2℃	−2℃	1℃	−2℃
布龙特－克洛普莱斯海 (Brunt−Kronprinsesse Sea)	−2℃	−2℃	−2℃	1℃	1℃	−2℃
乌图尔斯特蒙海 (Utulstreumen Sea)	−2℃	−2℃	−2℃	1℃	2℃	1℃
里瑟－拉森海 (Riiser−Larsen Sea)	−2℃	−2℃	−2℃	1℃	2℃	1℃
科斯蒙努特海 (Kosmonaut Sea)	−2℃	−2℃	−2℃	3℃	2℃	1℃
普里兹湾 (Prydz Bay)	−2℃	−2℃	−2℃	3℃	3℃	−1℃
威尔克斯海 (Wilks Land)	1℃	3℃	3℃	4℃	5℃	5℃
罗斯海 (Ross Sea)	5℃	5℃	5℃	5℃	6℃	5℃
阿蒙森海 (Amundsen Sea)	4℃	5℃	5℃	5℃	6℃	5℃
别林斯高晋海 (Bellingshausen Sea)	5℃	5℃	5℃	6℃	6℃	6℃

表6-21　2009年10月—2010年3月南大洋（60°S）海表温度

	2009年10月	2009年11月	2009年12月	2010年1月	2010年2月	2010年3月
威德尔海 (Weddell Sea)	−2℃	−2℃	−2℃	−2℃	1℃	−2℃
布龙特－克洛普莱斯海 (Brunt−Kronprinsesse Sea)	−2℃	−2℃	−2℃	1℃	1℃	−2℃
乌图尔斯特蒙海 (Utulstreumen Sea)	−2℃	−2℃	−2℃	1℃	2℃	1℃
里瑟－拉森海 (Riiser−Larsen Sea)	−2℃	−2℃	−2℃	1℃	2℃	1℃
科斯蒙努特海 (Kosmonaut Sea)	−2℃	−2℃	−2℃	3℃	2℃	1℃
普里兹湾 (Prydz Bay)	−2℃	−2℃	−2℃	3℃	3℃	−1℃
威尔克斯海 (Wilks Land)	1℃	3℃	3℃	4℃	5℃	5℃
罗斯海 (Ross Sea)	5℃	5℃	5℃	5℃	6℃	5℃
阿蒙森海 (Amundsen Sea)	4℃	5℃	5℃	5℃	6℃	5℃
别林斯高晋海 (Bellingshausen Sea)	5℃	5℃	5℃	6℃	6℃	6℃

表6-22 2010年10月—2011年3月南大洋（60°S）海表温度

	2010年10月	2010年11月	2010年12月	2011年1月	2011年2月	2011年3月
威德尔海 (Weddell Sea)	−2℃	−2℃	−2℃	−2℃	1℃	−2℃
布龙特－克洛普莱斯海 (Brunt−Kronprinsesse Sea)	−2℃	−2℃	−2℃	1℃	1℃	−2℃
乌图尔斯特蒙海 (Utulstreumen Sea)	−2℃	−2℃	−2℃	1℃	2℃	1℃
里瑟－拉森海 (Riiser−Larsen Sea)	−2℃	−2℃	−2℃	1℃	2℃	1℃
科斯蒙努特海 (Kosmonaut Sea)	−2℃	−2℃	−2℃	3℃	2℃	1℃
普里兹湾 (Prydz Bay)	−2℃	−2℃	−2℃	3℃	3℃	−1℃
威尔克斯海 (Wilks Land)	1℃	3℃	3℃	4℃	5℃	5℃
罗斯海 (Ross Sea)	5℃	5℃	5℃	5℃	6℃	5℃
阿蒙森海 (Amundsen Sea)	4℃	5℃	5℃	5℃	6℃	5℃
别林斯高晋海 (Bellingshausen Sea)	5℃	5℃	5℃	6℃	6℃	6℃

表6-23 2011年10月—2012年3月南大洋（60°S）海表温度

	2011年10月	2011年11月	2011年12月	2012年1月	2012年2月	2012年3月
威德尔海 (Weddell Sea)	−2℃	−2℃	−2℃	−2℃	1℃	−2℃
布龙特－克洛普莱斯海 (Brunt−Kronprinsesse Sea)	−2℃	−2℃	−2℃	1℃	1℃	−2℃
乌图尔斯特蒙海 (Utulstreumen Sea)	−2℃	−2℃	−2℃	1℃	2℃	1℃
里瑟－拉森海 (Riiser−Larsen Sea)	−2℃	−2℃	−2℃	1℃	2℃	1℃
科斯蒙努特海 (Kosmonaut Sea)	−2℃	−2℃	−2℃	3℃	2℃	1℃
普里兹湾 (Prydz Bay)	−2℃	−2℃	−2℃	3℃	3℃	−1℃
威尔克斯海 (Wilks Land)	1℃	3℃	3℃	4℃	5℃	5℃
罗斯海 (Ross Sea)	5℃	5℃	5℃	5℃	6℃	5℃
阿蒙森海 (Amundsen Sea)	4℃	5℃	5℃	5℃	6℃	5℃
别林斯高晋海 (Bellingshausen Sea)	5℃	5℃	5℃	6℃	6℃	6℃

表6-24 2012年10月—2013年3月南大洋（60°S）海表温度

	2012年10月	2012年11月	2012年12月	2013年1月	2013年2月	2013年3月
威德尔海 (Weddell Sea)	−2℃	−2℃	−2℃	−2℃	1℃	−2℃
布龙特－克洛普莱斯海 (Brunt−Kronprinsesse Sea)	−2℃	−2℃	−2℃	1℃	1℃	−2℃
乌图尔斯特蒙海 (Utulstreumen Sea)	−2℃	−2℃	−2℃	1℃	2℃	1℃
里瑟－拉森海 (Riiser−Larsen Sea)	−2℃	−2℃	−2℃	1℃	2℃	1℃
科斯蒙努特海 (Kosmonaut Sea)	−2℃	−2℃	−2℃	3℃	2℃	1℃
普里兹湾 (Prydz Bay)	−2℃	−2℃	−2℃	3℃	3℃	−1℃
威尔克斯海 (Wilks Land)	1℃	3℃	3℃	4℃	5℃	5℃
罗斯海 (Ross Sea)	5℃	5℃	5℃	5℃	6℃	5℃
阿蒙森海 (Amundsen Sea)	4℃	5℃	5℃	5℃	6℃	5℃
别林斯高晋海 (Bellingshausen Sea)	5℃	5℃	5℃	6℃	6℃	6℃

表6-25 2013年10月—2014年3月南大洋（60°S）海表温度

	2013年10月	2013年11月	2013年12月	2014年1月	2014年2月	2014年3月
威德尔海 (Weddell Sea)	−2℃	−2℃	−2℃	−2℃	1℃	−2℃
布龙特－克洛普莱斯海 (Brunt−Kronprinsesse Sea)	−2℃	−2℃	−2℃	1℃	1℃	−2℃
乌图尔斯特蒙海 (Utulstreumen Sea)	−2℃	−2℃	−2℃	1℃	2℃	1℃
里瑟－拉森海 (Riiser−Larsen Sea)	−2℃	−2℃	−2℃	1℃	2℃	1℃
科斯蒙努特海 (Kosmonaut Sea)	−2℃	−2℃	−2℃	3℃	2℃	1℃
普里兹湾 (Prydz Bay)	−2℃	−2℃	−2℃	3℃	3℃	−1℃
威尔克斯海 (Wilks Land)	1℃	3℃	3℃	4℃	5℃	5℃
罗斯海 (Ross Sea)	5℃	5℃	5℃	5℃	6℃	5℃
阿蒙森海 (Amundsen Sea)	4℃	5℃	5℃	5℃	6℃	5℃
别林斯高晋海 (Bellingshausen Sea)	5℃	5℃	5℃	6℃	6℃	6℃

表6-26 2014年10月—2015年3月南大洋（60°S）海表温度

	2014年10月	2014年11月	2014年12月	2015年1月	2015年2月	2015年3月
威德尔海 (Weddell Sea)	-2℃	-2℃	-2℃	-2℃	1℃	-2℃
布龙特－克洛普莱斯海 (Brunt-Kronprinsesse Sea)	-2℃	-2℃	-2℃	1℃	1℃	-2℃
乌图尔斯特蒙海 (Utulstreumen Sea)	-2℃	-2℃	-2℃	1℃	2℃	1℃
里瑟－拉森海 (Riiser-Larsen Sea)	-2℃	-2℃	-2℃	1℃	2℃	1℃
科斯蒙努特海 (Kosmonaut Sea)	-2℃	-2℃	-2℃	3℃	2℃	1℃
普里兹湾 (Prydz Bay)	-2℃	-2℃	-2℃	3℃	3℃	-1℃
威尔克斯海 (Wilks Land)	1℃	3℃	3℃	4℃	5℃	5℃
罗斯海 (Ross Sea)	5℃	5℃	5℃	5℃	6℃	5℃
阿蒙森海 (Amundsen Sea)	4℃	5℃	5℃	5℃	6℃	5℃
别林斯高晋海 (Bellingshausen Sea)	5℃	5℃	5℃	6℃	6℃	6℃

南大洋60°—90°S整体海域的变化范围不大，在-1℃到0.75℃之间，总体走势与海冰的多少相反，10月降低至11月，再持续升高至翌年2月，3月下降。从表6-27中也可以发现，11月的平均值较10月更低，从-0.799℃降低至-0.892℃。12月时，10年平均值显著升高，在-0.561℃。翌年1月、2月、3月的南大洋10年平均值都为0℃以上，其中2月最高为0.425℃，其次是3月为0.283℃，随后1月为0.153℃。从方差来看，MODIS反演海表温度的年际差异还是比较大的，最低值为2010年11月的-1.018℃，最高为2002年2月的0.750℃。

表6-27 南大洋海表温度分区统计

单位：℃

月 份	60°—90°S	60°—65°S	65°—70°S	>70°S
10月	-0.799 ± 0.097	-0.594 ± 0.130	-1.440 ± 0.126	-1.583 ± 0.308
11月	-0.892 ± 0.074	-0.583 ± 0.124	-1.282 ± 0.089	-1.519 ± 0.111
12月	-0.561 ± 0.136	0.025 ± 0.191	-0.948 ± 0.129	-1.191 ± 0.138
1月	0.153 ± 0.206	1.065 ± 0.278	-0.350 ± 0.236	-0.938 ± 0.172
2月	0.425 ± 0.210	1.395 ± 0.308	-0.145 ± 0.225	-1.059 ± 0.154
3月	0.283 ± 0.178	1.096 ± 0.219	-0.436 ± 0.186	-1.309 ± 0.136

3个纬度分布呈现出明显的纬度低，海温高的变化趋势，并且纬度越低，峰值谷值间的差异越大，表明高纬度能聚集的热通量小于低纬度。表6-27中，最低纬度代表60°—65°S在12月海表温度就进入0°C以上，而其他65°—70°S及70°S以上海域则全部平均值都处于0°C以下。3个纬度平均值都未体现出11月较10月更低的趋势。由于主要的能量来源，太阳光照在高纬的贡献较小。

除了 70°S 以上纬度海域的峰值走势与南大洋整体不一致外，60°—65°S，65°—70°S 的变化趋势都与整体一致。70°S 以上海域的海表温度峰值则出现在 1 月，而非较低纬度的 2 月，这验证了海温与叶绿素 a 的相关性，因为叶绿素 a 峰值出现在 1 月。然而，值得注意的是，海表温度并非完全呈现出一个与叶绿素 a 类似的走势，其 11 月出现小幅度的下降（相较 10 月），十分特殊，可能是由于海冰大量融化造成了海表温度的下降。

从海表温度分布来看，都呈现出随着纬度降低，温度升高的趋势。时间上体现出 10 月开始温度升高，至 2 月达到最高，随后 3 月降低的趋势。

10 月时海冰范围最大，海温较低，除了阿蒙森海外海和罗斯海在 2℃之外，整个南大洋都低于 0℃。11 月南大洋海温较 10 月升高。从图 6-23 中可以发现，尽管存在随着纬度升高，温度降低的趋势，可是该趋势并不均匀分布于南极大陆四周，如威德尔海的温度较周围同样纬度区域更低。12 月时（图 6-23c），部分高纬度海域出现了异于纬度高度变化的海温，普里兹湾和罗斯海的纬度较高海域都出现了相较其他低纬度更高的海温。1 月时（图 6-23d）海温升高，而从颜色判断可以发现 2 月（图 6-23e）海温进一步升高（从威德尔海，罗斯海外围就可以发现）。3 月时（图 6-23f），海冰开始在威德尔海出现（图 6-23f），海表温度从颜色可以判断开始下降。

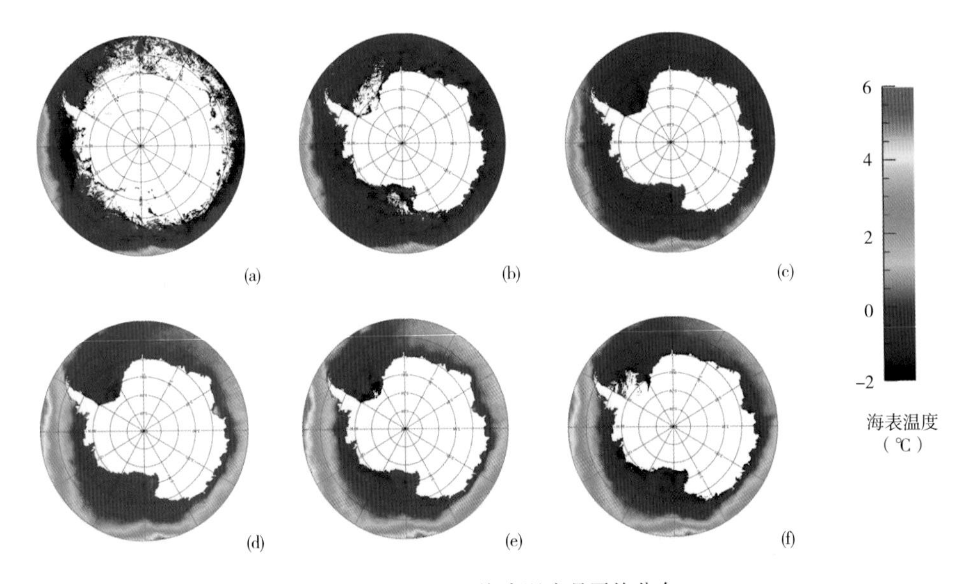

图6-23　MODIS海表温度月平均分布

(a)～(f)分别代表10月，11月，12月，翌年1月，翌年2月，翌年3月，2002—2015年

同样，我们计算获得南大洋的海表温度总体趋势分布图（图 6-24），从图中可以看出，其变化范围在 ±0.03，表明其海温 13 年间变化趋势不显著。从整体空间分布来看，低纬度主要呈现出负增长（−0.007），而高纬度近岸海区则为正增长（0.001），总体趋势为负增长（−0.004）。具体表现为其颜色饱和度更高，绝对值更大。南大洋在全球气温上升的趋势下，其高纬近岸水深较浅水体海表温度出现了上升，而水深较深水体，尤其是阿蒙森海 – 别林斯高晋海区域的海温降低趋势显著。尽管高纬度海区为正，但其中低纬度平均值皆为负，且经度海区中，高纬度影响不足以拉高整个经区的负趋势，所有 5 个海区的海表温度趋势皆为负（威德尔海区 −0.002，罗斯海区 −0.002，印度洋海区 −0.004，太平洋海区 −0.003，别林斯高晋海 – 阿蒙森海区 −0.009），整个南大洋的趋势也呈现降低趋势（−0.004）。

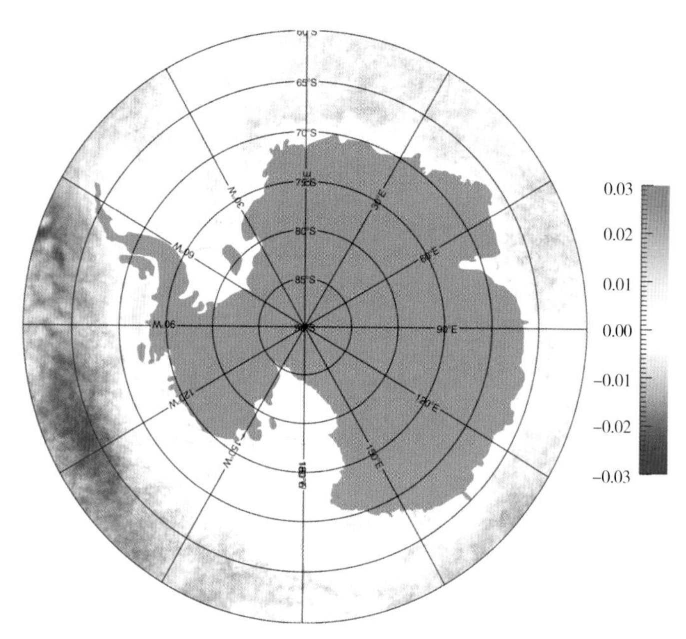

图6-24 南大洋海表温度13年间趋势空间分布

6.4.4 地形及海冰作用对南大洋水色、水温分布的影响

通过分解算法，可提取强烈的季节性趋势，图 6-25 上显示其年际周期性十分显著。在这 11 年间（2002—2013 年）数值上 2 月最低，9 月最高，从分解出的季节性趋势发现每个年际周期内的峰值前的数据点数量多于后部的，表明海冰容量的融化速度大于生长速度。2 月至 9 月的 7 个月在增长，而 9 月至翌年 2 月的 5 个月在融化。其季节项呈现出 3 个阶梯状分布（2002—2007 年，2007—2011 年，2011—2013 年），逐渐上升，尽管需要更长尺度的验证，但是目前 3 个阶梯内的走势比较相仿，3 个连绵下行的峰，后接一个峰值。

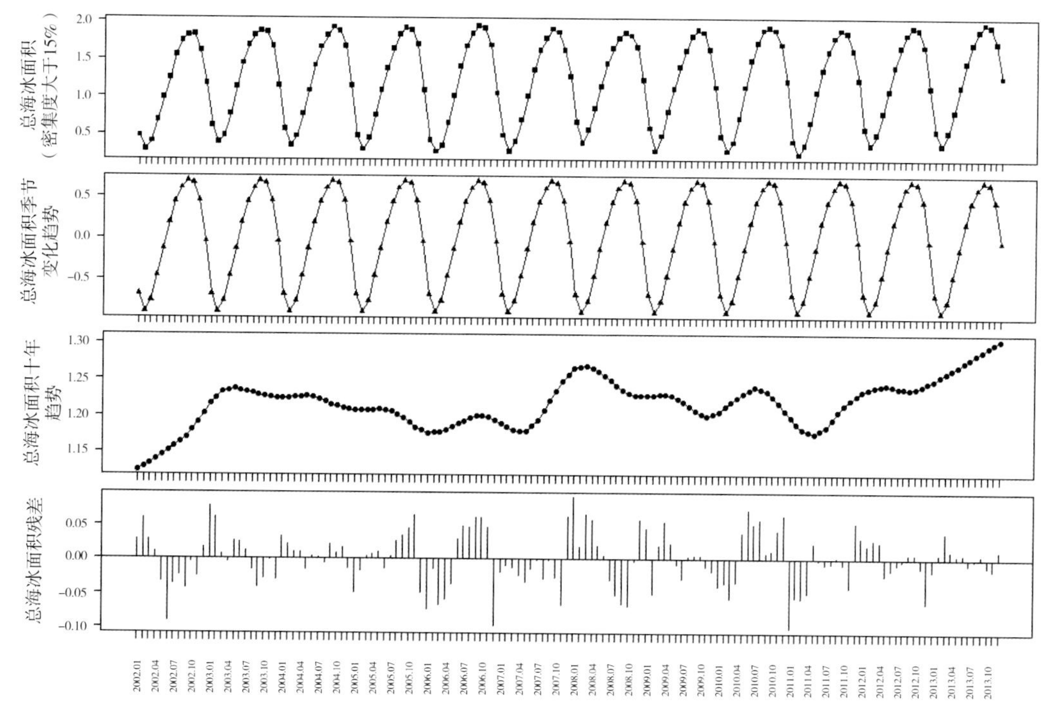

图6-25 南大洋海冰时间分布趋势（2002年1月—2013年12月）

南大洋海冰面积和体积的分布体现在表6–28上，研究发现两者变化趋势一致，仅存在数量上的差异。最小值为2月（平均面积为$1.98\times10^6\,m^2$，平均范围为$3.17\times10^6\,m^2$），最大值出现在9月（平均面积为$14.65\times10^6\,m^2$，平均范围为$19.03\times10^6\,m^2$），通过对紧实度的计算显示出，最大值出现在1月，单从融化过程来看（即白色部分），海冰融化使得紧实度上升，表明高密度海冰融化使得薄层海冰增多。

总体上来看，融冰量从10—11月起开始逐月增加至12月至翌年1月，随后在1—2月出现紧缩。10—11月的融冰量基本没有大的变化，保持在$2.41\times10^6\pm0.27\times10^6\,km^2$。最小值出现在2008年，为$1.42\times10^6\,km^2$。最大融化月份为11—12月的融冰量，其平均值在$4.73\times10^6\pm0.52\times10^6\,km^2$，这两个月份间的融冰量变化很大，2006年为$5.64\times10^6\,km^2$，而2002年仅为$4.12\times10^6\,km^2$。12月至翌年1月的平均值为$3.84\times10^6\pm0.38\times10^6\,km^2$，而翌年1—2月的平均融化量最低，仅为$1.17\times10^6\pm0.28\times10^6\,km^2$。

表6-28　南大洋月平均海冰范围、容量（面积）及紧实度

月份	海冰范围（$\times10^6\,km^2$）	海冰容量（$\times10^6\,km^2$）	紧实度
1月	5.26±0.80	3.14±0.49	40.29%
2月	3.17±0.51	1.98±0.30	37.39%
3月	4.49±0.69	2.73±0.49	39.17%
4月	7.48±0.65	5.06±0.62	32.43%
5月	10.85±0.56	7.82±0.51	27.87%
6月	14.01±0.63	10.55±0.63	24.67%
7月	16.50±0.44	12.74±0.53	22.75%
8月	18.16±0.43	14.07±0.46	22.52%
9月	19.03±0.43	14.65±0.43	23.05%
10月	18.73±0.34	14.26±0.32	23.83%
11月	16.64±0.36	11.84±0.33	28.83%
12月	11.74±0.71	7.11±0.66	39.40%

注：紧实度=（海冰范围－海冰容量）/海冰范围。

值得注意的是，单年全年中的融化量并非均匀分布，即10—11月出现大融化量不会使同年11—12月也出现大量海冰融化的现象，比如，2005年，2010年的12至翌年1月出现显著的大量融化量，但其10—11月的融化量却没有出现高于其他年份同月的趋势（图6–26）。

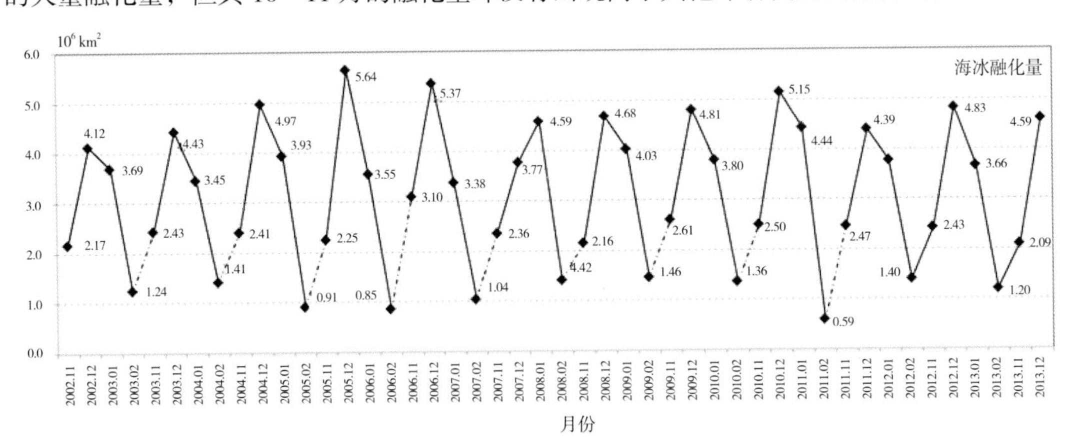

图6–26　南大洋海冰融解量统计（2002—2012年每年11月至翌年2月）

Parkinson（2004）研究了1979—2004年24年的海冰范围变化，发现最小值出现在2月为$2.98\times10^6\,km^2$，最大值出现在9月为$18.23\times10^6\,km^2$。我们的结论发现近10年的9月平均值已达到$19.03\times10^6\,km^2$（由于使用了同样的海冰范围计算定义，具有可比性），且总结得到的趋势为13 323 km^2，相比当时1979—2002年的趋势（$8\,170\times10^6\,km^2$）也出现偏高的现象，与其2012年发现的结论相似。南大洋海冰总量在近几十年上升，呈现出与北极海冰总量完全相反的趋势（ACIA，2005）。数模结果曾发现，虽然全球气候变暖现象显著，但由于气温上升造成的淡水增加，导致海洋上层热通量减少，会造成极地区域的海冰总量增加（Zhang，2007）。除此之外，有研究认为南极上空的臭氧空洞加剧是导致海冰总量上升的原因。

海冰融化及结冰过程也存在不均一性（Parkinson，2004），其融化速率快于结冰速率。Zwally（1979）发现11月至翌年1月是融冰期，我们认为融冰期发生在9月至翌年2月。总体来看，融冰期的海冰紧实度较低，表明海冰在融冰期内变薄。此外，每个月的融冰速率不均一不仅受到海气热通量交换的影响，也受到南大洋深部温跃层的影响，如埃克曼力（Gordon，1981），海洋大气南极绕极波也对海冰生成和消亡有影响，其不仅影响着年际海冰分布，同时也对大洋底层水生成有影响（Zwally，2002）。

之前的研究表明在南大洋，水深和叶绿素a分布呈现负相关关系（Comiso et al., 1990）。强烈的叶绿素a峰变化梯度值揭示出藻类暴发和地形特征的相关性（Hayes et al., 1984）。本文的研究表明，10月时（图6-27a），MODIS反演叶绿素a数据在大于500m以及宽阔的深水远洋水体，其数值很低。在与图6-20a比较时可以推测出，这些区域是无海冰覆盖的区域。当海冰开始溶解，主要的融冰过程发生在浅水海域，由于该地区的冰盖厚度很薄。溶解海冰贡献出了海水表面，使得藻类拥有空间和阳光生长（Moore et al., 2002; Sokolov et al., 2007）。平坦的大陆架也为海冰的快速融化增加了可能，海冰的溶解为该处海水注入了大量的有机物质促进藻类繁殖。与此同时，浅水由于海冰融化的淡水形成分层水体，稳定的分层水体减缓了沉积物沉降的速率，也因此加速了藻类的聚集。由于融冰造成的显著营养升高使得南极大陆周边水域出现少量的藻类聚集（Sullivan et al., 1993）。

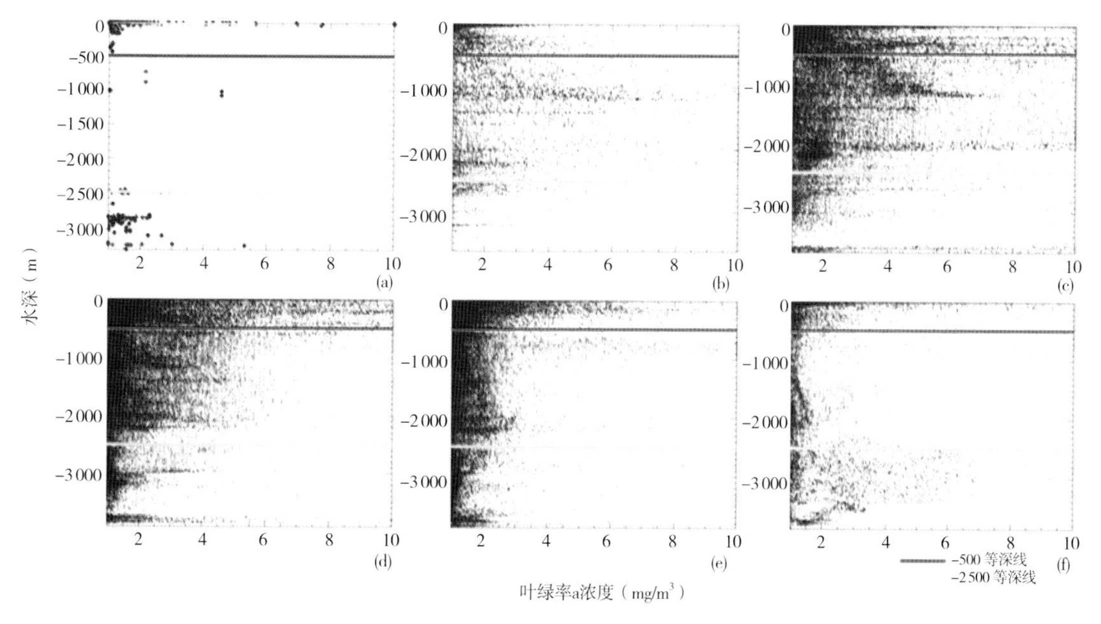

图6-27 水深与MODIS叶绿素a月平均值分布

(a)~(f)分别代表10月、11月、12月、翌年1月、2月、3月

在 11 月（图 6–27b），500 ～ 2 500 m 水深的水体出现大量的融冰。营养补给和穿透海冰的光照促进了该区域藻类的繁殖。小于 500 m 以及 500 ～ 2 500 m 水深的区域具有同样程度的藻类聚集。然而，在大于 3 000 m 水深处叶绿素 a 值仍然很低。这是因为在纬度较低的区域，水深大造成了深混合层，使得来自海冰融化的营养沉降，水体表面供给不足，无法提供足够的营养供浮游植物生长（Arrigo et al., 2008）。然而，并不是所有的暴发都发生在沿岸的浅水区域。由风造成的水体混合能够使得下部营养上升至表层，供养藻类生长（Moore et al., 2000）。在深水区域，能够造成大尺度藻类暴发的因素主要有洋流、风、涡旋、上升流和光照（Mitshell et al., 1991; Coale et al., 2004）。而这些因素发生区域很有限，因此，深水区域（大于 2 500 m）仅仅出现了较低频率的藻类暴发趋势（图 6–20）。

12 月（图 6–27c）是生产力最高的一个月份，图上可以发现，相较于 500 ～ 2 500 m 水体，大量的藻类暴发出现在 500 m 以下水体中。而大洋水体越深，藻类暴发越少。这个情况可以显著证明叶绿素 a 分布与水深呈反比这一结论。其中，60° —65°S，20° —70°E 是南极洋中脊所在处，此处有强烈的风驱动上升流（Comiso et al., 1993）。水柱的混合破坏了稳定的水体环境，抑制了藻类的生长。另一个低叶绿素 a 区域出现在同纬度 100° —130°E 水域，其夏季存在较强的风以及强烈的上升流（Comiso et al., 1993）。Arrigo 等（1999）也指出，12 月份，叶绿素 a 低值通常出现在南极洋中脊的北部的远洋水体，主要原因是深混合层以及其造成的铁元素缺失（Boyd et al., 2000）。

然而，藻类暴发意外发出现在 4 000 m 水深处，由于太平洋南极海岭和北海岭与洋流相互作用为表层藻类带来大量有机物质，造成了浮游植物暴发。对于深水海域来说，洋流锋面和大型水下地形是造成藻类暴发的主要原因（Moore et al., 2002）。这种交互作用会造成上升流并增加表层水体的营养通量（Sokolov et al., 2007）。除此之外，中尺度涡旋造成的垂向水体混合也是增加表层营养通量的因素之一（Moore et al., 1999）。而太阳入射角的变化也是导致海冰覆盖率变化，进而造成海洋表层叶绿素 a 分布不均的因素（Raiswell et al., 2008; 2011; Shaw et al., 2011）。

500 ～ 2 500 m 水深的藻类在 1 月开始下降（图 6–27d），而 500m 以下的浅水区域更易出现藻类暴发，体现出显著随深度加深叶绿素 a 减弱的负相关关系。但是，4000m 以上的水体仍是例外。例外区域根据图 6–20d 所示，是太平洋南极海岭和北海岭。一个区域沿着洋流锋面（Klunder et al., 2011）形成上升流带来营养富足的水体（Hansen et al., 2000）。另一个沿着沿岸岛屿，此处海冰后退造成表层营养通量增加（Korb et al., 2004）。春 – 秋季的叶绿素 a 聚集现象是由海冰融化以及后退造成的（Jones et al., 1990）。

图 6–27e 表明 2 月的南大洋叶绿素 a 值显著低于图 6–20d 的 1 月，特别是在 500 m 水深以下区域。2 月的暴发率比 11 月高，尤其是在 500 m 以下水深海域。我们的结论显示出，这两个月份都是由于海冰覆盖、营养不足而造成了藻类聚集现象的下降（Wefer et al., 1991）。

图 6–27f 显示出与 10 月（图 6–27a）一样的现象，3 月仅有浮游植物聚集在浅水（500 m 以下水域）及深水区域。根据图 6–20 显示出的较高数据有效性，3 月比 10 月拥有更多的海洋面积，主要是由于营养短缺造成了浮游植物生长的限制。

图 6–20 显示出叶绿素 a 的暴发是围绕着南极大陆沿着沿海区域。黄色和红色部分（藻类暴发频率高于 30%）都是在 500 m 水深以内的区域；绿色区域（藻类暴发频率大于 10%）主要在 2 500m 水深以内的海域，除了极少部分在威德尔海东北部的区域水深较深。尽管不是所

有的暴发都出现在浅水区域，但藻类暴发是随着深度增加而减少的。

我们将 0 ~ 500 m 水深定义为高暴发区域，500 ~ 2 500 m 水深区域定义为显著暴发区域。两个区域都有各自的特征。根据图 6-21 来看，高暴发区域和显著暴发区域具备类似的水动力环境，其海冰变化极大地影响着藻类分布及营养平衡。极大地季节性海冰退却使得高暴发区域比显著暴发区域具备更高的生产力（Tréguer et al., 1991）。海冰溶解以及漂浮冰山造成了水体层化作用，促进了藻类生长。地形造成的水环境不同是高暴发区域和显著暴发区域两个区域藻类分布不同的原因。

两个区域都在早春含有较多的营养，因此可以观察到藻类聚集的峰值。然而，在高暴发区域沿着冰缘的营养消耗限制了藻类的生长。大颗粒营养的缺失也是阻碍藻类在沿海区域生长的原因，氮、磷和硅都在高暴发区域的夏季后期减少。显著暴发区域有长达 6 个月的无冰期，而高暴发区域仅有 2 ~ 3 个月的无冰期造成了更强的季节性差异。

尽管叶绿素 a 与海表温度在不同的月份显示出不一样的相关性，但整体 10 年趋势还是呈现出两者较为显著的正相关，此处我们仅考虑大面积连续的点，而将孤立的高相关性点当做误差。10—11 月，高相关性（红点，相关系数 >0.7）主要集中在南大洋的低纬度区域，与南极大陆存在一定距离。12 月至翌年 1 月，高相关区域主要围绕在南极大陆周边（图 6-28），1 月时主要集中在阿蒙森海、罗斯海和普里兹湾，别林斯高晋海。值得注意的是，罗斯海内部被分割成两个部分，东部相关性高而西部相关性低。2—3 月未出现显著大面积连续的高相关性区域。

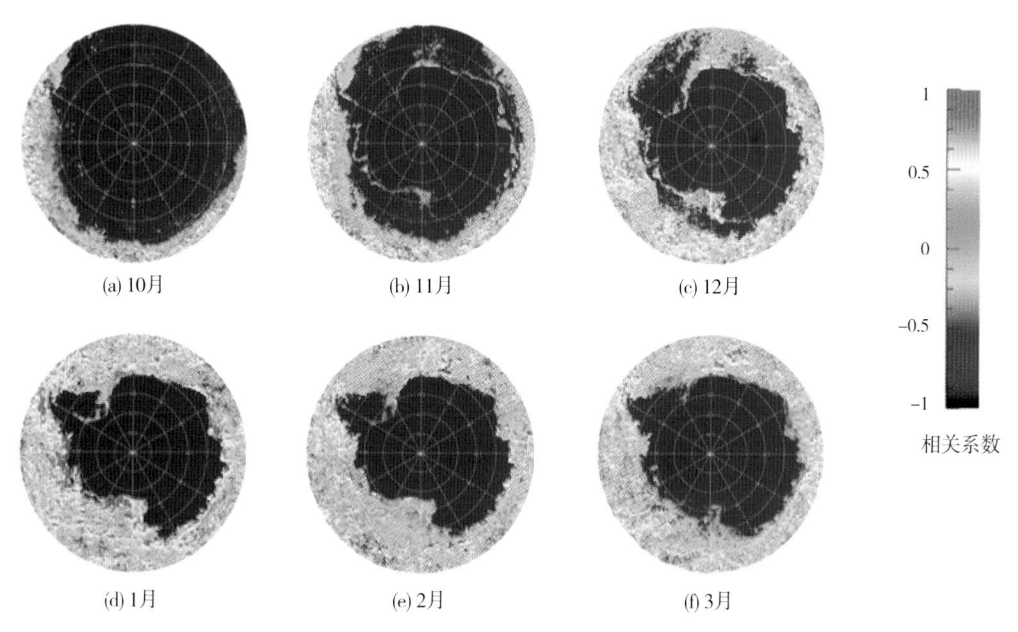

图6-28 叶绿素a海表温度相关性

挑选了相关性相对较高的 4 个边缘海普里兹湾，罗斯海，别林斯高晋海和阿蒙森海之后，列出叶绿素 a 与海表温度相关性最高的两个月 12 月、1 月及其面积像素点的数量。尽管海域面积本身存在大小，但此处的目的并不是为了比较不同边缘海之间叶绿素 a 程度差异，而是通过面积统计来展示藻类聚集程度较高的 3 个海域对于不同海表温度的适应性。

由于整个南大洋的海温受到太阳高度角影响，整体发生变化，2 个月的海温在不同区域都不尽相同。4个边缘海的叶绿素a暴发范围存在显著区域大小的差异，2个月都呈现罗斯海面积最大，别林斯高晋海其次，阿蒙森海第三，而普里兹湾最小，这与它们海域本身范围大小有关。把所有的暴发面积除以总面积计算得到的暴发等效面积显示出，4个海域的差异性不大，且普里兹湾暴发率最高。在12月，罗斯海存在三峰结构，分别位于–0.5℃，–0.75℃和–1.1℃附近，最大面积在–1.1℃处（10 811 km^2）。别林斯高晋海峰值在–0.65℃和–1.05℃，其中–1.05℃藻类暴发面积显著，为6 069 km^2。阿蒙森海只有一个峰值，位于–1℃（2 616 km^2），但其不同海温暴发面积并未有显著差异，仅仅随着温度降低出现少量抬升。上述3个边缘海的暴发面积随海温降低而升高。而普里兹湾则峰值出现在海温中段区，–0.5℃（1 790 km^2），且其整个海温范围都未出现大于2 000 km^2的区域。1月时，各海温段对应的叶绿素a暴发总体趋势与12月保持相同，但海温峰值整体出现升高趋势，且暴发面积更大。罗斯海叶绿素a暴发峰值减少为两个，但第一个能辨别出双峰的形状，在–0.2℃，–0.7℃，其中–0.2℃时海域面积超过13 414 km^2。别林斯高晋海为–0.3℃，–0.8℃，其低海温暴发面积更大，为12 369 km^2。阿蒙森海为–0.8℃，该月的面积趋势斜率更为显著，最大面积为8 085 km^2。普里兹湾为0.1℃，最大面积为3 570 km^2。

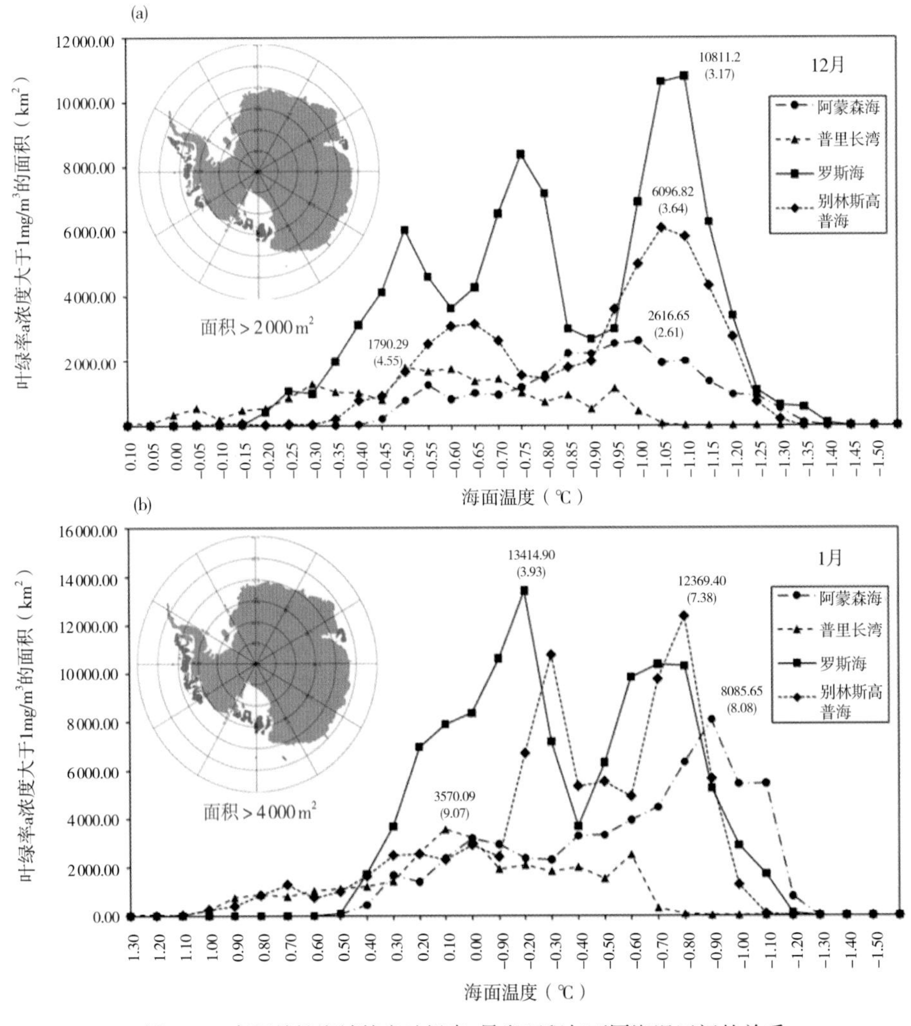

图6–29 高相关性海域特定叶绿素a暴发面积与不同海温区间的关系

虽然海温本身存在变化，但研究将 12 月面积在 2 000 km² 以上及翌年 1 月面积在 4 000 km² 以上暴发区域绘图发现（图 6–29 中区域图），暴发区域位置在两个月份并未出现显著差异。因此研究认为同一月份中，海域出现温度区间较低则叶绿素 a 暴发更为剧烈的是影响因素主要受到空间分布特征的影响。当 12 月及翌年 1 月进行比较时，峰值区域所在位置一致而藻类峰值出现向高海温平移的结论，则暗示了南大洋藻类海温升高时，暴发面积更大。

上述研究结论暗示了南大洋的海温升高会使得边缘海藻类暴发面积增加，Steinacher 等（2010）研究也认为过去南大洋海温升高造成了初级生产力增加。由于极地海洋生态环境与海水温度关系十分密切，它极大地影响食物来源、有机体的生长和繁殖以及生物地球化学循环（Doney，2012），因此全球气候变暖对于南大洋浮游植物储量造成的影响不容忽视。

图 6–30a 中绘制了叶绿素 a 值南大洋 11 年平均值走势以及融冰区域内平均值走势，两个参数的整体趋势都与海冰融化量趋势一致。融化范围内叶绿素 a 整个高于全南大洋叶绿素 a 平均值，前者的平均值为（0.49 ± 0.18）mg/m³，而后者的平均值为（0.33 ± 0.07）mg/m³。值得注意的是，这里的南大洋平均值包含了融冰区域内的平均值。因此，如果去除该贡献，整体平均值将进一步降低。两者的标准差揭示了其离散程度。尽管趋势存在些许差异，但两者在 11 月时的数值较为一致，其后的 3 个月则数值显著拉升。其中，南大洋叶绿素 a 的主要峰值出现在 1 月，而融化区域则为 12 月至翌年 2 月。其计算方式表明，融化区域面积大小对其平均值大小产生影响，即 2 月最小的融化面积加大了叶绿素 a 暴发面积贡献的比重。

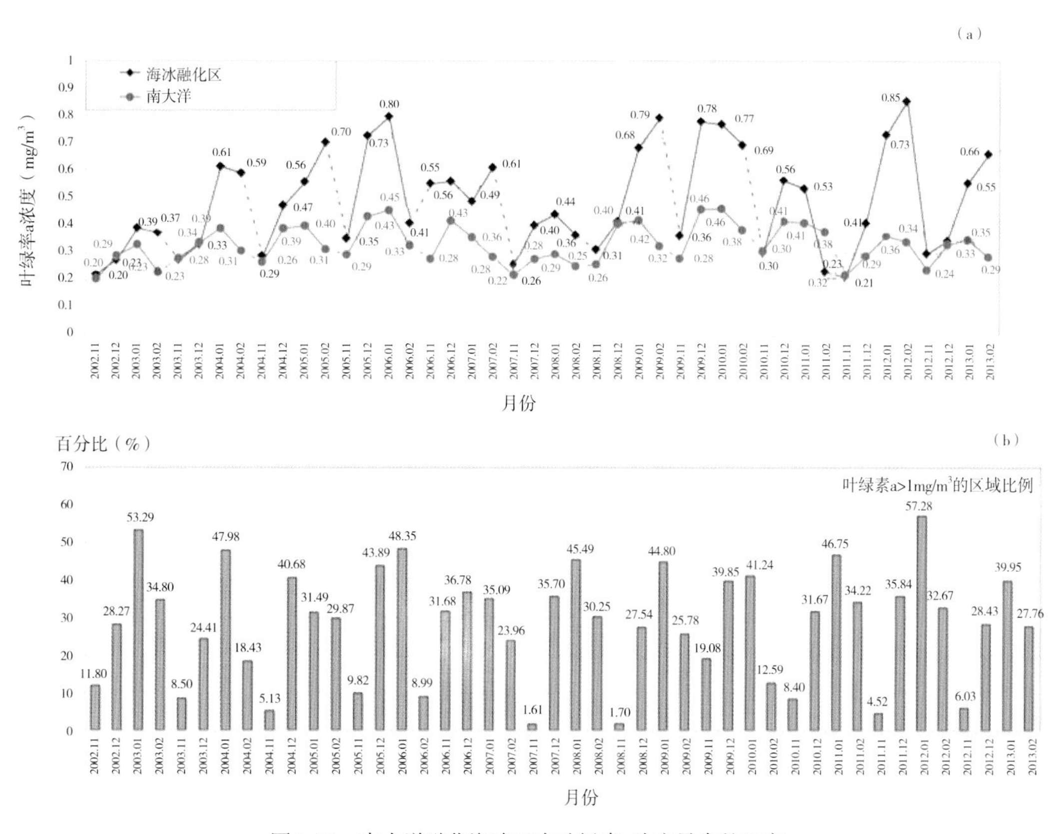

图6–30 南大洋融化海冰区内叶绿素a浓度异常的比率

考虑到溶解海冰对叶绿素 a 暴发的贡献，本文进一步计算了在海冰退却范围内的藻类暴发率（图 6–30b）。尽管只考虑前一个月的融冰效应可能会低估海冰溶解的全部贡献，图 6–30b

依旧揭示出了融冰对于藻类生长的突出意义。海冰溶解的贡献在许多月份体现出其对藻类生长显著促进作用。12月至翌年1月的贡献最为明显（平均值为44.7%±7.5%），除了2005，2007年在30%左右，其余年份都超过40%。当比较10—11月时（平均值为9.84%±8.77%），其贡献率相对较低，但在2006年的数值仍大于20%。1—2月的贡献在此10年间差异很大（平均值为25.39%±8.67%），最低在2006年为8.99%，最高为2003年达34.8%，其余年份都超过15%。11—12月的贡献值十分平均（平均值为33.91%±6.26%），维持在30%左右。尽管月月不同，由海冰退却区域贡献的藻类暴发数值仍十分可观。

融冰中携带的冰积微量元素可以供养给春季时期的无冰藻类的繁殖（Gradinger，2009; Ducklow and Baker et al., 2007; Gabric and Qu et al., 2014）且溶解海冰带来的淡水形成稳定的分层环境（Wright，2010）也进一步保障了充足的光照。

由于海冰以及海表温度都影响叶绿素a分布，故我们分析两者的相关性程度来进一步了解两个物理参数之间的关系。图6-31显示出10月、11月、翌年2月和3月（图6-31a ~ f）及12月（图6-31c）高纬度区域显著的正相关，但12月的范围相对较小。1月（图6-31d）则与上述5个月的趋势基本相反，负相关趋势显著。需要强调的是我们在相关性分析时没有引入时间变化影响，同月分析只具备空间相关性。总体来看，环南极边缘海的海冰对海温存在正向相关性，表明海冰覆盖海面时，海冰融化（即海冰密集度减少）并非完全受到海温上升影响，只有当海冰密集度较低时，海温才会对其产生负影响。

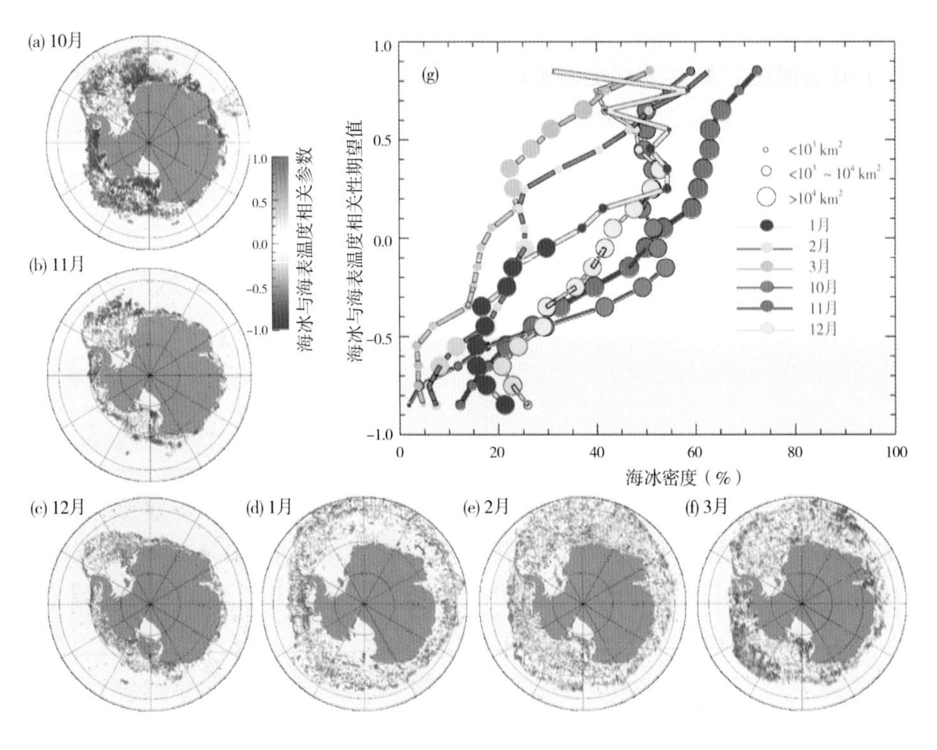

图6-31　南极海冰密集度与海表温度关系

为了进一步分析密集度与海温之间的影响关系，我们使用了数学期望计算来更清晰地体现出两者数值上的相对变化。图6-31g上正相关区域与高海冰密集度区域都位于图的右上方，我们为了方便描述，将相关性绝对值大于0.5的区域才定义为有效相关性区域，且大于0.5，小于−0.5分别表示正负相关性区域。当只关注大圆，即面积在10^5 km^{2}以上的量级时，10—

11月的数据主要集中在正相关区域及海冰密集度60%附近。而11月的密度期望线斜率开始下降，显示出负相关的数据量上升。12月时，正相关性区域内的面积已经较少，而负相关区域则显著增多，其主要海冰密集度范围为20%～25%。1月几乎没有数据点位于正相关区域，而负相关区域的主要海冰密集度值为20%。2月时图上的面积区域相对最小，负相关区域海冰密集度值主要为10%～20%。3月，数据点重新出现在正相关区域，海冰密集度范围在25%～40%。综合6个月的分布会发现正相关区域对应的海冰密集度区域在55%～60%（10—11月），25%～35%（3月），负相关区域则为15%～25%（12月至翌年2月）。

海温十分依赖于海冰厚度和聚集度，海冰薄时，海温接近冰点（-1.8℃）；海冰厚时，海温接近大气温度；海冰在0～1 m厚度左右，海温与大气温度差异很大（Kwok, 2002）。从时间分布影响来看，海冰非季节性的长期趋势变化与全球海温异常有极大的相关性，海温异常对气候的调制作用，如Southern Osiliation（Kwok, 2002），ENSO（Rind,D. et al.. 2001），SAM（Marshall et al., 2004），会扰动极区的海冰分布。

研究重点关注的空间分布显示出两者存在正相关，负相关共存的现象，且在密集度大于40%时，主要为正相关，密集度在40%以下则为负相关。Arrigo在描述海冰密集度时曾将其理解为海冰厚度，我们也采用这种观点，认为40%海冰密集度对应某一特定海冰厚度范围，海冰密集度40%以上的厚度会减少大气影响而更多地表现为海洋内部温度，反之则不然。

研究认为，负相关是由于南半球太阳高度角升高，日照时间增加，辐射热通量增加，进而海冰融化，海温升高。正相关现象是因为厚海冰阻隔海表面风场，使得风无法带走海表热通量，保持了海表温度，则其变化更多地展现海洋中深部水的混合结果（Gille，2002）。同时由于南大洋中部水层温度高于表层海温，因此厚海冰层在这时起到了保温的作用，使得较厚的海冰区域呈现更高的海温。除此之外，该现象也可能由于该处海温已升高而海冰未融化所致（Rayner et al., 2003）。

6.4.5 小结

（1）通过对实测叶绿素数据与卫星反演数据的计算比较分析，本研究认为纬度分区法优于经度分区法。相同纬度存在相似的大尺度环境影响因素，如环流等。纬度分区法能够较好地体现子区域的总体特征，有利于统计分析研究。

（2）通过对比MODIS数据中南半球夏季的Flag数据与海冰产品的对应关系，我们认为MODIS南半球高纬Flag数据主要来源于海冰的覆盖影响，MODIS Flag数据位置与50%海冰密度范围对应很好。海冰覆盖下仍然反演得到叶绿素a值，并且所得到的叶绿素值占到整个南大洋反演叶绿素a的9.47%。研究表明，整个冰下叶绿素a随着海冰密度增加而减少。10%海冰密度以下数据占到整个冰下叶绿素值的39.83%。尽管海冰下叶绿素a可反演的数据在高海冰浓度下数量降低，但是其叶绿素a期望值却未受到海冰密度的影响，不同密度之间出现少量起伏，甚至出现些许上升的趋势（线）。整个冰下叶绿素a期望值分布在0.43～0.49 mg/m^{3}之间。

（3）卫星数据反演南大洋叶绿素a数值总体偏低，在高纬度区域低估现象更为明显，研究所使用的水色数据拟合精度为47.36%，对数偏差为33%。研究所得卫星水温反演数据与实测数据存在ΔT均值为0.65K±0.58K的差异，该误差主要由于海表皮温与海表体温受到海气热通量交互影响所致。尽管叶绿素反演精度较低，研究表明利用卫星遥感开展水色反演的总体结果还是能够为我们研究整个南大洋叶绿素的变化趋势及变化规律提供有效的手段。

（4）研究通过水面以上测量法现场调查，借助其与卫星测量相似的几何特征、高分辨率的优势，分析了南大洋水体反射率特征，并评估了水色组分反演全球模型在南大洋的应用。全球一类水体的反射率总体高于南大洋水体，两者水体光学特性的差异，是南大洋南极半岛周边水体使用一类水体通用模式产生偏差的一个来源。

（5）整个南大洋叶绿素 a 在 13 年间呈现出一个 5 年为周期的抛物线趋势，每年从 10 月升高至翌年 1 月，随后下降至 3 月，年际周期性变化显著。不同海域变化也不尽相同，叶绿素 a 发生异常的频率罗斯海最高，其次是普里兹湾、阿蒙森海、别林斯高晋海、乌图尔斯特蒙海、威德尔海与布龙特 – 克洛普莱斯海，最后是里瑟 – 拉森海、威尔克斯海和科斯蒙努特海。其中，罗斯海叶绿素 a 异常暴发出现在每年的 11—12 月，别林斯高晋海偶有 11 月暴发的状况；普里兹湾及阿蒙森海暴发时间较晚，主要在 12 月至翌年 1 月。上述 4 个海域叶绿素 a 浓度异常主要发生在沿岸海区，而乌图尔斯特蒙海、威德尔海、布龙特 – 克洛普莱斯海及别林斯高晋海 4 个区域异常则主要出现在外海，其中威德尔海低纬度海域的叶绿素 a 异常几乎每年出现。趋势分析表明南大洋在近 13 年中其藻类储量变化趋势不均一（±0.02），别林斯高晋海及罗斯海高纬度海域主要趋势为正，而阿蒙森海、普里兹湾、威德尔海则被负值控制。南大洋低纬度（60°—65°S）趋势在 13 年中略微降低（–0.000 2），中纬度区域（65°—70°S）则负趋势更明显（–0.000 7），而高纬度近岸水体（>70°S）显示出正趋势（0.000 3）。

（6）从海表温度分布来看，时间分布显示出 10 月温度开始升高，至翌年 2 月达到最高，随后 3 月降低。南极所有海域海表温度的变化规律较为一致，中低纬度海域在 2 月达到温度最高峰，而高纬度海温峰值则出现在 1 月。温差变化较大的海域是普里兹湾、威尔克斯海和科斯蒙努特海，而罗斯海、阿蒙森海、别林斯高晋海、威德尔海、布龙特 – 克洛普莱斯海、乌图尔斯特蒙海及里瑟 – 拉森海的海表温度起伏较小。海表温度空间分布总体上呈现出纬度降低，温度升高的趋势，但是部分高纬度海域出现了异于纬度高度变化的海温，普里兹湾和罗斯海所在的较高纬度海域都出现了较其他低纬度海域更高的海温，该现象可能是由于浅水海域接受到的热量更多而造成。研究获得南大洋的海表温度总体趋势分布图，其变化范围在 ±0.03，表明其海温 13 年内变化趋势不显著。南大洋在全球气温上升的趋势下，其高纬近岸水深较浅水体海表温度出现了上升（0.001）。尽管高于 70°S 高纬度海区为正，但其中低纬度平均值皆为负（65°—70°S 中纬度 –0.003，60°—65°S 低纬度 –0.007），因此整个南大洋的趋势也呈现降低趋势（–0.004）。

（7）海冰变化年际周期性十分显著。在 2002—2013 年间，2 月海冰覆盖范围最小，9 月最大，且海冰的融解速度大于生长速度。11 年的 9 月平均值已达到 $19.03\times10^6\ km^2$，且趋势为 13 323 km^2，相比 1979—2002 年的趋势（$8\ 170\times10^6\ km^2$）出现海冰总量增加的现象。融冰量从 10—11 月起开始逐月增加至 12 月至翌年 1 月，随后在 1—2 月出现紧缩，且高密集度海冰融化使得薄层海冰增多。

（8）有学者认为水深与叶绿素 a 的生长有一定的负相关关系。而我们的研究发现，水深与叶绿素 a 之间的负相关关系并不是十分显著，在不同的月份有不同的体现。整体上来说，水深由深至浅，呈现出大致的水深深叶绿素 a 难聚集，而水深浅叶绿素 a 易聚集的情况。威德尔海、普里兹湾、罗斯海等易暴发区域的共同特征为水深较浅，纬度较高，地形呈半封闭状。存在部分例外，如南斯科舍洋脊和太平洋南极洋脊表层水体，尽管其水深较大，却由于底部地形起伏剧烈，环南极洋流经过此处形成上升流，对表层营养进行了大量供给所致。研究得出 0 ~ 500 m 水深为叶绿素 a 显著暴发区，而 500 ~ 2 500 m 为叶绿素 a 较易暴发区。

（9）海冰融化范围内叶绿素 a 整个高于全南大洋叶绿素 a 平均值，前者的平均值为 $0.49 \pm 0.18\,mg/m^3$，而后者的平均值为 $0.33 \pm 0.07\,mg/m^3$，且前者离散度更大，且离散程度随着海冰融化量增加而增加（11 月开始）。对融化海冰量的研究发现，融化海冰的变化呈现出 11 月份至 1 月份升高，至 2 月份降低的趋势。融化海冰区域内叶绿素 a 暴发程度很大，尽管不同月份的比率不一样，12 月份时都基本维持在 50% 左右。

（10）相关性分析表明，海域出现温度区间较低则叶绿素 a 暴发更为剧烈的主要因素是空间分布的影响。不同月份数据表明，南大洋藻类海温升高时，暴发面积更大。海冰密集度与海表温度的空间相关性分布显示出两者存在正相关，负相关共存的现象，且在密集度大于 40% 时，主要为正相关，密集度在 40% 以下则为负相关。研究认为 40% 海冰密集度对应某一特定海冰厚度范围，海冰密集度 40% 以上的厚度会减少大气影响而更多地表现为海洋内部温度，反之则不然。

Doney 等（2012）报道了全球气候会上升至 2050 年，极地海冰会消融，海冰总量会减少。历史数据也表明，南大洋西部的海温持续上升，造成融冰量增加，淡水增多（Schofield, 2010）。尽管观测数据显示出，全球气候变暖在近 13 年造成北极海冰容量降低，但是南大洋海冰的容量却出现升高。对南大洋海冰厚度的研究显示出，其总体体积在 2002—2012 年显著降低，80% 的海冰破碎，厚度降低（Tournadre et al., 2015）。我们认为海冰变薄将使得气候对极地生态环境影响更大，薄层海冰使得透光率增加，将供养更多的海冰藻类。有其他学者也提出相同观点（Gabric and Qu et al., 2014）。极区的数学模拟表明海冰变薄会增加极地浮游植物获得光和有效辐射上升，进而增加浮游植物通量（Zhang,2010）。而与此同时，全球海温升高也会加剧薄层海冰融化，促进浮游植物生长，提高南大洋初级生产力。但另一方面，海冰总量的降低会造成铁元素的耗竭，限制初级生产力的显著增长现状，并且由于海冰总量减少，藻类生长所需的混合层减少，也会抑制藻类生长。

6.5 南极周边海洋动力环境分布特征及变化规律

6.5.1 南极周边海域海面风场分布特征及变化规律分析

1）南极周边海域海面风场空间分布特征

基于每年的逐日海面风场网格数据，开展调查区域内海面风速大于 10 m/s 在每月、季或年中的发生比例统计。分别统计调查每个网格点海面风速大于 10 m/s 的情形在该月或该季的发生比例，具体计算公式如下：

$$\delta_{10} = \frac{num_{ij}^{10}}{num_{ij}^{all}}$$

其中，num_{ij}^{10} 分别为某段时间内（月、季或年）(i, j) 网格点上风速大于 10 m/s 出现的天数；num_{ij}^{all} 是该段时间内 (i, j) 网格点具有有效风速数据的天数。

通过分析南极周边海域不同月份和不同季节海面风速大于 10 m/s 发生天数在各月、季或全年所占比例，分析海面风场的空间分布特征。图 6-32 ~ 图 6-35 分别为 2011—2013 年南极周边海域海面风速大于 10 m/s 发生天数的不同季节和全年所占比例分布图。

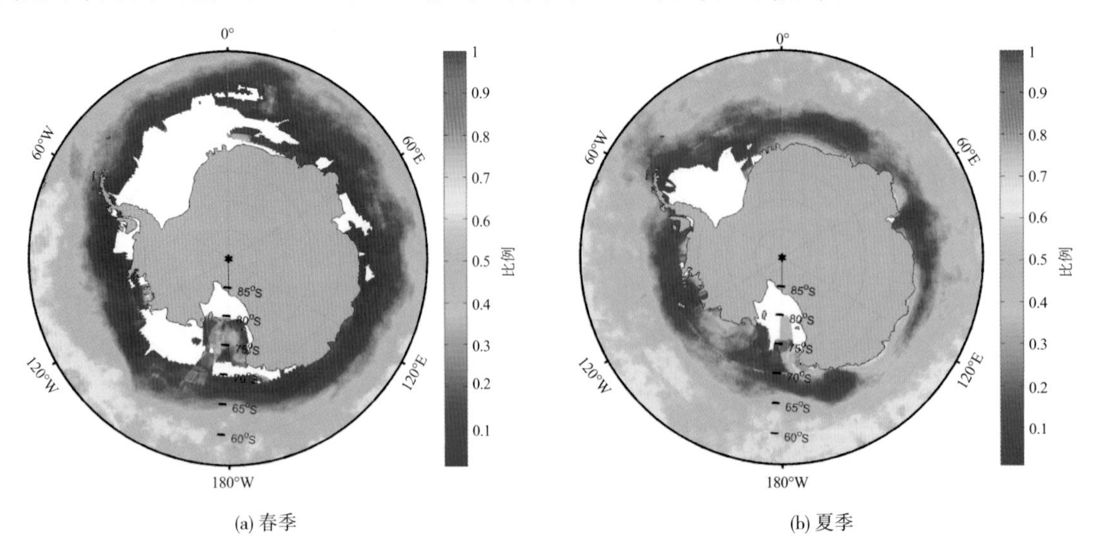

(a) 春季　　(b) 夏季

图6-32　南极周边海域2011年不同季节海面风速大于10 m/s发生天数所占比例分布图

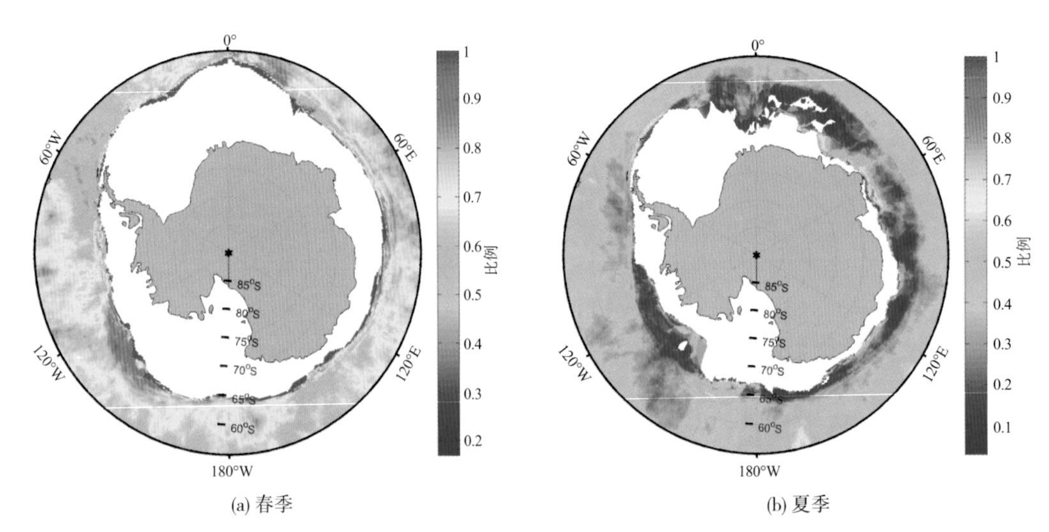

(a) 春季　　(b) 夏季

图6-33　南极周边海域2012年不同季节海面风速大于10 m/s发生天数所占比例分布图

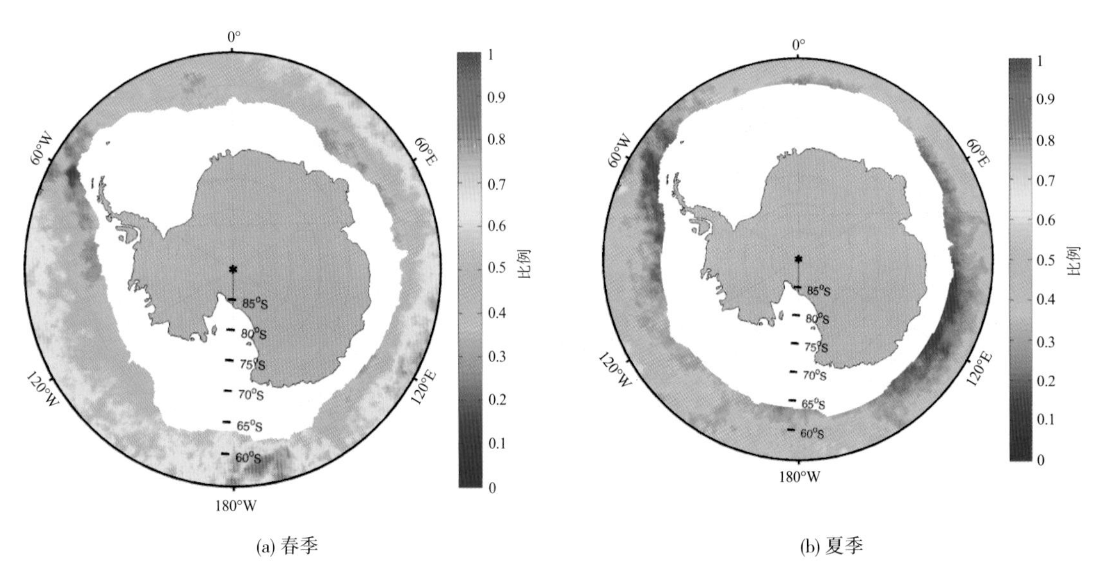

(a) 春季　　(b) 夏季

图6-34　南极周边海域2013年不同季节海面风速大于10 m/s发生天数所占比例分布图

从图 6-35 可以看出，南极周边 60°S 以南海域四季中除了夏季和秋季以外，平均海面风速大于 10 m/s 所占比例均大于 0.6，春季所占比例不大于 0.4。从风速大于 10 m/s 所占比例分布图可得到类似的海面风速季节变化结果，即春冬季大风速情形发生比例大于夏秋季。风速空间分布上来看，南极周边海域海面风速在 65°S 以南区域风速较小，在南极附近南太平洋海域风速较大；而在南大西洋海域存在一个风速较小的区域，位置在 60°W— 0°E 之间，主要受南美洲大陆影响，风速相对南极周边海域其他区域较小。

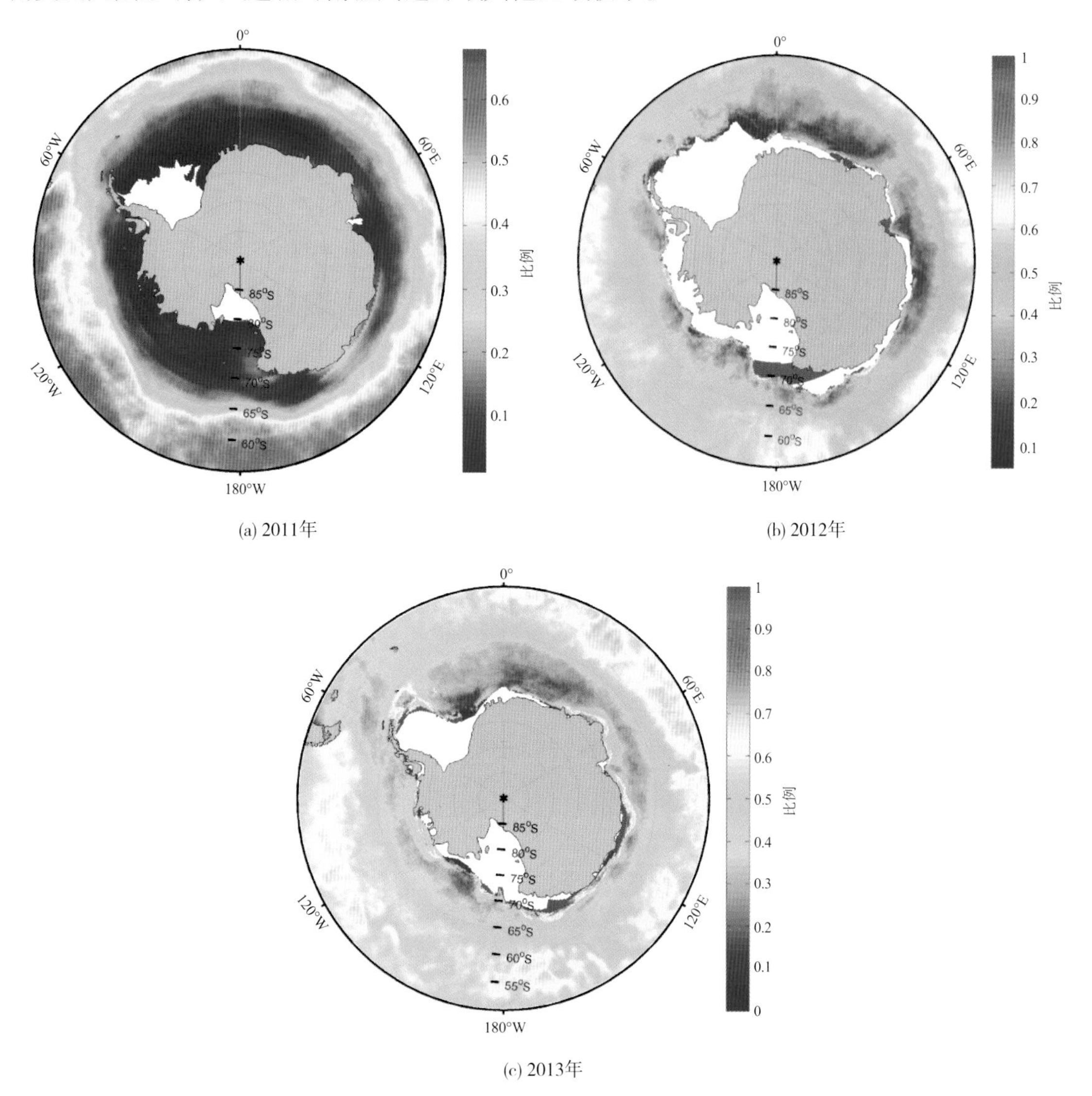

图6-35 南极周边海域2011—2013年海面风速大于10 m/s发生天数所占比例分布图

2）南极周边海域海面风场时间变化特征

将日平均或月平均海面风速数据根据空间网格点数进行区域空间平均，得到代表每天或每月整个调查区域海面风场的区域平均海面风速数据，基于时间序列数据分析海面风场变化特征。具体计算公式如下：

$$\overline{U} = \frac{1}{M \times N} \sum_{i=1}^{M} \sum_{j=1}^{N} u_{ij}$$

其中，u_{ij} 为区域内 (i, j) 网格点上的风速。该区域平均风速计算时，将区域中的海冰覆盖区域滤除，不进行平均计算。

将南极周边海域每天的海面风速数据首先按上述方法进行区域平均，然后基于得到的每年南极周边海域每天区域平均海面风速数据进行风速分布统计分析，结果见图 6-36。

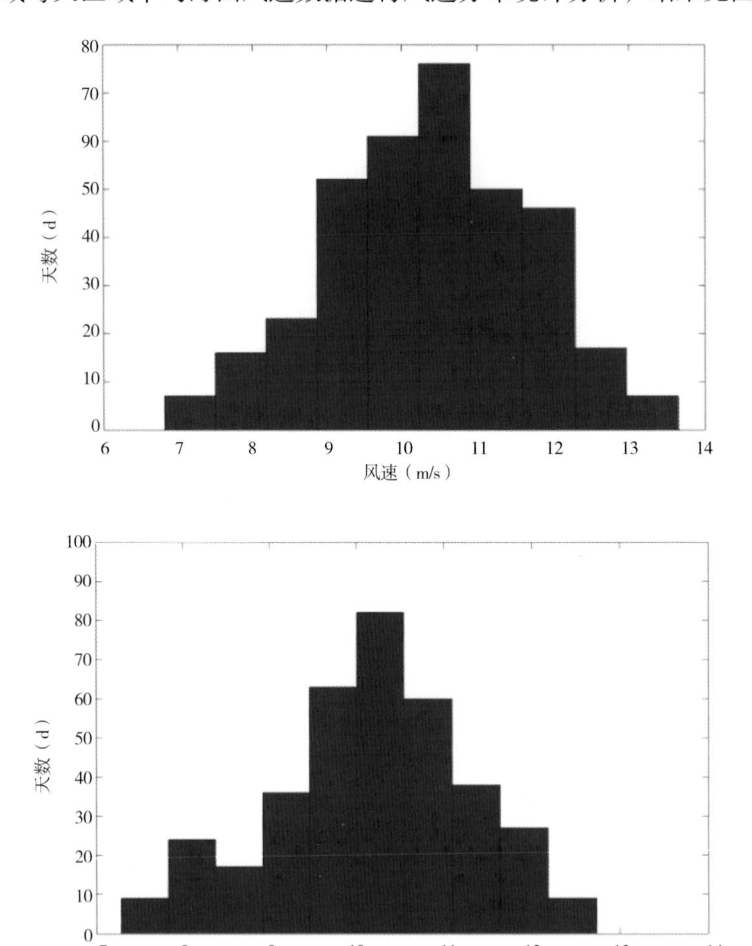

图6-36　南极周边海域区域平均后2012年（上）和2013年（下）海面风速分布直方图

由图 6-36 可以看出，对于南极周边海域，区域平均风速主要在 9 ~ 12 m/s 之间，全年出现的天数大于 280 天，约占全年的 77%。2012 年区域平均风速主要在 9 ~ 12 m/s 之间，全年出现的天数接近 280 天。总体来看，2013 年与 2012 年基本接近。

基于南极周边海域的日平均和月平均海面风速数据，进行区域空间平均，得到按日和月份序列的空间平均风速数据，绘制变化如图 6-37、图 6-38 所示。

从图 6-38 可以看出，2013 年南极周边海域风速从 1 月到 7 月逐渐增大，7 月到 12 月逐渐减小（10 月有一小幅波动），全年只有 1 月和 12 月区域平均风速小于 9 m/s。与 2012 年相比较，2013 年区域月平均风速稍有偏小，但两年的变化趋势基本一致，即 1—4 月为确定的风速增大时间段，10—12 月为确定的风速减小时间段，而 4—10 月基本上是一个有小幅波动的逐渐增大到极大值后逐渐减小的过程。

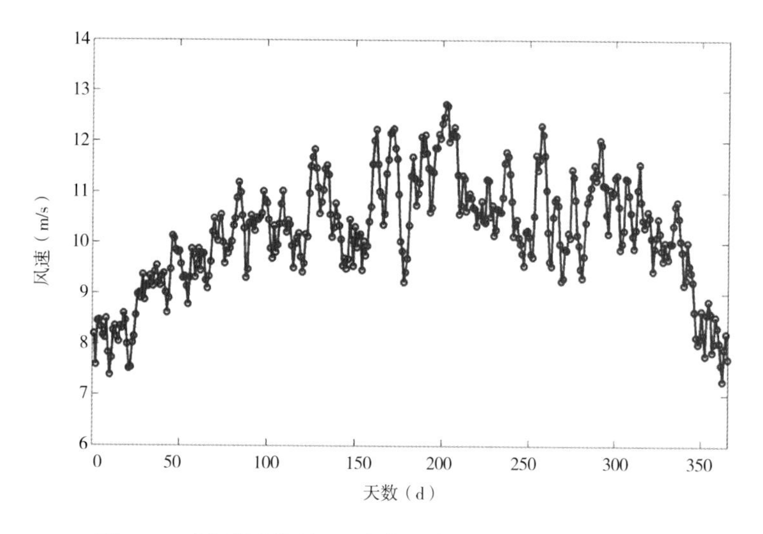

图6-37 南极周边海域2013年每天海面风速区域平均变化图

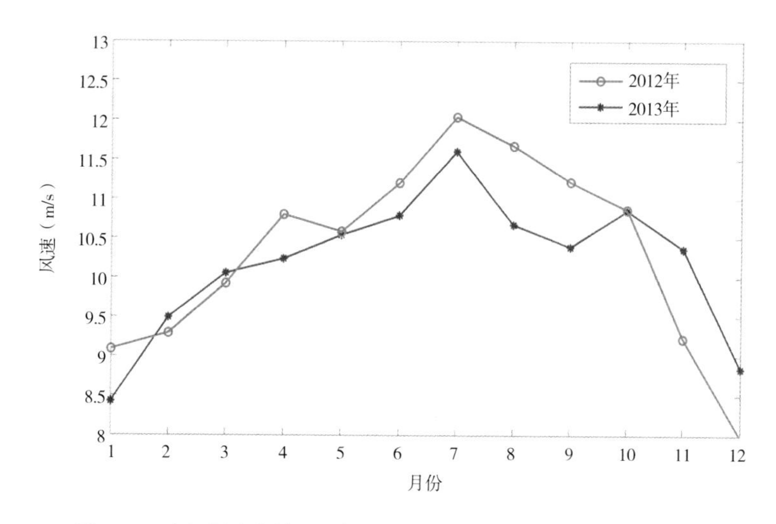

图6-38 南极周边海域2012年和2013年每月海面风速区域平均变化图

6.5.2 南极周边海域海浪分布特征及变化规律

1）南极周边海域海浪的区域分布特征

基于每年的逐日海浪有效波高网格数据，开展调查区域内海浪有效波高大于 4 m 在每月、季或年中的发生比例。分别统计调查区域每个网格点海浪有效波高大于 4 m 的情形在该月或该季的发生比例，具体计算公式如下：

$$\delta_4 = \frac{num_{ij}^4}{num_{ij}^{all}}$$

其中，num_{ij}^4 为某段时间内（月、季或年）(i, j) 网格点上有效波高大于 4 m 出现的天数；num_{ij}^{all} 是该段时间内 (i, j) 网格点具有有效观测值的天数。

通过分析南极周边海域不同月份和季节海浪有效波高大于 4 m 发生天数在各月、季和全年所占比例，分析海浪的空间分布特征。图 6-39 至图 6-41 分别为 2013 年南极周边海域海浪有效波高大于 4 m 发生天数的不同月份、不同季节和全年所占比例分布图。

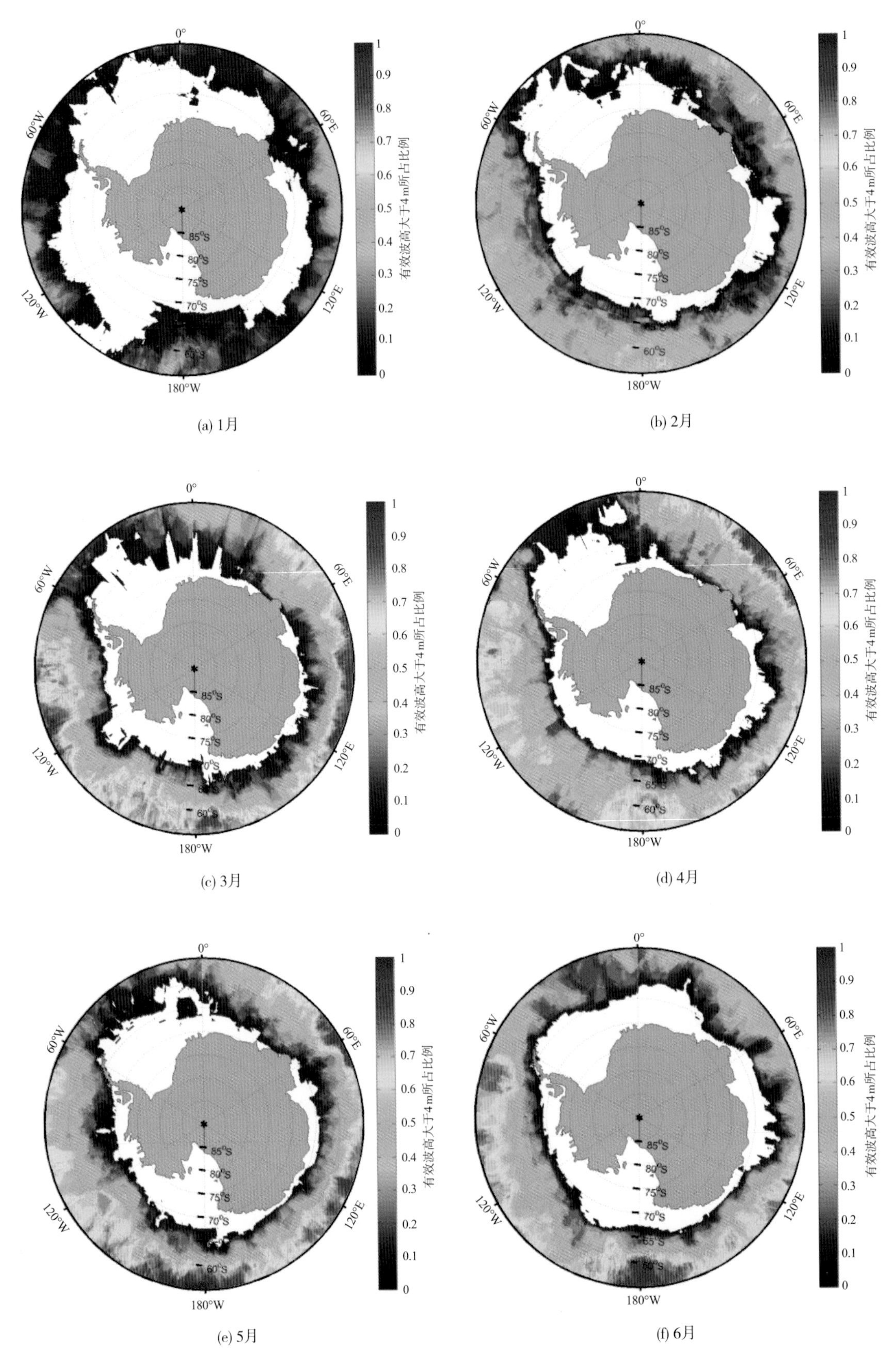

图6-39 南极周边海域2013年不同月份海浪有效波高大于4 m所占比例分布图

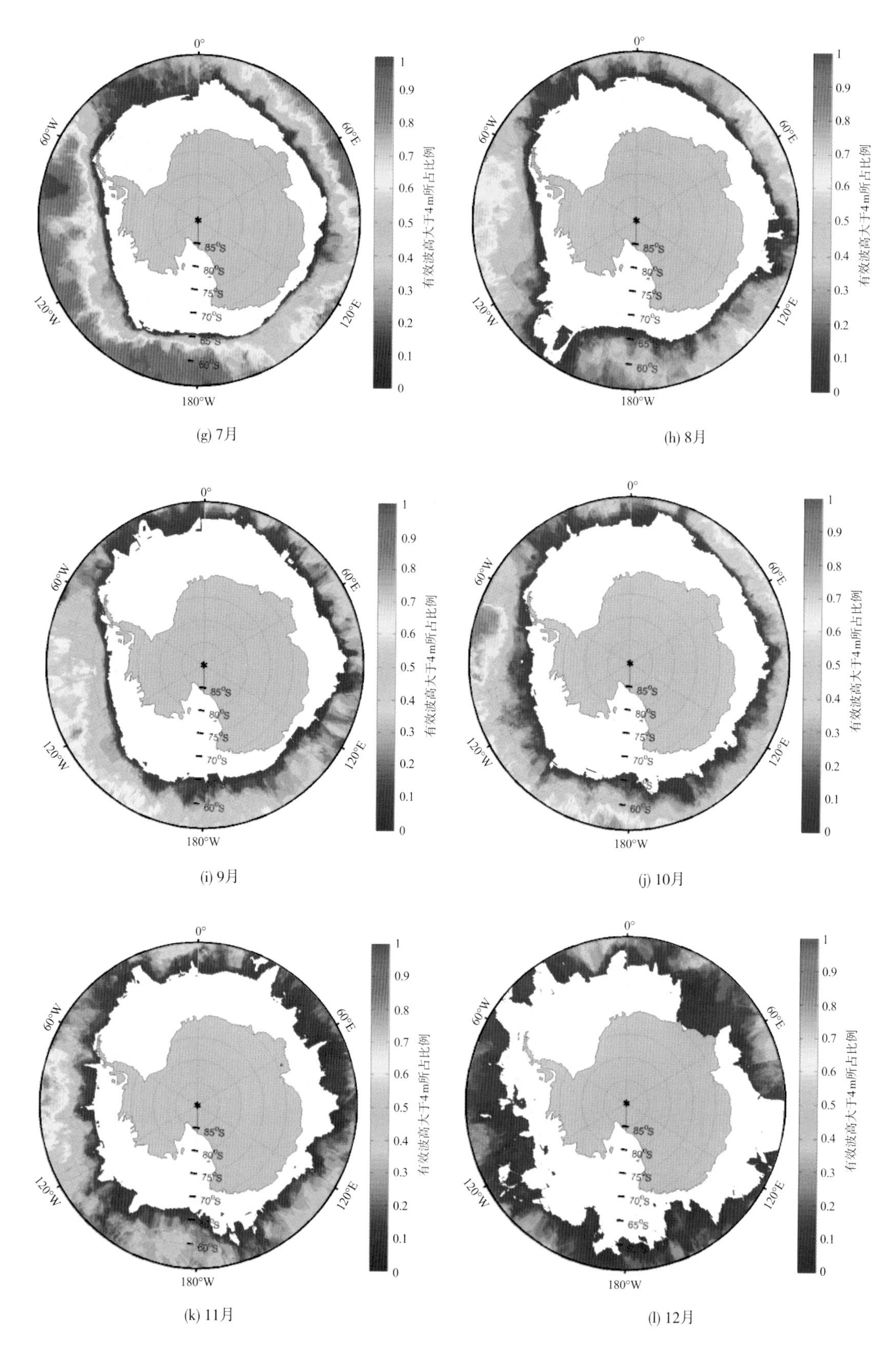

图6-39 南极周边海域2013年不同月份海浪有效波高大于4 m所占比例分布图（续）

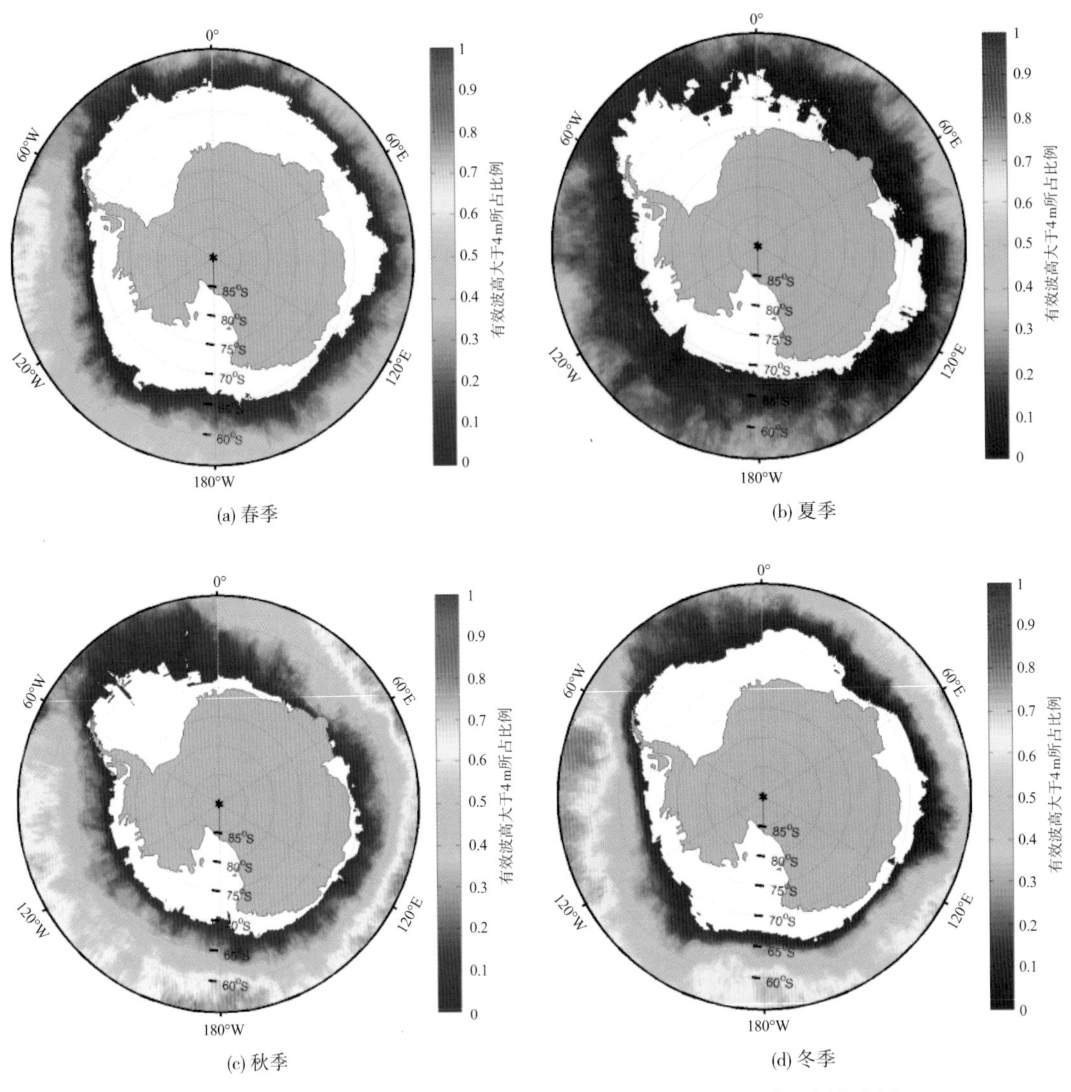

图6-40　南极周边海域2013年不同季节海浪有效波高大于4 m所占比例分布图

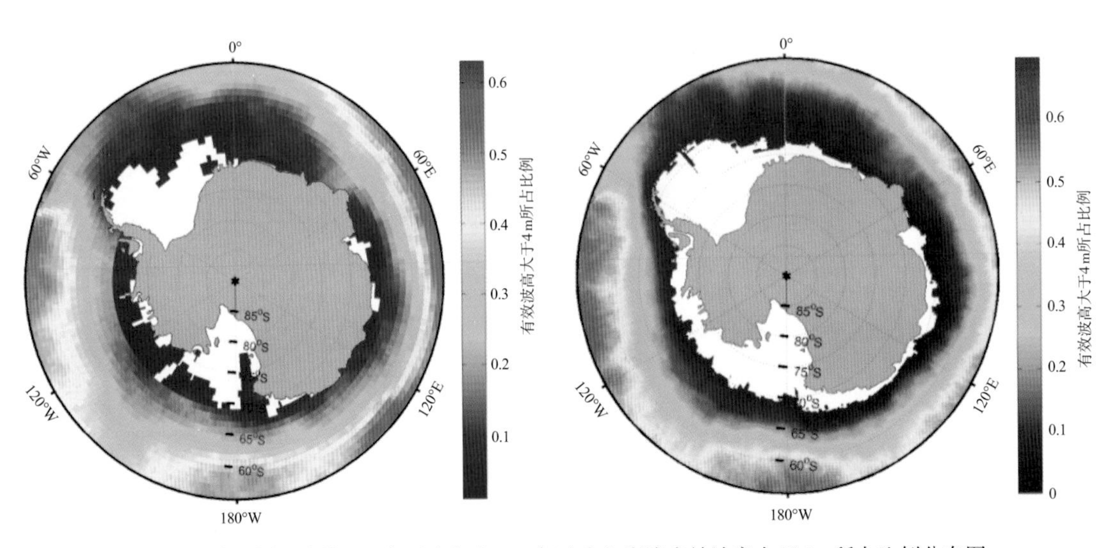

图6-41　南极周边海域2012年（左）和2013年（右）海浪有效波高大于4 m所占比例分布图

根据海浪有效波高月、季均分布图和有效波高大于 4 m 发生天数所占比例分布情况，分析南极周边海域海浪空间分布特征。由南极周边海域海浪有效波高大于 4 m 发生天数所占比例月、季分布图可以得出，南极周边海域 65°S 以南区域有效波高普遍较低，波高大于 4 m 所占的比例最大到 0.3 ～ 0.4；在 55°—65°S 之间的区域夏季波高大于 4 m 所占的比例小于 0.2，冬季则大不相同，这一比例能达到 0.8 左右，反映出在冬季南半球的西风漂流带盛行期，海浪较大；在 0° 向西到 60°W 的扇形区域内海浪有效波高相对较低，有效波高全年变化范围不大，大多数时候都处在 4 m 以内，波高大于 4 m 所占的比例最大为 0.4，该区域正好位于南大西洋区域，西风漂流经南极洲的细长尾巴——南极半岛大陆之间狭窄的德雷克海峡，漂流大为减弱。

综合上述分析，可以看出南极周边海域海浪有效波高分布的空间特征为沿 65°S 纬线圈为界，圈内海浪有效波高较低，圈外海浪有效波高迅速增大，在 0° 向西到 60°W 扇形区域存在一个较低波高区域。

2）南极周边海域海浪时间变化特征

根据南极周边海域海浪有效波高数据的空间网格点数对每日和月平均数据进行区域平均，得到调查区域空间平均海浪的每日和月平均有效波高数据，基于时间序列数据分析海浪变化特征。具体计算公式如下。

$$\bar{h} = \frac{1}{M \times N}\sum_{i=1}^{M}\sum_{j=1}^{N} h_{ij}$$

其中，h_{ij} 为区域内 (i, j) 网格点上的有效波高。

将南极周边海域每天的海浪有效波高数据首先按上述方法进行区域平均，然后基于得到的 2013 年南极周边海域每天的区域平均有效波高数据进行波高分布统计分析，结果见图 6–42。

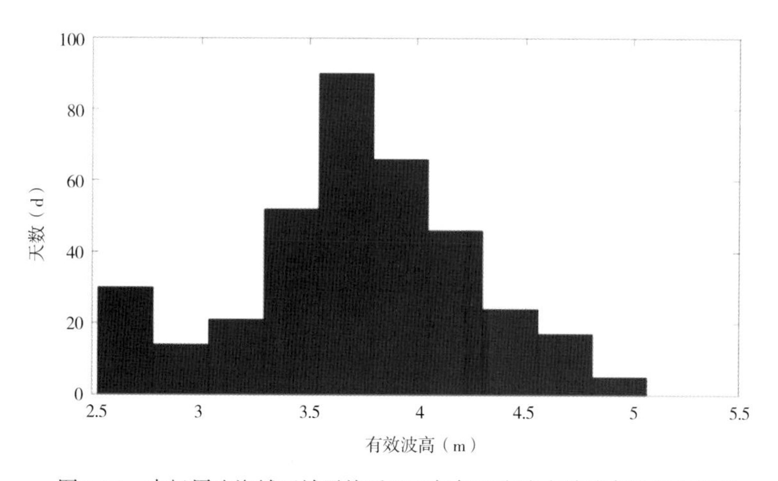

图6–42　南极周边海域区域平均后2013年每天海浪有效波高分布直方图

从图 6–42 可以看出，南极周边海域区域平均后的海浪有效波高主要在 3.5 ～ 4.5 m 之间，其中区域平均的海浪有效波高大于 4 m 的天数在 155 天左右，即一年之中有 5 个月。总体上看海浪波高较大。

基于 2013 年南极周边海域每日和月的区域平均海浪有效波高数据，得到以每日和月份为时间序列的空间平均海浪有效波高数据，如图 6–43 所示。

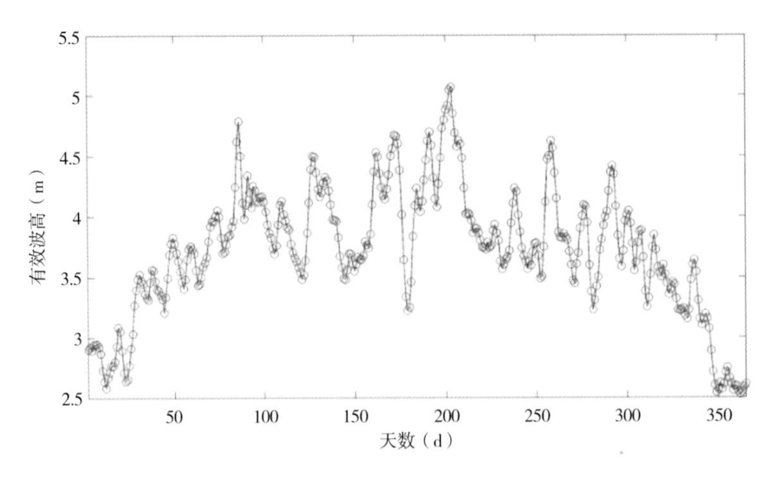

图6-43 南极周边海域2013年每天海浪有效波高区域平均变化图

由图 6-44 分析可以看出，2013 年南极周边海域有效波高的时间变化特征为：从 1 月份开始逐渐增大到 7 月，区域平均有效波高接近 4 m，然后开始逐渐减小，即在南半球的冬季时南极周边海域的海浪最大。与 2012 年相比，总体变化趋势一致，但量值稍小于 2012 年，这与海面风场的两年比对结果一致。

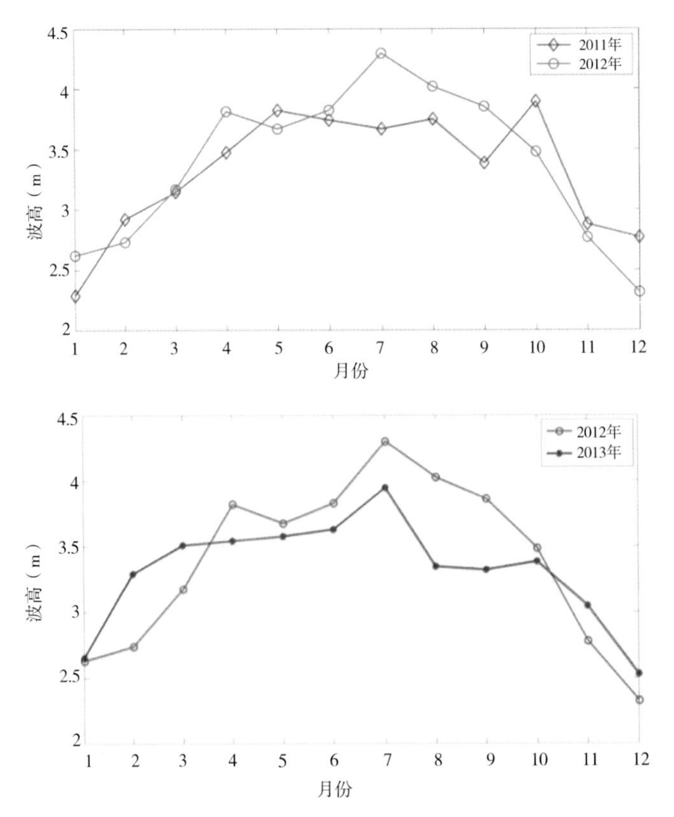

图6-44 南极周边海域2011—2013年每月海浪有效波高区域平均变化图

利用空间区域平均后的海面风速和海浪有效波高每日和月平均数据，开展了南极周边海域海面风场与海浪变化的相关性分析。图 6-45 为空间区域平均后的海面风速和海浪有效波高逐日和月均变化图。

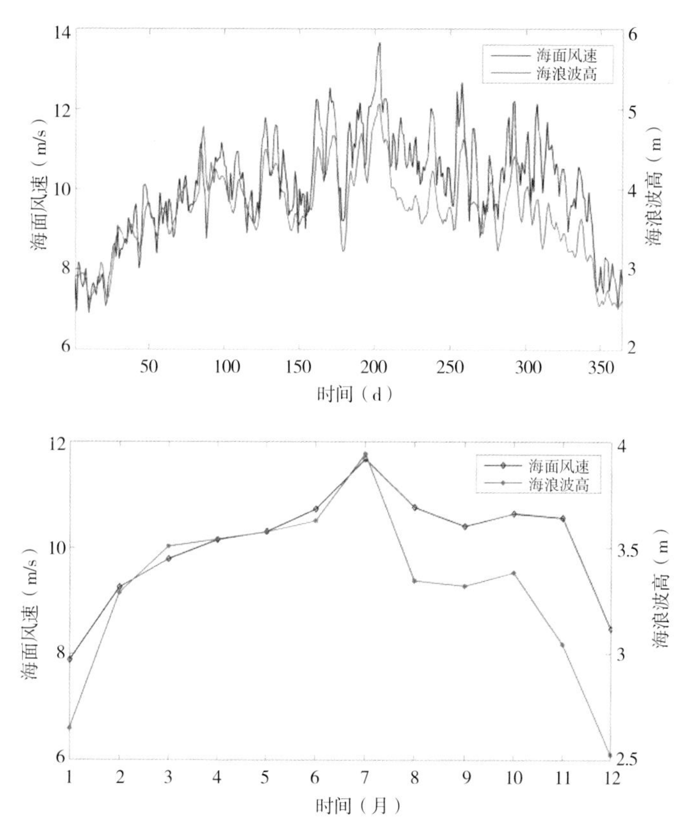

图6-45 空间区域平均后的海面风速和海浪有效波高逐日（左）和月均（右）变化比较图

从图 6-45 可以看出，海面风场变化与海浪波高变化密切相关。从 2013 年的 1 月海面风速和海浪波高均在逐渐增大，在 7 月达到最大后开始逐渐减小。海浪波高随时间变化的波动特征与海面风速随时间变化的波动特征相似，这说明海面风速的变化影响到海浪波高的变化。

为了进一步分析海面风场变化与海浪波高变化的相关性，定量计算了逐日海面风速与海浪波高变化的相关性，计算结果如图 6-46 所示。从图中可以看到，海浪变化与海面风速变化有很大的相关性。当海浪波高变化相对于海面风速变化滞后 1 天时，二者相关性最大，相关系数为 0.86。这表明，海面风场的变化一般会在时间上滞后 1 天反映在海浪波高变化中，说明了海面风场对海浪波高变化的作用。

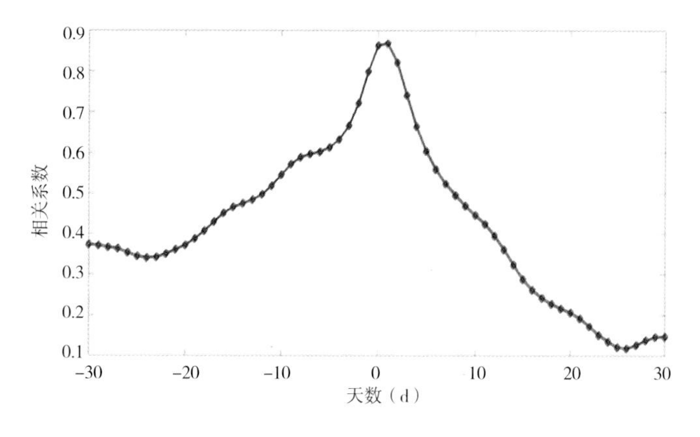

图6-46 空间区域平均后的逐日海面风速和海浪有效波高相关系数分布图

6.6 南极周边气象环境分布特征与变化规律

6.6.1 绕极气旋结果分析

1）2012 年 7 月上旬南极绕极气旋移动路径图编绘成果分析

2012 年 6 月 30 日 18 UTC 至 2012 年 7 月 10 日 18 UTC 共发现南极绕极气旋低压中心移动过程 43 个。其中，东南极区域发生 25 个，西南极区域发生 17 个，1 个移动过程跨东、西南极（图 6–47）。

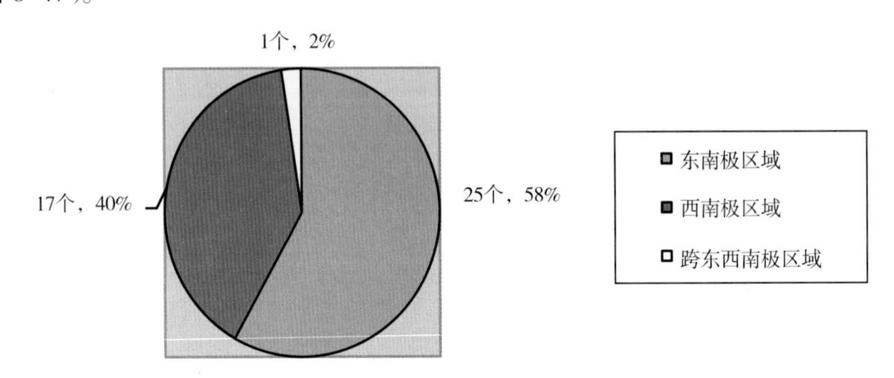

图6–47　2012年7月上旬气旋东西南极发生数量比例图

绕极气旋最大经度跨度约 60°，气旋过程最长持续约 84 小时。

威德尔海—长城站临近区域（45° — 90°W）发生气旋过程 7 次，其中逼近过程 2 次，均止于别林斯高晋海；临近海域短暂过程 3 次，均未超过 12 小时；远离过程 2 次。

普里兹湾—中山站临近区域（60° — 90°E）发生气旋过程 4 次，其中逼近过程 2 次；临近海域内短暂过程 2 次，均未超过 12 小时。

2）2012 年 7 月中旬南极绕极气旋移动路径图编绘成果分析

2012 年 7 月 10 日 12 UTC 至 2012 年 7 月 20 日 18 UTC 共发现南极绕极气旋低压中心移动过程 57 个。其中，东南极区域发生 19 个，西南极区域发生 29 个，9 个移动过程跨东、西南极（图 6–48）。

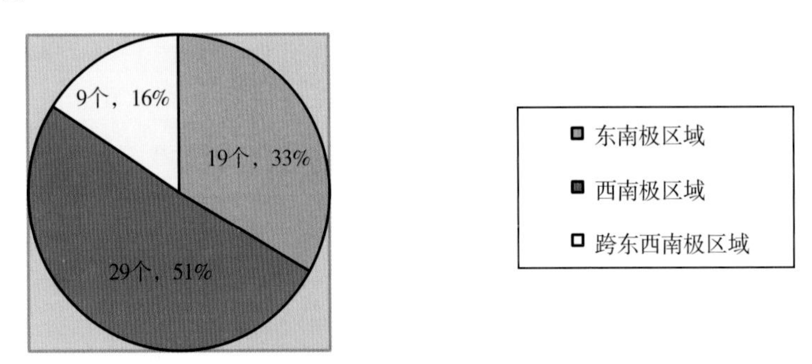

图6–48　2012年7月中旬气旋东西南极发生数量比例图

绕极气旋最大经度跨度约 125°，气旋过程最长持续约 168 小时。

威德尔海—长城站临近区域（45° — 90°W）发生气旋过程 7 次，其中逼近过程 2 次，1 次短暂过程，1 次在别林斯高晋海转向；通过过程 3 次，其中 2 次穿越南极半岛进入威德尔海消亡，1次海上通过；近岸短暂过程2个，均发生在威德尔海区域，均未超过24小时。

普里兹湾—中山站临近区域（60°—90°E）发生气旋过程9次，其中逼近过程3次；通过过程4次；气旋入湾登陆1次；远离过程1次。

3）2012年7月下旬南极绕极气旋移动路径图编绘成果分析

2012年7月20日12 UTC至2012年7月31日18 UTC共发现南极绕极气旋低压中心移动过程55个。其中，东南极区域发生14个，西南极区域发生30个，11个移动过程跨东、西南极（图6-49）。

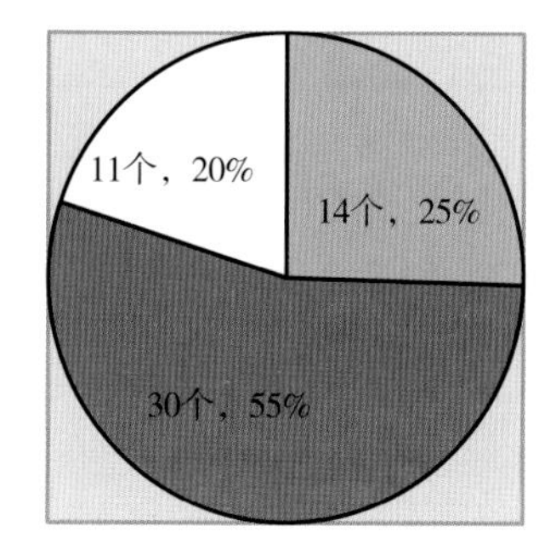

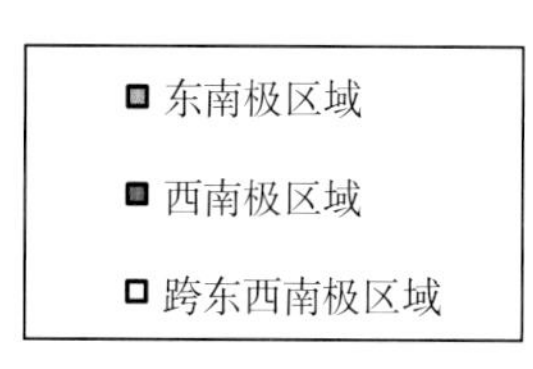

图6-49 2012年7月下旬气旋东西南极发生数量比例图

绕极气旋最大经度跨度约215°，气旋过程最长持续约168小时。

威德尔海—长城站临近区域（45°—75°W）发生气旋过程10次，其中逼近过程6次，4次分别于别林斯高晋海转向消亡，1次通过南极半岛进入威德尔海转向消亡，1次逼近南极半岛时分裂为两个气旋中心分别进入别林斯高晋海和威德尔海转向消亡；通过过程1次，海上通过；远离过程2次；海上短暂过程2个，均未超过24小时。

普里兹湾—中山站临近区域（60°—90°E）发生气旋过程9次，其中逼近过程1次；通过过程4次；远离过程4次。未发生入湾登陆现象。

4）2012年8月上旬南极绕极气旋移动路径图编绘成果分析

2012年7月31日06 UTC至2012年8月10日18 UTC共发现南极绕极气旋低压中心移动过程46个。其中，东南极区域发生18个，西南极区域发生22个，6个移动过程跨东、西南极（图6-50）。

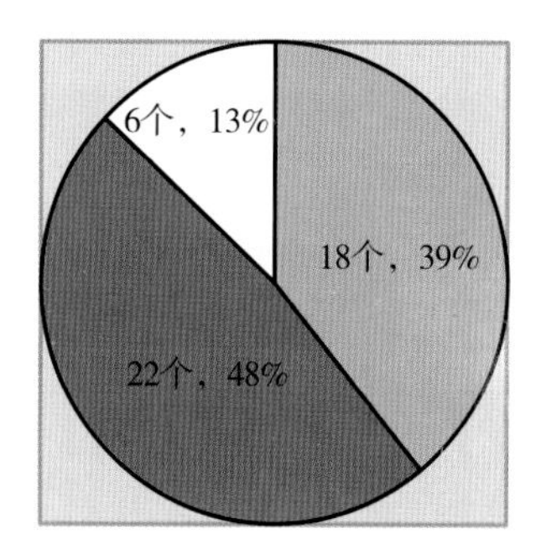

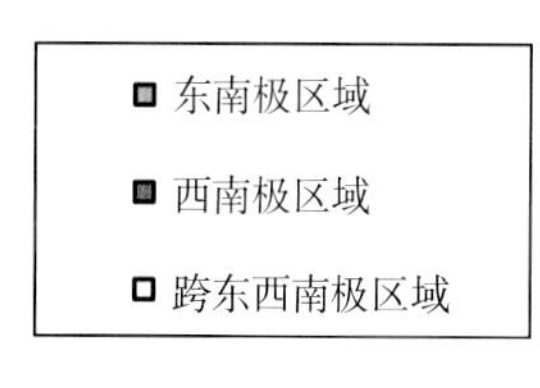

图6-50 2012年8月上旬气旋东西南极发生数量比例图

绕极气旋最大经度跨度约135°，气旋过程最长持续约132小时。

威德尔海—长城站临近区域（45°—75°W）发生气旋过程10次，其中逼近过程2次，分别于别林斯高晋海转向消亡；通过过程1次，南极半岛边缘通过；远离过程4次，1次自别林斯高晋海生成后远离，3次自威德尔海生成后远离；海上短暂过程3次，2次发生于别林斯高晋海，均不超过 12 小时，1 次发生于威德尔海，维持时间约 36 小时。

普里兹湾—中山站临近区域（60° — 90°E）发生气旋过程 4 次，其中通过过程 1 次；远离过程 4 次，2 次气旋发生位于站点以东，2 次气旋发生位于站点以西。未发生入湾登陆现象。

5）2012 年 8 月中旬南极绕极气旋移动路径图编绘成果分析

2012 年 8 月 10 日 12 UTC 至 2012 年 8 月 20 日 18 UTC 共发现南极绕极气旋低压中心移动过程 39 个。其中东南极区域发生 19 个，西南极区域发生 11 个，9 个移动过程跨东、西南极（图 6–51）。

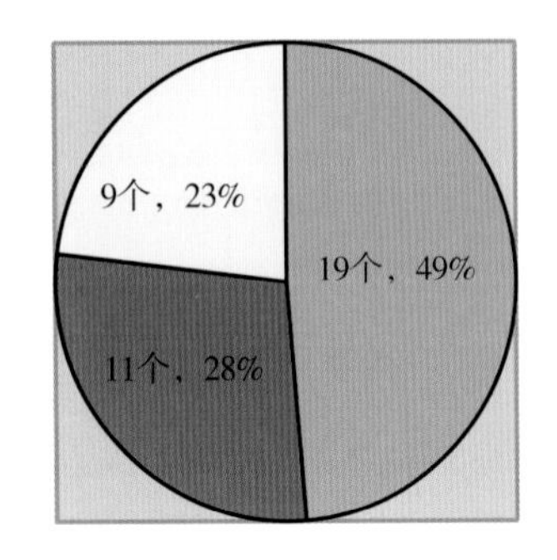

图6–51　2012年8月中旬气旋东西南极发生数量比例图

绕极气旋最大经度跨度约 115°，气旋过程最长持续约 156 小时。

威德尔海—长城站临近区域（45° — 75°W）发生气旋过程 5 次，其中逼近过程 1 次，于别林斯高晋海转向后登陆南极半岛，又返回海上消亡；通过过程 1 次，远离南极半岛边缘通过；远离过程 1 次，自威德尔海生成后远离；海上短暂过程 1 次，发生于威德尔海，维持时间约 12 小时。

普里兹湾—中山站临近区域（60° — 90°E）发生气旋过程 4 次，其中逼近过程 1 次；通过过程 3 次，其中一次在近岸站点处合并气压中心，与站点距离较近。未发生入湾登陆现象。

6）2012 年 8 月下旬南极绕极气旋移动路径图编绘成果分析

2012 年 8 月 20 日 12 UTC 至 2012 年 8 月 31 日 18 UTC 共发现南极绕极气旋低压中心移动过程 44 个。其中，东南极区域发生 22 个，西南极区域发生 16 个，6 个移动过程跨东、西南极（图 6–52）。

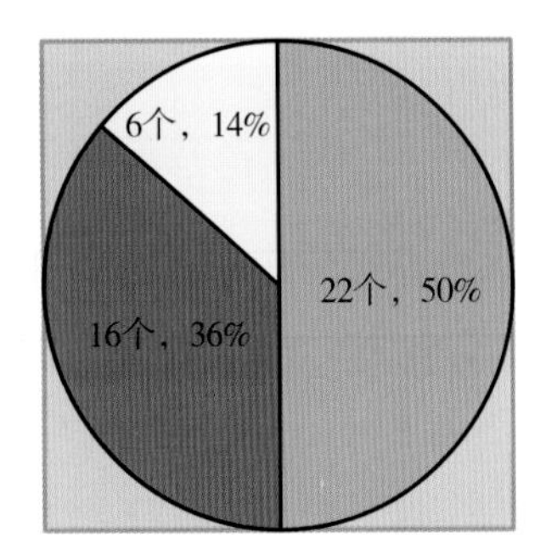

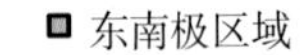

图6–52　2012年8月下旬气旋东西南极发生数量比例图

绕极气旋最大经度跨度约 80°，气旋过程最长持续约 84 小时。

威德尔海—长城站临近区域（45° — 75°W）发生气旋过程 7 次，其中逼近过程 3 次，2 次分别于别林斯高晋海转向消亡，1 次穿越南极半岛进入威德尔海消亡；远离过程 2 次，自威德尔海生成后远离；海上短暂过程2次，均发生于威德尔海，维持时间均不超过24小时。

普里兹湾—中山站临近区域（60°—90°E）发生气旋过程9次，其中逼近过程4次，1次逼近陆缘消亡，3次海上消亡；通过过程3次；远离过程1次；海上短暂过程1次。未发生入湾登陆现象。

7）2012年12月上旬南极绕极气旋移动路径图编绘成果分析

2012年11月30日12 UTC至2012年12月10日18 UTC共发现南极绕极气旋低压中心移动过程56个。其中，东南极区域发生20个，西南极区域发生26个，跨东、西南极移动过程10个，其中东—西方向5个，西—东方向5个（图6-53）。

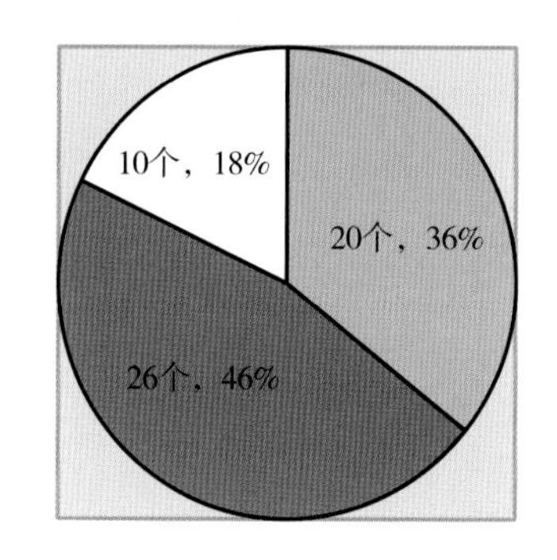

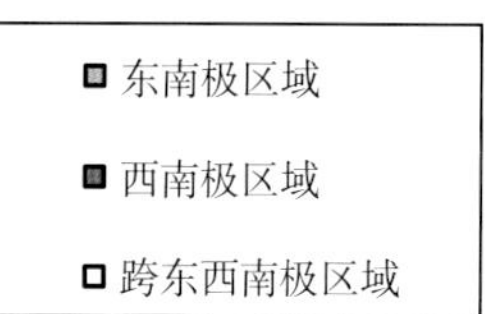

图6-53　2012年12月上旬气旋东西南极发生数量比例图

绕极气旋最大经度跨度约110°，气旋过程最长持续约138小时。

威德尔海—长城站临近区域（30°—75°W）发生气旋过程8次，其中逼近过程3次，均止于别林斯高晋海；临近海域内过程2次，均超过72小时；通过过程1次；远离过程2次。

普里兹湾—中山站临近区域（60°—90°E）发生气旋过程5次，其中逼近过程1次；远离过程1次；临近海域通过过程3次，其中1次一个气旋分裂成两个气旋中心。

8）2012年12月中旬南极绕极气旋移动路径图编绘成果分析

2012年12月10日18 UTC至2012年12月20日18 UTC共发现南极绕极气旋低压中心移动过程48个。其中，东南极区域发生18个，西南极区域发生21个，跨东、西南极移动过程9个，其中，东—西方向4个，西—东方向5个（图6-54）。

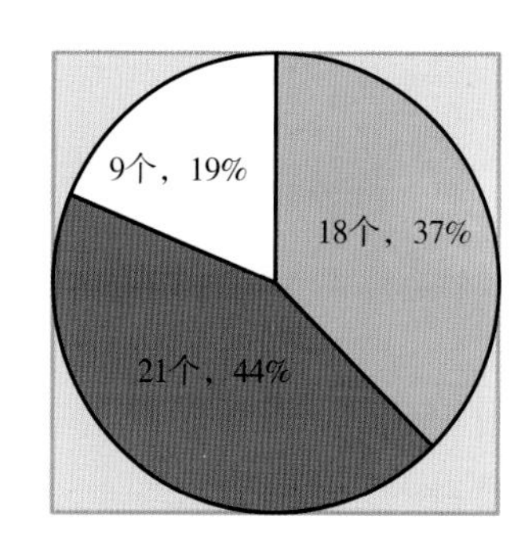

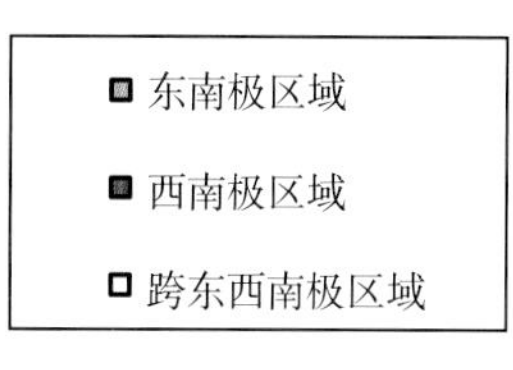

图6-54　2012年12月中旬气旋东西南极发生数量比例图

绕极气旋最大经度跨度约180°，气旋过程最长持续约240小时。

威德尔海—长城站临近区域（30°—75°W）发生气旋过程11次，其中逼近过程5次，

1 次穿越南极半岛进入威德尔海消亡；通过过程 2 次；邻近海域短暂过程 2 次；远离过程 2 次。

普里兹湾—中山站临近区域（60°—90°E）发生气旋过程 9 次，其中逼近过程 1 次；通过过程 2 次；气旋入湾登陆 2 次；近岸短期过程 1 次；远离过程 3 次。

9）2012 年 12 月下旬南极绕极气旋移动路径图编绘成果分析

2012 年 12 月 20 日 18 UTC 至 2012 年 12 月 31 日 18 UTC 共发现南极绕极气旋低压中心移动过程 67 个。其中，东南极区域发生 37 个，西南极区域发生 20 个，跨东、西南极移动过程 10 个，其中，东—西方向 5 个，西—东方向 5 个（图 6-55）。

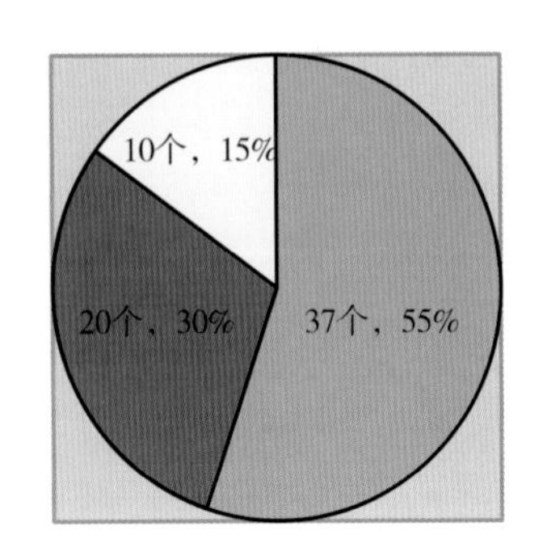

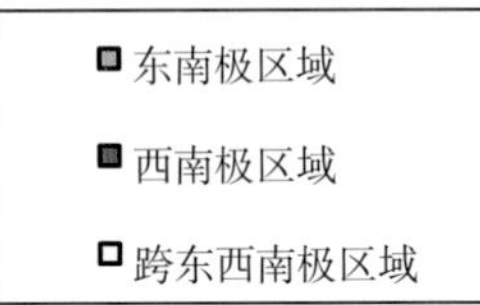

图6-55　2012年12月下旬气旋东西南极发生数量比例图

绕极气旋最大经度跨度约 120°，气旋过程最长持续约 222 小时。

威德尔海—长城站临近区域（30°—75°W）发生气旋过程 14 次，其中逼近过程 4 次，通过过程 3 次，海上通过；远离过程 2 次；海上短暂过程 3 次；湾内登陆 2 次。

普里兹湾—中山站临近区域（60°—90°E）发生气旋过程 9 次，其中逼近过程 2 次；通过过程 3 次；远离过程 2 次；邻近海域短期过程 1 次；入湾逼近陆域 1 次。

10）2013 年 1 月上旬南极绕极气旋移动路径图编绘成果分析

2012 年 12 月 31 日 18 UTC 至 2013 年 01 月 10 日 12 UTC 共发现南极绕极气旋低压中心移动过程 44 个。其中，东南极区域发生 16 个，西南极区域发生 20 个，跨东、西南极移动过程 8 个，其中，东—西方向 5 个，西—东方向 3 个（图 6-56）。

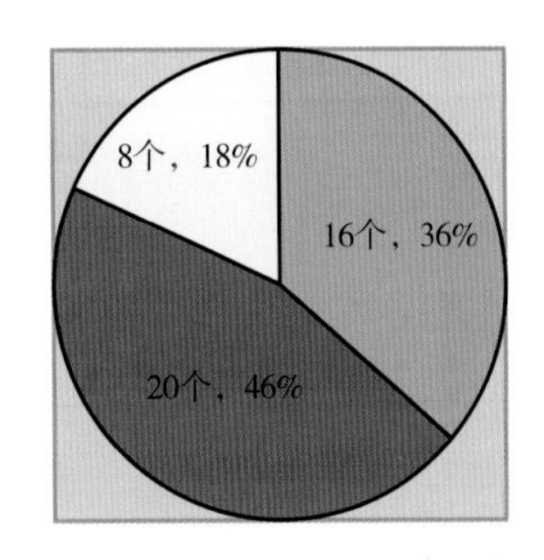

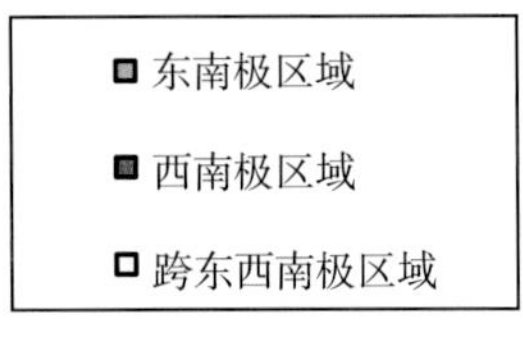

图6-56　2013年1月上旬气旋东西南极发生数量比例图

绕极气旋最大经度跨度约 130°，气旋过程最长持续约 148 小时。

威德尔海—长城站临近区域（30°—75°W）发生气旋过程 10 次，其中逼近过程 4 次；通过过程 1 次；远离过程 1 次；海上短暂过程 3 次；近陆域发生 1 次极短暂过程。

普里兹湾—中山站临近区域（60°—90°E）发生气旋过程 7 次，其中逼近过程 3 次，均逼近陆域近岸区域；远离过程 2 次；近海区域短时过程 2 次。

11）2013 年 1 月中旬南极绕极气旋移动路径图编绘成果分析

2013 年 1 月 10 日 12 UTC 至 2013 年 1 月 20 日 12 UTC 共发现南极绕极气旋低压中心移动过程 29 个。其中，东南极区域发生 14 个，西南极区域发生 8 个，跨东、西南极移动过程 7 个，其中，东—西方向 4 个，西—东方向 3 个（图 6-57）。

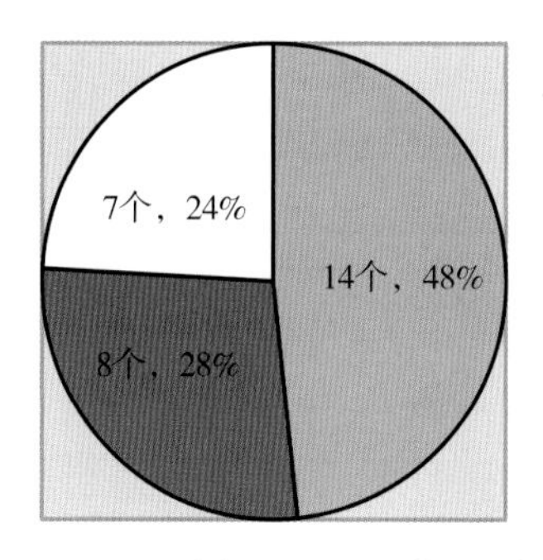

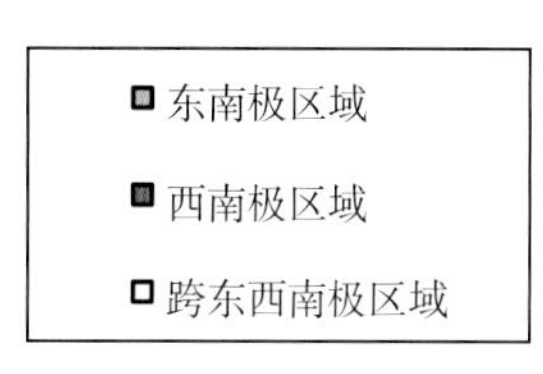

图6-57　2013年1月中旬气旋东西南极发生数量比例图

绕极气旋最大经度跨度约 115°，气旋过程最长持续约 156 小时。

威德尔海—长城站临近区域（30°—75°W）发生气旋过程 6 次，其中逼近过程 1 次；通过过程 1 次；远离过程 2 次，自威德尔海生成后远离；威德尔海内过程 1 次，维持时间约 216 小时；陆上短暂过程 1 次。

普里兹湾—中山站临近区域（60°—90°E）发生气旋过程 8 次，其中逼近过程 3 次；通过过程 2 次；邻近海域内过程 3 次。未发生入湾登陆现象。

12）2013 年 1 月下旬南极绕极气旋移动路径图编绘成果分析

2013 年 1 月 20 日 12 UTC 至 2013 年 1 月 31 日 12 UTC 共发现南极绕极气旋低压中心移动过程 45 个。其中，东南极区域发生 20 个，西南极区域发生 17 个，跨东、西南极移动过程 8 个，其中，东—西方向 4 个，西—东方向 4 个（图 6-58）。

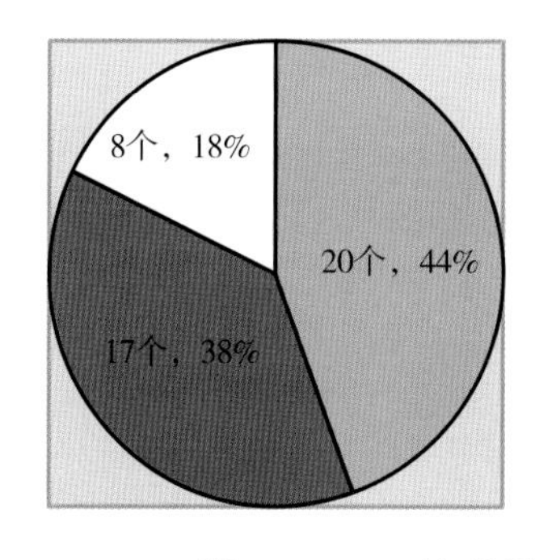

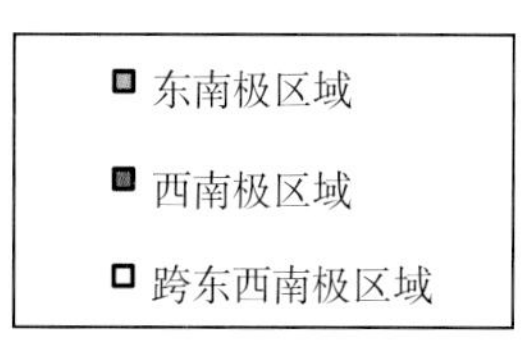

图6-58　2013年1月下旬气旋东西南极发生数量比例图

绕极气旋最大经度跨度约 150°，气旋过程最长持续约 264 小时。

威德尔海—长城站临近区域（30°—75°W）发生气旋过程 11 次，其中逼近过程 3 次，1 次于别林斯高晋海转向消亡，2 次穿越南极半岛进入威德尔海消亡；远离过程 3 次，自威德尔海生成后远离；通过过程 1 次；海上短暂过程 2 次，均发生于威德尔海，维持时间均不超过 24 小时，远岸海域过程 2 次。

普里兹湾—中山站临近区域（60°—90°E）发生气旋过程9次，其中逼近过程2次，1次逼近陆缘消亡；通过过程3次；远离过程3次；近岸海上短暂过程1次，几近入湾登陆。

13）2013年12月上旬南极绕极气旋移动路径图编绘成果分析

2013年11月30日12 UTC至2013年12月10日18 UTC共发现南极绕极气旋低压中心移动过程35个。其中，东南极区域发生13个，西南极区域发生15个，跨东、西南极移动过程7个，其中，东—西方向3个，西—东方向4个（图6-59）。

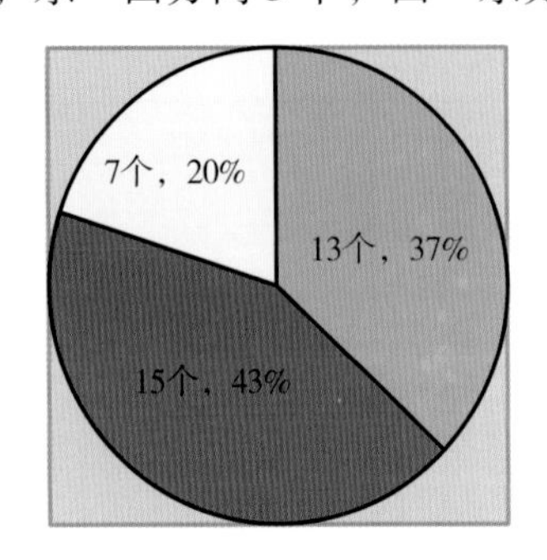

图6-59 2013年12月上旬气旋东西南极发生数量比例图

绕极气旋最大经度跨度约130°，气旋过程最长持续约216小时。

威德尔海—长城站临近区域（30°—75°W）发生气旋过程8次，其中逼近过程3次，均止于别林斯高晋海；临近海域内过程2次，均超过72小时；通过过程1次；远离过程5次（图6-60）。

普里兹湾—中山站临近区域（60°—90°E）发生气旋过程7次，其中逼近过程3次；远离过程2次；临近海域通过过程1次，近岸短过程1次，期间两个气旋合并后转向（图6-61）。

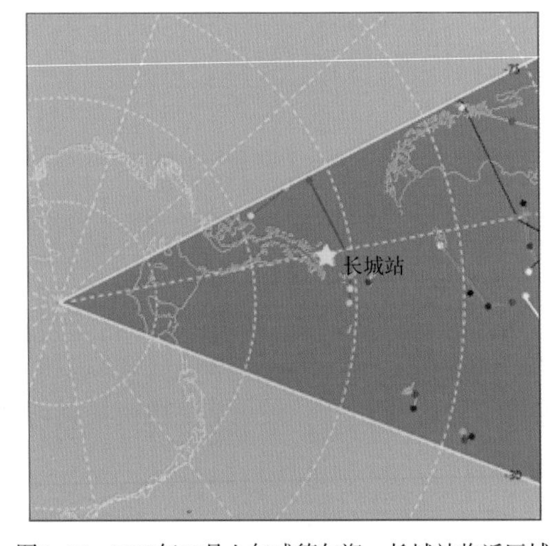

图6-60 2013年12月上旬威德尔海—长城站临近区域气旋发生图

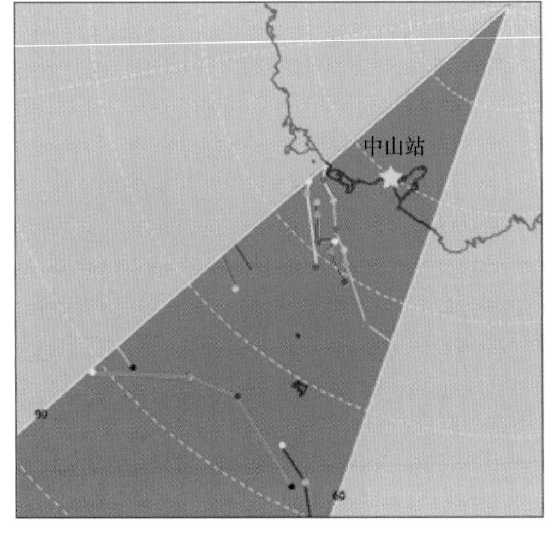

图6-61 2013年12月上旬普里兹湾—中山站临近区域气旋发生图

14）2013年12月中旬南极绕极气旋移动路径图编绘成果分析

2013年12月10日18 UTC至2013年12月20日18 UTC共发现南极绕极气旋低压中心移动过程39个。其中，东南极区域发生13个，西南极区域发生15个，跨东、西南极移动过程11个，其中，东—西方向6个，西—东方向5个（图6-62）。

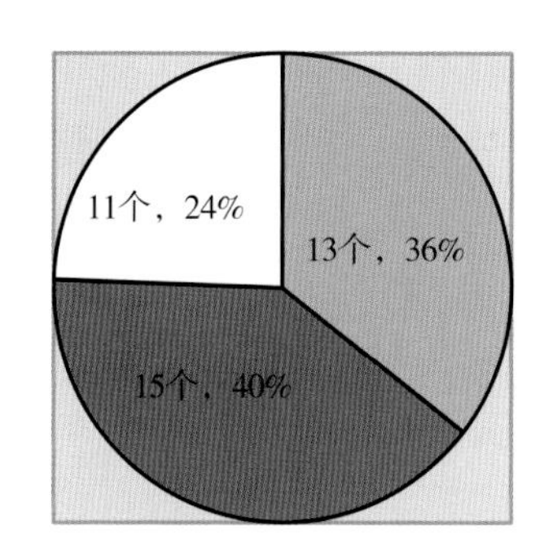

图6-62　2013年12月中旬气旋东西南极发生数量比例图

绕极气旋最大经度跨度约130°，气旋过程最长持续约168小时。

威德尔海—长城站临近区域（30°—75°W）发生气旋过程16次，其中逼近过程8次，2次穿越南极半岛进入威德尔海消亡；通过过程3次；邻近海域短暂过程2次；远离过程3次（图6-63）。

普里兹湾—中山站临近区域（60°—90°E）发生气旋过程10次，其中逼近过程3次；通过过程1次；气旋入湾登陆1次；近岸短期过程1次；远离过程4次（图6-64）。

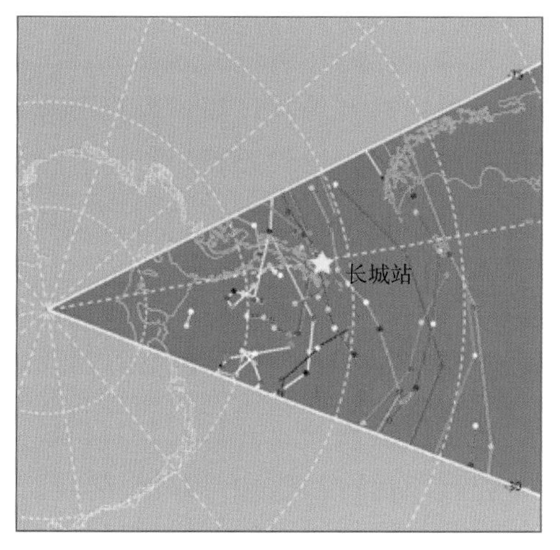

图6-63　2013年12月中旬威德尔海—长城站临近区域气旋发生图

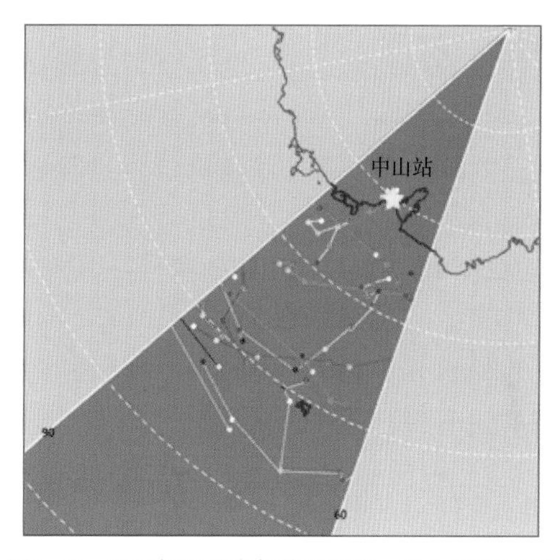

图6-64　2013年12月中旬普里兹湾—中山站临近区域气旋发生图

15）2013年12月下旬南极绕极气旋移动路径图编绘成果分析

2013年12月20日18 UTC至2013年12月31日18 UTC共发现南极绕极气旋低压中心移动过程46个。其中，东南极区域发生15个，西南极区域发生20个，跨东、西南极移动过程11个，其中，东—西方向5个，西—东方向6个（图6-65）。

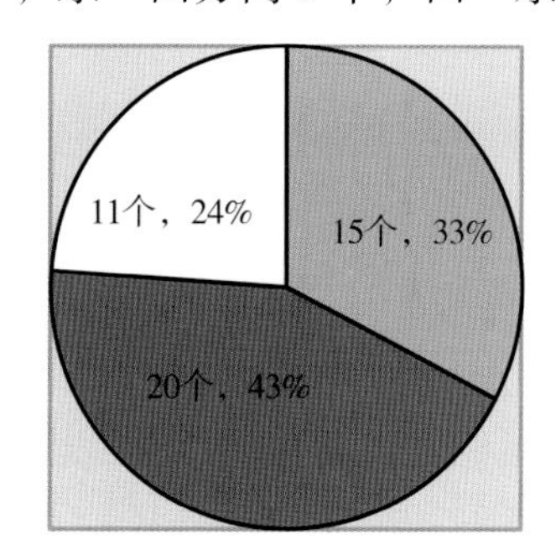

图6-65　2013年12月下旬气旋东西南极发生数量比例图

绕极气旋最大经度跨度约 140°，气旋过程最长持续约 96 小时。

威德尔海—长城站临近区域（30° — 75°W）发生气旋过程 14 次，其中逼近过程 6 次，通过过程 5 次，海上通过；远离过程 2 次；海上短暂过程 1 次（图 6–66）。

普里兹湾—中山站临近区域（60° — 90°E）发生气旋过程 11 次，其中逼近过程 1 次；通过过程 4 次；远离过程 4 次；邻近海域短期过程 1 次；入湾逼近陆域 1 次（图 6–67）。

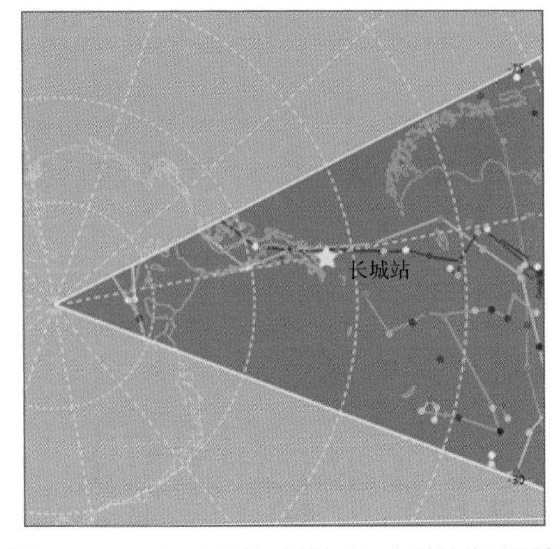

图6–66 2013年12月下旬威德尔海—长城站临近区域气旋发生图

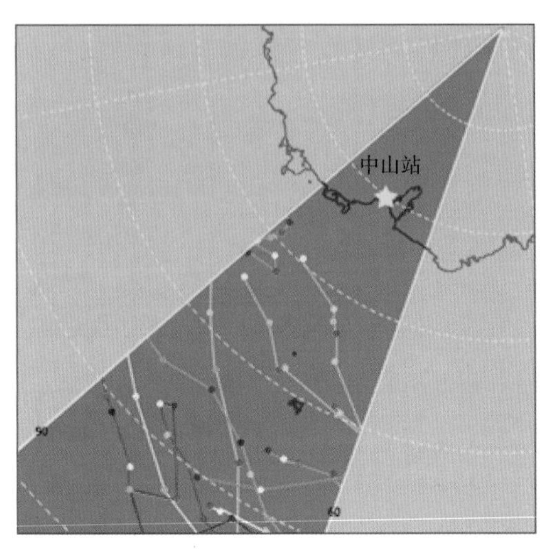

图6–67 2013年12月下旬普里兹湾—中山站临近区域气旋发生图

16）2014 年 1 月上旬南极绕极气旋移动路径图编绘成果分析

2013 年 12 月 31 日 18 UTC 至 2014 年 01 月 10 日 12 UTC 共发现南极绕极气旋低压中心移动过程 41 个。其中，东南极区域发生 7 个，西南极区域发生 16 个，跨东、西南极移动过程 18 个，其中，东—西方向 11 个，西—东方向 7 个（图 6–68）。

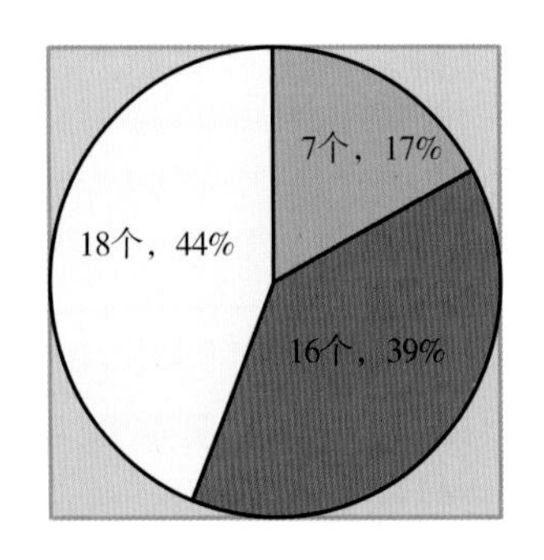

■ 东南极区域
■ 西南极区域
□ 跨东西南极区域

图6–68 2014年1月上旬气旋东西南极发生数量比例图

绕极气旋最大经度跨度约 200°，气旋过程最长持续约 234 小时。

威德尔海—长城站临近区域（30° — 75°W）发生气旋过程 19 次，其中逼近过程 5 次；通过过程 4 次；远离过程 4 次；海上短暂过程 6 次（图 6–69）。

普里兹湾—中山站临近区域（60° — 90°E）发生气旋过程 9 次，其中逼近过程 3 次，1 次逼近陆域近岸区域，1 次逼近陆域又转向通过，1 次远距离进入区域消亡；远离过程 5 次，其中 2 次中距离气旋均发生分化现象；通过过程 1 次（图 6–70）。

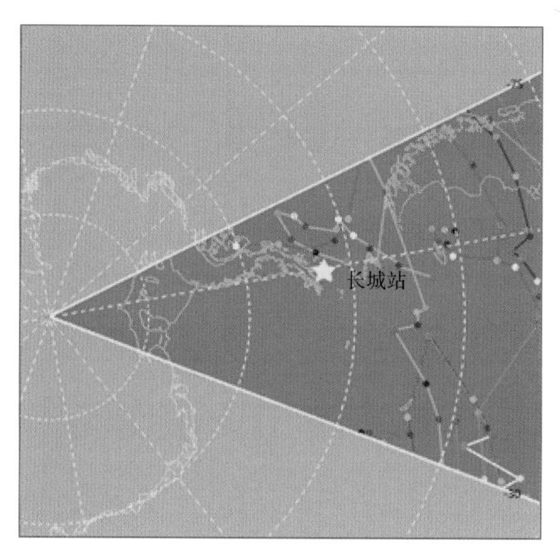

图6-69 2014年1月上旬威德尔海—长城站临近区域气旋发生图

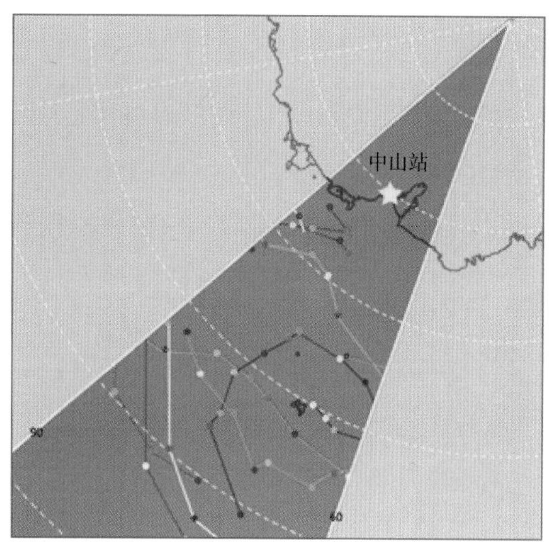

图6-70 2014年1月上旬普里兹湾—中山站临近区域气旋发生图

17）2014 年 1 月中旬南极绕极气旋移动路径图编绘成果分析

2014 年 1 月 10 日 12 UTC 至 2014 年 1 月 20 日 12 UTC 共发现南极绕极气旋低压中心移动过程 40 个。其中，东南极区域发生 11 个，西南极区域发生 15 个，跨东、西南极移动过程 14 个，其中，东—西方向 7 个，西—东方向 7 个（图 6–71）。

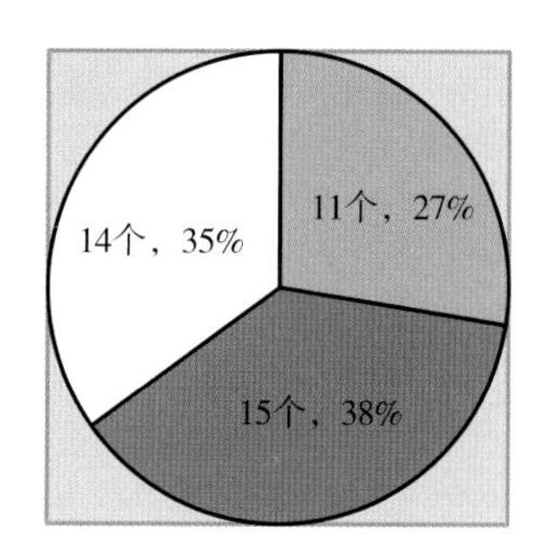

图6–71 2014年1月中旬气旋东西南极发生数量比例图

绕极气旋最大经度跨度约 170°，气旋过程最长持续约 246 小时。

威德尔海—长城站临近区域（30° — 75°W）发生气旋过程 14 次，其中逼近过程 6 次；通过过程 3 次；远离过程 2 次，自威德尔海生成后远离；临近海域发生过程 3 次，其中 1 次近岸发生，2 次远岸发生（图 6–72）。

普里兹湾—中山站临近区域（60° — 90°E）发生气旋过程 8 次，其中逼近过程 0 次；通过过程 5 次，其中 1 气旋在该区域发生“分化—合并”过程；远离过程 1 次。未发生入湾登陆现象（图 6–73）。

18）2014 年 1 月下旬南极绕极气旋移动路径图编绘成果分析

2014 年 1 月 20 日 12 UTC 至 2014 年 1 月 31 日 12 UTC 共发现南极绕极气旋低压中心移动过程 37 个。其中，东南极区域发生 8 个，西南极区域发生 17 个，跨东、西南极移动过程 12 个，其中，东—西方向 6 个，西—东方向 6 个（图 6–74）。

绕极气旋最大经度跨度约 180°，气旋过程最长持续约 174 小时。

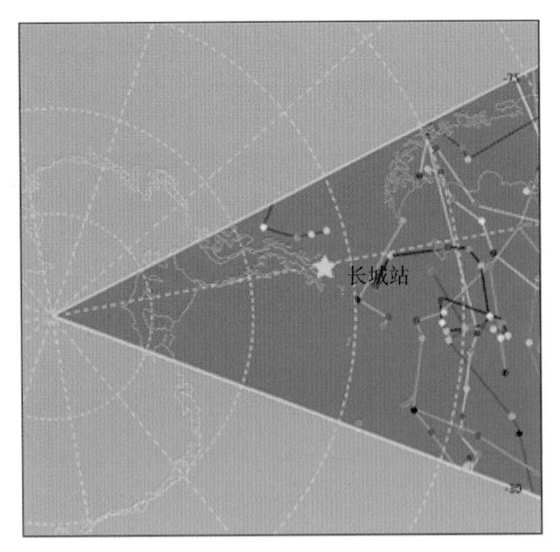

图6-72 2014年1月中旬威德尔海—长城站临近区域气旋发生图

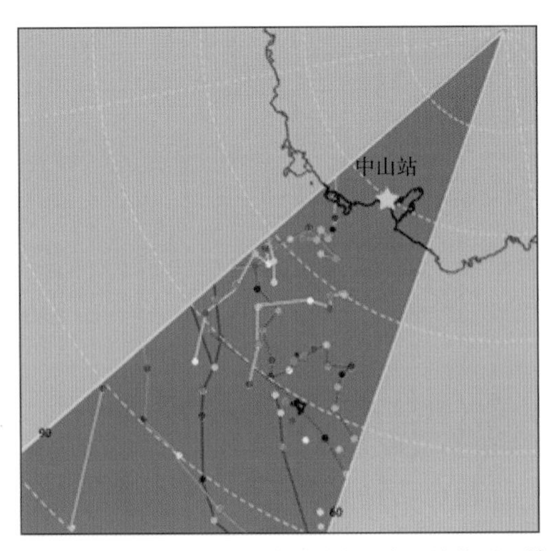

图6-73 2014年1月中旬普里兹湾—中山站临近区域气旋发生图

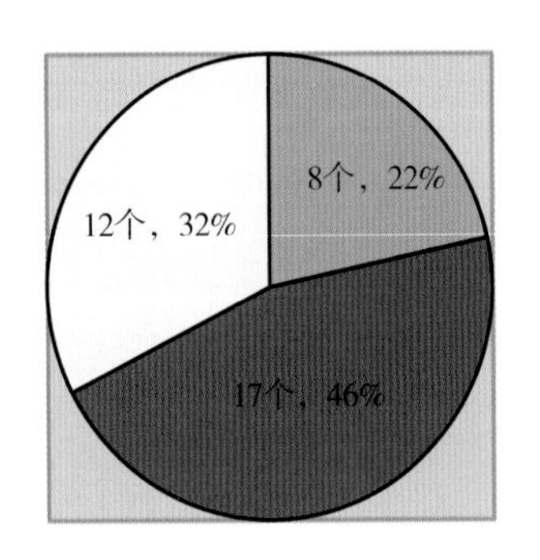

图6-74 2014年1月下旬气旋东西南极发生数量比例图

威德尔海—长城站临近区域（30°－75°W）发生气旋过程13次，其中逼近过程4次，1次进入威德尔海即消亡；远离过程5次，自威德尔海生成后远离；通过过程3次；海上短暂过程1次，发生于威德尔海，维持时间6小时（图6-75）。

普里兹湾—中山站临近区域（60°－90°E）发生气旋过程7次，其中逼近过程2次，均逼近近岸区域消亡；通过过程4次；远离过程1次（图6-76）。

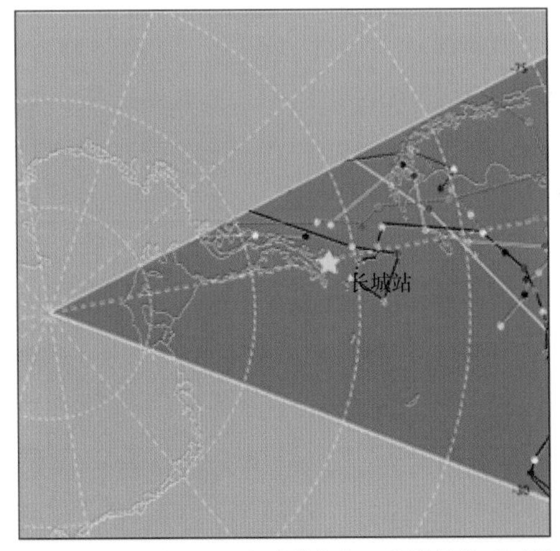

图6-75 2014年1月下旬威德尔海—长城站临近区域气旋发生图

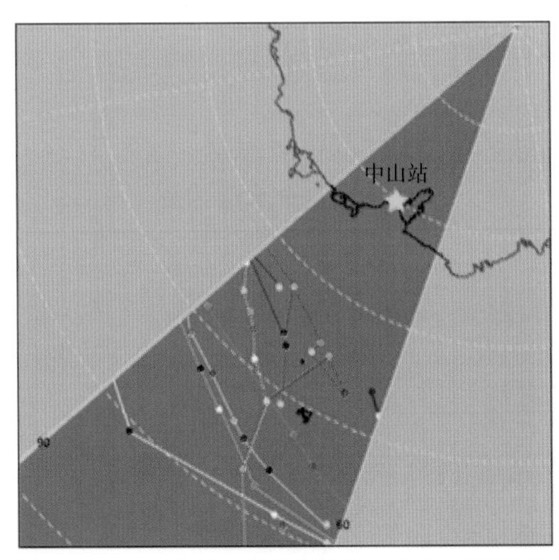

图6-76 2014年1月下旬普里兹湾—中山站临近区域气旋发生图

6.6.2 绕极气旋发生发展消亡规律

6.6.2.1 绕极气旋的生成

图 6–77 是气旋的源地密度图，与气旋活动密度分布计算方法的区别在于估计采用的样本点不同，源地密度是通过每次气旋过程的气旋初始点作为核概率密度估计的样本点，计算气旋生成的密度值，单位为个 /a × 5 deg.Cap。气旋生成的高密度区域位于 55° — 65°S 纬度带，与绕极槽所在的纬度带属于同纬度带。气旋主要发生于：①绕极槽与南大洋高纬度地区；②澳大利亚南部及西南部；③西南大西洋和德雷克海峡；④太平洋中部及西北部；⑤冬季塔斯马尼亚海。南大洋气旋生成机制主要有：斜压不稳定，热力不稳定以及地形影响造成冷空气气旋生成。

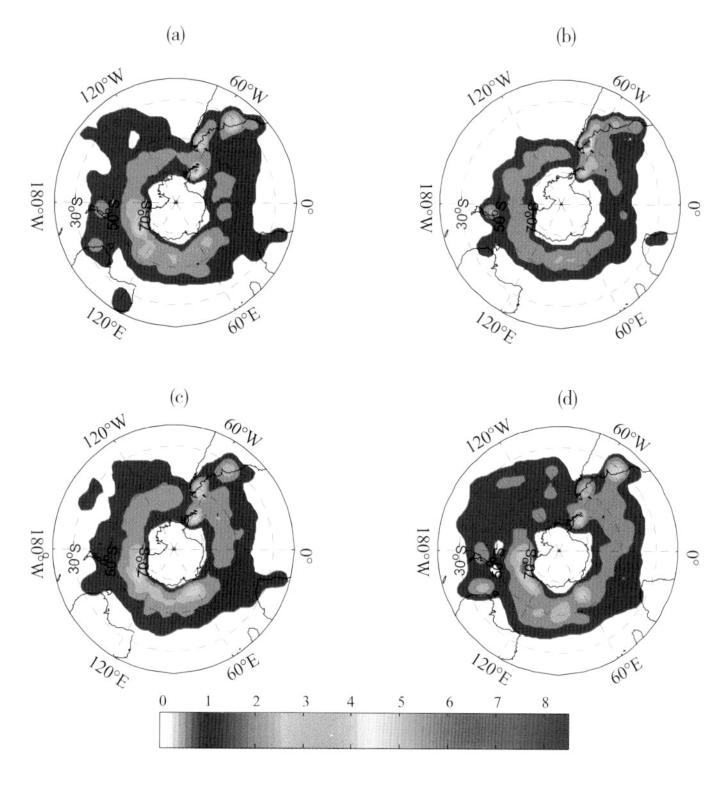

图6–77 气旋源地密度图（个/a × 5 deg. Cap）

(a)春季；(b)夏季；(c)秋季；(d)冬季

气旋主要生成区域大多位于南极大陆周围的海冰边缘带，以及大陆沿岸等能够为气旋的发展提供有利条件的热力边界区。气旋生成后受南极高原的阻挡，大部分气旋并没能够深入南极大陆，而是以环绕南极大陆的方式运动。海洋对气旋生成的作用不容忽视，例如南美大陆以东存在的气旋生成区域，这一带有来自富兰克群岛以及巴西的海流汇合，海表温差较大，促进气旋生成。有研究表明威德尔海附近气旋生成是受地形作用的影响。南极半岛属于高海拔区域，绕极的西风气流经该高海拔区爬坡，导致气流的涡度增加，利于气旋的发展。

分析南极气象实况资料得出的气旋发生地主要分布在以下区域：

（1）绕极槽及南大洋高纬度地区

在这个区域生成的低压数量比南半球其他地方生成数量的总和还多，这不包括副热带大陆地区，那里经常出现热低压。然而，卫星云图的半球拼图则显示（图 6–78），高纬度生成的系统通常不是主要锋面低压，云系也多是不成系统的低层云，而主要锋面低压的出现位置则更为偏北。高分辨卫星云图显示绕极槽内的很多大型低压都变化成为多中心低压，这使得低压的数量大大增加。在冬季，气旋的生成在绕极槽内最明显，位于罗斯海、格林尼治线附近和印度洋南部。

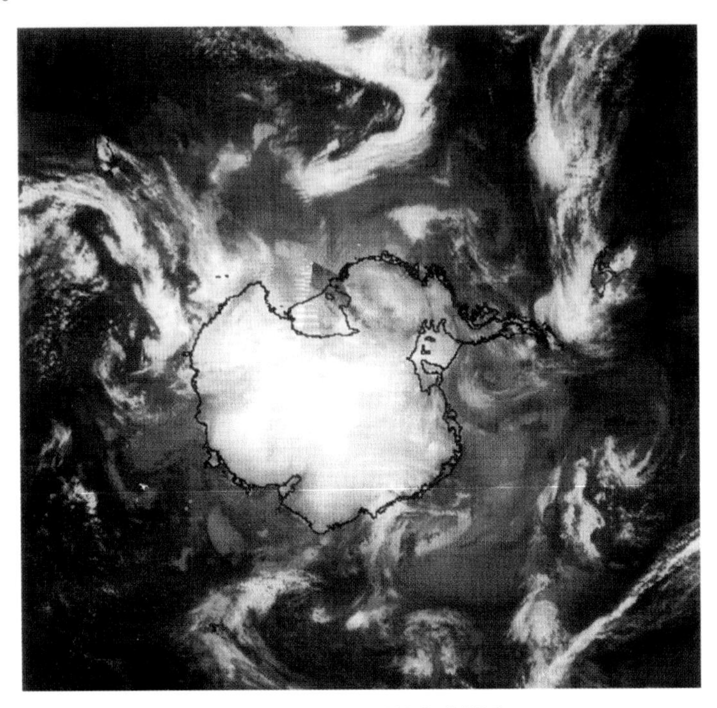

图6–78　卫星云图的半球拼图

（2）西南大西洋和德雷克海峡

分析表明，这里夏季和冬季的差别很小，东南太平洋的气旋生成数量在冬季略有下降。其中德雷克海峡是最大值区，这个区域生成的气旋主要由于锋面云带上的波动和少量的“倒逗点”云系组成。这是由于频繁的陆地气旋生成产生了较多的锋面波动，海上积云中产生的逗点云系则较少。

（3）南太平洋中部和西北部

南太平洋西北部气旋生成的频率远大于南半球同纬度的其他地方。冬季这个地区尤为活跃。

（4）澳大利亚南部和西南部

冬季气旋的生成数量远大于其他季节。卫星云图资料分析和澳大利亚模式数据分析的结果十分一致。

（5）冬季塔斯马尼亚海

卫星云图和澳大利亚模式分析结果都表明这一地区的气旋活动显著。

从有关气旋发生地的研究中得到的一个共同点是，高空大气长波的形势导致了全年发生在南大西洋、南太平洋和南印度洋的气旋生成。1979 年冬天的情况就是如此，由于适值 FGGE 工作期，所以对此进行了详细的研究。Physick（1981）利用这个项目的高质量分析资料研究了气旋发生区，发现以上 3 个区域内的气旋多发区都与低压槽相连，分别位于 110°E、120°W 和 40°W。

6.6.2.2 绕极气旋的路径

雷丁大学的追踪算法附带了一套气旋密度的估计算法。这套算法属于核概率密度估计算法。核概率密度估计算法属于非参数密度估计方法，可以生成连续、平滑的气旋数密度分布。

图 6–79 为气旋活动的各季节密度分布，是对气旋从生成到消亡所有中心位置点密度分布的统计。图中的气旋密度的单位为：个 /a × 5deg.Cap。结果显示，冬季以及春季气旋分布比夏秋季节的分布广泛，基本覆盖了 30° — 70°S 的区域，而夏秋季节气旋分布大部分集中在 50° — 70°S 区域，南美洲与澳大利亚之间的南太平洋区 30° — 50°S 之间也有分布。各季节内，气旋活动的高密度区域位于澳大利亚的南部和南极大陆之间的 60° — 70°S 海域。春季和夏季，别林斯高晋海海域也变为气旋高密度区域。

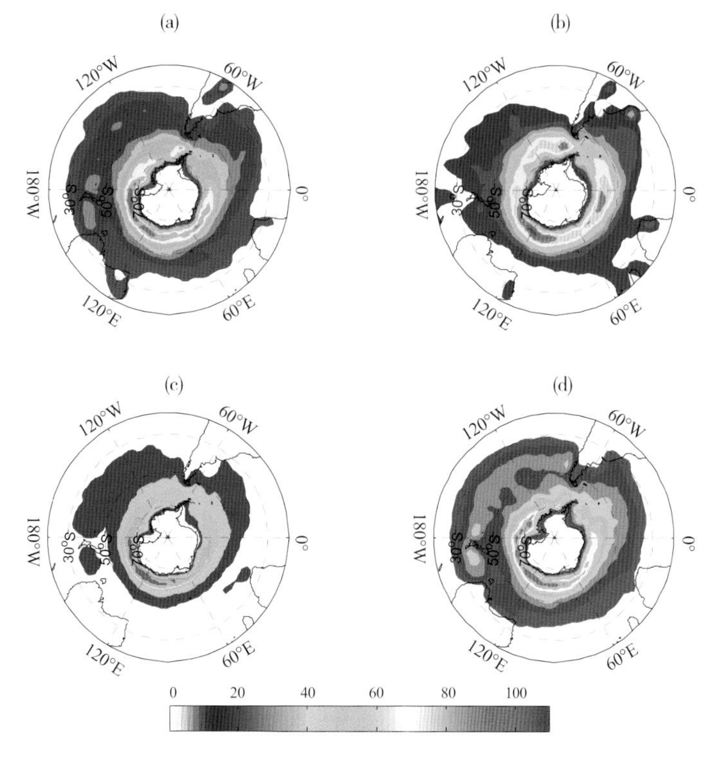

图6–79 绕极气旋活动密度图（个/a × 5 deg. Cap）

(a)春季；(b)夏季；(c)秋季；(d)冬季

虽然低压的路径变化很大，但还是能够从现有的资料中总结出一些常规路径。

（1）绕极槽附近的低压东移区，其中包括发展的低压和消亡的低压。通过近几年的模式分析和高分辨卫星数据，我们知道这个区域里有大量的小型低压在活动。而早期的南半球低压路径研究中没有提及这个区域。

（2）从南美洲东部到恩德比地及其以东的南极沿岸。在 Taljaard（1967）对 IGY 数据、Physick（1972）对 FGGE 数据和 Neal（1972）对 GARP 基础数据库计划资料对这条路径的验证结果中都显著。这条路径被 Asapenko（1964）称之为“富克兰”小路；在 Jones 和 Simmonds 的冬、夏两季路径图中这条路径也很明显。

（3）从太平洋中部和西北部开始，经过德雷克海峡或者向南进入别林斯高晋海。这条路径是由 Lamb(1959)确认的。他发现大量的低压在 20° — 40°S 附近的新西兰至塔西提之间生成，然后进入德雷克海峡或者别林斯高晋海。Taljaard（1967）对 IGY 数据、Physick（1972）对 1979 年的 FGGE 观测数据和 Neal（1972）对 GARP 基础数据库计划资料进行的研究肯定了这条路径，特别是太平洋中部路线。这条路径结合了 Asapenko 的“东太平洋”和“南美洲”路线，但在太平洋中部更宽阔。Taljaard 和 Physick 指出，这条路径和以前的路径的位置和定义在冬季最为清晰，这一点被 Jones 和 Simmonds 的研究结果所肯定。气旋西侧的强烈南风导致大量冰山在太平洋中部可以移动到 50°S 如此低的纬度。

（4）横跨南印度洋从克尔格盖伦岛到达澳大利亚南部，最后在阿德雷地和罗斯海消散。在澳大利亚以南和以西南有一大片强气旋活动区并显示出很大的变化性。FGGE 实验期间澳大利亚以南十分活跃，出现了大量低压。Neal（1972）分析了 GARP BDS 的部分图表后指出，1970 年 6 月罗斯海东南部有大量的气旋中心出现。

（5）从塔斯曼海和新西兰以南海域到罗斯海和南阿蒙森海的沿岸，这条路径被 Asapenko 称作“新西兰”分支，FGGE 期间十分活跃并且显示了无季节性变化的特征。

对南大洋气旋的密度分布的验证工作发现，出现在 62°—64°S 的气旋中心最普遍，这个纬度比绕极槽的平均位置偏北 2 ~ 6 个纬度。气旋活动的最大值出现在 60°—65°S。从东南极沿海以北、澳大利亚西南的海域全年都有大量的低压出现。最大值出现在阿蒙森海，夏季的高峰值出现在别林斯高晋海。在冬季，塔斯曼海以及从西太平洋一直到新西兰以东的海域内气旋十分活跃。

与南极沿海相比，出现在南极大陆内地的低压要少得多，因此很难确定出任何一条大陆上的持续性路径。相当数量的低压从罗斯海越过西南极到达别林斯高晋海和威德尔海。

6.6.2.3 绕极气旋的消亡

本项目同时还对气旋的消亡位置进行了统计，气旋消亡的密度是以每次气旋过程中气旋消亡的点作为样本，估计气旋消亡的密度。

气旋移动的过程中，位于南极大陆附近的南极海冰，以及南极大陆本身的摩擦作用相比较于中纬度海表面来说逐渐增大，导致气旋摩擦辐合，直至气旋的填塞消亡。因此，气旋消亡地集中在南极大陆周围一带以环状分布是南大洋气旋的主要消亡区域的特点。

统计结果表明，气旋消亡地集中在 60°—70°S 之间，并且紧靠南极大陆的边缘。在这些区域中，存在几个突出的气旋消亡地。分别是①南印度洋接近南极大陆的一片海域；②别林斯高晋海及其以西的阿蒙森海紧靠南极大陆的海域。夏季，这两个主要的消亡地变得更加的突出。气旋在这一带海域消亡，很大一部分原因是受到南极地形的作用。

南大洋高纬度地区是一个气旋消亡区，温带气旋在那里减慢移速并消散。根据绕极气旋资料分析得出，低压减弱通常发生在 50°S 附近和南极沿海地带之间，平均纬度为 56°—57°S，冬季气旋消散最频繁区出现在 55°—60°S，且低压的减弱期长于生成期和成熟期。

很明显，主要的气旋消散区都位于低压主要路径的最南端，路径的另一端是中纬度地区或绕极槽内的气旋生成地。主要的气旋消散区都位于绕极槽内，其中心位置分别是：

（1）澳大利亚西南的 100°—150°E 区域内。全年气旋消散发生频繁，最大值出现在冬季；

（2）别林斯高晋海。最稳定的全年气旋消散地之一；

（3）罗斯海中部和东部以北；

（4）恩德比地半岛以西，40°—60°E。这里是冬季气旋消散的峰值区；

（5）威德尔海东部和中部。

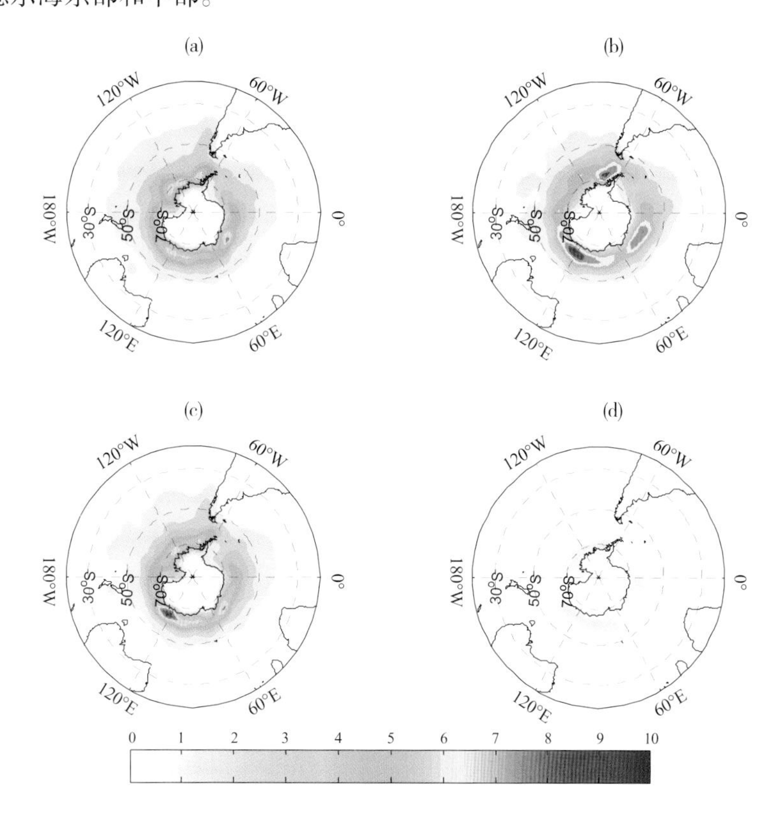

图6–80 绕极气旋消亡地密度图（个/a × 5 deg. Cap）

(a)春季；(b)夏季；(c)秋季；(d)冬季

6.6.3 普里兹湾气旋活动

统计表明由气旋影响造成普里兹湾地区的大风次数最多，约占70%。一个气旋出境后，紧接着又一个气旋东移而至，这种气旋替换过程在普里兹湾地区经常发生。

6.6.3.1 普里兹湾气旋的分类

通过气象观测资料、云图和天气图分析，对影响普里兹湾地区的气旋分为以下三大类：

（1）绕极气旋东移类

气旋一般生成于20°－30°E，位置比较偏北，大约在45°－55°S之间，在东移过程中，受南印度洋副热带高压脊影响，气旋中心位置有所南移，使气旋接近南极大陆。当这类气旋移到普里兹湾海域时气旋有加强停滞趋势；而当气旋移出普里兹湾后，就迅速减弱，气旋中心位置又向偏北移动。

（2）气旋交替类

当一个气旋东移影响后，紧跟着另一个气旋东移影响普里兹湾地区，使普里兹湾地区连续几天长时间产生大风天气。南极绕极气旋的气压梯度，一般比北半球气旋的气压梯度大得多，强绕极地气旋的中心气压有时可降到950 hPa以下，而且南极四周都为广阔海洋，水面摩擦力较小，使水平气压梯度增大，风力更强。

（3）普里兹湾新生气旋类

普里兹湾是与内陆高原截然不同的下垫面，在湾区地形和极地冷高压的影响下，移来的锋面云系中的一个小扰动有时会在此生成气旋。这类气旋尺度较小，影响中山站的时间一般较短。

6.6.3.2 绕极气旋进入普里兹湾的生消发展

绕极气旋一般不进入普里兹湾内，而是在湾的北面自西向东移走，此时的大气环流形势为纬向环流。当大气环流为经向型，印度洋上的副高南压阻挡气旋东移，迫使气旋向南进入普里兹湾。如果湾内的浮冰多，气旋由北面的暖湿洋面上进入冰区，迅速减弱消失，所以被称为气旋的“墓地”。根据我们的实际观测发现，在大气环流形势场有利的情况下，绕极气旋有时可以进入普里兹湾，并能够加强或暴发性发展。

普里兹湾气旋能否发展，关键问题是海冰的多少和分布情况。海冰直接影响海表面温度，有冰的海域海温低，无冰的水域温度高，在高温暖湿的海面上容易使气旋发展或形成新生气旋。气旋越过冰坝进入长时间维持的冰间湖会暴发性发展，其强度能够达到 12 级以上强风暴。

6.6.4 威德尔海气旋活动

威德尔海地区是绕极气旋重要的发生发展地区，南极半岛西侧气旋生成后穿过德雷克海峡在威德尔海地区得到加强。

威德尔海地区气旋平均移动速度为 19 ~ 21 节，一般情况下冬季气旋移动比夏季稍快一些。当然这是一般的情况，具体要看整个气压场的形势。

在南极半岛东北方有从大西洋副热带地区南伸到威德尔地区的高压脊，而在南极半岛和威德尔海以西是个低压或气旋区。它们气压场分布的共同特征是呈现“西高东低”或“西南高东北低”的气压场。即在南极半岛西部和南部为高压控制区，在南极半岛东部和北部的威德尔海地区为低压区。

南极半岛东侧的大西洋副热带高压强大，向南伸展在 40°W 附近形成一个高压脊。南极半岛的大部分都处于深厚低压槽东侧和大西洋高压脊西侧的等压线密集区。在 850 hPa 合成图上 50°—60°S 之间等温线密集，从南美大陆的西南端海域至南极半岛大部都盛行西北风，有强暖平流吹向我国南极长城站。由于天气系统的深厚，地面与高层等压面形势十分相似。地面形势图上南极大陆高压较弱，西南极基本是低压区，一个向东移动的强低压气旋控制了南极半岛及以西海域，大西洋副热带高压在 40°W 附近形成的高压脊对低压气旋的移动有阻挡作用。南极半岛大部位于低压气旋冷锋的前部，盛行的西北风将低纬度海洋上的暖湿空气输送到半岛地区，创造了生成海雾的关键条件。从地面空气相对湿度分布上可以明显地看到冷锋前的西北风区是一个相对湿度的高值区(湿舌)。在这种形势下如果副热带高压势力强大，气旋会在南极半岛以西海面停滞数日，加之气旋本身尺度较大，长城站可出现长时间的海雾天气。

第7章　考察的主要经验与建议

7.1　考察取得的重要成果和亮点总结

2011—2014年，CHINARE-02-04专题课题组针对该项目，利用卫星遥感的优势，采用整体与局部相结合的方法，开展了南极圈环境遥感考察，涉及地理基础测绘、地貌制图、海冰、海洋水体环境、海洋动力环境及南极气象环境等方面的内容。

本项目利用多源卫星遥感数据对PANDA断面开展考察，完成了中山站至冰穹A地区的高精度DEM制图，为南极内陆考察提供了有效的信息。对埃默里冰架、罗斯海、查尔斯王子山、中山站、昆仑站等重点区域进行卫星遥感制图和分析，完成世界上第一幅最高分辨率的全南极卫星影像图及地表覆盖制图和南极洲1:10万蓝冰数据库，并制定了南极地貌遥感调查实施技术规范，同时为我国南极第五个科考站选址提供遥感制图与分析，完成了长时间序列的南极周边海域海冰遥感考察、海洋动力环境考察、海洋水色、水温遥感考察，及南极绕极气旋遥感考察。

该课题组的多项重要成果为我国首批关于南极洲的重要科学数据，其中针对南极埃默里冰架等重点区域实现长时间动态观测，并进行机理分析，相关研究成果已在发表在SCI上，全南极卫星影像图及地表覆盖制图已成为我国极地遥感研究的标志性成果。

通过“十二五”期间的专项考察，主要成果如下。

7.1.1　南极地理基础遥感测绘考察

利用ERS-1 SAR、ASTER和ALOS光学立体像对以及ERS-1和ICESat测高数据，基于雷达干涉测量、光学立体成像以及多源测高数据融合的方法，开展了全南极和重点考察区域地形的考察，并提取了高精度DEM。其中，联合ERS-1和ICESat测高数据获取的全南极冰盖地形，与ICESat测高点相比的高程内符合精度约4 m，与RAMP DEM相比主要误差在 ±20 m内；融合ASTER和ICESat测高数据，提取了PANDA断面部分区域15m分辨率的ASTER DEM，总体高程精度在20 m以内；基于ALOS立体影像生成了中山站区域25m分辨率DEM，高程精度为10.1 ± 11.3 m，误差主要分布在20 m以内；基于差分相位误差趋势面去除的InSAR方法生成了PANDA断面区域20 m分辨率的InSAR DEM，整体高程精度也在20m内；针对传统InSAR技术提取冰面地形易受冰流影响的局限，设计的基线联合方法可以有效克服冰流的影响，DEM高程精度可以控制在10 m内。

利用航摄影像、实测GPS数据、高分卫星影像IKONOS、ALOS和ZY-3、中等分辨率卫星影像Landsat、HJ-1A/B以及SAR卫星数据ERS、ENVISAT等，基于航空摄影测量、SAR影像两轨差分以及实测GPS测算方法，考察了南极重点考察地区的表面地形地貌和冰流特征。

获取了高精度大比例尺的3D产品；制作了长城站，中山站，格罗夫山，埃默里冰架等区域平面卫星影像图；获取了冰穹A地区高精度的地形，并获得了该区域的速度场；提取了极记录冰川、达尔克冰川和格罗夫山地区高分辨率（20m）二维冰流速图。

利用GRACE卫星重力和ICESat、ENVISAT测高数据，基于GRACE数据滤波后的球谐系数变化量和质量变化的关系，以及测高数据的FFM算法、重复轨道分析与交叉点分析算法，开展了南极冰盖高程变化与质量变化的考察，分析了变化特征与趋势。考察结果发现：在阿蒙森区域存在明显的高程减少现象，南极半岛也存在高程减少；在埃默里冰架两侧，冰盖高程表现出相反的变化趋势，恩德比地区也存在明显的高程变化；西南极阿蒙森地区和南极半岛存在明显的质量亏损，而东南极恩德比等地区质量有所增加，与国内外相关研究结果吻合。

7.1.2 南极地貌遥感考察

使用多源遥感数据对埃默里冰架前端和德里加尔斯基冰舌进行较长时间序列的动态变化分析，并结合其他数据，综合分析了冰架变化与周边大气海洋环境的关系和相互影响。

利用Landsat 7 ETM+数据，根据蓝冰、雪与岩石光谱特性对ETM+影像进行分类，完成南极洲1:10万蓝冰数据库。通过进一步的比较发现，南极蓝冰分布区域大约5.5%的区域的坡度大于5°，大部分蓝冰区域较为平整。年流速超过200米的区域也较少，仅在罗斯冰架、沙克尔顿冰架、埃默里冰架以及龙尼冰架区域，大部分蓝冰区域流速较小。

利用收集到的遥感数据，制作大量遥感影像图件，为其他科学研究和现场作业提供大量支持。成果图件包括：Landsat7 ETM+全南极30 m分辨率拼图、2010年兰伯特冰川HJ-1 A/B 30m分辨率卫星影像镶嵌图、2010年埃默里冰架以及兰伯特冰川ENVISAT-WSM 75 m分辨率数据卫星图像、中山站到埃默里冰架ENVISAT IMS10m分辨率数据制图、中山站到埃默里冰架ENVISAT IMS10m地貌专题图、埃默里冰架重点区域高分辨率雷达影像图、兰伯特冰川地区2010年地貌图。

针对两个备选地址，分别采用HJ-1A、Landsat7 ETM+数据绘制《南极维多利亚地地区卫星影像图》、《南极格雷厄姆地区卫星影像图》。利用遥感图像，对两个备选地址周围山脉、冰川、冰舌、海湾、岛屿、裸岩、其他国家科考站、企鹅等因素进行分析并列出，为我国南极第五个科学考察站选址提供有力的科学数据。

7.1.3 南极周边海冰遥感考察

利用2008—2013年的时序卫星遥感海冰数据，开展南极周边海冰考察，分析完成了多年的海冰变化规律与分布特征。考察结果显示：南极海冰多为一年冰，海冰的分布变化存在比较明显的季节性特征，最小分布面积在2月，最大分布面积在9月。每年海冰经历约7个月的凝结期和5个月的消融期，其中4—6月为海冰快速增长期，11—12月为海冰快速消融期，海冰年度最大分布面积能达到最小分布面积的5.9倍。

对我国中山站附近海域海冰研究表明，该海区的海冰密集度只有在12月、翌年1月和2月达到最小，1月和2月是船只进出中山站的最佳时间，其次为12月和翌年3月。该成果对于冰区航行具有重要的指导意义。

7.1.4 南极周边海域水色、水温遥感考察

利用2002—2015年的卫星遥感数据，基于叶绿素浓度和海温反演算法，开展了南极周边海洋水色、水温考察，分析南大洋水色、水温分布规律及趋势，同时，分析了水底地形，海冰和水温对叶绿素浓度的作用与相关性分析。研究发现南大洋水色、水温分布呈现显著的年际变化特征，每年从10月升高至翌年1月，随后下降至3月，叶绿素a浓度异常主要发生在沿岸海区，其中以罗斯海最为显著。罗斯海叶绿素a异常爆发出现在每年11—12月，别林斯高晋海偶有11月爆发的状况；普利兹湾及阿蒙森海爆发时间较晚，主要位于12月至翌年1月。南大洋在近13年中其藻类储量变化趋势不均一，别林斯高晋海及罗斯海 高纬度海域主要趋势为正，而阿蒙森海、普利兹湾、威德尔海则被负值控制。海温也呈现出相应的年际变化趋势，10月份温度开始升高，至翌年2月份达到最高，随后3月份降低。中低纬度海域在2月份达到温度最高峰，而高纬度海温峰值则出现在1月，温差变化较大的海域是普里兹湾、威尔克斯海和科斯蒙努特海。海冰溶解及地形起伏区域造成的上升流对于叶绿素营养补给及叶绿素增长有促进作用。整个考察成果对于南大洋环境及资源研究具有十分重要的意义。

7.1.5 南极周边海洋动力环境遥感考察

利用2011—2013年的时序的ASCAT、Oceansat-2和HY-2A散射计以及Jason-1/2、Envisat RA-2、Cryosat-2和HY-2高度计等卫星遥感数据，基于多源卫星遥感海面风场和海浪有效波高融合算法，开展了南极周边海面风场、海浪考察，分析了南大洋海面风场及海浪分布规律及趋势。考察结果发现，南极周边65°S以南海洋海面风速和海浪波高相对较小，65°S以北海面风速和海浪波高较大，在60°W—0°E区域内存在海面风速和海浪波高低值区；海面风速和海浪一般每年的1—7月逐渐增大，随后开始逐步减小。南极周边海洋海面风场和海浪考察成果可用于南大洋科考船航线规划分析。

7.1.6 南极气象环境遥感考察

利用2012—2014年的时序卫星遥感数据，开展了南极绕极气旋的分布规律统计，完成了南极绕极气旋的生成、发展及消亡规律研究，探讨了气旋生消与大气环流、海陆下垫面地形特征和热力学特征之间的关系，发现气旋主要生成于南极大陆周边的海冰边缘带；冬春季比夏秋季气旋偏多；地形摩擦作用可使气旋强度减弱甚至消失，气旋消亡地集中在60°—70°S之间。对普里兹湾和威德尔海两个重点海区进行了气旋活动规律分析，发现海冰和大尺度天气系统是影响此两个海区气旋活动的重要因素。考察成果可用于南大洋气象环境分析及航线规划。

7.2 南极环境遥感考察对专项的作用

南极是全球气候变化的关键区和敏感地区，在全球气候环境变化过程中扮演着越来越重要的角色。受限于南极的恶劣自然环境，现场调查难度极大。卫星遥感技术使全天时、全天候、大面积、多尺度、同步、快速一致性、高频次、周期性、长期对南极进行全面调查成为现实。

本专项旨将卫星遥感手段优势与现场观测结合，获取南极关键参数信息，弥补了我国在南极大陆与周边海洋环境等方面时空分布资料的缺乏，一部分满足了国家对南极资源的开发需求以及应对全球气候变化的现实挑战。

本专题使用多源卫星遥感影像，采用整体和局部相结合的方法，对全南极及相关重点区域进行环境遥感调查，获得了一系列重要成果。这些成果为掌握我国南极科考站基本情况、全南极地形、地貌、海洋环境及气象等环境要素变化分析提供了有力的科学数据。形成的相应技术流程和规范为深入研究奠定了良好的基础，为实现专题目标贡献了极大的作用。本专题的成果有助于全面了解南极综合环境，对我国南极科学考察和极地资源开发、利用与保护具有重要作用。

7.3 南极环境遥感考察主要成功经验

本专题综合利用了国外与国内的多源遥感数据，并大力挖掘我国国产海洋卫星、环境小卫星、北京 1 号小卫星等数据在极地区域的应用潜力，形成了一系列标准化的数据处理流程、方法，为实现我国国产卫星在南极大陆、周边海域及南极上空大气等要素方面的监测和遥感制图提供了宝贵的经验。

采用数据融合等技术整合多源卫星数据，通过获取多时序的卫星数据，开展极地环境要素变化分析，为极地及全球气候变化研究提供了信息支撑；通过大尺度与小尺度考察相结合的方法，为更好地获取全南极环境基础信息考察数据集提供了基础；同时，通过学研结合，组建了一支在极地遥感考察方面科研能力全国领先的团队，为南极遥感环境考察的成功进行提供了支撑。

7.4 南极环境遥感考察中存在的主要问题及原因分析

7.4.1 卫星资料获取存在不足

受相关条件限制，本专题获取的高分辨率数据数量不多，仅针对少量的重点考察地区进行了局地重点考察。此外，各考察要素之间使用的数据，在时间和区域上尚未能有效统一，不便于相关要素的特征变化研究。

7.4.2 国产卫星数据精度有一定误差

国产卫星数据地理精度存在一定误差，需要进行配准。大范围校正国产卫星数据需要大量的人力和时间，因南极地表可识别度低，很难进行配准工作，数据精度没有保障。提升我国国产卫星数据质量时不我待。

7.4.3 现场观测资料不足

为更好地实现南极遥感调查，需要大量的现场实测地物数据，用于遥感反演模型修正及遥感解译的判读，现有观测资料仅局限于南极重点区域，不能够满足全南极的遥感考察需求。

需加派研究人员参与中国南极科学考察，获取现场观测数据。

7.4.4 南极重点区域科学问题物理机理有待深入挖掘

现已针对南极重点区域进行遥感调查，结果显示遥感手段能够长时间序列的对重点区域进行观测，并获得高质量观测数据，课题组也针对观测结果进行了一系列成因分析，取得较好的结论，为深入揭露南极环境变化，下一步要继续开展机理研究包括：冰穹A断面冰盖高程变化影响、埃默里冰架表面进行精细地表DEM反演、前端快速变化监测分析，德里加尔斯基冰舌前端遥感调查，重点考察海区海冰冰情变化，叶绿素分布变化的形成原因及周围环境（风向、冰盖、海流、地势、藻类物种的本身适应情况）的对其的影响等。为应对全球气候变化，相关成因分析研究深度仍需要进一步增强。

7.4.5 研究面需扩宽

本课题组针对南极部分重点考察区开展了更高分辨率卫星资料的监测和变化分析等相关研究，并建立了相关基础数据库和资料图件，因时间和人力的限制，未能够覆盖南极所有典型特征及区域，需加大时间和人力的投入，对其他特征区域与变化进行深入研究。

7.4.6 人员培训

考察涉及的学科和知识面较广泛，对于考察结果的分析及其与全球气候、环境变化，海平面上升等的相互联系和作用，需要更多相应数据的辅助和支撑，对考察人员的知识体系也提出了非常高的要求，因此，需要更为多元化的知识储备。

7.5 对未来南极环境遥感考察的建议

冰雪圈在全球气候系统中扮演着越来越重要的角色，它与大气和海洋相互作用，特别是其反馈机制，对气候变化、大气和海洋环流有重要影响。对于南极这一特殊地区，人类关心的是它所处的地理位置及其地形、地貌、土壤、气候、水系、矿藏、生物以及其生态条件、各考察站条件等各方面，特别是其动态变化过程和规律，和人类未来生存息息相关。我国现有的南极地理环境时空基础资料难以系统反映南极地理状态，不能满足国家资源开发以及应对气候变化研究的需要。卫星遥感具有全天时、全天候、大面积、多尺度、同步、快速一致性、高频次、周期性、长期观测等优势，不受地理位置、人为条件、恶劣环境、政治敏感等因素限制，与现场观测手段相结合，将取得取代过去单纯用现场手段无法替代的重大成果，更加深刻地揭示南极地区各种参数属性。

南极地区幅员辽阔，自然环境恶劣，距离我国路程遥远。每年南极科学考察耗费大量的人力、财力，但是南极科考利国利民，我们必须坚持对南极科考的投入。本阶段南极环境遥感调查已取得了惊人的成效，但受现实条件制约，仍有某些结果未能够达到理想情况，现对未来科学考察的建议如下：

① 获取并使用同一区域、同一时段、长周期的数据，对不同要素进行分析和对比，便于

相关要素变化研究。

② 深化机理研究，深入探究不同因子要素以及多种因子对南极环境及气候变化的关系。

③ 扩展重点研究区覆盖面，涵盖不同地表类型数据。

④ 多尺度遥感影像分析，深化整体和局部相结合的方法。

⑤ 建立南极典型地物波谱特征数据库，为全南极遥感考察分类提供参考。

⑥ 加强国产数据利用能力，为实现我国科技自主贡献力量。

参考文献

曹梅盛，李新，陈贤章，等．2006．冰冻圈遥感[M]．北京：科学出版社．

程晓，李小文，邵芸，等．2006．南极格罗夫山地区冰川运动规律 DINSAR 遥感研究[J]．科学通报，51(17): 2060–2067.

鄂栋臣，沈强，孟泱．2007．利用 IKONOS 立体像对提取南极菲尔德斯半岛地区 DEM 及其精度分析[J]．极地研究，19(4): 263–273.

鄂栋臣，杨元德，晁定波．2009．基于 GRACE 资料研究南极冰盖消减对海平面的影响[J]．地球物理学报，52(9): 2222–2228.

鄂栋臣，袁乐先，杨元德，等．2014．利用 ICESat 测量南极冰盖表面高程变化[J]．大地测量与地球动力学，34(6): 41–43.

解思梅，魏立新，郝春江，等．2003．南极海冰和陆架冰的变化特征[J]．海洋学报，25(3): 32–46.

唐军武，陈清莲，谭世祥等．1998．海洋光谱测量与数据分析处理方法[J]．海洋通报，17(1):71–79.

田璐，艾松涛，鄂栋臣，等．2012．南大洋海冰影像地图投影变换与瓦片切割应用研究[J]．极地研究，24(3): 284–290.

王泽民，熊云琪，杨元德，等．2013．联合 ERS–1 和 ICESAT 卫星测高数据构建南极冰盖 DEM[J]．极地研究，25(3): 211–217.

张胜凯，鄂栋臣，周春霞，等．2007．南极数字高程模型研究进展[J]．极地研究，18(4): 301–309.

周春霞，邓方慧，艾松涛，等．2014．利用 DInSAR 的东南极极记录和达尔克冰川冰流速提取与分析[J]．武汉大学学报：信息科学版，39(8): 24–28.

周春霞，邓方慧，陈一鸣，等．2015．利用 SAR 数据研究南极格罗夫山地区冰流运动特征．武汉大学学报：信息科学版，40(11): 1428–1433.

周春霞，鄂栋臣，廖明生．2004．InSAR 用于南极测图的可行性研究[J]．武汉大学学报：信息科学版，29(7): 619–623.

ACIA. 2005. Arctic climate impact assessment[M]. Cambridge, UK: Cambridge University Press.

Allison L C, Johnson H L, Marshall D P, et al. 2010. Where do winds drive the Antarctic Circumpolar Current?[J]. Geophysical Research Letters, 37(12): 107–107.

Arrigo K R, Robinson D H, Dunbar R B, et al. 2003. Physical control of chlorophyll a, POC, and TPN distributions in the pack ice of the Ross Sea, Antarctica[J]. Journal of Geophysical Research Oceans, 108(C10): 207–215.

Arrigo K R, Robinson D H, Worthen D L, et al. 1999. Phytoplankton community structure and the drawdown of nutrients and CO2 in the Southern Ocean[J]. Science, 283(5400): 365–367.

Arrigo K R, Van D G L, Bushinsky S. 2008. Primary production in the Southern Ocean, 1997 – 2006[J]. Journal of Geophysical Research Oceans, 113(C08): 185–198.

Arrigo K R, Worthen D L, Lizotte M P, et al. 1997. Primary production in Antarctic sea ice[J]. Science, 276(5311): 394–397.

Baar H J W D, Boyd P W, Coale K H, et al. 2005. Synthesis of iron fertilization experiments: from the Iron Age in the Age of Enlightenment[J]. Journal of Geophysical Research Oceans, 110(C9).

Bamber J L, Bindschadler R A. 1997. An improved elevation dataset for climate and ice-sheet modeling: validation with satellite imagery[J]. Annals of Glaciology, 25: 430–444.

Boyd P W, Watson A J, Law C S, et al. 2000. A mesoscale phytoplankton bloom in the polar Southern Ocean stimulated by iron fertilization[J]. Nature, 407(6805): 695–702.

Cavalieri D J, Crawford J, Drinkwater M R, et al. 1991. Aircraft active and passive microwave validation of sea ice concentration from the DMSP SSM/I[J]. Journal of Geophysical Research Atmospheres, 96(C12): 21989–22009.

Cheng X, Gong P, Zhang Y, et al. 2009. Surface topography of Dome A, Antarctica, from differential GPS measurements[J]. Journal of Glaciology, 55(189): 185 - 187.

Coale K H, Johnson K S, Chavez F P, et al. 2004. Southern Ocean iron enrichment experiment: carbon cycling in high–and low–Si waters[J]. Science, 304(5669): 408–414.

Comiso J C, Maynard N G, Smith W O, et al. 1990. Satellite ocean color studies of Antarctic ice edges in summer and autumn[J]. Journal of Geophysical Research Oceans, 95(C6): 9481–9496.

Comiso J C, McClain C R, Sullivan C W, et al. 1993. Coastal zone color scanner pigment concentrations in the Southern Ocean and relationships to geophysical surface features[J]. Journal of Geophysical Research Oceans, 98(C2): 2419–2451.

Dierssen H M, Smith R C. 2000. Bio–optical properties and remote sensing ocean color algorithms for Antarctic Peninsula water[J]. Journal of Geophysical Research Atmospheres, 105(C11): 26301–26312.

DiTullio G R, Grebmeier J M, Arrigo K R, et al. 2000. Rapid and early export of Phaeocystis Antarctica blooms in the Ross Sea, Antarctica[J]. Nature, 404(6778): 595–598.

Doney S C, Ruckelshaus M, Duffy E, et al. 2012. Climate change impacts on marine ecosystems[J]. Annual review of marine science, 4(1): 11–37.

Ducklow H W, Baker K, Martinson D G, et al. 2007. Marine pelagic ecosystems: the west Antarctic Peninsula[J]. Philosophical Transactions of the Royal Society B Biological Sciences, 362(1477): 67–94.

E D C, Zhou C X, Liao M S. 2004. Application of SAR interferometry on DEM generation of the 格罗夫 mountains. Photogrammetric Engineering & Remote Sensing[J], 70(10): 1145–1149.

Frezzotti M, Mabin M C G. 20th century behaviour of Drygalski Ice Tongue, Ross Sea, Antarctica[J]. Annals of Glaciology, 1994, 20(1): 397–400.

Gabric A J, Qu B, Matrai P A, et al. 2014. Investigating the coupling between phytoplankton biomass, aerosol optical depth and sea–ice cover in the Greenland Sea[J], Dynamics of Atmospheres & Oceans, 66(6): 94–109.

Gerringa L J A, Alderkamp A C, Laan P, et al. 2012. Iron from melting glaciers fuels the phytoplankton blooms in 阿 蒙 森 Sea (Southern Ocean): Iron biogeochemistry[J]. Deep Sea Research Part II: Topical Studies in Oceanography, s71–76(10): 16–31.

Gille S T. 2002. Warming of the Southern Ocean since the 1950s[J]. Science, 295(5558): 1275–1277.

Gordon A L. 1981. Seasonality of Southern Ocean sea ice[J]. Journal of Geophysical Research Oceans, 86(C5): 4193 - 4197.

Gradinger R. 2009. Sea–ice algae: Major contributors to primary production and algal biomass in the Chukchi and Beaufort Seas during May/June 2002[J]. Deep Sea Research. Part II: Topical Studies in Oceanography, 56(17): 1201–1212.

Gregg W, Casey N. 2004. Global and regional evaluation of the SeaWiFS chlorophyll data set[J]. Remote Sensing of Environment, 93(4): 463–479.

Hansen J, Sato M, Ruedy R, et al. 2000. Global warming in the twenty–first century: an alternative scenario[J]. Proceedings of the National Academy of Sciences, 97(18): 9875–9880.

Hayes P K, Whitaker T M, Fogg G E. 1984. The distribution and nutrient status of phytoplankton in the Southern Ocean between 20 and 70 W[J]. Polar Biology, 3(3): 153–165.

Hooker S B G, Zibordi G, Lazin, et al. 1999. The seaBOARR–98 field campaign[R]. SeaWiFS Postlaunch Technical Report Series, 55(5): 2827–2832.

IPCC. 2007. Summary for policymakers of the synthesis report of the IPCC Fourth Assessment Report[M]. Cambridge, UK: Cambridge University Press.

Jones E P J, Nelson D M, Tréguer P. 1990. Chemical oceanography. in Smith WO Jr., Eds. Polar oceanography[M]. SanDiego, New-York: Academic Press: 407–476.

Kako S, Isobe A, Kubota M. 2011. High-resolution ASCAT wind vector data set gridded by applying an optimum interpolation method to the global ocean[J]. Journal of Geophysical Research Atmospheres, 116(D23): 2053–2056.

Kalnay E, Kanamitsu M, Kistler R, et al. 1996. The NCEP/NCAR 40-year reanalysis project[J]. Bulletin of the American Meteorological Society, 77(1996): 437–440.

Klunder M B, Laan P, Middag R, et al. 2011. Dissolved iron in the Southern Ocean (Atlantic sector)[J]. Deep Sea Research Part II: Topical Studies in Oceanography, 58(25): 2678–2694.

Korb R E, Whitehouse M. 2004. Contrasting primary production regimes around South Georgia, Southern Ocean: large blooms versus high nutrient, low chlorophyll waters[J]. Deep Sea Research Part I: Oceanographic Research Papers, 51(5): 721–738.

Kwok R, Comiso J C. 2002. Spatial patterns of variability in Antarctic surface temperature: connections to the Southern Hemisphere Annular Mode and the Southern Oscillation[J]. Geophysical Research Letters, 29(14): 50–1.

Marrari M, Hu C, Daly K. 2006. Validation of SeaWiFS chlorophyll a concentrations in the Southern Ocean: a revisit[J]. Remote Sensing of Environment, 105(4): 367–375.

Marshall G J, Stott P A, Turner J, et al. 2004. Causes of exceptional atmospheric circulation changes in the Southern Hemisphere[J]. Geophysical Research Letters, 311(14): 232–242.

Mock T, Kruse M, Dieckmann G. 2003. A new microcosm to investigate the oxygen dynamics of the sea-ice water interface[J]. Aquatic Microbial Ecology, 30(2): 197–205.

Moore J K, Abbott M R, Richman J G, et al. 1999. SeaWiFS satellite ocean color data from the Southern Ocean[J]. Geophysical Research Letters, 26(10): 1465–1468.

Moore J K, Abbott M R. 2000. Phytoplankton chlorophyll distributions and primary production in the Southern Ocean[J]. Journal of Geophysical Research Oceans, 105(C12): 28709–28722.

Moore J K, Abbott M R. 2002. Surface chlorophyll concentrations in relation to the Antarctic Polar Front: seasonal and spatial patterns from satellite observations[J]. Journal of Marine Systems, 37(1): 69–86.

Morel A, Maritorena S. 2001. Bio - optical properties of oceanic waters A reappraisal[J]. Journal of Geophysical Research Oceans, 106(C4): 7163–7180.

Mueller J, Fargion G, McClain C, et al. 2003. Ocean optics protocols for satellite ocean color sensor validation[R]. NASA Report, 4(3): 21–31.

Parkinson C L. 2004. Southern Ocean sea ice and its wider linkages: insights revealed from models and observations[J]. Antarctic Science, 16(04): 387–400.

Pritchard H D, Arthern R J, Vaughan D G, et al. 2009. Extensive dynamic thinning on the margins of the Greenland and Antarctic ice sheets[J]. Nature, 461(7266): 971–975.

Raiswell R, Benning L G, Tranter M, et al. 2008. Bioavailable iron in the Southern Ocean: the significance of the iceberg conveyor belt[J]. Geochemical Transactions, 9(7): 1–9.

Rayner N A, Parker D E, Horton E B, et al. 2003. Global analyses of sea surface temperature, sea ice, and night marine air temperature since the late nineteenth century[J]. Journal of Geophysical Research Atmospheres, 108(D14): 1063–1082.

Reynolds R A, Stramski D, Mitchell B G. 2001. A chlorophyll-dependent semianalytical reflectance model derived from field measurements of absorption and backscattering coefficients within the Southern Ocean[J]. Journal of Geophysical Research Atmospheres, 106(C4): 7125–7138.

Riaux–Gobin C, Poulin M, Prodon R, et al. 2003. Land–fast ice microalgal and phytoplanktonic communities (Ad é lie Land, Antarctica) in relation to environmental factors during ice break–up[J]. Antarctic Science, 15(03): 353–364.

Rind D, Chandler M, Lerner J, et al. 2001. Climate response to basin–specific changes in latitudinal temperature gradients and implications for sea ice variability[J]. Journal of Geophysical Research Atmospheres, 106(D17): 20161 - 20173.

Schofield O, Ducklow H W, Martinson D G, et al. 2010. How do polar marine ecosystems respond to rapid climate change?[J]. Science, 328(5985): 1520–1523.

Shaw T J, Raiswell R, Hexel C R, et al. 2011. Input, composition, and potential impact of terrigenous material from free–drifting icebergs in the Weddell Sea[J]. Deep Sea Research Part II: Topical Studies in Oceanography, 58(11): 1376–1383.

Sokolov S, Rintoul S R. 2007. On the relationship between fronts of the Antarctic Circumpolar Current and surface chlorophyll concentrations in the Southern Ocean[J]. Journal of Geophysical Research Oceans, 112(C7): 623–642.

Steinacher M, Joos F, Frolicher T L, et al. 2010. Projected 21st century decrease in marine productivity: a multi–model analysis[J]. Biogeosciences, 7(3): 97–1005.

Sullivan C W, Arrigo K R, McClain C R, et al. 1993. Distributions of phytoplankton blooms in the Southern Ocean[J]. Science, 262(5141): 1832–1837.

Sun J B, Huo D M, Zhou J Q, et al. 2001. The digital mapping of satellite images under no ground control and the distribution of landform, blue ice and meteorites in the 格罗夫 Mountains, Antarctica[J]. Polar Research, 12(2): 99–108.

Szeto M, Werdell P J, Moore T S, et al. 2011. Are the world’ s oceans optically different?[J]. Journal of Geophysical Research Atmospheres, 116(10).

Tagliabue A, Arrigo K R. 2005. Iron in the Ross Sea: 1. Impact on CO2 fluxes via variation in phytoplankton functional group and non - Redfield stoichiometry[J]. Journal of Geophysical Research Oceans, 110(C3): 215–236.

Tapley B D, Bettadpur S, Ries J C, et al. 2004. GRACE measurements of mass variability in the Earth system[J]. Science, 305(5683): 503–505.

Toole D, Siegel D, Menzies D, et al. 2000. Remote–sensing reflectance determinations in the coastal ocean environment: impact of instrumental characteristics and environmental variability[J]. Applied Optics, 39(3): 456–469.

Tournadre J, Bouhier N, Girard–Ardhuin F. 2015. Large icebergs characteristics from altimeter waveforms analysis[J]. Journal of Geophysical Research Oceans, 120(3): 1954–1974.

Tr é guer P, Van Bennekom A J. 1991. The annual production of biogenic silica in the Antarctic Ocean[J]. Marine Chemistry, 35(1): 477–487.

Trenerry L, McMinn A, Ryan K. 2002. In situ oxygen microelectrode measurements of bottom–ice algal production in McMurdo Sound, Antarctica[J]. Polar Biology, 25(1): 72–80.

Wefer G, Fischer G. 1991. Annual primary production and export flux in the Southern Ocean from sediment trap data[J]. Marine Chemistry, 35(1): 597–613.

Wegm ü ller U, Santoro M, Werner C, et al. DEM generation using ERS - ENVISAT interferometry[J]. Journal of Applied Geophysics, 2009, 69(1): 51–58.

Wozniak S B, Stramski D. 2004. Modeling the optical properties of mineral particles suspended in seawater and their influence on ocean reflectance and chlorophyll estimation from remote sensing algorithms[J]. Applied Optics, 43(17): 3489-503.

Wright S W, Enden R L V D, Pearce I, et al. 2010. Phytoplankton community structure and stocks in the Southern Ocean (30 - 80° E) determined by CHEMTAX analysis of HPLC pigment signatures[J]. Deep Sea Research. Part II: Topical Studies in Oceanography, 57(9): 758-778.

Wuite J, Jezek K C, Wu X, et al. The velocity field and flow regime of David Glacier and Drygalski Ice Tongue, Antarctica[J]. Polar Geography, 2009, 32(3-4): 111-127.

Yang Y D, Hwang C, E D C, 2014. A fixed full-matrix method for determining ice sheet height change from satellite altimeter: an ENVISAT case study in East Antarctica with backscatter analysis[J]. Journal of Geodesy, 88(9): 901-914.

Yang Y D, Sun B, Wang Z, et al. 2014. GPS-derived velocity and strain fields around 冰穹 Argus, Antarctica[J]. Journal of Glaciology, 60(222): 735-742.

Zhang J, Spitz Y H, Steele M, et al. 2010. Modeling the impact of declining sea ice on the Arctic marine planktonic ecosystem[J]. Journal of Geophysical Research Oceans, 115(C10): 234-244.

Zhang J. 2007. Increasing Antarctic sea ice under warming atmospheric and oceanic conditions[J]. Journal of Climate, 20(11): 2515-2529.

Zhang L, Dong W, Zhang D, et al. Two-stage image denoising by principal component analysis with local pixel grouping[J]. Pattern Recognition, 2010, 43(4): 1531-1549.

Zhou C X, Zhou Y, Deng F, et al. 2014. Seasonal and interannual ice velocity changes of Polar Record Glacier, East Antarctica[J]. Annals of Glaciology, 55(66): 45-51.

Zhou Y, Zhou C X, E D C, et al. 2014. A baseline-combination method for precise estimation of ice motion in Antarctica[J]. Geoscience & Remote Sensing IEEE Transactions on, 52(9): 5790-5797.

Zwally H J, Comiso J C, Parkinson C L, et al. 2002. Variability of Antarctic sea ice 1979 - 1998[J]. Journal of Geophysical Research Oceans, 107(C5):9-1-9-19.

附 件

附件 1　南极环境遥感考察区域

考察区域为南极大陆及周边海域，重点考察区域包括区域 1、区域 2 和区域 3。其中，区域 1 包括：长城站及周边海域、格雷厄姆地、南极半岛；区域 2 包括：中山站及周边海域、中山站至冰穹 A 的 PANDA 断面、查尔斯王子山脉、埃默里冰架等区域；区域 3 包括维多利亚地西部的德里加尔斯基冰舌。

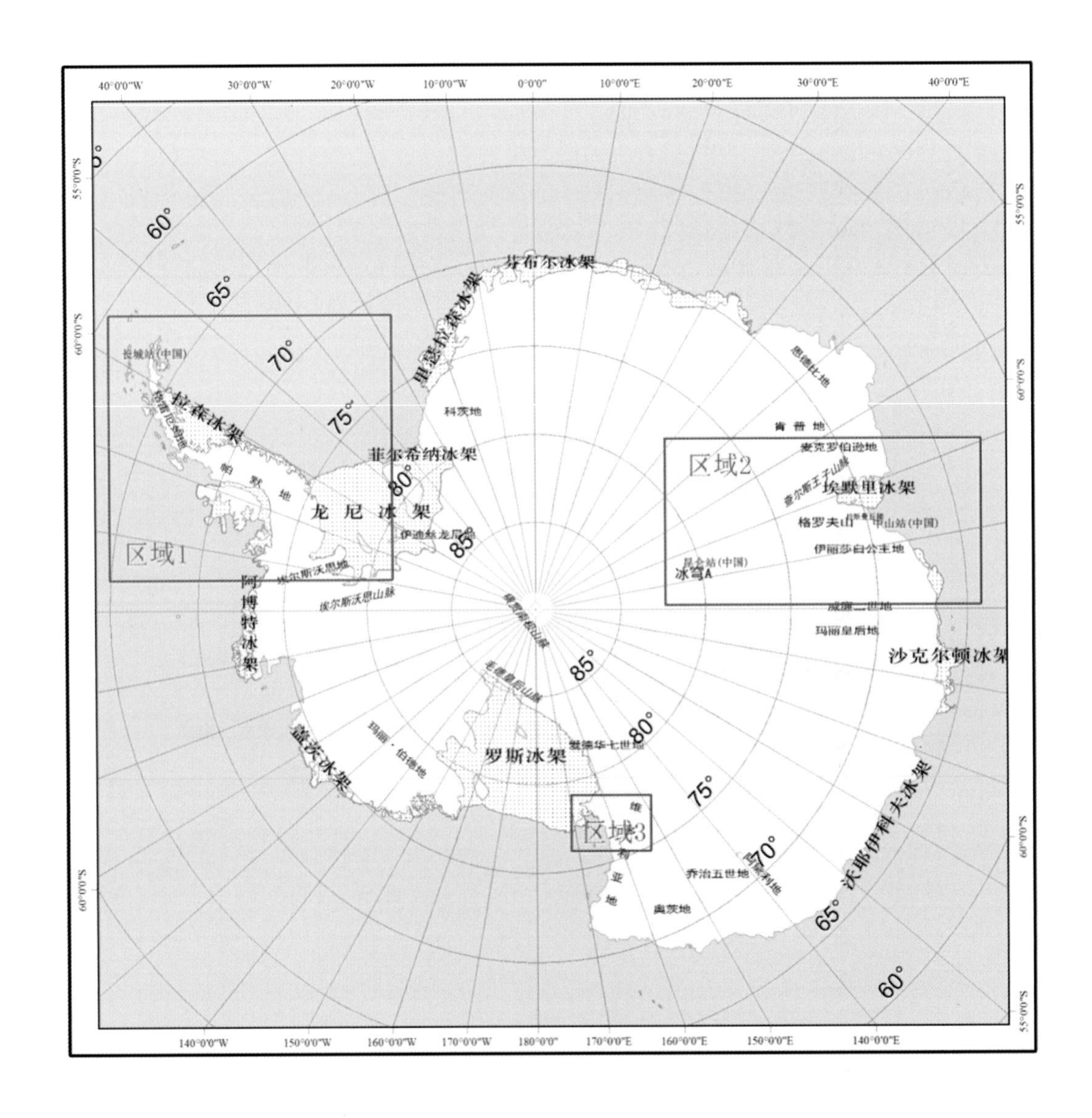

附件 2　南极环境遥感考察主要卫星参数一览表

编号	卫星名称	传感器	分辨率	幅宽	主要用途	备注
1	IKONOS	CCD	1 m / 4 m	11.3 km	国防、地图更新、国土资源勘查、农作物估产与监测、环境监测与保护、城市规划、防灾减灾、科研教育等领域	
2	ZY-3	CCD	2.1 m/5.8 m	50 km/52 km	基础测绘、国土、农业、环境、减灾、规划等各行业	
3	HJ-1A/B	CCD	30 m	700 km	环境和灾害监测等	
4	CBERS	CCD	19.5 m	113 km	国土资源、森林蓄积量，农作物估产与监测、灾害监测、资源开发与利用等	
5	BJ-01	CCD	4 m/32 m	24 km/600 km	基础测绘、土地利用、城市规划、农业、水资源调查、生态环境、灾害监测等	
6	Landsat7/8	ETM+/OLI	30 m	180 km	矿藏、海洋资源、地下水资源、农作物估产、植被、土地利用、灾害监测、环境监测等	
7	Terra	ASTER	15/30/90 m	60 km	地表绘图、云层监测、热污染监测、土壤及地质的地表温度等	
8	ALOS	PRISM	2.5 m	70 km	数字高程测绘	
9	Terra/Aqua	MODIS	250 ~ 1 km	2 330 km	大气、海洋和陆地表面观测	
10	HY-1B	COCTS	1.1 km	1 830 km	海洋环境、海洋灾害	
11	ICESat	GLAS	–	–	高度测量	激光测高，地面光斑尺寸70 m
12	ERS-1	Altimery 高度计	沿轨 350 m		海洋、冰川、大地测量、地球物理、极地与陆地冰川监测	
13	GRACE	加速度计与测距仪			水文、大地测量、冰川、国土、防灾	
14	ERS-1/2	SAR	30 m	100 km		
15	Envisat	ASAR	30 ~ 1 000 m	100 ~ 400 km	海洋、海岸带、海冰和陆地观测	
16	DMSP-F17	SSMIS	25 km	1 700 km	大气温度廓线、湿度廓线、海洋风速、降雨、海冰等	
17	Radarsat-2	SAR	3 ~ 100 m	20 ~ 500 km	农业、土地利用、林业、水文、海洋、地质、灾害监测	
18	Metop	ASCAT	25 km		海浪	
19	OceanSat-2	OSCAT	50 km		海浪	
20	Jason-2	高度计	–	–	海浪	
21	Cryosat-2	高度计	–	–	海浪	
22	HY-2A	散射计	50 km	1 350 km	海表风场	

附件3 南极环境遥感考察承担单位及主要人员一览表

附表3-1 参与单位任务及分工情况一览表

承担单位	任务分工	负责人
国家卫星海洋应用中心	专题总负责，并负责子专题“南极周边海冰遥感考察”、“南极周边海洋水色、水温遥感考察”和“南极地区环境遥感考察集成系统”	刘建强
武汉大学	负责子专题“南极地理基础遥感测绘” 参与子专题“南极地区环境遥感考察集成系统”	周春霞
北京师范大学	负责子专题“南极地貌遥感考察”	程　晓
国家海洋局第一海洋研究所	负责子专题“南极周边海洋动力环境遥感考察”	杨俊钢
国家海洋环境预报中心	负责子专题“南极气象环境遥感考察”	张　林
中国极地研究中心	参与子专题“南极地区环境遥感考察集成系统”和“南极海冰遥感考察”	刘　健
同济大学	参与子专题“南极周边海洋水色、水温遥感考察”	许惠平
国家海洋局东海分局	参与子专题“南极气象环境遥感考察”	秦　平
黑龙江测绘地理信息局	参与子专题“南极地理基础遥感测绘”	王连仲

附表3-2 参与人员情况及任务分工一览表

序号	姓名	职称 / 职务	从事专业	所在单位	在项目中分工
1	刘建强	研究员	海洋遥感	国家卫星海洋应用中心	项目负责人
2	邹　斌	研究员	海洋遥感	国家卫星海洋应用中心	水色、水温及南极集成系统专题负责人
3	冯　倩	研究员	物理海洋	国家卫星海洋应用中心	子专题任务方案设计
4	金振刚	高　工	计算机工程	国家卫星海洋应用中心	子专题任务方案设计
5	丁　静	副　研	物理海洋	国家卫星海洋应用中心	水色、水温信息提取
6	曾　韬	助　研	海洋遥感	国家卫星海洋应用中心	海冰信息提取
7	郭茂华	助　研	计算机工程	国家卫星海洋应用中心	水色、水温信息提取
8	石立坚	副　研	海洋遥感	国家卫星海洋应用中心	海冰信息提取
9	黄　磊	助　研	海洋遥感	国家卫星海洋应用中心	成果整编
10	邹巨洪	助　研	海洋遥感	国家卫星海洋应用中心	散射计数据处理
11	张治平	助　研	软件工程	国家卫星海洋应用中心	成果整编
12	周春霞	副教授	极地遥感	武汉大学	基础地理测绘专题课题负责人
13	王泽民	教　授	大地测量	武汉大学	子专题任务组织管理
14	艾松涛	讲　师	地理信息系统	武汉大学	集成系统任务方案设计
15	杨元德	讲　师	大地测量	武汉大学	重力卫星数据处理

续表

序号	姓名	职称 / 职务	从事专业	所在单位	在项目中分工
16	刘婷婷	讲　师	摄影测量与遥感	武汉大学	遥感数据处理
17	安家春	讲　师	大地测量	武汉大学	GPS 数据处理
18	张汝诚	工程师	计算机工程	武汉大学	系统开发
19	墙　强	博士生	摄影测量与遥感	武汉大学	测高、雷达卫星数据处理
20	万　雷	硕士生	大地测量	武汉大学	光学、雷达卫星数据处理
21	黄灵操	硕士生	摄影测量与遥感	武汉大学	光学卫星数据处理
22	邓方慧	硕士生	摄影测量与遥感	武汉大学	雷达数据处理、地理信息收集
23	程　晓	教　授	极地遥感	北京师范大学	南极地貌遥感课题负责人
24	惠凤鸣	副教授	极地遥感	北京师范大学	子专题工作集成
25	刘　岩	讲　师	极地遥感	北京师范大学	子专题工作集成
26	康　婧	博士生	极地遥感	北京师范大学	南极裸岩制图
27	赵天成	博士生	极地遥感	北京师范大学	子专题工作集成
28	姜天宇	研　实	极地遥感	北京师范大学	L8 制图
29	罗斯瀚	硕士生	极地遥感	北京师范大学	L8 制图
30	王　坤	研　实	平面设计	北京师范大学	L8 制图
31	卢　静	研　实	平面设计	北京师范大学	L8 制图
32	杨俊钢	副　研	海洋遥感	国家海洋局第一海洋研究所	海洋动力环境子专题负责人
33	孟俊敏	研究员	海洋遥感	国家海洋局第一海洋研究所	海浪调查
34	张　晰	助　研	海洋遥感	国家海洋局第一海洋研究所	散射计数据处理
35	张　婷	研　实	海洋遥感	国家海洋局第一海洋研究所	散射计数据处理
36	王祎鸣	助　研	海洋遥感	国家海洋局第一海洋研究所	海面风场调查
37	范陈清	研　实	海洋遥感	国家海洋局第一海洋研究所	高度计数据处理
38	周超杰	博士生	物理海洋	国家海洋局第一海洋研究所	散射计数据处理
39	崔　伟	硕士生	物理海洋	国家海洋局第一海洋研究所	海浪调查
40	赵新华	硕士生	海洋遥感	国家海洋局第一海洋研究所	散射计数据处理
41	张　林	研究员	物理海洋学	国家海洋环境预报中心	南极气象遥感专题负责人
42	李春花	研究员	物理海洋学	国家海洋环境预报中心	理论分析
43	杨清华	副　研	物理海洋学	国家海洋环境预报中心	理论分析
44	许　淙	研究员	物理海洋学	国家海洋环境预报中心	数据分析
45	孟　上	研究员	物理海洋学	国家海洋环境预报中心	数据分析
46	李　明	助　研	物理海洋学	国家海洋环境预报中心	遥感数据反演
47	孙启振	助　研	大气科学	国家海洋环境预报中心	遥感数据反演
48	李荣滨	助　研	物理海洋学	国家海洋环境预报中心	数据分析

续表

序号	姓名	职称 / 职务	从事专业	所在单位	在项目中分工
49	夏慧娟	助　研	大气科学	国家海洋环境预报中心	数据分析
50	赵杰臣	助　研	物理海洋学	国家海洋环境预报中心	数据分析
51	刘富彬	助　研	物理海洋学	国家海洋环境预报中心	数据分析
52	田忠翔	研　实	物理海洋学	国家海洋环境预报中心	现场观测
53	刘　健	工程师	地理信息系统	中国极地研究中心	遥感数据处理
54	单学武	工程师	网络通信	中国极地研究中心	系统集成
55	程文芳	工程师	计算机软件	中国极地研究中心	软件开发和应用
56	王文成	工程师	地理信息系统	中国极地研究中心	GIS 软件开发和应用
57	秦　平	工程师	摄影测量与遥感	国家海洋局东海分局	子课题组织管理、技术负责、组织实施、图集编绘和分析、报告编写
58	邓小东	工程师	大气科学	国家海洋局东海分局	气象理论支持
59	陈　钊	工程师	计算机	国家海洋局东海分局	协调
60	徐丽丽	助　工	海洋气象	国家海洋局东海分局	气象理论支持
61	许惠平	教　授	海洋遥感	同济大学	所承担任务设计、组织实施、综合解释、报告编写
62	曾　辰	博士生	地理信息	同济大学	数据处理、外业调查、分析
63	赵　晶	副教授	海洋遥感	同济大学	数据处理解释
64	周　昕	讲　师	地理信息	同济大学	报告编写
65	董卉子	硕士生	海洋遥感	同济大学	数据处理、成图
66	顾书嘉	硕士生	海洋遥感	同济大学	数据处理、成图
67	商鼎会	硕士生	海洋遥感	同济大学	数据分析
68	周宇胜	硕士生	地理信息	同济大学	数据分析
69	陈　辉	博士生	地理信息	同济大学	外业替补
70	陈　洁	硕士生	地理信息	同济大学	数据解释、成图、报告编写
71	陈煜航	硕士生	地理信息	同济大学	数据成图、数据分析
72	李默涵	硕士生	海洋遥感	同济大学	数据解释、成图、报告编写
73	吴文会	高　工	摄影测量与遥感	黑龙江测绘地理信息局极地测绘工程中心	子课题组织管理
74	王连仲	高　工	GIS & RS	黑龙江测绘地理信息局极地测绘工程中心	子课题组织管理、技术总负责
75	韩惠军	工程师	计算机	黑龙江测绘地理信息局极地测绘工程中心	数据获取
76	王铁军	高　工	计算机	黑龙江地理信息工程院	技术负责
77	郑福海	工程师	测绘工程	黑龙江地理信息工程院	遥感数据处理
78	张　禹	工程师	计算机	黑龙江地理信息工程院	测高数据处理

附件 4　南极环境遥感考察工作量一览表

序号	考察工作内容	备注
1	全南极冰盖地形遥感制图	
2	基于光学与雷达像对的 PANDA 断面高精度地形制图	
3	冰穹 A 地区约 900 km^2 GPS 实测数据处理	
4	维多利亚地航空影像处理与制图	
5	考察站区卫星遥感影像制图	
6	查尔斯王子山脉 3D 产品生产与制图	
7	极记录冰川、达尔克冰川、格罗夫山及 PANDA 断面冰流速反演与制图	
8	搜集整理中山站、长城站、埃默里冰架和冰穹 A 地区控制点 62 个	
9	2003—2009 年间全南极冰盖高程变化制图	
10	2002—2012 年 PANDA 断面冰盖高程变化制图	
11	全南极冰盖高程变化制图	
12	2003—2013 年间埃默里冰架前端重点地区的冰貌剧烈变化分析与制图	
13	全南极洲 1:10 万遥感影像镶嵌图及地貌特征分析	
14	2009—2013 年间南极半岛和罗斯海西岸重点地区 30m 分辨率卫星影像镶嵌及地貌信息提取与制图	
15	1973—2014 年间基于卫星数据的德里加尔斯基冰舌变化调查	
16	基于 2000 年前后的 ETM+ 数据的全南极蓝冰提取与制图	
17	基于 InSAR 的埃默里冰架冰流速提取与制图	
18	第 31 次南极科考普里兹湾海冰冰情与航线分析报告	
19	基于微波辐射计的 2008—2013 年全南极海冰日分布、月分布及变化特征分析	
20	基于 MODIS 数据的中山站周边海域海冰月平均分布制图	
21	基于 MODIS 数据的长城站周边海域海冰月平均分布制图	
22	获取南大洋国际航次叶绿素 a 数据文件 1729 个、海表温度数据 3055 个	
23	基于 MODIS 数据的南极周边海域叶绿素浓度月平均分布制图与特征分析	
24	基于 MODIS 数据的南极周边海域海温月平均分布制图与特征分析	
25	南大洋现场光谱测量	共完成了 9 个点位的光谱测量，获取测量数据文件 730 个
26	2011—2013 年南大洋海浪逐日、月平均、季平均分布与变化特征分析	基于散射计数据
27	2011—2013 年南大洋风场逐日、月平均、季平均分布与变化特征分析	基于高度计数据
28	南极地区绕级气旋路径制图、气旋活动规律分析	

附件 5　南极环境遥感考察数据一览表

序号	数据名称	数据量描述	时间范围	备注
1	ERS-1/GM			覆盖全南极
2	ICESat/GLAS			覆盖全南极
3	ASTER 立体相对	8 对影像		覆盖 Panda 断面
4	ALOS 光学立体相对	2 对影像	2011 年	
5	ERS Tandem 干涉数据	12 对影像		覆盖格罗夫山和 Panda 断面
		2 对影像		极记录冰川和达尔克冰川
6	Envisat ASAR	4 景		覆盖格罗夫山和 Panda 断面的部分地区
		9 景	2003—2012 年	德里加尔斯基冰舌
		9 景	2004—2012 年	埃默里冰架动态监测
		6 景	2010 年 4 月 7 日	埃默里冰架
7	ERS SAR	6 景	2010 年 4 月 7 日	埃默里冰架
8	IKONOS 影像			中山站、格罗夫山
9	Landsat 卫星影像			长城站、中山站、格罗夫山
		镶嵌图	1999—2003 年间	全南极
		31 景	1972—2002 年、2013—2014 年	德里加尔斯基冰舌
10	HJ-1A/B CCD		1990 年、2009 年、2010 年、2013 年	长城站、中山站、格罗夫山、埃默里冰架
			2009—2013 年	罗斯海西岸维多利亚地
			2009—2013 年	南极半岛南部 Fallieres Coast 地区
11	ZY-3 全色与多光谱数据	4 景	2013 年	覆盖埃默里冰架部分地区
		4 景	2013 年	查尔斯王子山脉
12	GPS 实测点	12 个点	2008 年	冰穹 A 地区
		49 个点	2013 年	
13	航摄影像		2012 年	第 29 次南极科考队在维多利亚地区域进行拍摄
14	Envisat 雷达测高数据		2002 年 9 月至 2012 年	Panda 断面
15	Grace 卫星数据		2003 年至 2013 年 5 月	全南极
16	Grace RL05 数据		2002 年 4 月至 2014 年 6 月	全南极
17	Radarsat-2/SAR	32 景	2008 年、2009 年、2013 年	中山站、长城站海域

续表

序号	数据名称	数据量描述	时间范围	备注
18	DMSP-F17/SSMIS	每天一景	2008—2013年	全南极海冰密集度数据
19	MODIS 数据	大于 3TB	2008—2013年	南极周边海域
20	南大洋国际航次叶绿素 a 实测数据	1729 个文件		
21	南大洋国际航次海温实测数据	3055 个文件		
22	南大洋实测光谱反射率数据	9 个点位，730 个数据文件	2014—2015年	
23	ASCAT-A/B 散射计	17.8GB	2011—2013年	全球海域
24	HY-2A 散射计	69.4GB	2011.10.1—2013.12.31	全球海域
25	Oceansat-2 散射计	120GB	2011—2013	全球海域
26	HY-2A 高度计	70.1GB	2011.10.1—2013.12.31	全球海域
27	Jason-1 高度计	19.8GB	2011.1.1—2013.6.21	全球海域
28	Jason-2 高度计	150GB	2011—2013	全球海域
29	Cryosat-2 高度计	56.8GB	2011—2013	全球海域
30	Envsiat RA-2 高度计	86GB	2011.1.1—2012.4.8	全球海域
31	NCEP 网站再分析数据	1.8GB	2013年	南极圈
32	PMSL 数据	8004 个文件	2012—2014年	南极圈

附件 6 论文、专著等公开出版物

Ai S T, Wang Z M, E D C, et al. 2014. Topography, ice thickness and ice volume of the glacier Pedersenbreen in Svalbard[J], using GPR and GPS. Polar Research, 33(2): 116–118.

Ai S T, Wang Z M, Tan Z, et al. 2013. Mass change study on Arctic glacier Pedersenbreen, during 1936–1990–2009[J]. Chinese Science Bulletin, 58(25): 3148–3154.

Chen Z, Xu H P, Zhang H X. 2012. An ENVI+IDL+ArcEngine tool for detecting harmful algal blooms in East China Sea[J]. Applied Mechanics & Materials, 239–240:587–594.

Chen Z, Xu H P, Zhang H X. 2013. HABs monitor: A tool for detecting HABs in East China Sea[J]. Telkomnika Indonesian Journal of Electrical Engineering, 11(1).

Hui F M, Ci T Y, Cheng X, et al. 2014. Mapping blue ice areas in Antarctica using ETM+ and MODIS data[J]. Annals of Glaciology, 55(66): 129–137.

Li S, Xu H P, Guo X L, et al. 2012. Oceanography of Skeletonema costatum harmful algal blooms in the East China Sea using MODIS and QuickSCAT satellite data[J]. Journal of Applied Remote Sensing, 6(1).

Li S, Xu H P, Guo X L. 2012. Satellite remote sensing of harmful algal blooms (HABs) and a potential synthesized framework[J]. Sensors, 12(6): 7778–7803.

Li X, Ci T, Luo S, et al. 2015. Spatio–temporal variations of sea ice and navigability in Vilkitsky Strait, Arctic[J]. Advances in Polar Science, 27(3): 282–288.

Shi L J, Lu P, Cheng B, et al. 2015. An assessment of arctic sea ice concentration retrieval based on “HY–2” scanning radiometer data using field observations during CHINARE–2012 and other satellite instruments[J]. Acta Oceanologica Sinica, 34(3): 42–50.

Yang Y D, Hwang C, E D C, 2014. A fixed full–matrix method for determining ice sheet height change from satellite altimeter: an ENVISAT case study in East Antarctica with backscatter analysis[J]. Journal of Geodesy, 88(9): 901–914.

Yang Y D, Sun B, Wang Z, et al. 2014. GPS–derived velocity and strain fields around 冰穹 Argus, Antarctica[J]. Journal of Glaciology, 60(222): 735–742.

ZENG C, Xu H P. 2014. Temporal and spatial SST(Sea Surface Temperature) distribution and its impact on chlorophyll–a concentration in the Southern Ocean during 2002–2012(CA) [J]. Applied Mechanics and Materials, 675–677, 1197–1200.

Zhao C, Cheng X, Hui F, et al. 2013. Monitoring the 埃默里 Ice Shelf front during 2004–2012 using ENVISAT ASAR data[J]. Advances in Polar Science, 24(2): 133–137.

Zhao C, Cheng X, Hui F, et al. 2013. The slow–growing tooth of the 埃默里 ice shelf from 2004 to 2012[J]. Journal of Glaciology, 59(215): 592–596.

艾松涛，王泽民，谭智，等 . 2013. 北极 Pedersenbreen 冰川变化研究 (1936–1990–2009)[J]. 科学通报，58(15): 1430–1437.

曾辰，许惠平 . 2013. 基于 MODIS 卫星监测东海缺氧的定性研究 [J]. 海洋技术，32(1), 6–10.

邓方慧，周春霞，王泽民，等 . 2015. 利用偏移量跟踪测定埃默里冰架冰流汇合区的冰流速 [J]. 武汉大学学报：信息科学版，40(7): 901–906.

鄂栋臣，袁乐先，杨元德，等. 2014. 利用ICESat测量南极冰盖表面高程变化[J]. 大地测量与地球动力学，34(6): 41–43.

冯准准，程晓，康静，等. 2013. 美国NASA冰桥（Ice Bridge）科学计划：进展与展望[J]. 遥感学报，17(2): 399–422.

刘鹏，庞小平，艾松涛. 2015. 基于Android和iOS的极地移动信息平台设计与开发[J]. 极地研究，27(1): 98–103.

刘婷婷，刘一君，王泽民，等. 2015. 基于多源遥感数据的北极新冰提取及范围时序变化分析[J]. 武汉大学学报：信息科学版，40(11)：1473–1478.

刘志刚，许淙，吴丽侠，等. 2014. 南极气象资料处理查询与统计系统的建立与应用[J]. 极地研究，2014(3): 331–335.

孟上，刘志刚，许淙，等. 2014. 南极长城站地区机场气象环境分析[J]. 海洋预报，31(4): 63–67.

孟上，孙启振. 2015. 南极中山站天气预报方法简述[J]. 海洋预报（已投稿）.

申力，许惠平，吴萍. 2012. 赤潮期东海水体不同遥感分类算法应用分析[J]. 海洋环境科学，31(1).

石立坚，王其茂，邹斌，等. 2014. 利用海洋(HY–2)卫星微波辐射计数据反演北极区域海冰密集度[J]. 极地研究，2014(4): 410–417.

孙启振，张林，等. 2015. 南极中山站下降风数值模拟研究[J]. 海洋学报（已投稿）.

万雷，周春霞，鄂栋臣. 2015. 基于光学立体和InSAR的 格罗夫 山地区 DEM 建立和分析[J]. 极地研究，27(1): 83–90.

王泽民，熊云琪，杨元德，等. 2013. 联合ERS–1和ICESat卫星测高数据构建南极冰盖DEM[J]. 极地研究，25(3): 1–7.

谢苏锐，李斐，赵杰臣，等. 2014. 验潮与GPS联合监测南极中山站附近海冰厚度变化[J]. 武汉大学学报，39(10): 1153–1157.

张林，孙启振，许淙，等. 2012. 南极两站X/L双频段遥感接收系统及研究应用[J]. 极地研究，24(2): 197–203.

张婷，张杰，杨俊钢. 2014. 基于ASCAT散射计数据的2012年南极周边海面风场特征分析[J]. 极地研究，26(4): 83–88.

张婷，张杰，杨俊钢. 2015. 基于ASCAT散射计数据的2013年南极周边海面风速特征分析[J]. 海洋科学，39(2): 57–62.

张辛，周春霞，鄂栋臣，等. 2013. 基于多源遥感数据的南极冰架与海岸线变化监测[J]. 地球物理学报，56(10): 3302–3312.

赵杰臣，张林，田忠翔，等. 2014. 南极罗斯海2012年夏季海冰特征分析[J]. 极地研究，2014(3): 342–351.

周春霞，邓方慧，艾松涛，等. 2014. 利用DInSAR的东南极极记录和达尔克冰川冰流速提取与分析[J]. 武汉大学学报：信息科学版，39(8): 24–28.

周春霞，邓方慧，陈一鸣，等. 2015. 利用SAR数据研究南极格罗夫山地区冰流运动特征[J]. 武汉大学学报：信息科学版，40(11): 1428–1433.

朱敬敬，周春霞，艾松涛，等. 2015. 基于多时序遥感数据的中山站附近地区海冰监测及雪龙船航迹特点分析[J]. 极地研究，23(2): 194–202.